Simon Martin Neumair, Tatjana Rehklau, Dieter Matthew Schlesinger
Angewandte Tourismusgeografie

Simon Martin Neumair, Tatjana Rehklau,
Dieter Matthew Schlesinger

Angewandte Tourismusgeografie

Räumliche Effekte und Methoden

DE GRUYTER
OLDENBOURG

ISBN 978-3-11-050030-1
e-ISBN (PDF) 978-3-11-050031-8
e-ISBN (EPUB) 978-3-11-049760-1

Library of Congress Control Number: 2019946966

Bibliografische Information der Deutschen Nationalbibliothek
Die Deutsche Nationalbibliothek verzeichnet diese Publikation in der Deutschen Nationalbibliografie; detaillierte bibliografische Daten sind im Internet über http://dnb.dnb.de abrufbar.

Umschlaggestaltung: luchezar/DigitalVision Vectors/gettyimages
Satz/Datenkonvertierung: le-tex publishing services GmbH, Leipzig
Druck und Bindung: CPI books GmbH, Leck

www.degruyter.com

Vorwort

Die Tourismuswirtschaft befindet sich in der Entwicklung zu einem der ökonomischen Leitsektoren des 21. Jahrhunderts. Reisen ist weltweit zu einem nicht mehr wegzudenkenden Bestandteil des Konsumverhaltens geworden und liefert einen unverzichtbaren Beitrag zu Wirtschaftsleistung und Beschäftigung. Die Dynamik, welche die Tourismusbranche durchlebt, bezieht sich aber nicht nur auf ihr stetiges Wachstum, sondern auch den durchgängigen Wandel ihrer Rahmenbedingungen. So haben Touristen ständig neue und immer ausgefallenere Wünsche und lassen sich durch immer differenziertere Reisemotive leiten.

Aus dem Handeln der touristischen Akteure, sowohl der Touristen selbst als auch der touristischen Leistungsträger, resultieren vielfältige räumliche Struktur-, Interaktions- und Prozessmuster, deren Erfassung, Beschreibung und Erklärung das grundlegende Anliegen der Tourismusgeografie ausmachen. Der Schwerpunkt dieses Buches liegt auf dem anwendungsorientierten Bezug der Tourismusgeografie, für den ein konkretes problembezogenes Wissen und räumliches Methodenspektrum erarbeitet, aufbereitet und vermittelt wird. Eine angewandte Tourismusgeografie befasst sich daher mit der Bearbeitung konkreter raumbezogener und raumfunktionaler Fragestellungen in der Tourismuspraxis und liefert die wissenschaftliche Basis für administrative oder privatwirtschaftliche Raumgestaltungen in der Tourismuswirtschaft.

Im Vordergrund stehen die räumlichen Wirkungen des Tourismus in wirtschaftlicher, soziokultureller und ökologischer Hinsicht und eine konsequente Orientierung an den Destinationen als räumliche Geschehensebene des Tourismus, womit einzelbetriebliche Aspekte, die zwar auch eine räumliche Relevanz aufweisen, aber eher dem Tourismus- und Destinationsmanagement oder der Tourismus- und Reiseverkehrsökonomie zuzuordnen sind, in den Hintergrund rücken.

Auch versteht sich dieses Lehrbuch nicht als Reiseverkehrsgeografie, welche im Sinne einer regionalen Tourismusgeografie individuelle touristische Aktivitätsräume thematisiert oder die länderkundliche Darstellung einzelner Destinationen verfolgt. Vielmehr sollen die Abgrenzung, Organisation und Formen von Destinationen, ihren allgemeinen raumwirksamen Charakter sowie Eigenheiten betreffend, sowie dazugehörige Analysemethoden vorgestellt werden. Neben den räumlichen Effekten und Destinationen bilden ferner die statistische Erfassung von Reiseströmen sowie die Vermittlung tourismusgeografischer Arbeitsmethoden einen Schwerpunkt dieses Buches.

Dem Ziel einer möglichst kompakten Darstellung komplexer touristischer Sachverhalte ist die Notwendigkeit geschuldet, viele Aspekte und Details der Tourismuswirtschaft nur zu streifen und in ihren Grundkonturen zu erfassen, anstelle sie in voller Breite und Tiefe darzustellen. Ferner erfordern die Grundprinzipien von Selektion, Reduktion und exemplarischer Herangehensweise, dass die gewählten Beispiele und Exkurse keinen Anspruch auf Vollständigkeit erheben, sondern dazu dienen,

https://doi.org/10.1515/9783110500318-201

anhand spezifischer Einzelfälle grundsätzliche Sachverhalte, Bezüge und Entwicklungen zu repräsentieren.

Die Idee zum Verfassen des vorliegenden Buches geht auf die unterschiedliche Motivations- und Bedarfslage des Autorenteams in Lehre und Praxis zurück. Einerseits dient das Buch Studenten und Forschenden der Tourismuswirtschaft als Grundlage für eine angewandte Tourismusgeografie und unterstützt sie bei der Durchführung angewandter Forschungsvorhaben mit einem räumlichen Bezug. Anderseits richtet es sich an tourismuswirtschaftliche Praktiker und Akteure, die eine fundierte Einführung in das tourismusgeografische Methodenspektrum benötigen, um deren Management- und Planungsentscheidungen bzw. -vorhaben durch räumliche Kompetenzen zu ergänzen.

Simon Martin Neumair, Tatjana Rehklau und Dieter Matthew Schlesinger
im Frühjahr 2019

Inhalt

Abbildungsverzeichnis

https://doi.org/10.1515/9783110500318-202

Tabellenverzeichnis

https://doi.org/10.1515/9783110500318-203

1 Tourismusgeografie: Schwerpunkte, Erfassung und Abgrenzung

Die Tourismuswirtschaft befindet sich in der Entwicklung zu einer der **Leitökonomien des 21. Jahrhunderts.** Erstmals übersprangen die Touristenzahlen 2012 die Milliardengrenze. Im Jahr 2017 haben weltweit 1,32 Mrd. Menschen eine Reise ins Ausland unternommen – eine Vervierzigfachung seit 1950. Bis 2030 rechnet die Welttourismusorganisation der Vereinten Nationen (UNWTO[1]) mit einem weiteren Anwachsen auf 1,8 Mrd. Reisen scheint damit zu einem menschlichen Grundbedürfnis und zu einem unverzichtbaren Bestandteil des Konsumverhaltens geworden zu sein. Weltweit entfallen zehn Prozent der globalen Wirtschaftsleistung und jeder elfte Arbeitsplatz auf die Tourismusbranche. In Deutschland macht sie – inklusive indirekter und induzierter Effekte – fast zehn Prozent des Volkseinkommens aus und jeder zehnte Arbeitsplatz hängt direkt oder indirekt von ihr ab (vgl. NZZ 2017a; BMWi 2017; DIHK 2017; UNWTO 2018a). Damit gilt der Tourismus sowohl in punkto Wertschöpfung als auch Beschäftigungswirkung als einer der **bedeutendsten wirtschaftlichen Antriebsmotoren**, welcher in allen Erdteilen Landschaften, Gesellschaften und Wirtschaften ganzer Regionen prägt.

Trotz der in den letzten Jahrzehnten massiv gestiegenen ökonomischen Bedeutung und des Umstandes, dass das Phänomen Reisen nicht erst seit kurzem existiert, gibt es keine klassische wissenschaftliche Disziplin, die sich mit Tourismus seit langem systematisch befasst (vgl. Hopfinger 2011, S. 1029). Der Beginn der wissenschaftlichen Auseinandersetzung ist deshalb recht jung und überwiegend im letzten Drittel des 20. Jahrhunderts anzusetzen.

1.1 Tourismus als Objekt der Wissenschaft: Eine Einordnung

Aufgrund seines ökonomischen Gewichts und seiner vielfältigen wechselseitigen Beziehungen zu den unterschiedlichsten Gebieten wie Wirtschaft, Umwelt, Gesellschaft, Politik, Verkehr u. a. charakterisiert sich die wissenschaftliche Befassung mit dem Tourismus durch eine hohe **Interdisziplinarität**, was sich im Fehlen einer allgemeinen, eigenständigen und theoriegesättigten Tourismuswissenschaft und -lehre und in der Parallelexistenz verschiedenster wissenschaftlicher Disziplinen, die sich aus ganz spezifischen Perspektiven mit Tourismus beschäftigen, zeigt (vgl. Kap. 1.1.3). Die Geografie, enger gefasst die **Tourismusgeografie** als Teilgebiet der Wirtschaftsgeografie (vgl. Kap. 1.2.1), ist eine davon: Ihr Interesse am Tourismus speist sich zum einen daraus, dass **räumliche Mobilität** ein Wesensmerkmal des Tourismus ist und dass Rei-

1 United Nations World Tourism Organization

https://doi.org/10.1515/9783110500318-001

sen die raumübergreifende Bewegung von Personen, Gütern und Dienstleistungen und damit die **räumliche Umverteilung ökonomischen Wohlstands** erzeugt (vgl. Schmude/Heumann 2010, S. 329). Zum anderen löst der Tourismus ökonomische, ökologische und soziokulturelle Folgen aus, bei denen ein unmittelbarer raumprägender Bezug **(räumliche Effekte)** von hoher Bedeutung ist.

Bevor auf die Inhalte, die Arbeitsschwerpunkte und die Entwicklung der Tourismusgeografie eingegangen wird, ist es zunächst von Nöten, sich auf eine allgemeine Definition und Abgrenzung tourismusrelevanter Begrifflichkeiten zu verständigen (vgl. Kap. 1.1.1 und 1.1.2).

1.1.1 Der Begriff Tourismus

Aufgrund der Interdisziplinarität von Tourismus als Forschungsgegenstand werden je nach Blickwinkel und Zielsetzung wissenschaftlicher Untersuchungen unterschiedliche Definitionen herangezogen. Als heute allgemein anerkannt gilt die Definition der UN-Welttourismusorganisation (UNWTO):

> Tourismus umfasst die Aktivitäten von Personen, die an Orte außerhalb ihrer gewohnten Umgebung reisen und sich dort zu Freizeit-, Geschäfts- oder bestimmten anderen Zwecken nicht länger als ein Jahr ohne Unterbrechung aufhalten (UNWTO 1993).

Weitgehend synonym werden die Begriffe „Fremdenverkehr“, „Touristik“ und „Reiseverkehr“ verwendet, obwohl sie durchaus unterschiedliche Nuancen betonen (vgl. Freyer 2015, S. 8 f.):

- Der Begriff **Fremdenverkehr** steht für den „in einzelnen Orten und Gebieten gehäuft auftretende[n] zeitweilige[n] Aufenthalt von Ortsfremden, die dort hinreisen, ohne damit eine Erwerbstätigkeit zu verbinden oder dadurch eine ständige Niederlassung zu begründen“ (Benthien 1997, S. 17). Die Bezeichnung, für die keine adäquaten Übersetzungen in andere Sprachen existieren, hat sich im deutschen Sprachgebrauch als Terminus für alle mit dem Reisen zusammenhängenden Phänomene im Laufe des 19. und 20. Jahrhunderts etabliert. Heute werden v. a. die nationalen und binnenorientierten Aspekte des Tourismus mit ihr assoziiert.
- Der ebenfalls nur im deutschen Sprachraum angesiedelte Begriff **Touristik** bezieht sich eher auf die geschäftsmäßigen Aspekte des Reisens und steht als Synonym für Tourismusbetriebe oder allgemein die Tourismuswirtschaft.
- Die Bezeichnung **Reiseverkehr** stellt überwiegend auf technisch-logistische, verkehrs- und transportbezogene Dimensionen, weniger auf Reiseaufenthalt und -organisation im Zielgebiet ab.

Zentrales Element des Tourismus ist das Reisen. Dabei emanzipiert sich das touristische Reisen von anderen Arten der Ortsveränderung durch die folgenden **konstitutiven Elemente:**

- Die **Ortsveränderung** von Personen zu einem anderen Ort jenseits der normalen Umgebung mit unterschiedlichen Verkehrsmitteln (vgl. Kap. 5.8), ohne dass eine Mindestentfernung oder das Überschreiten regionaler und/oder nationaler Grenzen vorausgesetzt werden. Die Ortsveränderung wird ganz wesentlich durch verkehrstechnologisch bedingte Reisezeitverkürzungen erleichtert. Dadurch kommt es zu einer Zeit-Raum-Kompression, die es möglich macht, den Raum in immer kürzer werdender Zeit zu überwinden (vgl. Haas et al. 2009, S. 14 f.).
- Der **vorübergehende Aufenthalt** an diesem Ort in Betrieben der Hotellerie oder Parahotellerie (vgl. Kap. 3.5.3), aber auch in Privatunterkünften bei Verwandten, Bekannten oder Freunden. Der Aufenthalt ist zeitlich befristet und es besteht die Absicht zur Rückkehr. Somit fallen dauerhafte Migrationen wie ein freiwilliger Umzug oder Zwangsmigrationen aufgrund von Flucht oder Vertreibung nicht unter den Begriff Tourismus.
- **Motiv der Reise:** Tourismus ist eine freiwillige Aktivität und Touristen gelten als Konsumenten. Damit sind der unfreiwillige Aufenthalt in Krankenhäusern oder Gefängnissen, die Fahrten von Berufspendlern vom Wohnort zum Ort der Berufsausübung, das Herumkommen von Saisonarbeitern, Studien- oder Arbeitsaufenthalte im Ausland, Transitreiseverkehr, Nomadismus, der Dienst von Diplomaten und Konsulatsangehörigen, die ausländische Stationierung von Streitkräften sowie Auswandern nicht dem Tourismusbegriff zuzuordnen. Gesundheits- und Geschäftsreisen gehören dem touristischen Randbereich an.

Oft in Kombination werden die Begriffe Tourismus und **Freizeit** verwendet, die zwar sachlich, zeitlich und räumlich eng miteinander verknüpft, aber keineswegs absolut deckungsgleich sind. Im Sinne eines **Negativverständnisses** lässt sich Freizeit als quantifizierbare Residualgröße ansehen, welche übrig bleibt, wenn man von der Gesamtwochenzeit die fremdbestimmte und abhängige Determinationszeit (z. B. Arbeits-, Schul- und Ausbildungszeit) sowie physiologisch-regernationsbedingte (Schlafen, Essen, Körperpflege) und hauswirtschaftliche Obligationszeiten (Einkaufen, Kochen, Putzen) subtrahiert, über deren Zeitpunkte und Dauer jedes Individuum frei entscheiden kann. Einem **Positivverständnis** folgend, steht Freizeit, einer lebensweltlichen Erkenntnis entsprechend, für die frei verfügbare Zeit. Somit handelt es sich um eine selbstbestimmte, verhaltensbeliebige, ungebundene sowie vom subjektiven Empfinden geprägte Dispositionszeit mit einem hohen Grad an Wahlfreiheit (frei von Zwängen und Verpflichtungen) (vgl. Brittner-Widmann/Widmann 2017, S. 5; Hopfinger 2011, S. 1022; Kagermeier 2016a, S. 31). Damit einhergehend wird deutlich, dass der

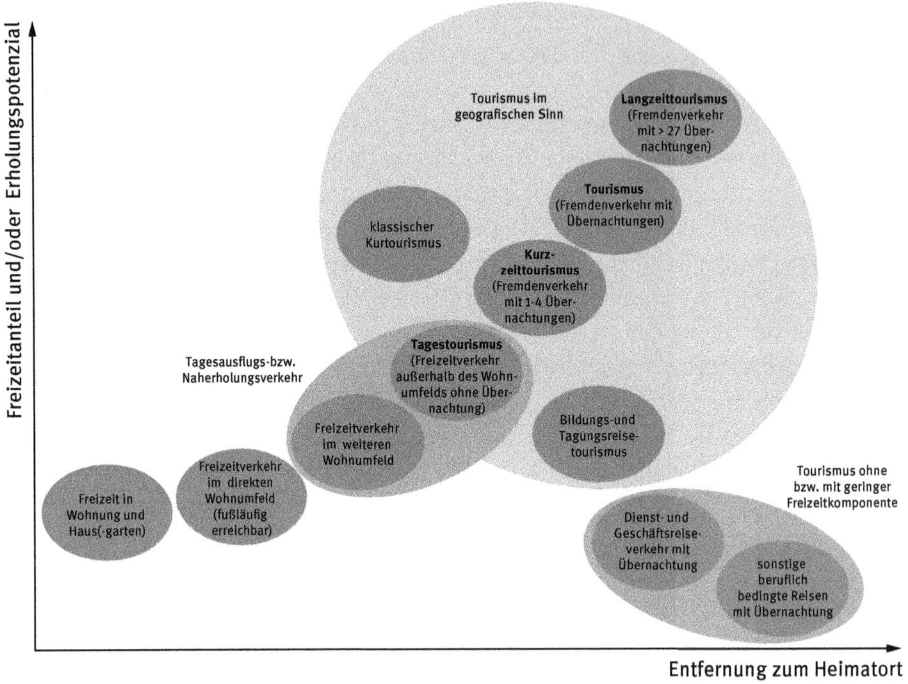

Abb. 1.1: Spannweite zwischen Tourismus und Freizeit; Quelle: Job et al. 2013, S. 5, verändert.

Freizeitbegriff den Tourismus, zu verstehen als das Verbringen von Freizeit im Sinne eines zeitlich begrenzten „Gegenalltags“ an einem anderen Ort, mit einschließt, umgekehrt aber nicht jede touristische Aktivität (z. B. geschäfts- oder gesundheitsbezogenes Reisen) mit Freizeit gleichzusetzen ist.

Die Spannweite zwischen Tourismus und Freizeit (vgl. Abb. 1.1) beginnt mit dem **Tagesausflugs- bzw. Naherholungstourismus** im weiteren Umfeld des Wohnorts, der noch keine Übernachtung beinhaltet, gefolgt vom **Kurzzeittourismus** mit höchstens vier Übernachtungen (z. B. ein Städtetrip oder Wellnessaufenthalt im Rahmen eines verlängerten Wochenendes). Den Kontrast dazu bildet der **Langzeittourismus** mit einer Dauer von mindestens vier Wochen (z. B. Kreuzfahrten, Überwinterungsaufenthalte, mehrwöchige Exkursionen). Zwischen diesen beiden Gegenpolen ist der **Kernbereich des Tourismus** mit mindestens fünf und höchstens 27 Übernachtungen angesiedelt. Diesen Formen gemein ist, dass sich Tourismus als Gegensatz zum Alltag bzw. als „form of temporary getaway from one’s centre“ und „temporary revearsal of everyday activities (Cohen 1979, S. 81) versteht.

Den Tourismusformen mit vorwiegender bzw. ausschließlicher Freizeitkomponente stehen Arten des Tourismus entgegen, die nur noch teilweise bis gar nichts mehr mit Freizeit zu tun haben. Die Bandbreite reicht vom **klassischen Kurtou-**

rismus (z. B. einem mehrwöchigen Kur- oder Reha-Aufenthalt) bis zum **Bildungs- und Tagungstourismus** (z. B. Teilnahme an Veranstaltungen von Bildungs- und Schulungsinstitutionen), bei denen noch eine gewisse Freizeitkomponente zur Entspannung und Abwechslung enthalten ist. Beim reinen, nicht-privaten **Dienst- und Geschäftsreiseverkehr** (z. B. Akquisition und Betreuung von Kunden, geschäftspartnerische Kontaktpflege, Messebesuche) entfällt diese zur Gänze (vgl. Job et al. 2013, S. 4 ff.).

1.1.2 Statistische Abgrenzung des Tourismus

Die UN-Welttourismusorganisation (UNWTO), deren statistisches Erfassungskonzept das Fundament des gesamten Systems der Tourismusstatistik bildet (vgl. Kap. 5.2), macht den **Besucher** zum Ausgangspunkt der Einordnung bzw. Abgrenzung des Tourismus. Von den Besuchern sind die sonstigen Reisenden abzugrenzen, die nicht in der Tourismusstatistik erfasst sind. Die Besucher mit einer Aufenthaltsdauer von maximal einem Jahr gliedern sich wiederum in **Touristen** mit mindestens einer Übernachtung und **Tagesbesucher bzw. Tagesausflügler** ohne Übernachtung, womit die **Übernachtung bzw. Aufenthaltsdauer** zum zentralen Abgrenzungskriterium des Tourismus wird.

Durch das Reisen zwischen Quell- und Zielgebiet werden **Reiseverkehrs- bzw. Touristenströme** generiert, welche auf unterschiedlichen räumlichen Maßstabsebenen angesiedelt sein können. Bei Betrachtung der staatlichen Ebene lassen sich – je nach Herkunfts- und Zielland der Touristen – folgende Reiseverkehrsströme unterscheiden (vgl. Abb. 1.2):

- Der **Binnentourismus** bzw. **Binnenreiseverkehr** (Domestic Tourism) umfasst die innerhalb ihres Landes reisenden Inländer.
- Der **Einreisetourismus** bzw. **Einreiseverkehr** (Inbound Tourism) beinhaltet die in das Inland reisenden Ausländer.
- Der **Ausreisetourismus** bzw. **Ausreiseverkehr** (Outbound Tourism) bezieht sich auf die in das Ausland reisenden Inländer.

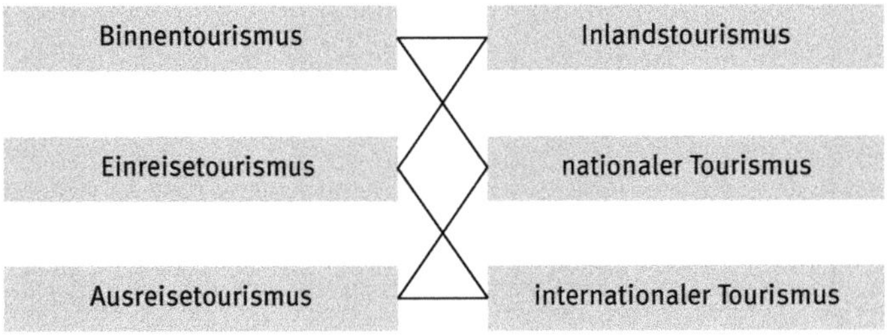

Abb. 1.2: Touristische Grundformen; Quelle: Eigene Darstellung.

Ersetzt man den Begriff „Land“ durch „Region“, würden sich o. g. Formen des Tourismus nicht auf den Reiseverkehr zwischen Staaten, sondern zwischen Regionen beziehen. Hierbei sind auch die Begriffe **Incoming-Tourismus** (statt Inbound Tourism) und **Outgoing-Tourismus** (statt Outbound Tourism) gebräuchlich, welche weniger auf den Aspekt der Grenzüberschreitung, sondern mehr auf die Richtung der Reiseströme rekurrieren (vgl. Freyer 2015, S. 7).

Aus der Kombination der drei o. g. grundlegenden Formen lassen sich folgende touristische Grundformen ableiten (vgl. Abb. 1.2):
- **Inlandstourismus**: Binnen- und Einreisetourismus,
- **nationaler Tourismus**: Binnen- und Ausreisetourismus,
- **internationaler Tourismus**: Ein- und Ausreisetourismus

1.1.3 Tourismus als interdisziplinärer Forschungsgegenstand

Aus wissenschaftlicher Sicht sind u. a. folgende Forschungsfragen an den Tourismus zu formulieren (vgl. Steinecke 2011, S. 18):
- Warum verreisen Menschen **(Motive)**?
- Wie und in welcher Begleitung verreisen Menschen **(Reiseverhalten und -organisation)**?
- Wohin reisen sie und wie kommen sie dorthin **(räumliche Strukturen und Verkehrsmittel)**?
- Seit wann reisen Menschen **(Geschichte)**?
- Welche **Wirkungen** resultieren aus dem Tourismus (u. a. auf Wirtschaft, Bevölkerung, Infrastruktur, Umwelt, Kultur)?
- Mit welchen **Steuerungsinstrumenten** lassen sich touristische Entwicklungen beeinflussen (Gesetzgebung, Management, Planung)?

Diese Fragen lassen sich nicht von einer Wissenschaftsdisziplin alleine beantworten, und deshalb existiert derzeit keine allgemein-eigenständige, theoriebasierte Tourismuswissenschaft, sondern ein komplexes Konglomerat verschiedenster wissenschaftlicher Ansätze, die sich mit dem Phänomen Tourismus aus dem Blickwinkel der jeweiligen Mutterdisziplin befassen (vgl. Abb. 1.3) mit der Folge, dass sich mehrere unterschiedliche Tourismuswissenschaften parallel voneinander etabliert haben und sich durch spezifische Fragestellungen und unterschiedliche Forschungsmethoden charakterisieren. Beispiele sind u. a.:
- Die **Wirtschaftswissenschaften** widmen sich den gesamtökonomischen Aspekten des Tourismus **(Volkswirtschaftslehre)** oder Angebot und Nachfrage auf den Tourismusmärkten, Kosten-Nutzen-Analysen, Strukturanalysen der Tourismus-

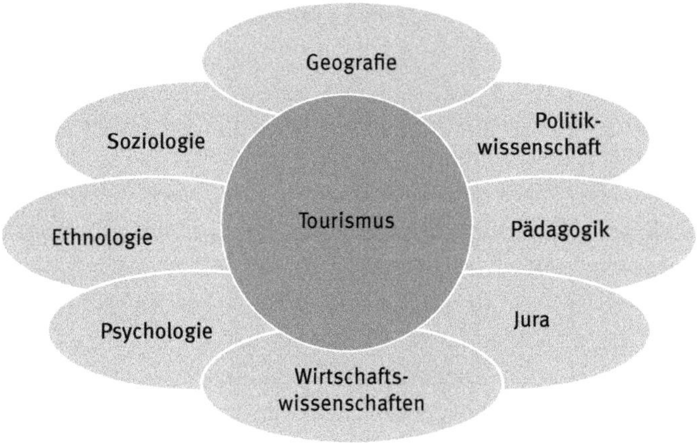

Abb. 1.3: Tourismus – eine Querschnittsdisziplin; Quelle: Eigene Darstellung.

branche sowie Management, Marketing oder Organisation touristischer Betriebe **(Betriebswirtschaftslehre)**.

– Die **Soziologie** beschäftigt sich mit den gesellschaftlichen Auswirkungen und Einflüssen des Tourismus (z. B. Wertewandel, Freizeit- und Tourismustrends) und den sozialgruppenspezifischen Reisebedürfnissen und Reiseverhaltensformen.
– Die **Psychologie** fragt nach den Motiven, Merkmalen, Verhaltensweisen, Umweltwahrnehmung und Zufriedenheit von Reisenden, aber auch nach Faktoren und Ablauf von Reiseentscheidungen.
– Die **Pädagogik** befasst sich mit Urlaub als Lern- bzw. Bildungsziel, aber auch mit der Urlaubsgestaltung für unterschiedliche soziale Gruppen.
– Die **Politikwissenschaften** interessieren sich für die staatliche Beeinflussung des Tourismus, was von der Förderung des Tourismus als Wirtschaftsfaktor über nationale und internationale Regulierungen des Reiseverkehrs bis zur Vermeidung von unerwünschten Folgen des Tourismus (z. B. Umweltverschmutzung) und zur Analyse von Sicherheitsrisiken durch Terroranschläge reicht (vgl. Kap. 2.1.7).
– Die **Kulturanthropologie und Ethnologie** befassen sich mit Akkulturationseffekten, d. h. der Aufnahme von Elementen fremder Kulturen in traditionellen Gesellschaften, der Image- und Stereotypenbildung im Tourismus, aber auch mit den Wirkungen, die der Aufenthalt an fremden Orten auf bestehende Vorurteile entfaltet.
– Die **Rechtswissenschaften** (Jura) beschäftigen sich mit Aspekten des Reise- sowie Völkerrechts.

– Das Interesse der **Geografie** schließlich gilt den raumwirksamen Dimensionen des Tourismus (vgl. Kap. 1.2.2).

Daneben existieren weitere wissenschaftliche Bereiche, die mit Freizeit- und Tourismusaspekten befasst sind, wie z. B. **Geschichtswissenschaften** (historische Aspekte des Tourismus), **Raumplanung** (Tourismus- und Stadtplanung), **Verkehrswissenschaften** (tourismusbedingter Verkehr), **Landschaftsökologie** (Landschaftspflege), **Medizin** (Reisemedizin) u. a. (vgl. Freyer 2015, S. 41 ff.).

Der Unterschied zwischen der Geografie und den anderen wissenschaftlichen Disziplinen liegt darin, dass diese dem Phänomen nur sektoral begegnen, während die Stärke der Tourismusgeografie darauf beruht, dass sich diese einer integrativen Analyse verschreibt, bei der die Wechselwirkungen zwischen Umwelt, Wirtschaft und Gesellschaft im Mittelpunkt stehen (vgl. Bätzing 2015, S. 7).

1.2 Aufgaben und Entwicklungen der Tourismusgeografie

Die Tourismusgeografie beschäftigt sich mit den **raumbezogenen Dimensionen des Tourismus**, die sie unter Zugriff auf übergeordnete gesellschaftliche Entwicklungsprozesse und im interdisziplinären Dialog erfassen, erklären und beschreiben will. Hierfür konzipiert sie eigene Theorien und Modelle, nimmt aber auch bei Erklärungsansätzen anderer tourismuswissenschaftlicher Disziplinen Anleihen auf (vgl. Hopfinger 2004, S. 32). Untersuchungsgegenstände sind vor allem die Prozess- und Strukturanalyse von Räumen (Destinationen, Quell- und Zielgebiete des Tourismus), welche unter Einfluss verschiedener Formen von Reiseverkehrsströmen stehen, sowie die sozialgruppenspezifische Ausprägung des Tourismus in regionaler Differenzierung mit unterschiedlichen Arten der Raumprägung.

1.2.1 Tourismusgeografie als Teilgebiet der Wirtschaftsgeografie

Die Tourismusgeografie ist zunächst Bestandteil der Allgemeinen Geografie, ihre genaue Einordnung in untergeordnete Disziplinen lässt sich dann schrittweise verfeinern. Abhängig davon, welche der beiden Hauptdisziplinen der Allgemeinen Geografie – die Physische Geografie befasst sich mit dem Naturraum, d. h. den biotischen und abiotischen Faktoren des Landschaftshaushalts, die Humangeografie mit dem Kulturraum, d. h. den Systemzusammenhängen zwischen Gesellschaft, Wirtschaft, Politik und Technologie im Raum – im Vordergrund steht, liegt das Augenmerk eher auf der Untersuchung der naturräumlichen Bedingungen und Prozesse des Tourismus **(Physische Geografie)** oder auf dem menschlich-touristischen Handeln im Raum **(Humangeografie)**.

Zwar verfolgt die Tourismusgeografie durchaus eine physisch-geografische Herangehensweise, wenn sie z. B. die tourismusspezifische Eignung von Räumen im Hinblick auf ihre verschiedentlichen naturräumlichen Ausstattungen oder die landschaftsökologischen Beeinträchtigungen durch den Tourismus (z. B. Störung von Fauna und Flora durch Touristenströme, Bodenerosion durch tourismusbedingte Naturraumbelastung, Wasserarmut infolge hohen Wasserverbrauchs in touristischen Destinationen etc.) untersucht. Stärker aber sind die Ursprünge tourismusgeografischer Beschäftigungen im Bereich der Humangeografie verortet. Seit den 1960er-Jahren hat sich die Tourismusgeografie daher als selbstständige Wissenschaft innerhalb einer Geografie des Menschen etabliert (vgl. Kagermeier 2016a, S. 24; Hopfinger 2007, S. 1). Als handelndes Wesen steht dieser immer im Vordergrund, sei es aus der Nachfrageperspektive als reisender Tourist, aus Angebotssicht als Akteur eines touristischen Betriebs oder aus vermittelndem Blickwinkel als Mitglied einer öffentlichen Einrichtung, die sich mit regionalwirtschaftlichen Fragestellungen des Tourismus befasst (vgl. Hopfinger 2011, S. 1026).

Die Tourismusgeografie ist damit ein Teilgebiet der Humangeografie und im speziellen eine Teildisziplin der der Humangeografie nachgeordneten **Wirtschaftsgeografie.** Diese beschäftigt sich mit der **räumlichen Dimension wirtschaftlicher Prozesse und Aktivitäten.** An der Schnittstelle zwischen Geowissenschaften, Geografie und Wirtschaftswissenschaften untersucht sie das Verhältnis von Wirtschaft und Raum und bemüht sich deshalb um eine Synthese von Wirtschaftsforschung und geografischer Forschung. Hierbei findet die Wirkung natürlicher Raumfaktoren auf wirtschaftliches Handeln (bzw. umgekehrt) besondere Beachtung.

Das Forschungsgebiet der Wirtschaftsgeografie ist heute zum größten Teil in dem weiten Überlappungsbereich zwischen Wirtschafts- und Gesellschaftswissenschaften angesiedelt. Sowohl Forschungsmethodik als auch Fragestellungen orientieren sich stark an denen der benachbarten Wirtschafts- und Sozialwissenschaften. Es gibt enge Bezüge zur Soziologie, Politologie, Ethnologie, Psychologie, Geschichte, den Organisations- und Verwaltungswissenschaften und insbesondere zur Ökonomie.

Bedeutendster Forschungsgegenstand ist der **Wirtschaftsraum**, ein aufgrund menschlicher Aktivitäten organisierter sowie durch bestimmte sozioökonomische Strukturmerkmale und funktionale Verflechtungen abgegrenzter Landschaftsausschnitt in seinen verschiedenen Maßstabsebenen. In ihm werden die wirtschaftlichen Aktivitäten von Akteuren in räumlicher Perspektive untersucht (vgl. Haas/Neumair 2015, S. 1 ff.).

1.2.2 Begriff und Abgrenzung der Tourismusgeografie

Ein zentraler tourismusgeografischer Untersuchungsgegenstand ist der **touristische Aktionsraum** auf unterschiedlichen Aggregationsebenen, welcher eine gezielte Kon-

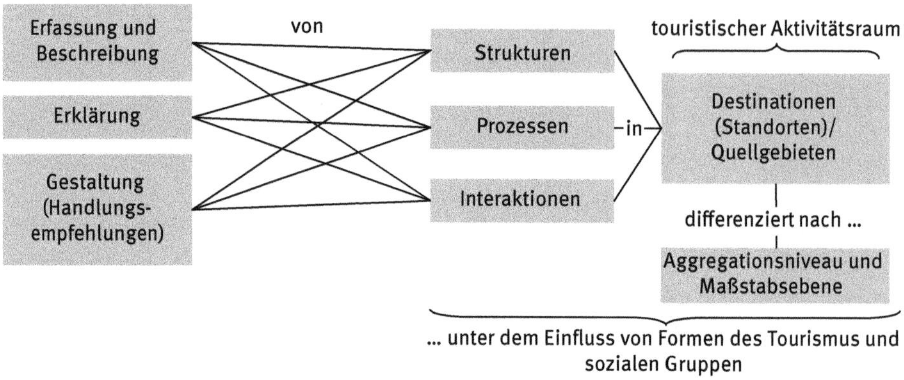

Abb. 1.4: Aufgaben der Tourismusgeografie; Quelle: Eigene Darstellung.

zentration räumlicher Einheiten auf Grundlage ausgewählter charakteristischer Größen bzw. Kriteriumsausprägungen darstellt und auf verschiedenen Maßstabsebenen (lokal, regional, national, international) zu analysieren ist (vgl. Schmude/Namberger 2015, S. 7). Grundlegendes Anliegen der Tourismusgeografie ist es, **räumliche Struktur-, Prozess- und Interaktionsmuster**, die aus dem Handeln der unterschiedlichen touristischen Akteure resultieren, zu erfassen, zu beschreiben und zu erklären. Diese gilt es schließlich zu interpretieren, um den mit der Bearbeitung raumrelevanter touristischer Fragestellungen betrauten Akteuren praktische Handlungsempfehlungen aufzuzeigen (vgl. Abb. 1.4).

Das Interesse der Tourismusgeografie richtet sich auf folgende Dimensionen (vgl. Steinecke 2011, S. 22 f.):

- **Verhaltensdimension des Tourismus:** Tourismus ist als Form räumlicher Mobilität zu begreifen, da es sich immer um eine Distanzüberwindung zwischen Wohn- und Zielort handelt. Dabei weisen unterschiedliche soziale Gruppen (z. B. Jugendliche, Singles, Familien, Senioren, Personen mit hohem/niedrigem Bildungsstand/Einkommen) unterschiedliche Reisemotive und raumwirksame Verhaltensformen auf.
- **Standortdimension des Tourismus:** Die verschiedentliche Ausstattung von Regionen mit natur- und kulturräumlichen Geofaktoren stellt die wichtigste Voraussetzung für eine touristische Erschließung und Inwertsetzung dar. Die darauffolgende raum-zeitliche Konzentration von Touristen bedingt die Ansiedlung sich am jeweiligen Nachfrageverhalten der Reisenden orientierender touristischer Betriebe in den Bereichen Beherbergung, Verpflegung, Unterhaltung etc.
- **Wirkungsdimension des Tourismus:** Die Entstehung touristischer Aktivitäten ruft in den Zielgebieten langfristige Auswirkungen auf Wirtschaft und Verkehr, Landschaft und Umwelt sowie Infra- und Siedlungsstruktur hervor.

- **Planungsdimension des Tourismus:** Aufgrund der vielfältigen Wechselbeziehungen zwischen den touristischen Akteuren und deren räumlichem Umfeld ist der Tourismus Gegenstand von Planungsmaßnahmen zur Optimierung seiner positiven ökonomischen Effekte und Minimierung seiner negativen sozialen und ökologischen Belastungen.

Abzugrenzen ist die Tourismusgeografie von der Freizeitgeografie. Während sich die **Freizeitgeografie** mit der Raumwirksamkeit und den räumlichen Organisationsformen des Freizeitverhaltens sozialer Gruppen beschäftigt, konzentriert sich die **Tourismusgeografie** auf einen Teilaspekt des Freizeitverhaltens, den Erholungs- und Urlaubsreiseverkehr, befasst sich aber auch mit dem nicht-freizeitbedingten Reiseverkehr (Geschäftsreiseverkehr, Kongress- und Messetourismus, Gesundheits- und Kurtourismus).

1.2.3 Paradigmen der Tourismusgeografie

Die Tourismusgeografie ist nicht statisch, sondern hat im Laufe des 20. Jahrhunderts mehrere **Paradigmenwechsel** durchgemacht, die einerseits von den übergeordneten gesellschaftlichen, politischen und wirtschaftlichen Zusammenhängen, andererseits vom wissenschaftlichen Wandel innerhalb der Human- und Wirtschaftsgeografie geprägt sind.

Auch wenn bereits im 19. Jahrhundert erste deskriptive Versuche unternommen wurden, sich mit den geografischen Aspekten des Reisens auseinanderzusetzen, markiert die Fremdenverkehrsgeografie der 1920er- bis 1960er-Jahre den Beginn der heutigen Tourismusgeografie. In dieser Zeit widmet sich die Geografie der Beschreibung sog. **Fremdenverkehrslandschaften** als Zielgebiete größerer Reiseströme und den durch diese ausgelösten Raumauswirkungen.

> Die Geographen entdecken [...] das Phänomen Fremdenverkehr und beginnen, Fragen zu stellen: Nach seinen natürlichen Grundlagen und seiner räumlichen Verteilung, nach entstehenden räumlichen Beziehungen [...], nach seinen örtlichen und regionalen Voraussetzungen und Auswirkungen (Benthien 1997, S. 19).

Wegweisend für geografische Fragestellungen und Methoden war v. a. die Studie von **Hans Poser** (1939) über den im Kontext mit der damaligen Geografie stehenden fremdenverkehrsbedingten physiognomischen Wandel der Kulturlandschaft. Ziel war es nachzuweisen, dass der Fremdenverkehr mit einer ganz bestimmten landschaftlichen Prägung einhergeht, die sich von anderen Kulturlandschaften (z. B. Ackerbau-, Weinbau-, Weide-, Industrie-, Stadtlandschaften) signifikant abgrenzt (vgl. Jurczek 2007a, S. 27; Kagermeier 2016a, S. 25). Posers Ansatz erweist sich aus heutiger Sicht als durchaus modern. Denn anders als zeitgenössische Humangeografen geht er nicht naturdeterministisch vor, sondern betont explizit „die Wechselbeziehungen und Wechselwirkungen zwischen dem Fremdenverkehr und den natürlichen und anthropogeografischen Erscheinungen auf der Erdoberfläche" (Poser 1939, S. 2). Zugleich stellt er den Fremdenverkehr in einen regionalen Kontext und macht ihn zum Gegenstand einer integrativen Analyse, welche sämtliche Dimensionen des heutigen Nachhaltigkeitsdiskurses (Umwelt, Wirtschaft, Gesellschaft, Siedlung, Verkehr) abdeckt. Dennoch lässt sich auf diesen Ansatz heute nicht mehr unmittelbar zurückgreifen: Erstens taucht der Mensch nur als Gattungswesen und nicht als Teil unterschiedlicher Gruppen oder sozialer Schichtungen auf. Zweitens wird das Motiv für Fremdenverkehr rein naturalistisch, d. h. als landschaftlich-räumlicher Gegensatz zwischen Quell- und Zielgebiet als Reiseursache, interpretiert. Drittens verharrt der Ansatz in einem stark deskriptiven Stadium mit dem Ziel einer Klassifizierung und Typologisierung von Fremdenverkehrslandschaften (vgl. Bätzing 2015, S. 6).

Während Hans Poser von den Landschaften bzw. Zielgebieten des Fremdenverkehrs ausging (angebotsorientierte Herangehensweise), rückte die **Münchner Schule der Sozialgeographie** unter Federführung von Karl Ruppert (vgl. Ruppert/Schaffer 1969; Ruppert/Maier 1970) die Akteure und deren gruppenspezifisches Handeln und damit das Quellgebiet des Fremdenverkehrs in den Mittelpunkt (nachfrageorientierte Herangehensweise). Es entwickelte sich eine **Geografie der Freizeit und des Fremdenverkehrs** bzw. eine Allgemeine Geografie des Freizeitverhaltens, die den Raum als zentrales Untersuchungsobjekt durch das Freizeitverhalten im Raum ersetzt, womit der Mensch als individuell handelnder Akteur im Wechselspiel mit seiner Umgebung in den Mittelpunkt rückt. Ausgehend von der **Grunddaseinsfunktion**[2] des „sich Erholens", wird ein Bogen zu den raumbezogenen Aktivitäten sozialer Gruppen (Aktionsraum) geschlagen, welche die Funktionsstandorte der Freizeit aufsuchen und dort bestimmte Raumnutzungsansprüche entfalten (vgl. auch Kap. 3.4.1). Neben dem klassischen Fremdenverkehr werden damit auch das Freizeitverhalten im Wohnumfeld und im Naherholungsraum in den Vordergrund gestellt sowie die zunehmende Bedeutung kurzfristiger Erholungsformen betont (vgl. Hopfinger 2007, S. 9; Jurczek 2007a, S. 28).

Mit ihrem sozialgeografischen Konzept und der Öffnung der Anthropogeografie hin zur Soziologie hat die Münchner Schule die Forschung in der Tourismus- und Freizeitgeografie wesentlich bereichert (vgl. Benthien 1997, S. 23). Allerdings macht die systematische Trennung zwischen den einzelnen Grunddaseinsfunktionen gleichsam Stärke wie Schwäche des Ansatzes aus: Die räumliche Segmentierung der Funktionen

2 Grunddaseinsfunktionen sind die „grundlegenden, menschlichen Daseinsäußerungen, Aktivitäten und Tätigkeiten, die allen sozialen Schichten immanent [...], massenstatistisch erfassbar, räumlich und zeitlich messbar sind und sich raumwirksam ausprägen" (Maier et al. 1977, S. 100). Dabei handelt es sich um 1. Sich fortpflanzen und in (privaten oder politischen) Gemeinschaften leben, 2. Wohnen, 3. Arbeiten, 4. Sich versorgen und konsumieren, 5. Sich bilden, 6. Sich erholen und 7. Kommunizieren und am Verkehr teilnehmen (vgl. Brittner-Widmann/Widmann 2017, S. 6).

voneinander und ihre unterschiedliche räumliche Verortung lässt die Raumstruktur extrem funktionsteilig organisiert erscheinen. Deren Kerne stehen sich monofunktional getrennt einander gegenüber, was gleichsam viel Raumüberwindung sowie eine kalt und steril anmutende Lebenswelt erzeugt, die mit den lebendigen Funktionsmischungen und multifunktionalen Entwicklungen im Freizeit- und Tourismusbereich von heute nicht mehr viel zu tun hat (vgl. Bätzing 2015, S. 6 f.).

In Anlehnung an die Münchner Schule entwickelte sich in den 1970er-Jahren der **Kapazitäten-Reichweite-Ansatz** (vgl. z. B. Maier 1980), der die Freizeit- und Erholungsräume unterschiedlicher sozialgeografischer Gruppen voneinander abgrenzen und ihre innere Differenzierung analysieren will, um sie u. a. planerisch handhabbar zu machen. Mit einer gruppenspezifischen Abgrenzung werden die Einzugsbereiche von Freizeit- oder Erholungseinrichtungen bestimmt. Es gelingt allerdings nicht, ein genaues Bild vom räumlichen Verhalten der Erholung suchenden Akteure zu zeichnen. Dies wiederum will der **aktionsräumliche Ansatz** leisten (vgl. Heinritz/Popp 1978; Becker 1982), der das gesamte Freizeitverhalten der Akteure in seinen räumlichen Ausprägungen erfasst und analysiert (vgl. Hopfinger 2004, S. 35).

Mit dem Auftauchen des Massentourismus und der durch ihn verursachten räumlichen Auswirkungen geraten Mitte der 1970er-Jahre, flankiert durch die erste Ölkrise, **Umweltaspekte** stärker in den Fokus. Ausgelöst durch Forschungen zur ökologischen Strapazierfähigkeit touristisch genutzter Räume und damit korrespondierender Belastungsgrenzen, entbrennt die Diskussion zum **Sanften Tourismus** (vgl. Kap. 2.3.4.1).

Mit dem Aufkommen von Fragestellungen zur sozialen Verträglichkeit geht ein Begriffswechsel vom sanften zum **umwelt- und sozialverträglichen Tourismus** einher, der Ende der 1980er-Jahre durch das aufstrebende Nachhaltigkeitskonzept in den Terminus **Nachhaltiger Tourismus** mündet (vgl. Kap. 2.3.4.2). Der Tourismus sieht sich mit der Herausforderung konfrontiert, wirtschaftliche Werte zu schaffen und gleichzeitig die Erhaltung des natürlichen und gesellschaftlichen Kapitals nicht aus den Augen zu verlieren (vgl. Wehrli et al. 2013, S. 41).

Durch die im Zusammenhang mit dem Fernreisetourismus stehenden sozialökologischen Probleme wird auch die **Entwicklungsländerdiskussion** in die Tourismusgeografie integriert (vgl. Hopfinger 2007, S. 12).

Mit dem boomenden Freizeit- und Reisemarkt kommt es in den 1980er-Jahren zu einer inflationären Vermehrung tourismusgeografischer Forschungen, die v. a. im Zusammenhang mit der Zunahme der Reiseintensität und dem gesellschaftlichen Bedeutungsanstieg des Tourismus stehen (vgl. Jurczek 2007a, S. 30).

Das parallel zur Ausbreitung des Globalisierungsbegriffs in den 1990er-Jahren aufkommende gesellschaftliche Phänomen einer Pluralisierung der Lebensstile hat neuartige, postmoderne Freizeitinhalte als Prägung für Spätformen westlicher Gesellschaften hervorgebracht, die den Umbruch von einem Anbieter- zu einem Nachfragermarkt mit einer starken Differenzierung und Diversifizierung des touristischen Angebots als Antwort auf eine multi-optionale, hybride Nachfrage markieren (vgl. Hopfinger 2016, S. 7). Es kommen Schlagwörter wie Individualisierung, Erlebniskonsum, Inszenierung, Emotionalisierung oder Eventisierung auf. In sog. **Erlebnis- und Konsumwelten** (vgl. Kap. 4.6) wird dem Besucher in ansprechender Atmosphäre ein unverwechselbares, einmaliges Freizeiterleben als perfekte Illusion und Flucht aus dem Alltag versprochen (vgl. Stiftung für Zukunftsfragen 2017). Als Gegenentwurf eines erlebnis- und konsumorientierten Verhaltens ist ein – noch gering ausgeprägter – entschleunigter, sinnstiftender sowie nachhaltiger „Slow Tourism" zu nennen. Hierbei stehen Authentizität, Naturerlebnis, Genuss und Tradition im Vordergrund (Steinecke 2018b, S. 62).

Die Zunahme der hedonistisch geprägten Freizeitgestaltung führt allerdings dazu, dass in wissenschaftlichen Untersuchungen und der Praxis die Freizeit gegenüber dem Tourismus an Bedeutung gewinnt, womit heute von einer gleichberechtigten **Geografie der Freizeit und des Tourismus bzw. Freizeit- und Tourismusgeografie** zu sprechen ist. Damit wird auch endgültig der Begriff „Fremdenverkehr" durch „Tourismus" ersetzt. Gleichzeitig hat die Tourismusgeografie damit einen **„sociological bzw. cultural turn"**, d. h. einen auch in der übergeordneten Wirtschaftsgeografie abgeschlossenen Wechsel zu einer stärker an der kulturellen Produktion räumlicher Identitäten und soziologischen Fragestellungen ausgerichteten Konzeption, vollzogen. Die ehemals sehr deskriptiv orientierte Herangehensweise an räumliche Dimensionen des Tourismus wird von einer **analytisch-explikativen Ausrichtung** abgelöst, bei welcher der Mensch als handelndes Individuum und dessen räumliche Umgebung im Vordergrund stehen. Damit rücken das gesellschaftliche, soziale und kulturelle Umfeld der touristischen Akteure und deren Einbindung in selbiges in den Mittelpunkt der Betrachtung. Touristische Aktivitäten werden nicht mehr als abstrakte, sondern als soziokulturelle, in konkrete Strukturen eingebundene bzw. eingebettete Handlungen gesehen.

Heute charakterisiert sich die Tourismusgeografie dadurch, dass sie in pragmatischer Vorgehensweise Elemente aus den genannten Ansätzen mit aktuellen empirischen, theoretischen und politischen Bezügen verknüpft (vgl. Bätzing 2015, S. 7). Ferner befindet sie sich parallel zum permanenten Innovationsprozess auf dem Tourismusmarkt, ausgelöst durch sich verändernde Angebots- und Nachfragestrukturen, in einem dynamischen Entwicklungsprozess und muss sich ständig neu aufkommender Tourismusformen annehmen.

1.2.4 Angewandte Tourismusgeografie

Die Tourismusgeografie weist einen hohen **anwendungs- bzw. gestaltungsorientierten Bezug** auf. Nicht nur die auf theoretisch-konzeptionellen Grundlagen beruhende rein wissenschaftliche Analyse theoretischer Phänomene, sondern auch das Postulat, zu Problemlösungen und Gestaltungsoptimierungen in der Tourismuswirtschaft beizutragen, gehören zu ihren Zielen (vgl. Kagermeier 2016a, S. 24).

Eine **angewandte Tourismusgeografie** hält daher ein Grundlagenwissen zur Bearbeitung konkreter raumbezogener und raumfunktionaler Fragestellungen in der Tourismuspraxis bereit. Dabei kann es sich um die **wissenschaftliche Basis** für administrative oder privatwirtschaftliche Planungsdimensionen handeln, wie z. B. die Untersuchung der Auswirkungen des demografischen Wandels auf das Reiseverhalten oder seiner regionalwirtschaftlichen Effekte mit dem Ziel, Einsicht in das komplexe Wirkungsgefüge von Freizeit und Tourismus zu gewinnen. Häufig wird auch für **außerwissenschaftliche Bedürfnisse**, z. B. spezifische Planungs-, Förderungs- und Verwaltungszwecke der Tourismuswirtschaft, ein konkretes, problembezogenes Wissen erarbeitet, aufbereitet und vermittelt, um eine dauerhafte Erhaltung und sinnvolle Nutzung touristischer Ressourcen sicherzustellen, wie z. B. touristische Zielgruppenanalysen sowie Abgrenzungen der Einzugsbereiche touristischer Einrichtungen. Weiterhin ist es ein Ziel, sowohl bei touristischen Nutzergruppen wie auch politischen Entscheidungs- und Verantwortungsträgern durch Information und Aufklärung zur **Änderung von Einstellungen und Verhaltensweisen** im Hinblick auf die soziale und kulturelle Problematik in der Tourismuswirtschaft beizutragen (vgl. Steinecke 2011, S. 23).

Voraussetzung dafür sind neben der Untersuchung der räumlichen, d. h. wirtschaftlichen, soziokulturellen und ökologischen Effekte des Tourismus (vgl. Kap. 2), die Abgrenzung und Organisation touristischer Destinationen (vgl. Kap. 3), die Vorstellung ausgewählter Destinationsformen (vgl. Kap. 4) und die exakte Erfassung von Reiseströmen (vgl. Kap. 5). Die Vermittlung tourismusgeografischer Arbeits- und Analysemethoden (vgl. Kap. 3.4.1–3.4.2, 3.7, 5.1) ist ein weiteres Aufgabenfeld einer anwendungsorientierten Tourismusgeografie.

Im Gegensatz zu anderen tourismusgeografischen Lehrwerken (z. B. Schmude/Namberger 2015; Steinecke 2011; Kagermeier 2016a) verfolgt dieses Lehrbuch keine vertiefte Aufarbeitung der Nachfrage- und Angebotsseite des Tourismus und deren vielfältigen räumlichen Effekten. Vielmehr stellt es die Methoden und Instrumente zu deren Erfassung vor, anhand derer sich konkrete Handlungsempfehlungen, Strategien und Maßnahmen für die Teilbereiche der Tourismuswirtschaft ableiten lassen.

Auch spezifische, individuelle touristische Aktivitätsräume im Sinne einer regionalen Tourismusgeografie („Reiseverkehrsgeografie“) spielen – von konkreten Exkursen und Fallbeispielen abgesehen – eher eine untergeordnete Rolle, da diese mehr einer idiografischen, d. h. an einzelnen Besonderheiten, und weniger einer nomothetischen, d. h. an allgemeinen Gesetzmäßigkeiten ausgerichteten Geografie zuzuordnen sind.

2 Räumliche Effekte des Tourismus

Die räumlichen Wirkungen des Tourismus ergeben sich aus der Rolle von Touristen als Ortsfremde. Durch ihren vorübergehenden Aufenthalt in einer bestimmten Region verkörpern sie eine temporäre „Zusatzbevölkerung“, für die eine entsprechende Infrastruktur und Dienstleistungen bereitzustellen sind (vgl. Steinecke 2011, S. 97). Die raumspezifischen Auswirkungen konkretisieren sich in **wirtschaftlichen, ökologischen und soziokulturellen Effekten**, wobei die Wechselbeziehungen zwischen diesen drei Wirkungsdimensionen in jüngerer Zeit im Zusammenhang mit dem Konzept einer nachhaltigen Entwicklung (vgl. Kap. 2.3.4.2) verstärkt diskutiert werden (vgl. Kraus/Job 2015, S. 8).

Während die vom Tourismus hervorgerufenen ökonomischen Wirkungen (vgl. Kap. 2.1) Gegenstand von zahlreichen und umfangreichen Untersuchungen sind und in Wissenschaft und Praxis zumeist auf ein positives Echo stoßen, rückten die vom Tourismus ausgelösten soziokulturellen Effekte auf die bereisten Gesellschaften (vgl. Kap. 2.2) sowie die Wirkungen auf Umwelt und Landschaftshaushalt (vgl. Kap. 2.3) erst viel später in den tourismuswissenschaftlichen Fokus. Sie werden wesentlich kritischer beäugt als die ökonomischen Effekte.

2.1 Wirtschaftliche Effekte

Die Analyse der ökonomischen Wirkungen des Tourismus ist Gegenstand vieler wissenschaftlicher und praxisbezogener Untersuchungen. Dies ist zum einen dem Umstand geschuldet, dass sowohl die Politik zur Entscheidungsfindung als auch die Tourismusbranche zur Interessenvertretung gegenüber der Öffentlichkeit fundierte Fakten zur wirtschaftlichen Bedeutung des Tourismus in den Zielgebieten benötigen. Zum anderen lassen sich die ökonomischen im Vergleich zu den soziokulturellen (vgl. Kap. 2.2) und den ökologischen Wirkungen des Tourismus (vgl. Kap. 2.3) relativ einfach ermitteln und messen (vgl. Eisenstein 2014, S. 24).

2.1.1 Touristische Wertschöpfung

Im Jahr 2017 wurden weltweit 1,32 Mrd. touristische Ankünfte (mit Übernachtung) verzeichnet – ein Anstieg von über 7 % gegenüber dem Vorjahr (vgl. UNWTO 2019). Damit ist die weltweite Tourismusbranche seit der globalen Wirtschafts- und Finanzkrise im Jahr 2009 zum achten Mal in Folge gewachsen. Im langjährigen Durchschnitt liegt das Wachstum der Tourismusbranche über dem jährlichen Durchschnittswachstum der Weltwirtschaft (vgl. Hopfinger 2016a, S. 4). Durch direkte, indirekte und induzierte Effekte entfallen um die 10 % des weltweiten Sozialprodukts und rund 7 % der Weltwa-

https://doi.org/10.1515/9783110500318-002

ren- und -dienstleistungsexporte auf den Tourismus. Damit rangiert er noch vor dem Weltagrarhandel und dem weltweiten Handel mit Erzeugnissen der Automobilindustrie. Global beschäftigt die Tourismusbranche an die 300 Mio. Menschen, d. h. jeder elfte Arbeitsplatz entfällt auf den Tourismus (vgl. UNWTO 2016a und b).

Die auf touristische Aktivitäten beruhende Konsumnachfrage zeitigt in den verschiedensten Branchen einer Volkswirtschaft Effekte, ohne dass häufig eine exakte Abgrenzung der touristischen Sektionen erfolgt. Diese Heterogenität verbietet den statistischen Ausweis des Tourismus als eigenständigen volkswirtschaftlichen Sektor bzw. Branche in der Volkswirtschaftlichen Gesamtrechnung (vgl. Kap. 2.1.4). Denn die Tourismuswirtschaft ist kein eigener amtlich klassifizierter Wirtschaftszweig, der sich durch eine angebotsseitig definierte Zusammensetzung produzierter Güter und Dienstleistungen charakterisiert, sondern es liegt eine nachfrageseitige Klassifizierung vor, indem alle touristisch nachgefragten Güter und Dienstleistungen der Tourismuswirtschaft angehören, da Touristen stets ein Leistungsbündel unterschiedlichster Sach- und Dienstleistungen „konsumieren" (Beherbergungs-, Gastronomie- und Beförderungsdienstleistungen, Besuch von Museen, Theatern, Kinos etc., Kauf von Waren und Souvenirs u. a.). Damit ist die Tourismuswirtschaft eine klassische **Querschnittsbranche**, welche sich über eine Vielzahl angebotsseitig definierter Wirtschaftsbranchen erstreckt und sich aus der amtlichen Wirtschaftsstatistik somit keine Daten zu Größe, Struktur und gesamtwirtschaftlicher Stellung des Tourismus ableiten lassen (vgl. Mattes et al. 2017, S. 160).

Bei genauerer Quantifizierung der ökonomischen Effekte können – in Abhängigkeit davon, was genau unter Tourismus verstanden wird – erhebliche Schwankungen auftreten: Je nachdem ob die **Tourismuswirtschaft im engeren Sinn**, d. h. die Erstellung von Leistungen in unmittelbarem Zusammenhang mit dem Reisen **(tourismustypisch)**[1], die **ergänzende Tourismuswirtschaft**, z. B. Betriebe, die eigentlich nicht dem Tourismusbereich, sondern unterschiedlichsten anderen Wirtschaftssektoren angehören, sich aber auf die touristische Leistungserstellung spezialisiert haben **(tourismusverbunden)**[2], oder die **touristische Randwirtschaft**, d. h. die untypische bzw. mittelbare Tourismuswirtschaft, deren Erzeugnisse keine typischen Tourismusleistungen darstellen **(tourismusabhängig)**[3], im Vordergrund steht, fallen der touristische Wertschöpfungs- und Beschäftigungsbeitrag unterschiedlich hoch aus. In Deutschland trägt der Tourismus je nach Abgrenzung mit 2–4 % (Tourismuswirt-

1 Z. B. Reiseveranstalter- und Reisemittlerbetriebe, Beherbergungswesen, Verkehrsbetriebe, touristische Destinationen, Kongress- und Tagungswesen, Messen und Ausstellungen, Tourismusverbände und -ämter etc.

2 Z. B. Souvenirhersteller, Reiseausrüster, touristische Buch- und Zeitschriftenverlage, Versicherungsunternehmen, Verleihfirmen, Marktforschungsinstitute, touristische Ausbildungsstätten, Behörden und Verwaltungen etc.

3 Z. B. Bekleidungs-, Sportartikel-, Kosmetik- und Arzneimittelindustrie, Gastronomie- und Sportbetriebe, Tankstellen, Bergbahnen, Spielbanken, Einzelhandel etc.

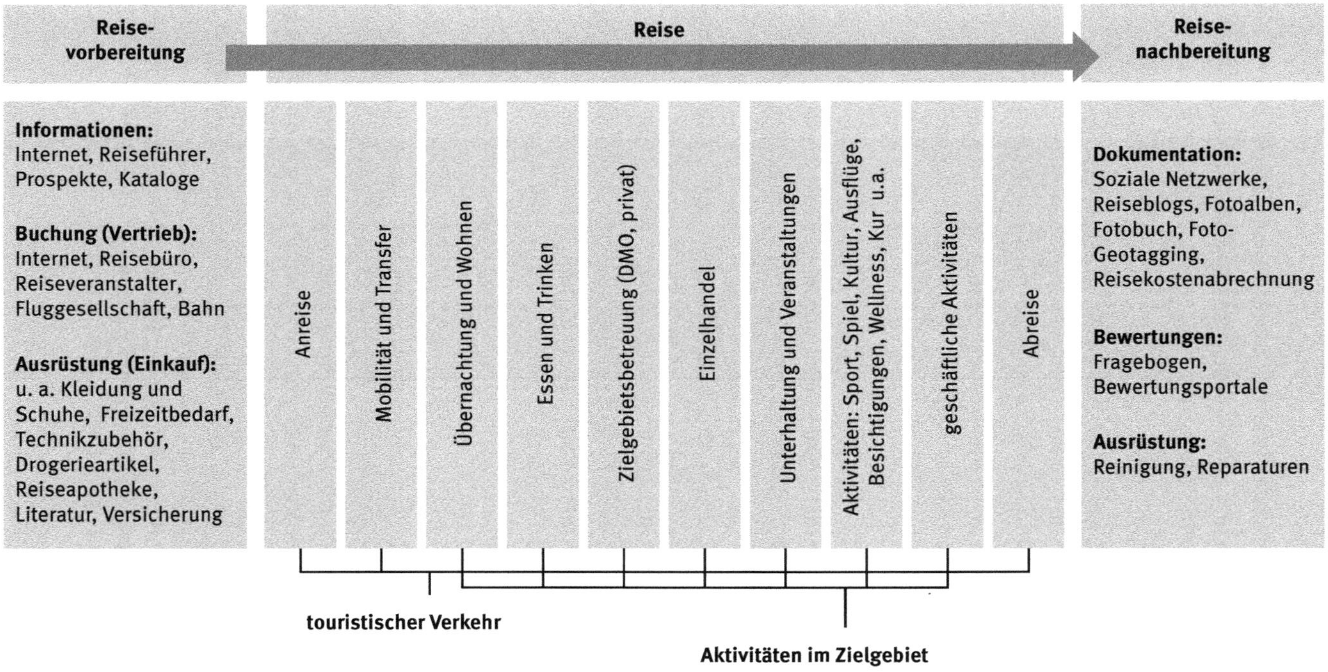

Abb. 2.1: Zusammenhang zwischen touristischen Ausgaben und regionaler Wertschöpfung; Quelle: Eigene Darstellung, erweitert nach Latz 2017, S. 283.

schaft i. e. S.), 3–5 % (Tourismuswirtschaft i. e. S. + ergänzende Tourismuswirtschaft) bzw. 4–8 % (touristischer Gesamteffekt) zur gesamtwirtschaftlichen Wertschöpfung bei. Unter Berücksichtigung von Sekundäreffekten, d. h. der entferntesten, über mehrere Perioden in den touristischen Randbereichen auftretenden Wirkungen werden bis zu 14 % erzielt (vgl. Freyer 2015, S. 156 f. und 545 f.).

Im Mittelpunkt der **touristischen Wertschöpfungskette** steht der Reisende sowie Institutionen und Betriebe, die ihm bei der Organisation und Durchführung der Reise behilflich sind (vgl. Abb. 2.1).

2.1.2 Formen wirtschaftlicher Effekte des Tourismus und deren Messung

Die entlang der Wertschöpfungskette auftretenden ökonomischen Effekte des Tourismus lassen sich zunächst in **monetäre versus nicht-monetäre Effekte** differenzieren. Monetär, d. h. quantifizierbar, sind z. B. Deviseneffekte (vgl. Kap. 2.1.3). Nichtmonetär, d. h. nicht-quantifizierbar, sind z. B. Beschäftigungseffekte (vgl. Kap. 2.1.4) oder regionalwirtschaftliche Ausgleichseffekte (vgl. Kap. 2.1.5), indem der Tourismus in wirtschaftlich benachteiligten Regionen über die Schaffung neuer bzw. zusätzlicher Arbeitsplätze bzw. Einkommen einen wirtschaftsbelebenden Faktor darstellt.

Daneben wird zwischen direkten, indirekten und induzierten Effekten unterschieden (vgl. Metzler 2007, S. 33 ff.; Widmann 2007, S. 406): **Direkte Effekte** beruhen unmittelbar auf den durch Touristen getätigten Ausgaben **(direkte Wertschöpfung bzw. erste Wertschöpfungsstufe)**, die sich sowohl in steigenden Löhnen und Gehältern wie auch einem vergrößerten Steueraufkommen äußern. Hinzukommen staatliche Transferleistungen wie Subventionen oder steuerliche Vergünstigungen (vgl. Stynes 1997, S. 12; Bieger 2001, S. 89).

Indirekte Effekte werden durch die dem touristischen Angebot vor- und nachgelagerten Leistungen repräsentiert. Als vorgelagert gelten z. B. die Leistungen eines Getränkehändlers, welcher ein Hotel mit Spirituosen beliefert, oder eines Innenarchitekten, welcher das Interieur von Hotelzimmern entwirft. Nachgelagert sind z. B. Wasch-, Reinigungs- und Recyclingdienstleistungen oder Bewertungsportale, welche die Zufriedenheit von Gästen erfassen. Aus den regional bezogenen Vorleistungen resultiert die erste **indirekte Wertschöpfung bzw. zweite Wertschöpfungsstufe**. Indirekte Effekte umfassen aber nicht nur die eigentlichen vor- und nachgelagerten Leistungen, sondern betreffen alle Veränderungen der regionalen Erzeugung, welche aufgrund vielschichtiger Leistungsverflechtungen in einer Region hervorgerufen werden (vgl. Stynes 1997, S. 12). Gibt z. B. der Innenarchitekt neue Zimmermöbel bei einer örtlich ansässigen Schreinerei in Auftrag, kommt es zur **zweiten indirekten Wertschöpfung bzw. zur dritten Wertschöpfungsstufe**.

Induzierte Effekte schließlich resultieren aus der auf direkte und indirekte Effekte zurückzuführenden Kaufkrafterhöhung in einer Region, die über eine erhöhte Konsumgüternachfrage und entsprechend getätigte Ausgaben zu zusätzlichen regio-

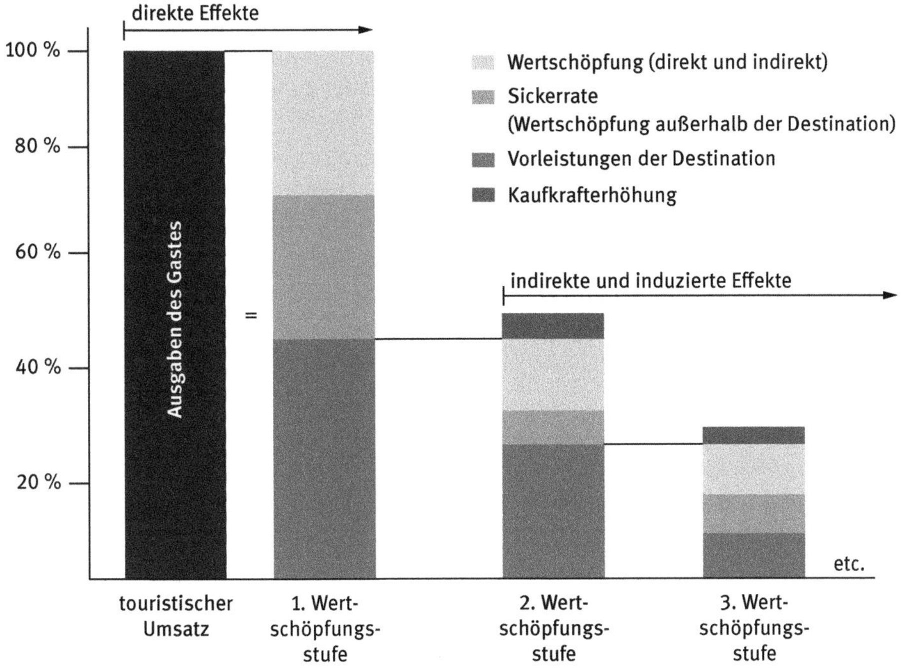

Abb. 2.2: Zusammenhang zwischen touristischen Ausgaben und regionaler Wertschöpfung; Quelle: Eigene Darstellung in Anlehnung an Widmann 2007, S. 407.

nalen Einkommen führt (vgl. Küpfer/Elsasser 2000, S. 435; Eisenstein/Rosinski 2007, S. 806), wenn z. B. die Beschäftigten von Tourismusbetrieben (direkte Effekte) oder eines Getränkehändlers bzw. einer Schreinerei (indirekte Effekte) ihr Einkommen in der Region ausgeben. Unter Berücksichtigung der **Sickerrate** (vgl. Kap. 2.1.3), welche angibt, wie viele Vorleistungen von außerhalb der Destination, gegebenenfalls aus dem Ausland, bezogen werden müssen, gestaltet sich der Zusammenhang zwischen touristischen Ausgaben einerseits sowie direkter und indirekter Wertschöpfung andererseits gemäß Abb. 2.2.

Was die **Quantifizierung** dieser Effekte angeht, ist zu beachten, dass sich die direkten Effekte nur berechnen lassen, wenn Besucheranzahlen und -ausgaben vollständig bekannt sind. Für die indirekten und induzierten Effekte müssen darüber hinaus sehr detaillierte Informationen über die Struktur der regionalen Wirtschaft sowie die Wirtschaftsverflechtungen inner- und außerhalb der Region vorliegen (vgl. Küpfer 2000, S. 52).

Zu den wichtigsten Instrumenten zur Quantifizierung der ökonomischen Bedeutung des Tourismus gehören **Multiplikatoren** (vgl. Kap. 5.6.3). Allgemein spiegelt ein Multiplikatoreffekt das Ausmaß wider, in dem sich eine abhängige Variable bei Änderung einer unabhängigen Variable ändert. Ein touristischer Multiplikator beinhaltet alle drei o. g. Effekte: Direkte Effekte liegen in Form neuer Einkommen, z. B. auf Seiten der Inhaber von Beherbergungsbetrieben, Souvenirläden oder anderen mit dem Tourismus direkt in Verbindung stehender Unternehmen, vor. Die indirekten und induzierten Wirkungen entstehen, wenn sich die zusätzlichen Einnahmen in der Region reinvestieren lassen, indem sie an regionale Vorleistungsbetriebe weitergereicht, als Löhne und Gehälter an Beschäftigte ausgezahlt werden oder als Steuern dem Staat sowie mittels privaten Konsums oder staatlicher Investitionen dem regionalen Wirtschaftskreislauf zufließen, was die **erste Wirkungsstufe** des Multiplikatorprozesses darstellt (vgl. Armstrong/Taylor 2000, S. 7 f.; Archer 1977, S. 1 f.). Es kommt zu **weiteren Wirkungsstufen**, indem die Unternehmen und privaten Haushalte sowie der Staat die in der ersten Wirkungsstufe generierten Mittel zum Erwerb weiterer regionaler Erzeugnisse verwenden, wobei zu beachten steht, dass alle beteiligten Akteure sowohl einen bestimmten Teil der Einnahmen sparen (Sparquote) als auch für den Bezug von Produkten außerhalb der Region aufwenden (Importquote oder Sickerrate, vgl. Kap. 2.1.3), sodass sich der Prozess nicht in der gleichen Stärke unendlich fortsetzen lässt (vgl. Kraus/Job 2015, S. 15).

Das genaue Ausmaß des Multiplikators ist von zwei Faktoren abhängig (vgl. Archer 1977, S. 29 ff.; Archer/Fletcher 1990, S. 58 ff.; Wall 1997, S. 447; Widmann 2007, S. 406): **Die Größe der untersuchten Region** beeinflusst die Anzahl möglicher Wirkungsstufen. Je kleiner eine touristische Destination ist, desto schwächer fallen i. d. R. die intraregionalen Vorleistungsbeziehungen aus. Der **wirtschaftliche Entwicklungsgrad der Region** bzw. der **Differenzierungsgrad der Tourismuswirtschaft** beeinflusst die Höhe des Multiplikatoreffekts: In hoch entwickelten sind die einzelnen Wirtschaftsbereiche stärker miteinander verwoben als in sich entwickelnden Volkswirtschaften, womit die Notwendigkeit des Imports von Gütern und Dienstleistungen mit entsprechendem Kaufkraftabfluss niedriger ausfällt und sich ungleich höhere regionalwirtschaftliche Auswirkungen erzielen lassen, als wenn eine regionale Tourismuswirtschaft mit Produkten von außen versorgt werden muss, welche die Region selbst nicht erzeugen kann (vgl. Kap. 2.1.3).

Nach einer 2012 für das Jahr 2010 durchgeführten Untersuchung des Bundesministeriums für Wirtschaft und Technologie (vgl. BMWi 2012) weist in Deutschland der Multiplikator für die Bruttowertschöpfung, d. h. den abzüglich von Vorleistungen erzeugten Gesamtwert von Waren und Dienstleistungen, eine Höhe von 2,2 und für die Beschäftigung von 1,7 aus. Mit 97 Mrd. Euro machen alleine die direkten Effekte des Tourismus einen Anteil an der Bruttowertschöpfung von 4,4 % aus und sind damit bedeutender als die Automobilindustrie oder die Bankenwirtschaft. Werden die indirekten und induzierten Effekte hinzugerechnet, kommt man gar auf 214 Mrd. Euro bzw. knapp 10 % (vgl. Schmude/Aevermann 2015, S. 6).

Bei Verwendung von Multiplikatoren unterschiedlicher Regionen ist generell zu beachten, dass diese zwar den jeweiligen Beitrag des Tourismus zur regionalen Wirtschaft miteinander vergleichbar machen, sich die einzelnen Werte einer Untersuchungsregion auf andere Räume aber nicht ohne weiteres übertragen lassen, da sie immer auf konkreten, individuellen raum-zeitlichen Ausschnitten rekurrieren (vgl. Metzler 2007, S. 37).

2.1.3 Deviseneffekte

Zu den wichtigsten monetären, d. h. quantifizierbaren Wirkungen des Tourismus rechnen Deviseneffekte, welche durch grenzüberschreitende Reiseströme zustande kommen. Dabei ist der Konsum ausländischer Reisender im touristischen Zielland nicht anders zu bewerten als ein Güterexport, weil die Konsumverlagerung vom Ursprungs- zum Zielort gleichzeitig einen Devisentransfer vom Herkunfts- ins Zielland auslöst. Doch während Warenex- und -importe sich statistisch exakt in der Handelsbilanz erfassen lassen, scheidet dies beim Tourismus aus, weshalb im Zusammenhang mit dem Konsum von Gütern und Dienstleistungen durch ausländische Touristen im Inland oft vom **„unsichtbarem Export“** (vgl. Kap. 5.4.1) die Rede ist (vgl. Kaspar 1996, S. 127).

Der touristische Dienstleistungsexport ist v. a. für solche Länder, insbesondere Entwicklungsländer und kleinere Inselstaaten, von hoher Bedeutung, die nicht oder nur in geringem Umfang über materielle Güter (Rohstoffe, landwirtschaftliche Produkte, Industrieerzeugnisse) für den Export verfügen, sodass die Entwicklung zu einer touristischen Attraktion häufig der einzig mögliche Weg zur Erwirtschaftung von Devisen ist (vgl. Eisenstein 2014, S. 26).

Erfasst werden die mit dem internationalen Tourismus einhergehenden Geld- bzw. Devisenströme in der **Reiseverkehrsbilanz** (vgl. Kap. 5.4). Auf der Ebene von Staaten berechnet, vergleicht sie die durch den Ausreiseverkehr erzeugten Ausgaben mit den Einnahmen aus dem Einreiseverkehr, d. h. die von der inländischen Bevölkerung im Ausland getätigten Ausgaben werden zu den Einnahmen, die durch ausländische Touristen im Inland zustande kommen, ins Verhältnis gesetzt. Der Binnentourismus bzw. Binnenverkehr ist dabei nicht enthalten (vgl. Kap. 1.1.2).

Bei der Beurteilung des Tourismus als Quelle für Deviseneinnahmen ist zwischen Brutto- und Nettodeviseneffekt zu unterscheiden. Der **Bruttodeviseneffekt** umfasst alle Einnahmen im Zielland, die auf den durch ausländische Touristen getätigten Ausgaben beruhen. Dabei ist zu berücksichtigen, dass ein Teil der Einnahmen in Form von Ausgaben wieder an die Herkunftsländer zurückfließt. Dies ist z. B. bei Pauschal- bzw. Veranstalterreisen der Fall, da die Aufwendungen für Beförderung, Versicherungen, Provisionen etc. meist Umsätze ausländischer Unternehmen darstellen. Ferner machen die Errichtung und der Unterhalt einer entsprechenden Infrastruktur für Beförderung, Beherbergung, Unterhaltung etc. oder die Nachfrage der Touristen nach spezifischen Verpflegungsleistungen (z. B. Speisen und Getränke aus ihrer Heimat) Importe nötig, die wieder zu einem Devisenrückfluss ins Ausland bzw. die Herkunftsländer führen. Gleiches gilt für im Ausland durchgeführte Marketingmaßnahmen und die Beschäftigung ausländischer Reiseleiter oder Manager. Hinzukommen sog. Demonstrationseffekte, wenn die einheimische Bevölkerung ähnliche Güter und Dienstleistungen wie die Touristen aus dem Ausland nachfragt (vgl. Kap. 2.2.3). Durch deren Einfuhr fallen ebenfalls Devisenrückflüsse an. Umgekehrt werden wiederum zusätzliche Devisenzuflüsse erzeugt, wenn die Touristen nach ihrer Wiederkehr Erzeugnisse aus den Urlaubsregionen beziehen (vgl. Freyer 2015, S. 581; Eisenstein/Rosinski 2007, S. 808).

Man bezeichnet diesen teilweisen Rückfluss von Devisen an die Herkunftsländer als **Sickerrate**. Diese gibt das prozentuale Ausmaß an, wie viel von den touristisch getätigten Ausgaben bzw. Devisen wieder an die Herkunftsländer zurückfließt (vgl. DRV 1990, S. 17). Werden die rückfließenden Devisen vom Bruttodeviseneffekt abgezogen, ergibt sich der **Nettodeviseneffekt**.

Die Höhe der Sickerrate (Quotient aus Importausgaben und Bruttodevisen mal 100) lässt sich in Ermangelung belastbarer Zahlen kaum exakt quantifizieren, sondern allenfalls grob schätzen, und hängt von zwei Faktoren ab (vgl. Eisenstein/Rosinski 2007, S. 808 f.; Eisenstein 2014, S. 26 f.): Zum einen ist der **Entwicklungsstand**, d. h. der Industrialisierungs- bzw. Diversifizierungsgrad einer Volkswirtschaft, von Bedeutung. Entwickelte und industrialisierte Länder verfügen über wirtschaftliche Autarkie und sind in der Lage, ihren tourismuswirtschaftlichen Bedarf überwiegend aus eigener Erzeugung zu decken. Die Sickerraten fallen mit 5–30 % vergleichsweise gering aus. Dagegen müssen Entwicklungsländer und kleinere, isolierte Inselstaaten fast alles, was zum Aufbau und Erhalt einer touristischen Infrastruktur benötigt wird, importieren. Sickerraten von bis zu 80 % sind in solchen Fällen keine Seltenheit (vgl. Vorlaufer 2003, S. 8; Lagger 1995, S. 9 f.).

Zum anderen wird die Sickerrate auch durch die **Form des Tourismus** und die **Abhängigkeit von ausländischen Reiseunternehmen** bestimmt. So generiert der Tourismus im Luxussegment wegen des Bedarfs an hochwertigen Konsumgütern und komplexer technischer Ausstattung hohe Deviseneinnahmen, bedingt wegen des Imports der benötigten Vorleistungen aber gleichzeitig entsprechende Devisenabflüsse. Befinden sich die touristischen Betriebe ferner nicht in inländischem, sondern ausländischem Besitz und fließen Gewinne, Zinsen, Lizenzentgelte etc. an ausländische Unternehmen ab, verbleibt häufig nur ein geringer Anteil der Deviseneinnahmen im Land. Insgesamt entfaltet der Tourismus daher immer dann einen positiven Einfluss auf die wirtschaftliche Entwicklung, wenn zum Aufbau und Unterhalt einer touristischen Angebotsstruktur vergleichsweise wenige Leistungen aus dem Ausland importiert werden müssen und die Sickerrate entsprechend gering ausfällt (vgl. Vellissariou 1991, S. 30).

2.1.4 Tourismus und Beschäftigung

Eines der wichtigsten Kriterien zur Beurteilung der wirtschaftlichen Bedeutung des Tourismus ist sein Beitrag zur Beschäftigungssituation und zum Arbeitsmarkt. Wie bei der touristischen Wertschöpfung (vgl. Kap. 2.1.1) treten aufgrund des Querschnittscharakters des Tourismus auch in punkto Beschäftigung Probleme bei der statistischen Erfassung auf, da tourismusabhängige Arbeitsplätze über mehrere Sektoren einer Volkswirtschaft verstreut sind und touristische Beschäftigungseffekte auch in Branchen wirksam werden, die sich nur teilweise dem Tourismus zuordnen lassen.

Analog zum Wertschöpfungsbeitrag lassen sich auch bei der Beschäftigung drei Bereiche voneinander abgrenzen: Der enge oder typische Bereich **(Tourismuswirtschaft im engeren Sinn)** weist – Schätzungen zufolge – in Deutschland ca. 1,1 Mio. Beschäftigte mit typischen Fremdenverkehrstätigkeiten und damit ca. 3–4 % der Gesamtbeschäftigung auf. Hinzu kommen Arbeitsplätze im sekundären oder indirekten Bereich **(ergänzende Tourismuswirtschaft)**. Dabei handelt es sich um Arbeitsplätze, die mehr oder minder stark durch den Tourismus geprägt sind, insbesondere Dienstleistungstätigkeiten, welche zwar keine tourismusspezifische Ausbildung bedingen, aber – je nach örtlichen Gegebenheiten – vorwiegend von Touristen nachgefragt werden (z. B. Versicherungs- und Bankkaufleute im Reiseversicherungs- bzw. Devisengeschäft, Reisejournalisten und -schriftsteller, Skilehrer, Ausbilder für touristische Berufe etc.). Schätzungen zufolge kommen in diesem Bereich noch einmal ca. 870.000 Arbeitsplätze hinzu, sodass auf den typischen und ergänzenden Tourismussektor in Deutschland insgesamt rund 2 Mio. Arbeitsplätze entfallen.

Schließlich sind die Beschäftigungswirkungen infolge von **Einkommens- und Multiplikatoreffekten** (vgl. Kap. 2.1.2, 5.6.3) in Bereichen, die mehr oder minder stark vom Tourismus abhängig sind, zu beachten (z. B. Landwirtschaft, Bau- und Verkehrswirtschaft, Handwerk, Gastronomie, Bekleidungs- und Nahrungsmittelindustrie etc.). Geschätzt sind dies weitere 650.000 bis 1,3 Mio. Arbeitsplätze, sodass sich der **touristische Gesamtbeschäftigungseffekt** in Deutschland auf rund 3,6 Mio. Arbeitsplätze beläuft (2014). Dies sind rund 8 % der Gesamtbeschäftigung und ähnlich viel wie in der gesamten Stahl-, Maschinenbau- und Automobilindustrie (vgl. Freyer 2015, S. 558 f.).

Zu berücksichtigen ist, dass bei der exakten Quantifizierung der Beschäftigungseffekte erhebliche Probleme auftreten. Eine sehr weit gefasste Interpretation der Arbeitsplatzeffekte des Tourismus, z. B. über Multiplikatoreffekte, beziffert den eigentlichen Tourismussektor im Sinne der volkswirtschaftlichen Gesamtrechnung zu hoch, weil diese mehrere Perioden beleuchtet und gesamtwirtschaftliche Doppelzählungen aufweist, sodass bei strenger methodischer Auslegung nur der typische Tourismusbereich (Tourismuswirtschaft i. e. S.) und allenfalls noch die ergänzende Tourismuswirtschaft erfasst werden dürfen. Demgegenüber berücksichtigen die statistisch erfassten Arbeitsmarktzahlen nur die sozialversicherungspflichtigen und hauptamtlichen Beschäftigungsverhältnisse, nicht aber die sog. „graue" Beschäftigung wie Nebentätigkeiten, geringfügige Beschäftigung, Mithilfe durch Familienangehörige, Aushilfen, Arbeitsbeschaffungsmaßnahmen, Selbstständige etc., was eine entsprechende Korrektur der realen Beschäftigungszahlen nach oben erfordern würde. Dies ist v. a. für Entwicklungsländer bedeutsam, in denen der Tourismus im informellen Sektor, der staatlich weder registriert noch kontrolliert und folglich statistisch auch nicht erfasst wird, starke Beschäftigungseffekte (z. B. Schuhputzer, Gepäckträger, Fremdenführer und Souvenirverkäufer ohne Lizenz etc.) entfaltet (vgl. Freyer 2015, S. 559 f.; Eisenstein 2014, S. 31).

Zu berücksichtigen ist schließlich, dass viele Beschäftigungsverhältnisse saisonal befristet sind. Dies trifft v. a. auf Destinationen zu, in denen die touristische Nachfrage einer hohen **Saisonalität** (vgl. Kap. 5.5.2) unterworfen ist, z. B. einseitig auf Winter- oder Sommertourismus fixierte Regionen.

Generell ist anzumerken, dass der Tourismus zahlreiche Beschäftigungsmöglichkeiten von hochqualifizierten Stellen bis zu einfachen Jobs, die auch leistungsschwächeren, bildungsfernen sowie un- bzw. angelernten Arbeitssuchenden offenstehen (z. B. Zimmermädchen, Servicepersonal, Küchenhilfen etc.), schafft. Das hohe Angebot an Teilzeitstellen ist insbesondere für Eltern mit Kindern attraktiv, da häufig auch Arbeitszeiten möglich sind, in denen der Partner, der außerhalb des Tourismussektors arbeitet, die Betreuungsfunktion übernehmen kann (z. B. abends oder am Wochenende). Allerdings sind viele Arbeitsplätze oft nur von geringer Qualität und sozialem Prestige. So sind die Aufstiegschancen aufgrund von Geringqualifizierung meist stark eingeschränkt. Gleichzeitig liegt das **Lohnniveau** in der Tourismuswirtschaft im Schnitt um ein Fünftel bis ein Viertel niedriger als in der Industrie, während die **Arbeitszeiten** vergleichsweise höher sind als bei anderen Berufen. Hinzukommt, dass aufgrund der Saisonalität häufig **keine Arbeitsplatzgarantie** besteht. In sich entwickelnden Gesellschaften ist zu beachten, dass die wenigen Arbeitsplätze für Hochqualifizierte (z. B. im Management) in Ermangelung entsprechend qualifizierter einheimischer oft ausländischen Arbeitskräften vorbehalten sind, während niedrig qualifizierte Tätigkeiten überwiegend durch die einheimische Bevölkerung besetzt werden (vgl. Klemm 1998, S. 88; Freyer 2015, S. 564; Schmude/Namberger 2015, S. 95).

Schließlich ist zu bedenken, dass neu entstehende Arbeitsplätze im Tourismussektor nicht zwangsläufig einen höheren Beschäftigungsgrad in einer Region bewirken. Häufig kommt es lediglich zu einer Arbeitsplatzverlagerung, wenn bisher in einem anderen Wirtschaftszweig (z. B. Landwirtschaft) Beschäftigte ihren Arbeitsplatz aufgeben und sich eine neue, profitablere Beschäftigung im Tourismus suchen (vgl. Freyer 2015, S. 566).

2.1.5 Räumliche Ausgleichseffekte

Da mit der Entfaltung einer touristischen Nachfrage eine räumliche Konsumverlagerung von den Quellgebieten in die Zielgebiete stattfindet, gerät der Tourismus als wirtschaftsfördernder Faktor in den Fokus der Regionalpolitik. Er ist damit ein Instrument zur Generierung von Ausgleichseffekten, d. h. zur Kompensation **regionaler Disparitäten**, zu verstehen als interregionale Unterschiede in der Raumstruktur, und zur Herstellung möglichst gleichwertiger Lebensbedingungen innerhalb eines Wirtschaftsraums (vgl. Eisenstein 2014, S. 34; Luft 2010, S. 135).

Häufig besteht ein Zusammenhang zwischen dem wirtschaftlichen Entwicklungsgrad und der touristischen Attraktivität eines Raumes. Denn in vielen Ländern beschränkt sich der Tourismus auf landschaftlich ansprechende Regionen mit hoher ästhetischer Qualität von Umwelt und Kulturlandschaft sowie teilweise traditionellem Brauchtum, die aber trotz Nähe zu touristischen Quellgebieten und guter Verkehrsanbindungen für den Individualverkehr als peripher gelegen und wirtschaftlich passiv gelten (z. B. Küsten- oder Hochgebirgsregionen). Die standörtlichen Voraussetzungen für andere Wirtschaftszweige (Industrie, Dienstleistungen, Handel etc.) sind dort nicht oder nur in geringem Ausmaß gegeben (vgl. Kap. 3.1.6). Solche Gebiete zeichnen sich zumeist am Beginn der touristischen Entwicklung durch vielfältige strukturelle Probleme, wie z. B. Übergewicht des Agrarsektors, mangelnde infrastrukturelle Ausstattung, geringe kommunale Finanzspielräume, Abwanderung jüngerer Bevölkerungsschichten etc., aus. Durch den Tourismus können an solchen Standorten **wirtschaftliche Impulse** freigesetzt werden, indem die Etablierung einer touristischen Nachfrage einen Kaufkraftzustrom in Form einer regionalen Einkommensumverteilung auslöst, der im Zielgebiet zur Schaffung neuer Arbeitsplätze und Wertschöpfungsmöglichkeiten führt. Dies reicht von den Umsätzen von auf Touristen fokussierten Betrieben über die Belebung von örtlicher Gastronomie, Einzelhandel, Handwerk und Industriebetrieben bis zu kommunalen Einnahmen durch Kurtaxen oder Parkgebühren. Im ländlichen Raum lassen sich die Einkommen landwirtschaftlicher Betriebe durch Vermietung von Zimmern und Ferienwohnungen sowie Direktvermarktung landwirtschaftlicher Produkte steigern.

Neben dieser wirtschaftsfördernden Wirkung trägt der Tourismus auch zu einer **verbesserten Versorgungssituation** (z. B. Ausweitung der Einkaufsmöglichkeiten oder der medizinischen Versorgung) sowie zur **Erweiterung der Verkehrs- und Versorgungsinfrastruktur** (z. B. Straßen, öffentlicher Personennahverkehr, Wasserver- und -entsorgung), der **Kommunikationsinfrastruktur** (z. B. Ausbau von Internetverbindungen oder W-LAN) und der **Freizeitinfrastruktur** (z. B. kulturelle Veranstaltungen, Freizeiteinrichtungen) bei, wovon neben den Touristen auch die ortsansässige Bevölkerung profitiert. Hinzukommen können eine Verbesserung der örtlichen Grünflächenversorgung, die Erhaltung und positive Beeinflussung des Ortsbildes sowie eine höhere Anziehungskraft bei der Ansiedlung von Unternehmen (weiche Standortfaktoren, vgl. Kap. 3.5.5) (vgl. Steinecke 2011, S. 100, 131 f. und 202 f.; Eisenstein 2014, S. 34 f.).

Die Ausgleichsfunktion des Tourismus ist nicht nur auf die binnenwirtschaftliche Ebene eines nationalen Wirtschaftsraums beschränkt, sondern auch im internationalen Zusammenhang, z. B. durch das Verreisen der Bevölkerungen nord- und mitteleuropäischer Staaten in südeuropäische Länder **(internationale Ausgleichseffekte)**, gegeben. Des Weiteren bestehen im Rahmen des Fernreisetourismus **interkontinen-**

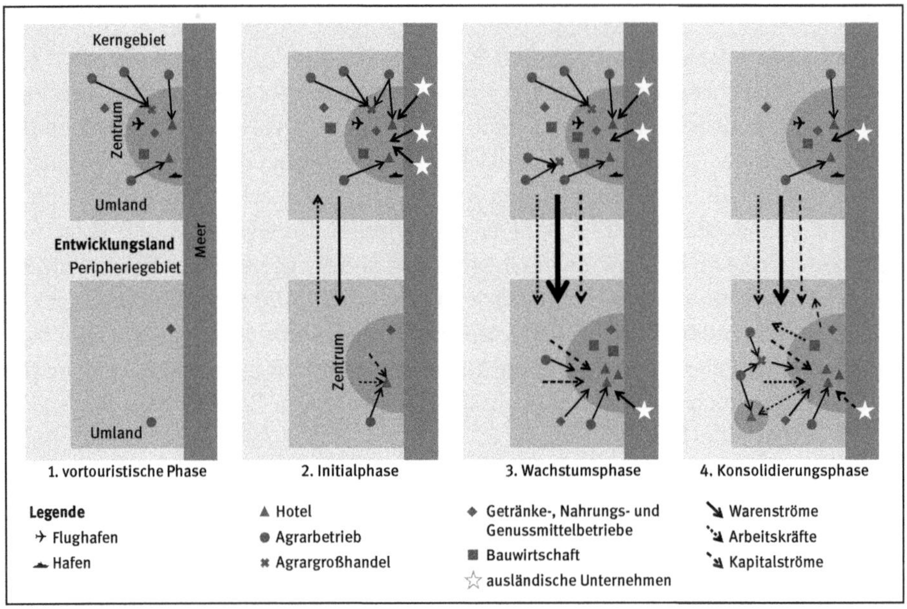

Abb. 2.3: Raumzeitliche Entfaltung der Tourismuswirtschaft; Quelle: Latz 2017, S. 443 nach Vorlaufer 1996 und 2003, verändert.

tale oder subglobale Ausgleichseffekte zwischen Industrie- und Entwicklungsländern (vgl. Eisenstein 1993, S. 85 f.).

Abb. 2.3 zeigt das **raumzeitliche Entwicklungsmodell der Tourismuswirtschaft**, das beschreibt, wie es in einem Entwicklungsland über die Ausdehnung des Tourismus sukzessive zu räumlichen Ausgleichseffekten bzw. zum Abbau regionaler Disparitäten kommt.

In der **vortouristischen Phase** gibt es zwischen der Kern- und Peripherieregion keinerlei wirtschaftliche Austauschbeziehungen. Lediglich im Regionalzentrum innerhalb der Kernregionen befinden sich Hotels und sonstige Wirtschaftsbetriebe, die Warenlieferungen aus der sonstigen Kernregion erhalten. Dies ändert sich mit der **Initialphase**, in der es zu zweierlei Entwicklungen kommt: Erstens entsteht durch die Gründung eines Hotelkomplexes in der Peripherieregion ein Tourismusort, der Kapital-, Waren- und Arbeitskraftströme aus der unmittelbaren Umgebung anzieht und damit als regionaler Wachstumsmotor fungiert. Gleichzeitig werden aus der Kernregion Zulieferungen aus der Getränke-, Nahrungs- und Genussmittelindustrie, der Bauwirtschaft und dem Agrargroßhandel in die Peripherieregion in Gang gesetzt. Zweitens kommt es in der Kernregion zur Intensivierung der Tourismuswirtschaft, indem auch ausländische Lieferanten zur Versorgung der Hotels und deren Zulieferer mit einzubeziehen sind. Der steigende Arbeitskräftebedarf wird mit Arbeitskräften aus der Peripherieregion gedeckt. In der **Wachstumsphase** wächst die Tourismuswirtschaft im Tourismusort immer kräftiger. Es kommt zur Errichtung weiterer Hotels, Betriebe der Getränke-, Nahrungs- und Genussmittelindustrie siedeln sich an. Warenlieferungen, Arbeitskräfte und Kapital werden aus dem Umland, d. h. der Peripherieregion, bezogen. Auch werden Direktinvestitionen aus dem Ausland angelockt, während sich der Arbeitskräftestrom zwischen Peripherie- und Kernregion umkehrt. Weil das Wachstum der Tourismuswirtschaft in der Kernregion zu stagnieren beginnt, zieht jetzt die Peripherieregion Arbeitskräfte aus der Kernregion an, Waren- und Kapitalströme nehmen zu. In der letzten, der **Konsolidierungsphase**, hat der Tourismusort den Wachstumshöhepunkt erreicht. Die Kapital- und Warenlieferungsströme aus dem Umland und teilweise dem Ausland haben sich soweit intensiviert, dass die Zuströme aus der ehemaligen Kernregion, in der die Tourismuswirtschaft immer mehr dem Niedergang entgegensteuert, stark nachgelassen haben. Stattdessen versorgt nun auch der Tourismusort die ihn umgebende Peripherieregion mit Kapital und Arbeitskräften.

Zur Beurteilung der regionalökonomischen Stellung des Tourismus ist – unabhängig vom Entwicklungsgrad der betrachteten Räume – stets die **regionale Verteilung touristischer Aktivitäten** zu berücksichtigen, denn bei gesamtwirtschaftlichen Analysen auf hohen räumlichen Aggregations- bzw. Maßstabsebenen (z. B. Staaten, Bundesländer) kommen **regionale Disparitäten** oftmals nicht zum Ausdruck (vgl. Schmude/Namberger 2015, S. 95; Freyer 2015, S. 555). So entfielen im Sommerhalbjahr 2017 in den 13 Schweizer Ferienregionen fast 61 % der Übernachtungen auf nur fünf Regionen, im Winterhalbjahr 2017/18 waren es sogar knapp 66 %. Dabei sind – von der Region Zürich abgesehen, welche zu jeder Jahreszeit ein stark nachgefragtes Reiseziel darstellt – markante saisonale Unterschiede festzustellen. Während der Wintertourismus sich hauptsächlich auf die Wintersportregionen im Osten (Graubünden) und Südwesten des Landes (Berner Oberland, Wallis) konzentriert, rückt im Sommer die Zentralschweiz (Luzern/Vierwaldstättersee) nach vorne (vgl. Tab. 2.1).

Allgemein ist zu beachten, dass nicht alle Formen des Tourismus Ausgleichseffekte zum Abbau regionaler Disparitäten auslösen. Z. B. entfällt der Geschäftsreise-, Kongress- und Tagungstourismus auf Ballungszentren, während sich der Städtetourismus (vgl. Kap. 4.1) auf städtische Agglomerationen konzentriert. Neuartige Formen des Tourismus, die auf Events, Inszenierung und Erlebniskonsum setzen und in der Schaffung sog. künstlicher Erlebnis- und Konsumwelten (vgl. Kap. 4.6) zum Ausdruck kommen, schwächen die Bedeutung der naturräumlichen Ausstattung einer Destination ab, welche gerade in peripheren Regionen einen vorteilhaften Differenzierungsfaktor im Tourismuswettbewerb darstellen kann (vgl. Eisenstein 2014, S. 35). Abschließend thematisiert Exkurs 1 die tourismusbedingte Veränderung der Wirtschaft am Beispiel Teneriffas.

Tab. 2.1: Übernachtungsstärken in der Schweiz nach touristischen Regionen (2017/18); Quelle: Schweizer Bundesamt für Statistik 2018.

Winterhalbjahr 2017/18	Übernachtungen	Sommerhalbjahr 2017	Übernachtungen
Graubünden	2.846.410	Region Zürich	3.392.979
Region Zürich	2.629.633	Region Bern (inkl. Berner Oberland)	3.034.429
Region Bern (inkl. Berner Oberland)	2.100.656	Luzern/Vierwaldstättersee	2.241.317
Wallis	2.092.828	Graubünden	2.091.783
Luzern/Vierwaldstättersee	1.453.367	Wallis	1.869.999
Genf	1.433.443	Tessin	1.773.320
Waadtland/Genfersee	1.253.491	Genf	1.654.064
Ostschweiz	791.117	Waadtland/Genfersee	1.646.269
Region Basel	783.125	Ostschweiz	1.102.838
Tessin	669.536	Region Basel	874.891
Jura und Drei-Seen-Land	319.057	Jura und Drei-Seen-Land	443.312
Region Aargau	350.924	Region Aargau	438.147
Region Freiburg	179.364	Region Freiburg	269.344

Exkurs 1: Der Aufstieg Teneriffas zur wirtschaftlichen Destination

Teneriffa, ca. 250 km von Marokko und der Sahara entfernt, ist die größte Insel der zu Spanien gehörenden Inselgruppe der Kanaren und bietet alles, was sich Touristen zur Erholung wünschen: Ein ganzjährig mildes Klima, viele Sandstrände und eine hohe kulturlandschaftliche Diversität.
Der Beginn des Tourismus datiert Ende des 19. Jahrhunderts, genauer gesagt 1884, als das erste große Hotel gebaut wurde. Suchten damals jährlich nur um die 5.000 überwiegend in Luxusherbergen untergebrachte Touristen die Insel wegen ihres gesundheitsförderlichen Klimas auf, kommen heute jährlich rund 5 Mio. Urlauber. Den touristischen Aufstieg nahm die Insel in den 1960er-Jahren mit dem Wandel vom exklusiven Individual- zum Massentourismus. Ausschlaggebend war dafür neben der Optimierung des Charterflugverkehrs v. a. der wirtschaftliche Aufschwung in den mittel- und nordeuropäischen Industrieländern. Infolgedessen kam es durch zahlreiche Bau- und Entwicklungspläne zur Expansion der Küstenstädte. Heute konzentriert sich der Tourismus v. a. auf den Norden mit Puerto de la Cruz und den Süden mit den Städten Los Cristianos und Playas de la Américas als Zentren. Hatte Teneriffa noch Mitte der 1970er-Jahre rund eine halbe Mio. Einwohner, lebten 2014 knapp 900.000 Menschen auf der Insel, sodass heute im Jahr auf einen Inselbewohner im Schnitt 5,7 Touristen kommen.
Der Tourismus hat einen prägenden Einfluss auf die Wirtschafts- und Erwerbsstrukturen. War zu seinem Beginn das Gros der Bevölkerung in der Landwirtschaft tätig, wovon auch heute noch die großflächigen Bananenplantagen zeugen, sind heute rund drei Viertel der Einwohner im Dienstleistungsbereich beschäftigt. Zusammen mit den vom Tourismus abhängigen Wirtschaftssektoren entfallen heute rund 60 % des Bruttoinlandsprodukts auf die Tourismuswirtschaft. Diese hat das Leben der Einwohner und ihr räumliches Umfeld stark verändert. Anstelle von romantischen Fischerdörfern aus früheren Zeiten dominieren heute große Hotel- und Clubanlagen für Pauschalreisende. Die Verkehrs- und Siedlungsstruktur wurde konsequent ausgeweitet mit der Folge eines immensen Flächenverbrauchs und eines damit korrespondierenden Rückgangs landwirtschaftlich genutzter Flächen v. a. in Küstennähe. Doch dehnen sich die touristischen Kerngebiete auch immer weiter landeinwärts aus und beanspruchen große, ehemals für Bananen- und Tomatenplantagen genutzte Flächenareale. Dass auch in peripheren und höher gelegenen Regionen der Insel ein

drastischer Rückgang der Agrarflächen zu verzeichnen ist, ist nicht direkt der Ausweitung touristischer Aktivitäten geschuldet, wohl aber der beruflichen Umorientierung der landwirtschaftlichen Erwerbsbevölkerung auf lukrativere Beschäftigungen im Tourismus und im Baugewerbe mit entsprechenden Migrationsbewegungen aus den wirtschaftlich benachteiligten ländlichen Räumen hin zu den touristischen Zentren.
Quellen: Naumann 2015; Günthert 2014, S. 24; Pott et al. 2003, S. 191 ff.

2.1.6 Negative wirtschaftliche Effekte

Der Abbau regionaler Disparitäten durch die wirtschafts- und infrastrukturbelebende Funktion des Tourismus tritt nicht immer ein. Vielmehr kann es auch zu negativen ökonomischen Effekten in den Zielgebieten kommen, insbesondere wenn **touristische Monostrukturen** vorliegen, d. h. sich Destinationen zu einseitig auf den Tourismus, im Extremfall auf nur wenige oder gar nur eine Herkunftsregion, konzentrieren. In diesem Fall entstehen **wirtschaftliche Abhängigkeitsverhältnisse**, indem die Entwicklung des Tourismus im Zielgebiet konjunkturellen oder wechselkursbedingten Schwankungen in den Quellregionen ausgeliefert ist. Gleiches gilt für den Fall einer Verlagerung der Reisezielpräferenzen in den Herkunftsgebieten, z. B. aufgrund neuer touristischer Trends, eines Einstellungs- oder Imagewandels sowie touristischer Krisen (vgl. Kap. 2.1.7).

Auch die zu geringe Einflussnahme auf Marketingaktivitäten und Kommunikationspolitik im Quellgebiet, wenn die Tourismusbranche überwiegend durch nichtansässige Unternehmen (z. B. ausländische Pauschalreiseunternehmen oder Kapitalanleger) beherrscht wird, kann die Gefahr einer unerwünschten Beeinflussung der touristischen Entwicklung mit sich bringen (vgl. Eisenstein 2014, S. 35 f.).

In ländlichen Räumen kommt es aufgrund lukrativerer Beschäftigungsbedingungen im Tourismus möglicherweise zur Verdrängung von Arbeitsplätzen in der Landwirtschaft **(Arbeitsabzugseffekte)**, die, v. a. in Entwicklungsländern, von einem Rückgang der Selbstversorgungsquoten begleitet werden kann.

Daneben machen sich **Knappheits- und Preissteigerungseffekte** bemerkbar, wenn der tourismusbedingten Steigerung der Nachfrage nach bestimmten Gütern kein entsprechendes lokales Angebot entgegensteht. Die ortsansässige Bevölkerung kann unter einer Erhöhung der Lebenshaltungskosten leiden, wenn es zu Preisanstiegen bei Gütern des Alltagsbedarfs kommt, welche auch die Touristen nachfragen. Zudem bringt die tourismusinduzierte Flächennutzungskonkurrenz in Regionen, in denen nur ein begrenztes Angebot wirtschaftlich nutzbarer Flächen vorliegt (z. B. in Hochgebirgs- oder Insellagen, aber auch in Innenstädten) eine **Erhöhung der Grundstücks- und Immobilienpreise** mit sich. Da sich mit der kurzfristigen Vermietung von Ferienwohnungen oft ein Vielfaches mehr als mit der klassischen Dauervermietung verdienen lässt, ziehen die Mietpreise stark an und in den Innenstädten kann es zu **Wohnungsnot** kommen, wenn die Anwohner aus ihrem angestammten Wohnumfeld verdrängt werden. Ein besonders abschreckendes Beispiel stellt die spanische Ferieninsel Mallorca dar. Die Zahl der Ferienunterkünfte, welche von Internetplattformen wie Airbnb oder Homeaway angeboten werden, wächst ständig und hat das gesamte Preisgefüge auf dem Wohnungsmarkt ins Wanken gebracht, indem die Mieten in immer neuere Höhen schnellen. Die 400.000 Einwohner zählende Balearenmetropole Palma ist daher mittlerweile die teuerste Stadt Spaniens, dicht gefolgt von Barcelona (vgl. Exkurs 3 in Kap. 2.2.1). Damit wächst auch der Unmut der lokalen Bevölkerung, wenn Kellner, Polizisten, Krankenschwestern etc. keine bezahlbaren Unterkünfte mehr finden. 2018 hat die Regionalregierung daher die Vergabe weiterer Lizenzen für Ferienwohnungen vorerst gestoppt – eine Maßnahme, die auch in anderen spanischen Touristenhochburgen Schule machen könnte. Damit soll der Mietmarkt wieder ins Gleichgewicht gebracht und dem Trend zur Flucht aus den Zentren Einhalt geboten werden (vgl. Eisenstein 2014, S. 36; Schmude/Namberger 2015, S. 97; FAZ 2017b; SZ 2018i).

Ein weiteres Problem stellen **Saisonalitätseffekte** dar. In Regionen, die ihre Infrastrukturausstattung nicht dem zwischenzeitlich erhöhten Bedarf während saisonaler Spitzenzeiten anpassen, treten Engpässe bei der Versorgungsinfrastruktur (z. B. bei der Trinkwasserver- und -entsorgung) und der Verkehrsinfrastruktur (z. B. Verkehrsüberlastung oder Behinderung des Wirtschaftsverkehrs durch Belastung des Straßennetzes mit touristisch bedingtem Verkehr) auf. In der touristischen Niedrig- oder Nebensaison verkörpern entsprechend bereitgestellte, aber ungenutzte Infrastrukturkapazitäten totes Kapital (vgl. Steinecke 2011, S. 133; Eisenstein 2014, S. 36 f.). Ein plastisches Beispiel für ein touristisch bedingtes Verkehrschaos liefert auch hier Mallorca. Zur Hochsaison herrscht auf den Autobahnen oft nur Schritttempo, denn Mallorca hat eine ähnlich hohe Fahrzeugdichte wie Hongkong. Geschuldet ist dies v. a. der hohen Anzahl von Mietwägen. Mehr als 70.000 sind zur Saison unterwegs und verstopfen die Straßen. Zehntausende zusätzliche Fahrzeuge bringen große Vermietungsfirmen jeden Sommer mit sich. Am Flughafen von Palma, an dem an manchen Tagen bis zu 66 Flugzeuge in der Stunde starten und landen, sind die Wartezeiten an den Vermietungsschaltern oft länger als die Flugdauer selbst (vgl. FAZ 2017b).

Des Weiteren können die Überfüllung von Räumen (z. B. einzelner Stadtviertel), Lärm- und Schadstoffemissionen, eine Verbauung des Ortsbildes, höhere Kosten für den Erhalt auch von Touristen genutzter öffentlicher Einrichtungen sowie tourismusbedingte Schäden an städtischen Erscheinungsbildern, Denkmälern und Gebäuden z. B. durch Zerstörung, Feuchtigkeit, Trittbelastung etc. auftreten. Auch werden aufgrund einer kurzfristigen Gewinnmaximierung häufig Hotelkomplexe und Ferienhaussiedlungen errichtet, ohne auf ortsbild- und landschaftsästhetische Aspekte Rücksicht zu nehmen (vgl. Steinecke 2011, S. 133).

Die unerwünschten wirtschaftlichen Wirkungen des Tourismus lassen sich plastisch am Beispiel des **Massentourismus** bzw. **„Overtourism“** in Venedig (Exkurs 2) darstellen. Dabei steht der negativ besetzte Begriff Massentourismus für die Qualifizierung des Tourismus als Massenphänomen inklusive der Verhaltensformen der Touristen und der daraus resultierenden Auswirkungen.

Exkurs 2: Venedig – eine Stadt im massentouristischen Ausnahmezustand

Wegen der einmaligen romantischen Kulisse, der zahlreichen Plätze und Brücken von beneidenswerter Schönheit sowie der vielen Paläste, in welchen die Meisterwerke berühmter italienischer Künstler beheimatet sind, gilt Venedig als einer der schönsten Orte der Welt und ist ein entsprechender Magnet für Touristenmassen. Rund 30 Mio. Menschen besuchen die Lagunenstadt jährlich. Der größte Teil davon entfällt auf die Tagestouristen, die überwiegend mit den großen Kreuzfahrtschiffen ankommen und oft nur für wenige Stunden in der historischen Altstadt verweilen. Sie sind zu einem besonderen Aushängeschild des unerwünschten Massentourismus geworden.

Während die Touristenzahlen von Jahr zu Jahr steigen, nimmt die Bevölkerung konsequent ab. Venedig zählt heute ca. 265.000 Einwohner, wovon rund 170.000 in den Stadtbezirken auf dem Festland leben. In den auf dem Meer und um die historische Altstadt gelegenen sechs Stadtbezirken (Cannaregio, Castello, Dorsodura, Santa Croce, San Marco, San Polo), die seit Mussolinis Zeiten keine eigenständige Gemeinde mehr bilden, leben heute (2018) nur noch ca. 50.000 Menschen, 1951 waren es noch knapp 200.000. Insbesondere jüngere Bewohner verlassen das Zentrum in Scharen. Von den Verbliebenen ist fast die Hälfte über 60 Jahre alt, nur noch ca. 9.000 Einwohner sind jünger als 18.

Verantwortlich für diesen Exodus zeichnet der Massentourismus, der neben seiner Funktion als Haupteinnahmequelle mittlerweile als größte Bedrohung für die lokale Gemeinschaft wahrgenommen wird. Arbeitsplätze gibt es – vom Tourismus mit seiner vergleichsweise schlechten Entlohnung abgesehen – fast nur noch auf dem Festland. Ferner hat der Tourismus für viele Einheimische das tägliche Leben zu teuer gemacht. Dies betrifft insbesondere die Wohnkosten. Denn aufgrund seiner touristischen Attraktivität zieht Venedig immer mehr Investoren aus aller Welt an, die in Luxushotels, Zweitwohnungen und Einkaufszentren investieren und den Wohnraum entsprechend verknappen. Der Quadratmeter in der Altstadt kostet heute zwischen 10.000 und 12.000 Euro, auch die Mieten sind exorbitant hoch und betragen rund das Dreifache der Mieten auf dem Festland. Wer seine Wohnung an Touristen vermietet, erhält ein Vielfaches von dem, was Einheimische bezahlen können. Ferner gelten viele der vom Wasser umspülten Gebäude als baufällig, was hohe Sanierungskosten aufwirft und das Wohnen selbst für gut verdienende Familien unerschwinglich macht.

Auch wird ein kontinuierlicher Rückgang der Lebensqualität beklagt: An manchen Tagen, v. a. in der Hauptsaison, sind Sehenswürdigkeiten wie die Rialto-Brücke oder der Markusplatz vor Menschenansammlungen praktisch unzugänglich, Menschenmassen schieben sich durch die engen Gassen oder über die kleinen Brücken. Das Problem wird durch die vielen, auf engstem Raum verteilten Souvenirstände mit billigen Importartikeln zusätzlich verschärft. Würde man Sicherheitsstandards, wie sie für die Evakuierung von Fußballstadien gelten, anlegen, so dürften täglich nicht mehr als 35.000 Touristen in den Stadtkern gelangen. Tatsächlich sind es in den Sommermonaten aber bis zu 80.000. Auch in den Wasserstraßen herrschen Raumprobleme, wenn sich Einwohner, Pendler, Studenten und Touristen in den öffentlichen Wassertaxis (Vaporetti) gegenseitig den Platz wegnehmen. Auf dem Canal Grande und in den engen Seitenkanälen beschimpfen sich die Fahrer von Gondeln, privaten und öffentlichen Booten. In dem dichten Schiffsverkehr, in dem oft keine Regeln gelten oder mit zu hoher Geschwindigkeit gefahren wird, ereignen sich immer wieder tödliche Unfälle. So kamen im Sommer 2018 beim Zusammenstoß eines Fischerbootes mit einem Motorboot sowie beim Kippen eines Schiffs wegen Wellengangs drei Menschen ums Leben, mehrere wurden verletzt. Bereits 2013 starb ein deutscher Tourist, nachdem seine Gondel durch einen Wasserbus gerammt worden war.

In der Stadt gibt es immer weniger Kinos, Bäckereien, Lebensmittelgeschäfte und authentische Lokale. Dagegen steigt die Anzahl von Läden, Restaurants und Cafés, welche einseitig nur noch auf die Touristen zugeschnitten sind und häufig „Touristenfallen" darstellen. Wichtige Sehenswürdigkeiten sind mit überdimensioniert großen Werbeplakaten verdeckt. Traditionelle handwerkliche Erzeugnisse wie das weltberühmte mundgeblasene Murano-Glas werden durch billige Importware aus China ersetzt. Unlängst hat Coca Cola unzählige Getränkeautomaten im Zentrum aufgestellt. Untertags firmiert die Stadt als italienisches Disneyland, nachts gleicht sie einer Geisterstadt, in der nur noch der Canal Grande beleuchtet ist.
Venedig ist ferner zu einem Anziehungsort für Migranten aus aller Welt, insbesondere West- und Nordafrika (v. a. Senegal, Ägypten, Marokko), Südost- und Osteuropa (insbesondere Rumänien und Moldawien) sowie Ost- und Südostasien (v. a. China und Bangladesch), geworden, welche sich teils legal, teils illegal als Reinigungskräfte, Zimmermädchen, Kellner und Köche sowie in der Prostitution und im Straßenhandel verdingen.
Zum besonderen Ärgernis haben sich die vielen Tagestouristen entwickelt, die von den Kreuzfahrtschiffen kommen und als wenig rentable Gäste gelten, da sie ihre Verpflegung zumeist selbst mitbringen und stattdessen sehr viel Plastikmüll hinterlassen. Jährlich fallen in Venedig rund 58.000 t Müll an. Das Gedrängel und rücksichtslose Verhalten vieler Kurzzeitbesucher, welche die wichtigsten Sehenswürdigkeiten in kürzester Zeit abhaken, ohne sich für andere Stadtteile oder das kulturelle Angebot der vielen Galerien und Museen zu interessieren, stößt vielen Venezianern auf. Die Stimmung gilt als vergiftet, wovon z. B. Flugblattaktionen mit Aufschriften wie „Tourists go away!!! You are destroying this area!" immer wieder zeugen.
Mehrere Bürgerkomitees sind bereits entstanden und es werden Maßnahmen diskutiert, dem Tourismus und den mit ihm verbundenen Nebenwirkungen Herr zu werden. So sind schon seit längerer Zeit Ordnungshüter im Dienst, die das Verbot, sich auf dem Markusplatz einfach hinzusetzen, zu essen und entsprechend Müll zu hinterlassen, überwachen sollen. Auch über ein Verbot der lärmenden Rollkoffer wird debattiert. Seit Juni 2016 gibt es indes für Einheimische gesonderte Zugänge zu den Wassertaxis, damit diese nicht mit den Touristen in der Schlange stehen müssen. Seit Mai 2019 müssen Tagestouristen, nicht Hotelgäste, für den Eintritt in die Lagunenstadt drei Euro bezahlen. Ab 2020 soll dieser Betrag auf sechs und bei besonders großem Touristenandrang auf zehn Euro ansteigen. Mit den Einnahmen sollen Instandhaltungs- und Reinigungsarbeiten finanziert werden.
Auch die vielen Kreuzfahrtschiffe, welche den Massentourismus auf ein unerträglich hohes Niveau hochschrauben, sorgen für großen Ärger. So ist der Kreuzfahrttourismus in Venedig zwischen 1997 und 2017 um 436 % gewachsen. Die für das Passieren der Schiffe notwendige Vertiefung der Fahrrinnen sowie der durch die riesigen Schiffsschrauben erzeugte Wellenschlag bedrohen die Fundamente der historischen Gebäude und deren Bausubstanz. Beim Vorbeifahren der „Ozeangiganten" fällt wegen der elektromagnetischen Strahlung in den anliegenden Häusern der TV-Empfang aus. Ferner werden große Flächen mit Feinstaub aus den Schiffsschornsteinen überzogen. Umwelt- und Kulturschützer sehen das sensible ökologische Gleichgewicht in der Lagunenstadt gefährdet. Auch kommt es immer wieder zu gefährlichen Unfällen. So hat im Sommer 2019 ein Kreuzfahrtschiff bei der Anlandung ein Touristenboot gerammt. Vier Menschen wurden verletzt.
Der Kreuzfahrtschiffe wegen hat die Weltkulturorganisation UNESCO bereits mit dem Entzug des Titels des Weltkulturerbes gedroht. Es wird daher in der Stadtverwaltung immer wieder diskutiert, bestimmte Routen für Kreuzfahrtschiffe zu sperren bzw. deren Anzahl zu begrenzen. Im Herbst 2017 folgte eine weitreichende Entscheidung von Stadt und Verkehrsministerium: Ab ca. 2020 sollen Schiffe ab 55.000 Bruttoregistertonnen nicht mehr durch den Kanal von Guidecca und damit entlang der Sehenswürdigkeiten wie dem Markusplatz entlangfahren dürfen, sondern in einem eigens in Marghera am Festland noch zu bauenden und weniger glamourösen Industriehafen anlegen.

Der amerikanische Reiseverleger Fodors hat die Stadt mittlerweile in eine Liste von Orten aufgenommen, welche Touristen wegen eines touristischen Massenansturms eher meiden sollten. Insgesamt gilt Venedig mittlerweile als abschreckendes Beispiel für den Massentourismus, der die sichtbare und unsichtbare Geografie der mehr als tausend Jahre alten Stadt spürbar verändert hat. Die Touristen indes bekommen davon nur wenig mit, sehen sie zumeist doch nur das, was sie sehen wollen.

Quellen: Coen/Wenz 2015; Spiegel Online 2016; Zeit Online 2016a; Welt 2015; Tagesspiegel 2012; NZZ 2015; 2017c; FAZ 2017c; 2018a; SZ 2018l

2.1.7 Touristische Krisen

Eine wirtschaftliche Besonderheit des Tourismus ist seine ausgeprägte **Anfälligkeit gegenüber Gefahrenlagen** wie Krankheiten, Sicherheitsrisiken und Terroranschlägen, was ein entsprechendes Krisenmanagement erfordert. Denn in der Tourismusbranche ist für negative Emotionen kein Raum vorgesehen. Stellen sich derartige Ereignisse und Erlebnisse ein, brechen sich negative Emotionen umso stärker und unkontrollierter Bahn. Das bedeutet, dass im Tourismus bzw. der Erlebniswelt der Touristen bereits kleine und singuläre Ereignisse eine umso stärkere Wirkung entfalten, deren Wahrnehmung von folgenden Faktoren abhängig ist (vgl. Vester 2001, S. 5; Schmude/Namberger 2015, S. 128) :

- die **Art der Ereignisse:** Naturrisiken üben auf das Reiseverhalten einen geringeren Einfluss als vom Menschen verursachte Risiken aus;
- der **zeitliche Abstand zu dem Ereignis:** Je länger das Ereignis her ist, desto geringer fällt sein Einfluss aus;
- das **Ausmaß des Ereignisses:** Je größer die Zahl der Toten und Verletzten, desto stärker ist der Einfluss;
- die **räumliche Entfernung zum Ereignisort:** Je größer die Entfernung, desto höher ist die Übertragungswahrscheinlichkeit von Sicherheitsrisiken auf größere Raumeinheiten;
- die **Betroffenheit vom Ereignis:** Je mehr eigene Landsleute in das Ereignis involviert sind, desto größer ist die eigene Betroffenheit;
- das **individuelle Hintergrundwissen:** Je umfangreicher das eigene Hintergrundwissen ist, desto realistischer wird das objektive Gefährdungspotenzial gewertet.

2.1.7.1 Ursachen und Formen touristischer Krisen

Derartige Ereignisse und ihre Wahrnehmung lösen touristische Krisen aus. Dabei handelt es sich um unvorhergesehene und plötzlich auftretende Prozesse, die durch eine starke Betroffenheit der beteiligten touristischen Betriebe, einen drastischen Entscheidungs- und Handlungsbedarf unter Zeitdruck und Informationsdefiziten sowie hohe Unsicherheit charakterisiert sind und die v. a. in vom Tourismus abhängigen Ländern bzw. Regionen zu beträchtlichen wirtschaftlichen Einbrüchen und politischer Destabilisierung führen können (vgl. Freyer 2015, S. 611).

Als Ursachen für touristische Krisen kommen **offensichtliche Sicherheitsrisiken** mit breiter medialer Resonanz wie Naturkatastrophen (Erdbeben, Überschwemmungen, Vulkanausbrüche, Wirbelstürme, Waldbrände, Dürreperioden etc.), technisches Versagen (Flugzeugabstürze, Schiffshavarien, sonstige Unfälle, Stromausfälle, IT-Probleme etc.), vom Menschen ausgehende Aktivitäten (Streiks, Sabotage, politische Umstürze, kriegerische Auseinandersetzungen, Terrorismus etc.) oder **strukturelle Sicherheitsrisiken** mit hohem Gefährdungspotenzial wie Armut, religiöse Spannungen oder epidemische Krankheiten in Frage (vgl. Steinecke 2014, S. 193). Ein einträgliches Beispiel für strukturelle Krisen war die von Herbst 2002 bis Frühjahr 2003 auftretende Lungenkrankheit SARS („Severe Acute Respiratory Syndrome"). Der den Corona-Viren zuzurechnende SARS-Erreger ist hochinfektiös und breitet sich mit hoher Geschwindigkeit aus. Ihren Ausgang nahm die Krankheit vermutlich im November 2002 in der chinesischen Provinz Guangdong. Die Ausbreitung in andere Länder wurde im Februar 2003 durch einen Mann ausgelöst, der in Südchina arbeitete und in einem Hotel in Hongkong übernachtete. Dort infizierten sich Gäste aus Singapur und Vietnam. Betroffen von weiteren Ansteckungen waren dann wiederum Familienangehörige, Personen, die sich in unmittelbarer Nähe zu den Erkrankten befanden, sowie v. a. medizinische Angestellte. Außerhalb Asiens traten SARS-Fälle auch in Kanada, den USA, Irland, aber auch Deutschland auf. Insgesamt fielen mehr als 700 Menschen der Krankheit zum Opfer.

Die Seuche hatte in China und Südostasien verheerende wirtschaftliche Auswirkungen zur Folge. Die anfänglich mangelnde Kenntnis über die Krankheit und eine dramatisierende Berichterstattung in den Medien haben gleichsam Unternehmen wie Verbraucher stark verunsichert. Neben der Schließung öffentlicher Einrichtungen, Märkten, Theatern und Restaurants führten Quarantänemaßnahmen sowie die Einschränkung des Reiseverkehrs zu beträchtlichen Störungen des öffentlichen Lebens. Reisen, Kongresse und Ausstellungen, v. a. in China und Hongkong, wurden abgesagt. Die Einbrüche im Geschäftsreisverkehr und Tourismus belasteten neben Hotels v. a. die renommierten Fluggesellschaften – dies galt nicht nur für die ansässigen Gesellschaften wie Cathay Pacific oder Singapore Airlines, sondern auch für ausländische Fluglinien, welche ihre Verbindungen in die Region mangels Passagieren zeitweise einstellen mussten. In Hongkong, das einen dramatischen Rückgang an Besuchern und Hotelgästen zu verzeichnen hatte, wurde der durch SARS verursachte Schaden auf 1,7, in China auf 2,2 Mrd. US-$ beziffert. Insgesamt ging 2003 der Umsatz in der asiatischen Tourismuswirtschaft – je nach Destination – um 20 bis 60 % zurück (vgl. Taubmann 2003; Krafft 2003).

Im Rahmen der offensichtlichen Sicherheitsrisiken ist es v. a. der **internationale Terrorismus**, der sich seit den Ereignissen von 9/11 zu einer großen Bedrohung für die Branche entwickelt hat. Dabei lassen sich drei Formen terroristischer Angriffe unterscheiden (vgl. Vester 2001, S. 4; Bundesamt für Verfassungsschutz 2017):

- **Gezielte Anschläge auf Touristen und touristische Objekte:** Beispiele sind die Al-Qaida-Anschläge auf eine Diskothek und ein Café auf Bali in Indonesien

(Oktober 2002) und auf die Synagoge von Djerba in Tunesien (April 2002), der Schusswaffenüberfall des Islamischen Staates (IS) auf einen Strand im tunesischen Sousse (Juni 2015), der IS-Abschuss eines russischen Passagierflugzeugs über der Sinai-Halbinsel (Oktober 2015) oder die zahlreichen IS-Sprengstoffanschläge in der Türkei (seit Herbst 2015). Einer der schwersten Anschläge ereignete sich im April 2019 auf mehrere Kirchen und Hotels in Sri Lankas Hauptstadt Colombo. Zu dieser Anschlagskategorie gehören aber auch die Entführungen von Touristen und Reisegruppen, wie sie z. B. immer wieder in Kolumbien oder auf den Philippinen zu beobachten sind.
- **Anschläge zur Erschütterung der öffentlichen Ordnung**, die sich nicht gezielt gegen Touristen richten, aber den Reiseverkehr empfindlich in Mitleidenschaft ziehen. Beispiele sind die Anschläge von New York und Washington (September 2001), die Angriffe auf U-Bahnen und Busse in London (Juli 2005), auf Nahverkehrszüge in Madrid (März 2004) und auf die indische Metropole Mumbai (November 2008) sowie die IS-Anschläge in Paris (Januar und November 2015), Nizza (Juli 2016) und Barcelona (August 2017).
- **Wahl- und ziellos erfolgende Terrorakte**, wie z. B. die früheren Autobombenanschläge der Terrororganisation ETA in spanischen Städten oder die zahlreichen Messerattacken von Palästinensern in Israel.

Die Grenzen sind sicherlich fließend, gemein ist aber allen drei Formen, dass sie zur Verunsicherung von Touristen, zur Imagezerstörung touristischer Destinationen und zur Erlahmung von Reiseströmen führen, was v. a. für Länder, deren Einkommen sich hauptsächlich aus dem Tourismus speisen – in Ägypten z. B. ist er noch vor dem Suez-Kanal die wichtigste Einkommensquelle – kurz- bis mittelfristig verheerende wirtschaftliche Folgen haben kann, indem die Schließung touristischer Betriebe und die Entlassung von Personal droht. Dasselbe gilt für **politische Umstürze** infolge von Revolutionen, wie sie sich seit 2011/12 im Zuge des „Arabischen Frühlings" z. B. in Tunesien und Ägypten zeigten.

Ein besonderes Beispiel ist der gescheiterte Putschversuch in der Türkei vom Juli 2016. Aufgrund des eingeführten türkischen Notstandsgesetzes müssen Türkeireisende jederzeit mit kurzfristigen Ausgangssperren, verstärkten Kontrollen und Durchsuchungen, insbesondere an den Flughäfen, bis hin zu Personengewahrsam rechnen. Eine politisch aufgeheizte Stimmung, etliche diplomatische Krisen zwischen Deutschland und der Türkei sowie ein seit 2017 verschärfter Sicherheitshinweis trugen ihr weiteres dazu bei. Gegenüber der Sommersaison 2015 büßten die Umsätze mit Türkeitouristen aus Deutschland bis Ende Juni 2017 um zwei Drittel ein (vgl. Welt 2017b).

Insgesamt haben all diese Entwicklungen zu einer **Verlagerung der Reiseströme** von Nordafrika und der Türkei bzw. dem östlichen Mittelmeer in den westlichen Mittelmeerraum (insbesondere Spanien) sowie v. a. nach Griechenland geführt (vgl. Handelsblatt 2016; Welt 2017a).

2.1.7.2 Sicherheitsmaßnahmen und Folgen touristischer Krisen

Doch nicht nur durchgeführte terroristische Anschläge oder sich im Gang befindliche politische Unruhen, sondern allein die von den Außenministerien ausgesprochenen Reise- und Sicherheitshinweise sowie Reisewarnungen, an denen sich z. B. Pauschalreiseanbieter orientieren und Umbuchungen anbieten, reichen oft bereits aus, erhebliche Verwerfungen im Tourismus auszulösen. So gaben 2017 in einer Umfrage der Forschungsgemeinschaft Urlaub und Reisen (F.U.R.) 50 % der Befragten an, sich allgemein Sorgen zu machen. 27 % wollen am Reiseziel besonders vorsichtig sein, 41 % islamische Länder meiden. 38 % der Befragten lassen sich in ihrem Reiseverhalten von Terror- und Reisewarnungen beeinflussen (vgl. F.U.R. 2017).

Reisehinweise betreffen rechtliche Regelungen wie Einreisebestimmungen sowie straf- und zollrechtliche Bestimmungen, **Sicherheitshinweise** sind Informationen über Risiken, die sich an Deutsche richten, welche sich im Ausland aufhalten. Einen verschärften, in den diplomatischen Beziehungen kontrovers diskutierten Sicherheitshinweis des Auswärtigen Amtes gab es 2017 z. B. für die Türkei. Dort hieß es: „Personen, die aus privaten oder geschäftlichen Gründen in die Türkei reisen, wird zu erhöhter Vorsicht geraten und empfohlen, sich auch bei kurzzeitigen Aufenthalten in die Listen für Deutsche im Ausland bei Konsulaten oder der Botschaft einzutragen." Der Grund dafür war, dass „in einigen Fällen Deutsche von freiheitsentziehenden Maßnahmen betroffen" waren, „deren Grund oder Dauer nicht nachvollziehbar war". Dem Hinweis zufolge sollten deutsche Türkeireisende besonders aufmerksam sein und „Menschenansammlungen und Orte, an denen sich regelmäßig viele Ausländer aufhalten, möglichst meiden" (vgl. Welt 2017b; NZZ 2017b).

Reisewarnungen stellen Appelle dar, auf Reisen in bestimmte Länder aufgrund einer akuten Gefährdung für Leib und Leben gänzlich zu verzichten. Sie hat das Auswärtige Amt z. B. für Syrien, Irak, Jemen, Libyen und Südsudan ausgegeben. Teilreisewarnungen werden, wie z. B. für die Philippinen, Ägypten, Algerien, Kamerun, Ukraine, bei regional begrenzten Gefahren für Reisende ausgesprochen. Mitte 2018 gab es für 26 Länder und Regionen Reisewarnungen des Auswärtigen Amtes.

Für Touristen liegt der Unterschied zwischen Reisewarnungen und Sicherheitshinweisen darin, dass im Falle einer Reisewarnung kostenlose Stornierungen und Umbuchungen vorgenommen werden können, was im Falle eines Sicherheitshinweises kostenfrei jedoch grundsätzlich nicht möglich ist und hier auf die Kulanz der Reiseveranstalter gesetzt werden muss.

Dem „Travel & Tourism Competitiveness Report" des Weltwirtschaftsforums zufolge stellen El Salvador, Jemen und Kolumbien, aber auch Ägypten und die Türkei – bezogen auf den Bereich „Safety & Security" mit den Indikatoren allgemeine Kriminalität, Gewalt, Terrorismus sowie Vertrauen in die Polizei – die unsichersten Reiseziele dar, während sich die sichersten Destinationen überwiegend in Europa befinden (vgl. Abb. 2.4).

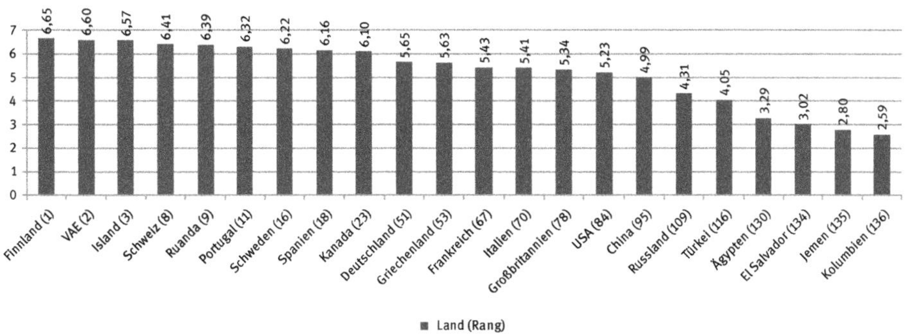

Abb. 2.4: Die sichersten Reiseziele 2015/2016[4]; Quelle: Eigene Darstellung nach WEF 2017, S. 35.

Die Tourismuswirtschaft ist allgemein eine sehr **risikosensible Branche**, wobei das objektive, sich in Wahrscheinlichkeiten ausdrücken lassende Risiko einer Gefährdung durch einen Terroranschlag und die subjektive Wahrnehmung in Form des individuellen Sicherheitsempfindens des einzelnen Reisenden oft weit auseinanderklaffen. Es ist insbesondere die tägliche mediale Berichterstattung über Anschläge, welche die individuell-subjektiv wahrgenommene Wahrscheinlichkeit, selbst Opfer einer Attacke zu werden, höher erscheinen lässt als sie objektiv ist. Generell lässt sich daher festhalten, dass die Bereitwilligkeit von Touristen, sich auf Sicherheitsrisiken einzulassen – getrieben durch eine medial beförderte Anschlagsfurcht – sehr gering ist (vgl. Kron/Heinke 2009, S. 42).

Kommt es zu einer touristischen Krise aufgrund eines Terroranschlags, zeigt sich der unmittelbare Schock in einem Rückgang der Buchungen und kurzfristigen Absagen, meist unterstützt durch die Möglichkeit kostenfreier Umbuchungen oder Stornierungen, in den darauffolgenden ein bis drei Monaten. Gelingt es einer touristischen Destination, das Vertrauen in die Reisesicherheit, z. B. durch neue oder die permanente Überprüfung bestehender Sicherheitsstandards, wiederherzustellen, sind die negativen Auswirkungen von begrenzter Dauer. Nach einiger Zeit kehren die Touristen wieder, sodass Störungen des touristischen Systems – wie an der Börse – relativ schnell ausgependelt und vergessen werden (Gewohnheitseffekt). Ein Beispiel ist auch hier die Türkei. Nach den (sicherheits-)politisch bedingten Einbrüchen 2016/17 hat sich die Anzahl deutscher Türkeitouristen im ersten Halbjahr 2018 wieder um 25 % gegenüber dem Vorjahr erhöht. Damit sind die Deutschen nach den Russen wieder die größte Urlaubergruppe in der Türkei. Ausschlaggebend für diese

4 Das Ranking basiert auf der Wahrnehmung befragter Reisender. Dass Ruanda auf einem relativ sicheren Platz rangiert, ist darauf zurückzuführen, dass das Land zwar als durchaus gefährlich gilt, im Erhebungszeitraum 2015/16 aber keine nennenswerten Vorfälle zu verzeichnen waren.

Erholung sind besonders günstige Angebote sowie der Wertverfall der türkischen Lira (vgl. FAZ 2018c).

Anders verhält es sich dagegen, wenn das Vertrauen in die Sicherheit nachhaltig erschüttert ist, wie es z. B. bei politischen Umbrüchen der Fall sein kann, was den Tourismus dann dauerhaft und langfristig gefährdet (vgl. Stotz/Tack 2016; Kron/Heinke 2009, S. 43).

2.1.7.3 Touristisches Krisenmanagement

Zur Bewältigung touristischer Krisen haben große Reiseveranstalter längt ein ausgeklügeltes, professionelles Krisenmanagement etabliert. Dieses umfasst zum einen die **Krisenprävention** im Rahmen der Frühaufklärung. Ein Beispiel ist die Einholung reisespezifischer Informationen der Außenministerien (Reisehinweise, Sicherheitshinweise, Reisewarnungen), die eine ständige Bewertung von Reiserisiken vornehmen. Ein weiteres Beispiel stellen spezifische Risikoinformationsdienstleister, wie z. B. das global operierende Beratungsunternehmen Control Risks, dar, welche landes- bzw. regionsspezifische Informationen zu bestehenden Sicherheitsrisiken bündeln und auswerten sowie ihre Dienste an international agierende Unternehmen und Organisationen richten, die mit Hilfe dieser Informationen das Risiko für ihre Auslandsniederlassungen und dortigen Mitarbeiter weltweit immer wieder aufs Neue evaluieren müssen. Doch können auch touristische Unternehmen und die Touristen selbst daraus wichtige Schlüsse auf die Lage einzelner Urlaubsreiseländer ziehen (vgl. Focus 2017a).

Control Risks zufolge weisen in punkto **Sicherheitsrisiken** (politisches Risiko, Terror, Kriminalität) Mexiko, Venezuela sowie weite Teile von Kolumbien, Peru, Ägypten, Kenia und Indien ein sehr hohes Risiko auf und gehören zu den weltweit gefährlichsten Reiseländer. Als unbedenklich gelten dagegen alle westlichen Industrieländer sowie u. a. Kuba, Argentinien, Vereinigte Arabische Emirate, Thailand, Malaysia, China und Singapur.

Neben den Sicherheitsrisiken sind auch **Gesundheitsgefahren** durch eine mangelnde medizinische Versorgungsinfrastruktur sowie v. a. in tropischen Regionen auftretende Infektionskrankheiten von Bedeutung. Als Länder mit den höchsten gesundheitlichen Risiken gelten in Südost- und Südasien z. B. Myanmar, Kambodscha, Nepal und Bhutan sowie in Afrika Tansania, Äthiopien und Madagaskar, wo 2017 sogar die Pest ausgebrochen ist.

Auch das in Tübingen ansässige Unternehmen A3M, bei dem rund 20 Redakteure rund um die Uhr ständig Informationen aus rund 200 Quellen erfassen, systematisch bündeln und kartografisch verorten, um sie dann touristischen Unternehmen als Handlungs- und Entscheidungsgrundlage anzubieten, lässt sich als touristischer Krisendienstleister einreihen. Bei den Quellen handelt es sich in erster Linie um amtliche Quellen und Agenturmeldungen. Doch werden auch Bilder und Filme aus sozialen Netzwerken beurteilt (Social Media Monitoring), was die Interpretation behördlicher Mitteilungen erleichtert. 2016 registrierte das Unternehmen 1.790 Ereignisse im Bereich Naturkatastrophen (2015: 1.933) und 1.380 im Bereich Terrorismus (2015: 810) (vgl. FAZ 2017a).

Zum effektiven Umgang mit Krisen verfügen Reiseveranstalter über kurzfristig einberufbare Krisenstäbe, die in kürzester Zeit Informationen über Agenturen, die Außenministerien, Mitarbeiter vor Ort sowie Konsulate einholen und diese bewerten, um rasch Entscheidungen über Rückholungen sowie Umbuchungen zu treffen. Sie arbeiten nach vorab ausgearbeiteten Notfallplänen und Checklisten.

Neben der Krisenprävention ist die **Krisenbewältigung** wichtiger Bestandteil des Krisenmanagements. Hierunter fallen die rasche Bekämpfung der Krisenursachen, Schadensbegrenzung (z. B. Hilfe für Opfer und deren Angehörige) und die Einleitung sog. „Recovery-Programme" zur Stabilisierung und Erhöhung der Reisenachfrage und zur Behebung aufgetretener Imageprobleme (vgl. Stern Online 2016a; Steinecke 2014, S. 189 f.).

2.2 Soziokulturelle Effekte

Im Gegensatz zur Einschätzung der wirtschaftlichen Effekte des Tourismus gestaltet sich die Beurteilung seiner kulturellen und sozialen Wirkungen problematisch. So lassen sich soziokulturelle Veränderungen in den touristischen Destinationen nicht immer dem Tourismus selbst zuschreiben, weil auch andere Modernisierungs- bzw. Beeinflussungsfaktoren, insbesondere die klassischen (Rundfunk, Fernsehen) und sozialen, internetbasierten Medien, die traditionelle Lebensweise der Bevölkerung in touristischen Gebieten verändern können. Der wichtigere Grund aber mag im **Fehlen einer einheitlichen Methode zur Erfassung und Bewertung** liegen, da sich soziokulturelle Wirkungen quantitativ, d. h. in Geldeinheiten, kaum messen lassen. So wird meist zu unsystematischen, qualitativen Methoden wie Expertengesprächen, Pilotstudien oder Beobachtungen zurückgegriffen (vgl. Freyer 2015, S. 505 und 599; Steinecke 2011, S. 104). Schließlich liegt die Betrachtung soziokultureller Effekte häufig außerhalb des Interessensfokus von Ökonomen. Dennoch kann die Auseinandersetzung mit ihnen von unschätzbarem Wert sein, da die Wirkungen des Tourismus über ökonomische Belange oft weit hinausgehen und soziokulturelle Effekte für eine umfassende Beurteilung touristischer Aktivitäten zwingend in die Analyse mit einzubeziehen sind. Dies ist v. a. deshalb von zentraler Bedeutung, da aus Sicht der Betroffenen bzw. der bereisten Gesellschaften bei der Einschätzung des Tourismus derartige außerökonomische Gesichtspunkte durchaus dominieren können. Schließlich untersuchen gerade auch Ökonomen die nicht-ökonomischen soziokulturellen Aspekte des Tourismus – wenn auch häufig mit einem traditionell ökonomischen Hintergrund wie z. B. die Erstellung von Kosten-Nutzen-Analysen im soziokulturellen Wirkungsbereich des Tourismus (vgl. Freyer 2015, S. 595 f.).

Viele der im Folgenden erläuterten soziokulturellen Effekte haben über die Untersuchung der Auswirkungen des **Tourismus in Entwicklungsländern** Eingang in den wissenschaftlichen Diskurs gefunden, da sie dort am spürbarsten auftreten, aber nahezu für alle touristischen Destinationen Relevanz aufweisen (vgl. Freyer 2015, S. 596).

2.2.1 Kulturbeeinflussende Momente des Tourismus

Durch den institutionalisierten Kontakt zwischen Touristen und ortsansässiger Bevölkerung bedeutet Tourismus immer ein **Aufeinandertreffen verschiedener Kulturen und Lebensstile**. Die Bandbreite reicht von städtischen versus ländlichen, maritimen versus alpinen, westlichen versus nicht-westlichen bis zu Kulturen industrialisierter versus sich in der Entwicklung befindlicher Gesellschaften. Unter bestimmten Bedingungen, insbesondere wenn sich der Tourist mit der Kultur im touristischen Zielgebiet auseinandersetzt, sich den lokalen Lebensstilen und Gewohnheiten anpasst und eine möglichst gegenseitig gegebene Bereitschaft zum kulturellen Austausch vorliegt, kann der Tourismus zum **Verständnis für andersartige Kulturkreise**, zum wechselseitigen **Abbau von Vorurteilen** sowie zu **Annäherung und Völkerverständigung** führen. Kurze Aufenthalte im Zielgebiet und v. a. eine seitens der Touristen bewusst gewünschte räumliche Trennung der Kulturen durch Konzentration des Tourismus auf sog. Urlaubsghettos, z. B. in Form abgeschotteter Clubanlagen, in denen die Urlauber nur unter ihres gleichen verweilen, sorgen dagegen für gegenseitige Isolation und schränken kulturellen Austausch und Verständigung stark ein (vgl. Eisenstein 2014, S. 38).

Auch kann es bei Touristen zu einem **Kulturschock** kommen. Damit ist ein Verhaltenszustand gemeint, der auf der plötzlichen Konfrontation mit den Umweltzuständen einer fremden Kultur beruht und zunächst eine schockartige Verwirrung hervorruft, die, insbesondere bei weniger auslandsorientierten Menschen, in Angst, emotionale Ablehnung einer fremden Kultur oder gar Feindseligkeit münden kann (vgl. Neumair et al. 2012, S. 255).

Auf Seite der einheimischen Bevölkerung können der Tourismus, v. a. in Urlaubsregionen mit kolonialer Vergangenheit, als **neue Form der Kolonialisierung** und die Touristen als moderne Kolonialherren, welche die touristische Destination zu ihrem Besitz erklären und die Einheimischen als deren Diener betrachten, empfunden werden. Da die ortsansässige Bevölkerung nur die Urlaubssituation der Touristen, nicht aber deren alltäglichen Lebensablauf kennt, ist es für sie schwerlich nachvollziehbar, dass sich die Touristen während ihres Urlaubs in einem „Ausnahmezustand“ befinden, welcher in scharfem Kontrast zu ihrem normalen Alltag steht (vgl. Freyer 2015, S. 608). Das mögliche Unbehagen der einheimischen Bevölkerung gegenüber dem Tourismus rührt aus verschiedenen Ursachen her (vgl. Freyer 2015, S. 636; Schrand 2008, S. 644):

- **Soziale Spannungen** innerhalb der lokalen Bevölkerung aufgrund der ungleichen Verteilung touristisch generierter Wertschöpfung zwischen den wenigen

Profiteuren des Tourismus und der Mehrheit der Einwohner, die nur einen geringen oder gar keinen ökonomischen Nutzen verspürt, aber die diversen wirtschaftlichen, ökologischen und soziokulturellen Kosten des Tourismus zu tragen hat.

- Eine massive wahrgenommene **Fremdbestimmung** bei der Gestaltung des eigenen alltäglichen Lebens durch die Entscheidungen tourismuspolitischer Akteure, die Touristen selbst sowie in- und auswärtiger Investoren, die Eigentum an Flächen, Grundstücken und der touristischen Infrastruktur erwerben mit der möglichen Folge der Diskriminierung der Einheimischen beim Zugang zu touristischen Einrichtungen.
- **Verminderung der Lebensqualität** durch negative touristische Effekte bis hin zum **kulturellen und regionalen Identitätsverlust.**
- Eine zu **schnelle Entwicklung des Tourismus** mit der Konsequenz, dass die einheimische Bevölkerung sich nicht mit derselben Geschwindigkeit den touristisch bedingten Umfeldveränderungen anpassen kann.
- **Zu geringe Information** der lokalen Bevölkerung über Kosten und Nutzen touristischer Aktivitäten sowie ihre zu **schwache Einbindung** in touristische Planungs- und Entwicklungsprozesse.

Diese Effekte und Entwicklungen können bei der lokalen Bevölkerung zu einem Umschwung der Stimmung gegenüber Touristen führen, der sich – wie 2017 in Spanien geschehen (vgl. Exkurs 3) – in spektakulären, teil aggressiven Protestaktionen Bahn bricht. Dies wirft gleichzeitig ein neues Licht auf den Massentourismus, da es nicht mehr allein um dessen negative wirtschaftliche und ökologische Auswirkungen und die **physische Tragfähigkeit** einer Destination geht, sondern längst auch die **psychische Tragfähigkeit**, d. h. die Wahrnehmung und das Gefühl der Einheimischen, aber auch der Touristen selbst, dass es an einem Ort einfach zu viele Touristen gibt, in den Mittelpunkt gerückt ist (vgl. SZ 2018 f.).

Exkurs 3: Anti-Tourismus-Proteste in Spanien und anderswo

Im Jahr 2017 brachen die Touristenströme nach Spanien alle Rekorde. Allein im ersten Halbjahr wurden 36,3 Mio. touristische Einreisen verzeichnet – so viel wie nie zuvor und ein Anstieg von 11,6 % gegenüber dem Vorjahreshalbjahr. Auf den Tourismus, der dem Land jährlich Einnahmen von ca. 120 Mrd. Euro beschert, entfallen mehr als 11 % des spanischen Bruttoinlandsproduktes.
Der Anstieg ist v. a. auf eine politisch- und sicherheitsbedingte Umlenkung der Urlaubsströme aus der Türkei und den nordafrikanischen Mittelmeeranrainerstaaten (Ägypten, Tunesien u. a.) zurückzuführen. Besonders groß ist der Touristenansturm auf den Baleraren und in Barcelona. Während auf den Balearischen Inseln (Mallorca, Menorca, Ibiza, Formentera, Cabrera) allein im ersten Halbjahr 2017 13 Mio. Touristen auf 1,1 Mio. Einwohner prallten, muss die katalanische Hauptstadt mit ca. 1,6 Mio. Einwohnern jährlich neun Mio. Besucher verkraften – eine Vervierfachung gegenüber 1990. Wurden damals noch 1,7 Mio. Übernachtungen registriert, waren es 2016 schon 17. Mio., wo-

von der Großteil, nämlich 60 %, auf privat vermietete Wohnungen und nur 37 % auf Hotels sowie der Rest auf Kreuzfahrtschiffe entfielen. Damit rangiert Barcelona, wo der Tourismus mit jährlich 15 % zur Wirtschaftleistung sogar noch mehr als im landesweiten Durchschnitt beiträgt und rund 120.000 Menschen Arbeit bietet, direkt hinter London und Paris, die allerdings wesentlich mehr Einwohner und Fläche aufweisen. Erstmals war es im Sommer 2017 nicht mehr möglich, spontan und ohne Voranmeldung die Sagrada-Familia-Basilika – Barcelonas Wahrzeichen, das jährlich rund 4,5 Mio. Besucher anlockt – zu besichtigen.

2017 kam es erstmals zu teils heftigen Protesten gegen den Besucherandrang, der sich nicht nur gegen das rüpelhafte Benehmen vieler Touristen, sondern v. a. gegen die Verdrängung der einheimischen Bevölkerung und den explosionsartigen Anstieg der Wohnkosten richtete. Jedes Touristenapartment ist eines weniger für die Einwohner. Die Mieten sind horrend. So werden rund um den bei Touristen sehr beliebten Stadtstrand im ehemaligen Arbeiterviertel Barcelonata im Monat teilweise 800 Euro für eine 35qm-Wohnung fällig. Die Schuld für diese Kostenexplosion wird neben den Billigfluggesellschaften v. a. der privaten Vermietung von Wohnungen und Familienhäusern durch Vermietungsportale wie Airbnb zugeschrieben, die in Barcelona, aber auch auf Mallorca die Immobilienpreise in schwindelartige Höhen schnellen lassen, das Angebot an bezahlbaren Wohnungen entsprechend verknappen und für eine Gentrifizierung der Innenstädte sorgen. Durch Individualtouristen, welche gerne auf Pauschalreisende herabschauen und in solchen teuren Wohnungen absteigen, wird das Alltagsleben der ortsansässigen Bevölkerung empfindlich gestört. Denn anders als an Orten entlang der Costa Brava oder auf den Kanarischen Inseln, wo die Touristen in speziell geschaffenen Zonen unter sich bleiben, drängen sie in Städten wie Palma oder Barcelona mitten in das Leben der Einheimischen ein. Die Proteste gegen die „Touristifizierung" und den „Overtourism" gehören mittlerweile zum Stadtbild:

- In der Altstadt von Barcelona hängen immer wieder Bettlaken mit der Aufschrift „Tourist go home". Eine von Einwohnern am Strand gebildete Menschenkette mit gelben T-Shirts, auf denen „Unsere Barcelonata steht nicht zum Kauf" stand, hinderte Touristen am Meereszugang.
- In der Innenstadt werden die Reifen der bei den Touristen sehr beliebten städtischen Fahrräder zerstochen. Immer wieder sind Wandschmierereien, wie z. B. „Gaudi hates you", zu beobachten.
- Vermummte stellten sich 2017 einem vollen Touristenbus entgegen, schlitzten die Reifen auf und sprühten mit Farbdosen touristenfeindliche Parolen auf die Windschutzscheibe.
- Auf Mallorca versperrten 2017 Mitglieder der Bürgerinitiative „Cuitat per qui l'habitat" („Die Stadt für die Bewohner") den Zugang zum Tourismusministerium und klebten Zettel mit der Aufschrift „geschlossen" an die Eingangstür.
- Aufgerufen von mehr als 50 Verbänden und Institutionen, zogen ebenfalls 2017 rund 3.000 Demonstranten zum Regionalparlament der Balearen und skandierten „Ohne Beschränkungen gibt es keine Zukunft".
- Entlang der Playa de Palma tauchen immer wieder Protestgraffitis und -plakate („Tourism kills the city", „Stop Airbnb", „Palma non se vende" = „Palma wird nicht verkauft", „Tourists = Terrorists" u. a.) auf.

Der aktuelle Stadtentwicklungsplan von Barcelona versucht, dem Massentourismus entgegenzusteuern und sieht drei Maßnahmenkomplexe vor: Verringerung der Bettenzahl, Lärmschutz und Nachtruhe sowie Beschränkungen der Kreuzfahrtschiffe.

Die Bettenzahl soll über die Reglementierung der Vermietung von Privatquartieren – Wohnungsbesitzer benötigen eine Vermietungslizenz und dürfen jeweils nur noch ein Quartier vermieten – sowie die Annullierung neuer Hotelgroßprojekte erreicht werden. Allerdings verfügt die Stadt

nicht über ausreichend Personal zur flächendeckenden Überprüfung der Einhaltung der neuen Regeln.
Die Vorschriften zum Lärmschutz und zur Beachtung der Nachtruhe werden zwar von den meisten gastronomischen Betrieben eingehalten. Das eigentliche Problem stellen jedoch die auf den nächtlichen Straßen herum lärmenden Touristenhorden sowie ausufernde Feste in den angemieteten Wohnungen dar.
Gegen die Beschränkung der Kreuzfahrtschiffe hält sich der Widerstand der lokalen Wirtschaft in Grenzen, da die Kreuzfahrtpassagiere nur für geringen Umsatz sorgen, doch ist die Stadt für eine Einschränkung des Anlegens der Schiffe gar nicht zuständig, sondern die Zentralregierung in Madrid.
Auch auf Mallorca hat die Regionalregierung den unerwünschten Nebenwirkungen des Massentourismus längst den Kampf angesagt. Neben der verschärften Unterbindung von Alkoholexzessen erging 2018 der Beschluss, die Anzahl der Betten innerhalb von fünf Jahren von 440.000 auf 320.000 zu senken. Erreicht werden soll dies über eine drastische Einschränkung bzw. Verteuerung der Vergabe von Lizenzen zur Vermietung von Privatwohnungen (je nach Saison und Region bzw. Stadtteil bis zu 4.000 Euro; vgl. Kap. 2.1.6), den Genehmigungsstopp für den Bau neuer Hotels und Ferienwohnungen sowie die Schließung von solchen Beherbergungsbetrieben, welche nicht den geforderten Komfortstandards entsprechen.
Für Ärger sorgt der Massentourismus nicht nur in Spanien, sondern insbesondere auch in Venedig (vgl. Exkurs 2 in Kap. 2.1.6) und neuerdings in Portugal, vor allem in Lissabon. Hier ist es in erster Linie die Alfama, die labyrinthische Altstadt, die als eine der Hauptattraktionen der Stadt von Touristen überrannt wird. Graffitis mit der Aufschrift „Fuck Airbnb. We want to live here“ versinnbildlichen die Protesthaltung der Einwohner, die auch in Lissabon wegen der zunehmenden Vermietung lokaler Privatunterkünfte („Alojamento Local“) an Touristen unter steigenden Mieten zu leiden haben. 2018 erließ die Regierung daher ein, wenn auch schwammiges Gesetz zur Schaffung „kontrollierter Zonen“, in denen das Wachstum des Vermietungsangebots gebremst werden soll.
Während in Venedig die vielen Kreuzfahrtschiffe wegen ihrer die Touristenzahlen hochschraubenden Wirkung in der Kritik stehen, sind es in Luzern und Salzburg die vielen Reisebusse, die ein Gefühl von Enge, Überfüllung und touristischer Überforderung entstehen lassen. Die Stadt Salzburg hat darauf mittlerweile mit einem neuen Online-Buchungssystem für in die Altstadt fahrende Reisebusse reagiert. Diese müssen im Voraus für 24 Euro einen Zeitslot von 20 Minuten für die An- und Abfahrt von den Busterminals buchen. An anderen Orten, wie z. B. in Sirmione im Süden des Gardasees, ist das historische Zentrum für Autos und sogar Fahrräder seit 2018 komplett gesperrt.
In der Schweiz wurde dem Vorhaben, die Rigi („Königin der Berge“) am Vierwaldstättersee durch weitere Attraktionen für Touristen noch attraktiver zu machen, 2017 durch eine Petition („Nein! zu Rigi-Disneyworld“) eine Abfuhr erteilt.
Quellen: Welt 2017c; 2017d; Der Standard 2017; SZ 2017c; 2018c; 2018k; Zeit Online 2017; Focus 2018; NZZ 2018c; 2018d.

2.2.2 Die vier Kulturen im Tourismus

Bei der Begegnung zwischen Touristen als Gästen und den bereisten Einheimischen als Gastgebern sind vier verschiedene Kulturbereiche zu unterscheiden (vgl. Thiem 1994, S. 42 ff.; Heuwinkel 2019, S. 97 ff.):

1. Die **Kultur des Quellgebiets** beinhaltet alle kulturellen Werte und Eigenschaften, die typisch für die Herkunftsregionen bzw. -länder sind, wie z. B. Sauberkeit, Sparsamkeit, Zuverlässigkeit, Pünktlichkeit, Höflichkeit etc. Sie kennzeichnen den allgemeinen Lebensstil der Touristen zu Hause.

2. Die **Kultur des Zielgebiets (Destination)** umfasst sämtliche kulturellen Eigenschaften und Werte, wie sie für die Bewohner des Zielgebiets charakteristisch sind. Diese ist nicht zwingend deckungsgleich mit der **authentischen**, d. h. gewachsenen bzw. autochthonen Kultur, wie sie unter Umständen nicht mehr oder nur noch selten gelebt wird, aber den ursprünglichen kulturellen Charakter einer Destination mit ausmachte und für Touristen auch heute noch einen bedeutenden Reisegrund darstellt. So wird das Tragen von Tracht von Touristen immer noch mit dem Münchner Brauchtum assoziiert, obwohl sie im Alltag nur noch selten angezogen wird.

3. Unter die **Gästekultur (Ferienkultur)** fallen sämtliche Verhaltensweisen, welche Touristen bei ihrem Aufenthalt in einer touristischen Destination zeigen, indem sie sich – gewollt oder ungewollt – anders als zu Hause verhalten. Sie weichen deutlich vom alltäglichen Lebensstil in der Herkunftsregion ab (z. B. höhere Ausgabenbereitschaft, leichtlebigere moralische Vorstellungen, legerer Bekleidungsstil, gesteigerter Alkohol- und Drogenkonsum). Ein besonders abschreckendes Beispiel stellt der „Sauftourismus" vieler Mallorca-Touristen aus Deutschland, Großbritannien und den Niederlanden dar, die sich entlang der Strände westlich von Palma bis zur Besinnungslosigkeit betrinken und sich benehmen, wie sie es zu Hause nie tun würden. Ähnliches gilt für Kirchenbesucher in Bikini und Flipflops in Florenz, Kopfsprünge in die Kanäle von Venedig oder Nacktbaden im Trevi-Brunnen in Rom. Neben diesen kontrastierenden Verhaltensweisen lässt sich bei einem Teil der Urlauber auch der Wunsch, die fremde Kultur der Zielregion kennenzulernen, beobachten. Zu trennen ist hierbei zwischen einer intensiven und kritischen Befassung und dem blanken Bedürfnis nach einer unverbindlichen und oberflächlichen Form von Exotik. Insgesamt nimmt die Gästekultur Einfluss auf die Gastgeberkultur.

4. Die **Gastgeberkultur (Dienstleistungskultur)** steht für den Lebensstil der ortsansässigen Bevölkerung in ihrer Funktion als Gastgeber und damit für die (während der Arbeitszeit) gegenüber den Urlaubern praktizierten Verhaltensweisen der Beschäftigten, welche die Antwort auf deren spezifische Anforderungen an bzw. ein subjektiv inszeniertes Bild von der Zielregion darstellen. Beispiele sind u. a. sprachliche Anpassungen oder speziell auf die Touristen zugeschnittene Verpflegungs- und Beherbergungsdienstleistungen. Typisch ist auch die für Urlauber angebotene „Tourifizierung" bzw. Folklorisierung der Zielgebietskultur, wie es z. B. im Hula-Tanz auf Hawaii, bestimmten Bestattungs- und Hochzeitsritualen auf Bali, Jodeln in Lederhose und Dirndl in Bergregionen oder Bräuchen in der Schweiz zum Ausdruck kommt, die eigens für die Touristen zelebriert werden. Exkurs 4 zeigt, wie sich die Schweizer Tourismusbetriebe im Rahmen der Gastgeberkultur auf Besucher aus Indien spezialisiert haben.

Exkurs 4: Indische Touristen in der Schweiz: Anpassung und Spezialisierung im Rahmen der Gastgeberkultur

Als Reiseland war die Schweiz schon immer teuer. Erst recht gilt dies, als die Schweizerische Nationalbank am 15. Januar 2015 den seit 2011 an den Euro gebundenen Franken „freigab“, d. h. die Stützung des Mindestkurses aufgab mit der Folge einer drastischen Aufwertung des Franken, die insbesondere der Tourismus zu spüren bekam. Für Gäste aus dem Euroraum verteuerten sich touristische Beherbergungs- und Verpflegungsdienstleistungen schlagartig um 10 bis 15 %. In der Folge sanken die touristischen Einnahmen 2015 um 3,4 % gegenüber dem Vorjahr (minus 2,5 % im Übernachtungsreiseverkehr, gar minus 13 % im Tagesreiseverkehr). Inzwischen hat zwar der Euro gegenüber dem Franken wieder einigermaßen an Stärke zurückgewonnen. Dennoch ist der Schweizer Tourismus auf Urlauber aus anderen, nicht der Eurozone angehörenden Regionen, insbesondere aus Ost- und Südasien, angewiesen. Neben Chinesen und Japanern sind es v. a. Inder, die es verstärkt in die Schweiz zieht. Mit einem Plus von 22 % gegenüber dem Vorjahr und fast 600.000 Übernachtungen rangierte Indien 2015 bereits auf Platz acht der wichtigsten touristischen Herkunftsländer – noch vor den Niederlanden oder Spanien.

Dabei ist der indische Massentourismus ein eher noch junges Phänomen. Bis zur wirtschaftlichen Öffnung des Landes in den 1990er-Jahren fehlte es den meisten Indern an Geld, eine Fernreise zu unternehmen. Ebenso waren der Erwerb von Devisen genehmigungspflichtig und ein Reisevisum für fremde Länder nur schwer erhältlich. Auch heute noch ist es zwar nur einer privilegierten, gut verdienenden urbanen Mittelschicht, möglich, sich eine Reise in die Schweiz zu leisten. Diese Minderheit wächst jedoch sehr schnell.

Inder gelten als aufgeschlossen und sehr konsumfreudig und gehören mit Tagesausgaben von durchschnittlich 300 CHF – deutsche Urlauber kommen im Vergleich nur auf 150 CHF – der höchsten Kaufkraftklasse an. Mit im Schnitt 2,2 Tagen bleiben indische auch länger im Land als z. B. chinesische Gäste. Welches Potenzial für die Schweizer Tourismuswirtschaft in Indien liegt, lässt sich daran ablesen, dass rund 170 Mio. Inder als potenzielle Schweizreisende in Frage kommen.

Eine der Ursachen, warum bestimmte Schweizer Destinationen bei Indern so hoch im Kurs stehen, sind die vielen Filme aus Bollywood, dem Zentrum der indischen Filmindustrie, wo jährlich ca. 900 Filme gedreht werden. Meist handelt es sich dabei um einen mehrstündigen, musicalartigen Mix aus Spannung, Melodramatik sowie Tanz- und Gesangseinlagen. Die Filme dienen als Familienerlebnis, Unterhaltung und Flucht aus dem Alltag und adressieren das seelische Wohlbefinden. Die Sequenzen mit romantischem Inhalt werden häufig in der Schweiz gedreht, wo Berge und Schnee, Schlösser und Seen eine geeignete Kulisse bieten und bei Indern Faszination auslösen. Diese wollen dort gewesen sein, wo die Filme gedreht wurden. Seit Ende der 1980er-Jahre entstanden über 170 indische Filme in der Schweiz. Weltberühmte Bollywood-Stars wie Aishwarya Rai oder Shah Rukh Khan kamen dazu ins Land.

Das Schweizer Aushängeschild bzw. Muss für jeden indischen Touristen ist der in der Zentralschweiz gelegene über 3.000 m hohe Titlis-Gletscher und die ihm zu Füßen liegende Gemeinde Engelberg, wo bereits viele Bollywood-Filme gedreht wurden und sich Inder gerne in Schweizer Tracht ablichten lassen. Auch die Stadt Luzern mit dem Vierwaldstätter See und das im Berner Oberland gelegene Jungfraujoch, auf dem sich der mit der weltberühmten Jungfraubahn erreichbare und „Top of Europe“ genannte höchste Bahnhof Europas befindet (3454 m), sind begehrte Destinationen.

Die Zentralschweiz und das Berner Oberland bieten alles, was sich der indische Tourist von der Schweiz erwartet und manchmal mit „folkloristischem Touristenkitsch“ in Verbindung gebracht wird: Fahnenschwinger, Alphornbläser und Jodler, feierliche Almauf- und -abtriebe, Bernhardinerhunde, Heidi-Ziegen, Gletscher-Welten mit entsprechendem Panorama-Ausblick etc.

Indische Urlauber kommen zumeist als Gruppenreisende in die Schweiz. Sie buchen ihre Reise meist bei einem Reiseveranstalter, der ihnen ein Reisepaket durch mehrere europäische Länder – durch die Größe Indiens sind sie an lange Reisezeiten gewöhnt – anbietet. Daher ist für die Schweiz nur eine beschränkte Zeit vorgesehen, die meist für die Sehenswürdigkeiten aus den Bollywood-Filmen reserviert ist.
Zum zweiten Mal in die Schweiz kommen Inder dann zumeist als Individualtouristen, die sich jenseits der Bollywood-Kulissen auch für Sightseeing in den Städten, Naturausflüge, Shopping sowie Bahn- und Schiffsfahrten interessieren. Einige von ihnen werden zu wiederkehrenden Urlaubern, die jedes Mal etwas Neues kennenlernen wollen.
Indische Gäste achten auf ein gutes Preis-Leistungsverhältnis und legen Wert auf guten Service. Gastlichkeit genießt in Indien einen sehr hohen Stellenwert. Einen Gast zu empfangen, bedeutet für Inder, als käme Gott zu Besuch. Dementsprechend erwarten sie auch von ihren Gastgebern das Entgegenbringen von Wertschätzung und Respekt. Inder interessieren sich für ihr Gegenüber und freuen sich, wenn dies auf Gegenseitigkeit beruht. Manchmal wirken sie etwas scheu und verschlossen. Manche Inderinnen weichen dem Händedruck eines Mannes aus, direkter Augenkontakt wird von indischen Gästen stellenweise gemieden. Dies ist aber eher als Respektbekundung zu werten oder entspricht dem Bedürfnis, sich niemandem aufdrängen zu wollen.
Bereits einfache Begrüßungsworte und -gesten erzeugen bei indischen Gästen ein Gefühl des Willkommenseins. Eine zentrale Rolle spielt der persönliche Kontakt. Eine persönliche Begrüßung durch die Hoteldirektion wird geschätzt und gilt als ratsam. Ein Prospekt mit Empfehlungen und Tipps kann ein persönliches Gespräch, bei dem sich Inder oft sehr beratungsintensiv zeigen, niemals ersetzen. Ein offenes Nein ist stets zu vermeiden, da Inder, obgleich sie es selbst gerne verwenden, dies als persönliche Ablehnung empfinden. Wesentlich besser kommt es an, wenn Alternativen aufgezeigt werden. Kritische Äußerungen zum indischen Kastenwesen sind ebenso zu unterlassen.
Im Umgang mit Indern ist zu beachten, dass der Ehemann nach außen hin das Oberhaupt der indischen Familie ist und dass aufgrund der hierarchisch strukturierten indischen Gesellschaft das Senioritätsprinzip gilt, d. h. dass ältere indische Gäste besonders zuvorkommend zu behandeln sind.
Manchmal sitzen Inder scheinbar gelangweilt in der Hotellobby und reden über vermeintlich unwichtige Sachen. Dies hat jedoch eine wichtige soziale Funktion, weil sich durch das Beieinandersein sowie den Informations- und Meinungsaustausch das Wohlbefinden in der Gruppe feststellen und soziale Ordnung und Zusammenhalt bestätigen lassen.
Im Rahmen der Gastgeberkultur hat sich die Schweiz auf ihre indischen Gäste spezialisiert: Im Zimmer wird der erwartete Krug mit kohlensäurelosem Wasser bereitgestellt, im Foyer Gratistee und -kaffee angeboten, sämtliche Speisekarten sind auch in Englisch erhältlich. In den Bädern der Hotelzimmer wird in englischer und indischer Sprache darauf hingewiesen, welchen Zweck die in Indien unbekannten Bidets haben, dass in der Schweiz Toilettenpapier herunter gespült und nicht in einem Eimer neben der Toilette abgelegt wird und man die Klobürste anstelle eines Hochdruckschlauchs verwendet. Da in Indien ununterbrochen der Fernseher läuft, werden auf den Fernsehern in den Zimmern Hindu-TV-Kanäle aufgeschaltet. Manchmal stecken auch unverheiratete Rezeptionsmitarbeiter sich einen Ehering an, weil Inder Goldschmiedearbeit als symbolisch für eine stabile Persönlichkeit werten und derartiges Hotelpersonal erwarten.
Am weitesten hat sich die Schweizer Gastgeberkultur jedoch auf das Essen spezialisiert. Zwar zeigen sich Inder durchaus an fremden Kulturen interessiert, beim Essen bleiben sie aber auch im Ausland ihrer eigenen Kost treu. Dies mag zum einen an gewissen religiös bedingten Zubereitungsregeln liegen, ist aber noch mehr dem Umstand geschuldet, dass europäisches Essen – von Pizza und Pasta abgesehen – angesichts der Gewürzvielfalt der indischen Küche vielen Indern als zu

langweilig gilt. Untersuchungen zeigen, dass Inder unglücklich sind, wenn sie länger als zwei Tage kein indisches Essen erhalten.

Für kein anderes Touristensegment müssen in der Schweiz derart hohe Anstrengungen unternommen werden, um den Essenswünschen zu entsprechen wie bei Indern. Viele Unterkünfte haben sich daher auf die indische Küche spezialisiert. Da viele Inder Vegetarier, manchmal auch Veganer sind, enthalten die Speisekarten entsprechende Gerichte. Weil gemäß der indischen Gesundheitslehre Ayurveda kalte Speisen am Morgen die Verdauung verlangsamen, werden zum Frühstück auch warme Gerichte wie Eierspeisen, Omelettes, Gemüseplätzchen, Pfannkuchen oder Reissuppe angeboten. Im Gegensatz zum Mittagessen, das schnell serviert wird und nicht lange dauern darf, nehmen sich Inder für das Abendessen ausgiebig Zeit. Zuvor trifft man sich zu einem Aperitif, der durchaus eine Stunde oder länger dauern kann. Idealerweise werden bereits zu diesem Zeitpunkt die Essensbestellungen entgegengenommen. Nach dem Essen gilt der Abend als beendet, nur in Ausnahmefällen bleibt man noch zu einem Glas Wein, Digestive oder einer Zigarre zusammen.

Die Schweizer Hotels bieten Dhal-, Curry- oder Tandurgerichte, für Nicht-Vegetarier v. a. mit Huhn und Lamm, an. Gekocht wird mit pflanzlichen Ölen und Fetten sowie vegetarischer Bouillon. Pickles und Chutneys sind ständige Menübegleiter. Schweizerisch-Indische Kreationen (z. B. Curry-Capuns) kommen besonders gut an.

Viele Inder sind an einem traditionellen Schweizer Käsefondue interessiert. Da sie Kuhmilchprodukte aber weniger gut verdauen können als Europäer, werden Knoblauch, geriebene Ingwerwurzeln oder ein verdauungsfördernder Kräuterschnaps dem Fondue beigemischt. Weil viele Inder fast keinen Käse essen, werden Fondue oder Raclette nur in kleinen Portionen oder als Vorspeise gereicht.

In bestimmten Hotels überlassen in der Hauptreisesaison der Inder (Mai und Juni) die Schweizer Köche sogar ihren indischen Kollegen ihre Arbeitsplätze. Doch auch außerhalb der Hotels ist man auf indische Küche spezialisiert. So werden auf dem Brienzer und dem Vierwaldstätter See eigens „Indian Dinner Cruises“ angeboten, auf dem Jungfraujoch bereiten indische Köche im Restaurant Bollywood ein authentisches indisches Spezialitätenbuffet zu.

In den letzten Jahren hat der Bollywood-Boom in der Schweiz ein wenig nachgelassen. Erstens haben auch andere Länder erkannt, dass Filme eine perfekte Tourismuswerbung sind und bieten entsprechende materielle Anreize, mit denen die Schweiz nicht mithalten kann. Zweitens ist die Schweiz auch für manche durchaus liquiden indischen Filmproduzenten zu teuer geworden. Drittens – und das ist wohl der Hauptgrund – gelten manche idyllischen Schweizer Bollywood-Kulissen dem heimischen Publikum mittlerweile als „abgefilmt“, sodass nach neuen Alternativen im Ausland gesucht wird.

Um den Zustrom an indischen Touristen zu stabilisieren, firmiert daher mittlerweile Ranveer Singh, ein prominenter Star der indischen Filmindustrie, als Werbefigur für den Schweizer Tourismusverband. Er reist durch das ganze Land, über 3,5 Mio. Fans folgen ihm auf Twitter und sehen seine Selfies und Videos, posierend an allen wichtigen indischen Hotspots des Landes.

Quellen: Hotelleriesuisse 2014; Welt 2012a; 2014; Der Arbeitsmarkt 2007; Handelszeitung 2016a; Auskünfte des Hotel Palace Luzern.

Gäste- und Gastgeberkultur beeinflussen sich wechselseitig, doch handelt es sich zumeist nicht um einen individuellen Austausch auf Augenhöhe, sondern um ein hierarchisiertes Dienstleistungsverhältnis zwischen Gästen und Angestellten. Auch kann das Aufeinandertreffen beider Kulturen zu Vorurteilen bzw. realitätsfernen Vorstellungen führen, wenn kein echter kultureller Austausch stattfindet, sondern auf Basis touristischer Scheinwelten falsche Eindrücke über das normale Alltagsleben entstehen,

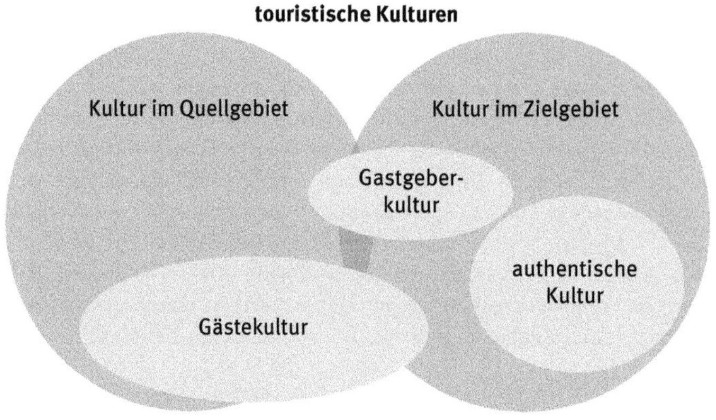

Abb. 2.5: Die Kulturen im Tourismus; Quelle: in Anlehnung an Freyer 2015, S. 600.

indem keine ausreichende Berücksichtigung von der Situation geschuldeten augenscheinlichen Verhaltensweisen vorliegt. Abb. 2.5 stellt die vier kulturellen Teilbereiche im Tourismus einander gegenüber.

Generell ist festzuhalten, dass immer nur ein bestimmter Teil der einheimischen Bevölkerung in das touristische Tagesgeschäft und in den Umgang mit Touristen unmittelbar verwickelt ist. Dabei handelt es sich v. a. um Einheimische, welche in touristischen Betrieben beschäftigt oder deren Eigentümer sind bzw. Unternehmen im nichttouristischen Gewerbe vorstehen, das aber indirekt vom Tourismus abhängt (z. B. Bauwirtschaft). Während erstere im ständigen Kontakt mit den Touristen stehen, mag das bei letzteren nur bedingt der Fall sein. Beide Gruppen stehen dem Tourismus aber positiv gegenüber, weil er die Grundlage für ihre wirtschaftliche Existenz darstellt. Ähnliches gilt für politische Mandats- und Entscheidungsträger, welche den Tourismus als Motor der regionalwirtschaftlichen Entwicklung sehen. Man bezeichnet diese Gastfreundlichkeit bzw. die Wertschätzung von Touristen als **Xenophilie**.

Einheimische, die im Tourismus lediglich einer Nebenerwerbstätigkeit nachgehen, stehen dem Tourismus bereits wesentlich distanzierter gegenüber, weil sie die Nachteile kennen, welche die touristische Erschließung und Weiterentwicklung in der Destination mit sich bringt. Mehr noch trifft dies auf den Teil der ortsansässigen Bevölkerung zu, der nie, selten oder nur gelegentlich in Kontakt mit den Urlaubern steht. Das Spektrum der Haltungen, die dem Tourismus entgegengebracht werden, reicht hier von Unterstützung über Gleichgültigkeit bis zu strikter Ablehnung. Man bezeichnet diese Abneigung gegenüber Touristen oder gar die Furcht vor ihnen als **Xenophobie** (vgl. Eisenstein 2014, S. 38 f. und 43; Schmude/Namberger 2015, S. 103 f.; Freyer 2015, S. 600 ff.).

2.2.3 Formen soziokultureller Effekte

Die soziokulturellen Auswirkungen des Tourismus werden unter dem Begriff **„Akkulturation“** subsumiert, worunter die wechselseitige Beeinflussung unterschiedlicher Kulturkreise zu verstehen ist. Die Wechselseitigkeit ist jedoch meist ungleich verteilt, weil die Kulturen in den Zielgebieten des Tourismus einem markanteren Wandel ausgesetzt sind als die Kulturen in den Herkunftsregionen (vgl. Vorlaufer 1984, S. 55).

Das Resultat der Akkulturation kommt in dreierlei Effekten zum Ausdruck (vgl. Freyer 2015, S. 597 ff.; Eisenstein 2014, S. 39 f.): Der **Demonstrationseffekt** beruht auf dem Vorleben touristischer Konsummuster. Durch Kontakt mit den Touristen werden auf Seiten der Einheimischen nicht-vorhandene bzw. nicht-bewusste Bedürfnisse nach fremden Konsumgütern (z. B. Kleidung, Getränke, Lifestyleware, elektronische Geräte etc.) geweckt. Die Betroffenheit der einheimischen Bewohner davon ist sehr unterschiedlich: Während der Großteil der Einheimischen mit nur geringem Touristenkontakt davon weitgehend unbetroffen ist, fällt der Effekt bei den Touristen nahestehenden Menschen und insbesondere der eher unkritischen und der traditionellen Kultur weniger verhafteten Jugend wesentlich stärker aus. Zwar sind dem Demonstrationseffekt durch knappe finanzielle Ressourcen, fehlende Freizeitmöglichkeiten sowie eine schwer fallende Überwindung gesellschaftlicher Tabus hohe Grenzen gesetzt. Dennoch mündet der Demonstrationseffekt in einen **Imitationseffekt**, d. h. die äußerliche Übernahme fremder Verhaltensweisen, der mit einem **Identifikationseffekt**, d. h. der innerlichen Adaption von immateriellen Momenten einer fremden Kultur, einhergeht.

Während **Akkulturationskritiker** in dieser Beeinflussung die Überforderung oder gar Zerstörung gewachsener kultureller oder sozialer Strukturen sehen, verkaufen **Akkulturationsbefürworter** dies als Fortschritt und Modernisierung. Der Tourismus versetze insbesondere sich in der Entwicklung befindliche Gesellschaften in die Lage, einzelne Entwicklungsstufen auszulassen bzw. auf ein höheres Entwicklungsniveau zu springen.

Das Ausmaß der Akkulturation hängt von unterschiedlichen Komponenten ab (vgl. Eisenstein 2014, S. 42): Entscheidend ist zunächst die **kulturelle Autonomie bzw. Souveränität** der touristischen Destination. Eine Destination, die weniger fremdartigen Einwirkungen ausgesetzt ist und in der die Bevölkerung das Ausmaß zur selbstbestimmten Gestaltung der eigenen Lebenswelt als ausreichend empfindet, wird weniger von Akkulturationseffekten erfasst als eine Destination, deren Bevölkerung sich gegenüber neuartigen Einflüssen eher aufgeschlossen zeigt und in einem höheren Maße fremdgesteuerten Einwirkungen unterliegt (vgl. Bieger/Beritelli 2013, S. 38).

Von Bedeutung sind ferner das **Größenverhältnis zwischen Touristen und einheimischer Bevölkerung**, die **Größe der touristischen Destination** und das **Ausmaß der kulturellen Distanz zwischen Quell- und Zielregion:** Je höher die Anzahl der Touristen, je kleiner die Destination und je größer die kulturelle Diskrepanz ist, desto stärker machen sich Akkulturationseffekte bemerkbar. Hinzu kommt das **Verhalten der Touristen**, d. h. ihre Bereitschaft, sich kulturellen Gegebenheiten vor Ort anzupassen und bestimmte Normen zu respektieren, und die Frage nach dem **touristischen Standard**, den sie zu akzeptieren bereit sind. So hat das Einfordern westlicher Bequemlichkeitsstandards in Entwicklungsländern größere soziokulturelle Auswirkungen. Letztere sind auch abhängig vom Tempo der touristischen Entwicklung. Je schneller diese voranschreitet, umso stärker nehmen sich soziokulturelle Einflüsse aus (vgl. Friedl 2002, S. 77).

2.2.4 Einwirkungsebenen soziokultureller Effekte

Die soziokulturellen Effekte des Tourismus wirken in den Zielgebieten, v. a. in Entwicklungsländern, auf dreierlei Ebenen ein (vgl. Freyer 2015, S. 602 ff.; Aderhold et al. 2006, S. 31 ff.; Job/Weizenegger 2007, S. 635): Im Bereich der **Sozialstruktur** verändern neue und lukrative Einkommensmöglichkeiten im Tourismus die Autoritätsstrukturen innerhalb von Familien. Insbesondere Kinder erhalten von Touristen für kleine Dienstleistungen (z. B. Schuhputzen oder Scheibenwischen bei Autos) oder Gefälligkeiten (z. B. Auskünfte, Wegbeschreibungen, Führungen) Trinkgelder, welche das Einkommen der übrigen Familienmitglieder bei weitem übertreffen können. Die Folgen sind ein Verlust der elterlichen Autorität, familieninterne Auseinandersetzungen sowie ein Ausbrechen der Kinder aus traditionellen Familienstrukturen. Der Generationenkonflikt wird weiter dadurch verschärft, dass v. a. junge Leute eine dauerhafte Beschäftigung im Tourismus finden. Dieser verändert auch das familiäre und gesellschaftliche Rollenverständnis von Frauen, deren Beschäftigung, z. B. als Zimmermädchen, Köchinnen, Reinigungskräfte, Rezeptionistinnen etc., im Tourismus besonders hoch ist. Die dadurch bedingte Zunahme von Unabhängigkeit kann in Familien zu einem Geschlechterkonflikt führen und gesellschaftliche Spannungen auslösen.

Auch die soziale Hierarchie der Berufe unterliegt einem Wandel, da Beschäftigungsmöglichkeiten im Tourismus als sozial erwünschter gelten als z. B. in der Land- und Fischereiwirtschaft sowie dem Handwerk. In den Destinationen kommt es daher zur Abwanderung in touristische Beschäftigungen bei gleichzeitiger Aufgabe traditioneller Berufe. Der Tourismus lässt damit eine neue gesellschaftliche Schicht von Arbeitskräften mit Kontakt zu den Urlaubern und hohem Sozialprestige entstehen. Durch die auflebende touristische Unternehmertätigkeit kristallisiert sich ferner eine neue Klasse von Selbstständigen heraus mit entsprechendem Einfluss auf die Macht- und Besitzstrukturen der lokalen Gesellschaft. Häufig müssen die Arbeitskräfte im Tourismus auch von außerhalb der Region, zum Teil auch aus dem Ausland, rekrutiert werden, was vor Ort Versorgungs- und Verdrängungsprobleme aufwirft und in den Herkunftsregionen der Beschäftigten traditionelle Familienstrukturen auflösen lässt.

Soziokulturelle Effekte wirken sich ferner auf **Kultur und Tradition** touristischer Destinationen aus. Traditionelle Riten und Zeremonien, wie z. B. Tänze in landestypischer Kleidung, werden gegen Bezahlung in den Unterkünften der Touristen exklusiv für diese zu jeder gewünschten Tages- und Nachtzeit zelebriert. Derartige Folkloredarbietungen deformieren, trivialisieren und profanisieren den eigentlichen Sinngehalt traditioneller, teilweise religiöser Werte und vermitteln ein (Zerr-)bild der Destinationskultur mit der Folge eines möglichen kulturellen Identitäts- und Authentizitätsverlusts zugunsten touristischer Kommerzialisierung. Auch traditionelle Wertvorstellungen der einheimischen Bevölkerung verwässern, wenn z. B. konventionelle Bekleidungsmaßstäbe durch Touristenbekleidung abgelöst werden oder neue Statussymbole auftreten, welche den Bewohnern vorher unbekannt waren. Dagegen kommt es zu einer regelrechten Belästigung der ortsansässigen Bevölkerung, wenn sich Touristen an religiösen Orten und bei rituellen Zeremonien unangemessen verhalten.

Auch traditionelle Baustile und das Kunsthandwerk unterliegen einem Formenwandel. Die herkömmliche Architektur weicht modernen Stahl- und Betonbauten, welche das Bild der Destination prägen. Das althergebrachte Kunsthandwerk entwickelt sich zur Massenproduktion von billigen, einheitlichen Souvenirartikeln, die in Motiven, Materialien und Design den ästhetischen Vorstellungen der Touristen angepasst und ohne Kenntnis über lokale Tradition oder Kultur gefertigt werden („Airport Art").

Allerdings lassen sich im Sinne einer Kulturpflege auch positive Effekte beobachten, wenn durch die touristische Erschließung und Entwicklung traditionelle Riten und Brauchtümer wiederbelebt, gefestigt und durch die touristische Beachtung sogar aufgewertet werden. Auch die Förderung lokaler Künstler wie Maler oder Musiker kann einen positiven Effekt des Tourismus darstellen ebenso wie der Erhalt bzw. die Restaurierung historischer oder religiöser Bauwerke oder Denkmäler.

Soziokulturelle Effekte sind schließlich im Bereich **Normen und Werte** zu beobachten. Im Rahmen der Gästekultur verhalten sich Touristen im Urlaub anders als im Alltag, unterdrückte Bedürfnisse werden ausgelebt, ein lockeres und genussorientiertes Verhalten an den Tag gelegt, während sich die im Tourismus Beschäftigten vor dem Hintergrund der Gastgeberkultur hingegen in einer Alltagssituation befinden (vgl. Kap. 2.2.2). Werden die Gastgeber mit dem saloppen und ungespannten Reiseverhalten der Gäste (z. B. legerer Bekleidungsstil, gelockerte Geschlechterbeziehungen, Alkohol- und Drogenkonsum) konfrontiert, können deren Moralvorstellungen empfindlich gestört werden.

Im Rahmen der Hippie-Kultur der späten 1960er- und 1970er-Jahre hat die zunehmende Reisetätigkeit das Problem der Drogenverbreitung und -schmuggels in vielen, v. a. lateinamerikanischen und asiatischen Ländern, in denen Drogen leichter erhält-

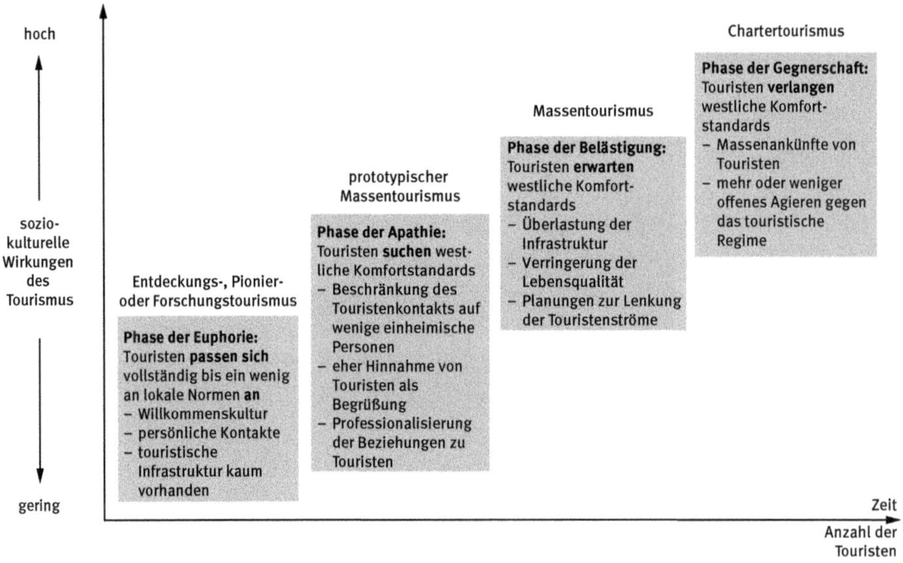

Abb. 2.6: Phasenschema zum Verhältnis zwischen Einheimischen und Touristen; Quelle: Eigene Darstellung in Anlehnung an Mundt 2013, S. 241 ff.; Freyer 2015, S. 599.

lich waren, verschärft. Etliche Länder haben darauf mit schärferen Reise- und Kontrollbestimmungen reagiert und die Einheimischen stehen dem Tourismus distanzierter gegenüber. Generell lässt sich mit dem Aufkommen einer verstärkten Reisetätigkeit eine Zunahme von Kriminalitätsdelikten beobachten. Neben Drogendelikten sind v. a. Raubüberfälle und (Kinder-)prostitution zu nennen.

Insgesamt zeigt der Tourismus gerade in Entwicklungsländern daher ein janusköpfiges Gesicht: Einerseits kann er die hohen Erwartungen an wirtschaftliches Wachstum meistens erfüllen, andererseits stellt er einen unkalkulierbaren Faktor des gesellschaftlichen und kulturellen Wandels dar (vgl. Steinecke 2014, S. 140).

Von großer Bedeutung ist der Umstand, dass das Verhältnis zwischen Einwohnern und Touristen einer gewissen **Dynamik** unterworfen ist, indem zwischen den positiven und negativen soziokulturellen Wirkungen des Tourismus und der im Zeitablauf zunehmenden Anzahl der Touristen und deren Anpassungsbereitschaft an die kulturellen Normen der Destination bzw. dem Grad der Erwartung westlicher Annehmlichkeits- bzw. Komfortstandards ein Zusammenhang besteht: Die anfängliche Phase einer Euphorie kann von Phasen der Apathie und Belästigung abgelöst werden und schließlich in eine Phase der Gegnerschaft münden (vgl. Abb. 2.6). Dieses Phasenschema ist aber keinesfalls idealtypisch, vielmehr können die Stufen auch in anderer Reihenfolge bzw. die Phasen verkürzt auftreten. Auch muss der Massentourismus keineswegs unbedingt eine Gegnerschaft hervorrufen (vgl. Mundt 2013, S. 243).

2.2.5 Partizipation als Lösung

Das Problem unerwünschter soziokultureller, aber auch ökologischer Einflüsse auf den Lebensalltag der bereisten Bevölkerung lässt sich lösen, wenn dieser das Recht zur **Partizipation**, d. h. zur Teilnahme und Mitgestaltung der Planung und Umsetzung touristischer Entwicklungsmaßnahmen eingeräumt wird. Die Partizipation kann von reiner **Informationsvermittlung** über die **Konsultation** der Bevölkerung bis zur **funktionellen Partizipation** (Einbeziehung der Bevölkerung in Form von Institutionen zumeist nach dem Treffen wesentlicher Entscheidungen über touristische Projekte) und **interaktiven Partizipation** (stärkerer Einfluss durch Einbezug dieser Institutionen in den interaktiven Planungsprozess über Tourismusprojekte) reichen. Die weitreichendste Möglichkeit stellt die **Selbstmobilisierung**, d. h. die Bevölkerung ergreift von sich aus die Initiative zur Veränderung ihrer Situation, dar (vgl. Beyer 2003, S. 38).

Durch Partizipation lässt sich nicht nur Transparenz im Tourismusgeschäft schaffen, sondern auch die Akzeptanz für den Tourismus unter den Einheimischen erhöhen. Dies ist deshalb von zentraler Bedeutung, da eine touristische Entwicklung, die dauerhaft den Interessen der lokalen Bevölkerung zuwiderläuft, unmöglich ist (vgl. Eisenstein 2014, S. 47).

Ein abschreckendes Beispiel dafür, wie die Planung touristischer Projekte keinesfalls laufen sollte, bietet das sog. V-Projekt der Jungfraubahn Holding AG im Berner Oberland. Dieses umfasst den Ersatzbau einer Gondelbahn auf den Männlichen (2.343 m N.N.) und den Neubau einer Luftseilbahn auf den Eigergletscher (2.320 m N.N.) – beides von Grindelwald aus. In der Kritik stand v. a. der 400 Mio. CHF teure „Eigerexpress", welcher die Fahrzeit von Grindelwald aufs Jungfraujoch ab 2020 um die Hälfte reduzieren wird. Kritiker sprachen von einer „Verschandelung der Natur" sowie einer „Wäscheleine", welche nicht nur die Aussicht auf die spektakuläre Eigernordwand beeinträchtigen, sondern auch einen schwerwiegenden landschaftlichen Eingriff darstellen und die täglichen Touristenmassen auf das Jungfraujoch noch zusätzlich befördern wird. Das Vorhaben wurde von drastischen wechselseitigen Vorwürfen und Streitereien zwischen den Jungfraubahnen und Projektgegnern begleitet, die in der Region zum Teil tiefe Wunden hinterlassen haben: Neben einer mangelnden Partizipation der Bevölkerung war von nicht gehaltenen Versprechungen über Verleumdungen und Beschimpfungen bis zu Einschüchterungen und Morddrohungen die Rede. Im Juli 2018 wurde mit dem Spatenstich zum Bau eines modernen Seilbahnterminals in Grindelwald, das neben den beiden Seilbahnstationen auch ein Parkhaus, Restaurants und Geschäfte beherbergen wird, ein vorläufiger Schlussstrich unter den jahrelangen Streit gezogen (vgl. NZZ 2018b).

Ein Beispiel für gelungene Partizipation im Tourismus ist dagegen das in der internationalen Entwicklungszusammenarbeit verankerte und daher v. a. in Entwicklungsländern zur Anwendung kommende Konzept des **Community Based Tourism**, das insbesondere in ländlichen und wirtschaftlich benachteiligten Regionen als Chance zur Bekämpfung von Armut erachtet wird (vgl. Ilius 2014, S. 258). Das auf dem Ansatz der Community Development[5] beruhende Prinzip fordert die Einbeziehung der lokalen Bevölkerung in touristische Planungsprozesse aus ökonomischen, ökologischen, soziokulturellen und politischen Erwägungen und erstreckt sich über vier Intensitätsstufen (vgl. Schmude/Namberger 2015, S. 107 ff.):

- **Information und Konsultation**, d. h. alle Betroffenen werden von geplanten Maßnahmen informiert und um ihre Meinung gebeten;
- **Mitwirkung**, d. h. die Betroffenen liefern Anregungen, die in den Entscheidungsprozess einfließen, was die Legitimation eines touristischen Projekts sichert;
- **Mitentscheidung**, d. h. die Beteiligten sind mit dem Recht zur Mitentscheidung über die geplanten Maßnahmen ausgestattet;
- **Eigenverantwortung und Selbstbestimmung**, d. h. die Bevölkerung ergreift von sich aus die Handlungshoheit und bestimmt die Entwicklung des Projekts nach ihren eigenen Vorstellungen.

Generell gilt, dass mit zunehmendem Grad der Beteiligung der einheimischen Bevölkerung die soziokulturellen und ökologischen Effekte tendenziell positiver beurteilt werden. Ähnliches gilt für die ökonomischen Vorteile der bereisten Gesellschaft.

2.3 Ökologische Effekte

Im Kontrast zu der weitgehend positiven Beurteilung der wirtschaftlichen Effekte des Tourismus werden seine Wirkungen auf die Umwelt überwiegend als negative Begleiterscheinungen thematisiert. Die öffentliche Diskussion über die **ökologischen Dimensionen des Tourismus** entfaltete sich in weiten Teilen der Bevölkerung erst mit dessen massenhafter Ausweitung in der zweiten Hälfte des 20. Jahrhunderts. Ähnlich verhält es sich mit der konsequenten wissenschaftlichen Auseinandersetzung, denn erst ab Mitte der 1970er-Jahre wurden Umweltaspekte – parallel zum Erstarken der Umweltbewegung – verstärkt in der tourismuswissenschaftlichen Diskussion verankert. Es war dann die Tourismuskritik zu Beginn der 1980er-Jahre, die zum Konzept des „Sanften Tourismus“ (vgl. Kap. 2.3.4.1) und später, vorangetrieben durch die Nachhaltigkeitsdebatte der späten 1980er-Jahre, des „Nachhaltigen Tourismus“ (vgl. Kap. 2.3.4.2) führte.

5 Ansatz zur Mobilisierung der Bevölkerung in ländlichen Regionen von Entwicklungsländern. Eine finanzielle, technische und personelle Unterstützung dient der Hilfe zur Selbsthilfe.

2.3.1 Wechselwirkungen zwischen Umwelt und Tourismus

Eine intakte Umwelt ist die **Grundvoraussetzung für Tourismus und Naherholung**. V. a. in der touristischen Anfangsphase sind es schöne Landschaften, frische Luft, naturbelassene Wälder und Strände sowie exotische Fauna und Flora, die Urlauber anziehen, welche die Flucht aus urbanen Räumen und der Hektik des Alltags hin in die Schönheit und Ruhe der unberührten Natur suchen. Umweltfaktoren fließen damit als wichtige, wenn nicht gar grundlegende Produktionsfaktoren in den Prozess der touristischen Leistungserstellung ein. Steigende Touristenzahlen können jedoch zu einer unkontrollierten Überbeanspruchung der natürlichen Ressourcen führen und sich zu einer Gefahr für die Umwelt und den Tourismus selbst erwachsen. Beide stehen in einem engen **wechselseitigen Verhältnis** zueinander. Zum einen stellen **Natur und Landschaft** das Fundament für touristische Aktivitäten dar, das zum anderen durch den Tourismus genutzt und wieder zerstört werden kann. Wegen des hohen Erholungswerts der Natur für den Tourismus wirken Beeinträchtigungen des Ökosystems auf diesen zurück, indem sie ebendiesen Erholungswert schmälern. Sobald die vom Tourismus induzierten Umweltbeeinträchtigungen von den Touristen wahrgenommen werden, schwindet der Attraktivitätsgrad einer Destination, da der von den Urlaubern an die Zielregion gestellte Anspruch einer sauberen und intakten Umwelt nicht mehr erfüllt wird und die touristische Nachfrage entsprechend zurückgeht, womit auch die positiven Effekte des Tourismus nachlassen. Dieser kann damit sowohl die Funktion des Verursachers als auch des Betroffenen seiner eigenen ökologischen Wirkungen einnehmen (vgl. Freyer 2015, S. 615; Eisenstein 2014, S. 49; Lübbert 1999, S. 28; Kaspar 1991, S. 37).

Die Wechselseitigkeit zwischen Tourismus und Umwelt ist aber keinesfalls gleichwertig, da der Tourismus mehr von Fauna und Flora profitiert als umgekehrt. Zwar entfaltet der Tourismus durchaus auch positive Wirkungen auf die Natur (vgl. Kap. 2.3.2.4), doch dominieren die Gefahren negativer Effekte aufgrund der Belastung, des Verbrauchs oder gar der Vernichtung des ökologischen Ressourcen- bzw. Naturraumpotenzials von Destinationen durch die Entwicklung touristischer Aktivitäten.

Das konkrete Ausmaß der ökologischen Wirkungen des Tourismus stellt ein quantitatives Phänomen dar, das vom zeitlich konzentrierten Auftreten großer Touristenmengen abhängt, die eine touristische Destination an die Grenzen ihrer ökologischen Belastbarkeit stoßen lassen. Wann diese sog. **Tragfähigkeitsgrenze**[6] erreicht ist, hängt von der Sensibilität und Regenerationsfähigkeit des Ökosystems ab (vgl. Eisenstein 2014, S. 48 f.).

---

6 Tragfähigkeitsgrenzen existieren hinsichtlich zeitlicher (z. B. wöchentliche, tägliche oder stündliche Besucherzahlen oder Ankünfte), räumlicher (z. B. Touristen oder Übernachtungen pro Flächeneinheit) oder einwohnerbezogener Kriterien (z. B. Anzahl von Übernachtungen je 1.000 Einwohner). Die Festlegung einer allgemeingültigen Tragfähigkeitsgrenze ist nicht möglich (vgl. Mundt 2004, S. 335; Williams/Gill 2005, S. 194 ff.).

Generell kommen der natürlichen Umwelt einer Destination vier tourismusrelevante Funktionen zu (vgl. Wöhler/Saretzki 1999, S. 2 ff.; Siebert 1992, S. 10 f.):
- Umwelt als **Standortfaktor:** Eine reizvolle und abwechslungsreiche Umwelt ist maßgeblich bei der Standortwahl touristischer Betriebe und Infrastruktureinrichtungen.
- Umwelt als natürlicher **Ressourcenvorrat:** Die intakten Umweltmedien Boden, Luft und Wasser stellen zentrale Erfolgsfaktoren bei der Erstellung touristischer Leistungsbündel dar.
- Umwelt als **Absorptionsmedium:** Durch die Umweltmedien werden Abfallprodukte der Tourismuswirtschaft aufgenommen.
- Umwelt als **qualitatives Konsumgut:** Urlauber nutzen die Umweltmedien für unterschiedliche Urlaubsaktivitäten (z. B. Skifahren, Wandern, Radfahren, Paragliding, Baden etc.). Die Kombination der Medien, welche der Tourist als Raumnutzer zur Befriedigung seiner Bedürfnisse nachfragt, macht den Wert einer Destination aus.

2.3.2 Formen ökologischer Effekte

Die Umweltbelastungen des Tourismus lassen sich in drei Kategorien aufteilen: Belastungen durch touristisch bedingten Verkehr (vgl. Kap. 2.3.2.1), Belastungen durch die Errichtung und den Betrieb touristischer Infrastruktur (vgl. Kap. 2.3.2.2) sowie Belastungen durch die von Touristen ausgeübten Aktivitäten (vgl. Kap. 2.3.2.3) (vgl. Job/Vogt 2007, S. 853 ff.).

2.3.2.1 Belastungen durch touristisch bedingten Verkehr

Die **Raumüberwindung bzw. Ortsveränderung** stellt ein konstitutives Element des Reisens dar (vgl. Kap. 1.1.1). Sie verlangt zwingend das Überwinden einer bestimmten räumlichen Entfernung zwischen Heimat- und Zielort (vgl. Kap. 5.8). Neben dem **Urlaubsreiseverkehr** im Rahmen der An- und Abreise von Touristen tritt der **Ausflugsreiseverkehr** durch Fahrten, welche Touristen während ihres Reiseaufenthalts unternehmen. Dabei sind die aus dem touristisch motivierten Verkehr resultierenden Umweltwirkungen nicht anders als die durch den allgemeinen Verkehr verursachten Belastungen zu werten: **Verunreinigung der Luft und Beschleunigung des Treibhauseffekts** durch Schadstoffe, insbesondere **CO_2-Emissionen** – 75 % der touristischen CO_2-Emissionen gehen auf den touristisch bedingten Verkehr zurück –, Lärmausstoß, Ressourcenaufwand zur Produktion und zum Betrieb von Verkehrsmitteln, zur Errichtung und Unterhalt der Verkehrsinfrastruktur sowie Flächenverbrauch, -versiegelung und -zerschneidung durch deren Erschließung. Hinzu kommt die Entwertung von Immobilien und touristisch relevanter Erholungsgebiete (vgl. Lübbert 1999, S. 32 f.; Strasdas/Bischopnick 2016, S. 48 f.).

Bezogen auf Tourismusformen und Verkehrsmittel stehen v. a. Fernreisen mit dem **Flugzeug** im Visier, welche durch einen besonders hohen Energiebedarf gekennzeichnet sind. So wird im Flugverkehr rund dreimal so viel Energie beansprucht wie beim Bahnverkehr (vgl. Kagermeier 2007a, S. 60). Auch der Ausstoß von CO_2-Emissionen, welche den Treibhauseffekt beschleunigen und zur Veränderung der Ozonschutzhülle beitragen, ist erheblich größer als bei anderen Verkehrsmitteln. Hinzukommen weitere Treibhausgase sowie Cirrus-Wolken, welche den Treibhauseffekt um das Zwei- bis Dreifache verstärken. Dies liegt weniger am Flugzeug selbst, dessen CO_2-Emissionen pro Sitzplatzkilometer sich nur geringfügig von denen eines mit zwei oder drei Personen besetzten PKWs unterscheiden, sondern v. a. an der zurückgelegten Entfernung, die das entscheidende Kriterium für den CO_2-Ausstoß bildet. In Anbetracht zukünftiger CO_2-Emissionen ist bei einer gleichbleibenden Entwicklung von einer Erhöhung des weltweiten tourismusbedingten CO_2-Ausstoßes um 161 % bis 2035 auszugehen. Zwar versucht die Luftfahrtindustrie, dem CO_2-Problem durch effizienzsteigernde Maßnahmen und Innovationen, welche auf eine Optimierung des Energieverbrauchs abzielen, entgegenzuwirken. Bisher ist die reisende Bevölkerung trotz der Diskussion über den Klimawandel aber nur wenig geneigt, ihr Reiseverhalten zu ändern (vgl. Kagermeier 2016a, S. 177 ff.; Strasdas/Bischopnick 2016, S. 50). Wichtig wären u. a.:

- der zunehmende **Umstieg von Flugzeug und Auto auf Bus und Bahn**,
- v. a. bei Fernreisen eine **Verlängerung der Aufenthaltsdauer**, Kurzreisen nur zu nahe gelegenen Destinationen,
- **Reduzierung der zurückgelegten Strecken** bei Rundreisen,
- **umweltfreundliche Freizeitaktivitäten** (im Idealfall nicht-motorisiert).

Die Diskussion um den Klimawandel wird seit 2019 im Zuge des Aufkommens der Fridays-for-Future-Bewegung (gegen den Klimawandel protestierende Schüler und Studenten) verschärft geführt. Bestandteil dieser Diskussion ist auch ein Verzicht auf Flugreisen (z. B. Erwerb von Flugrechten analog zum Emmissionsrechtehandel, Verbot von Kurzflugstrecken, freiwilliger Verzicht durch gesellschaftliche Ächtung oder sog. „Flugscham“, wie sie insbesondere in skandinavischen Ländern mittlerweile ausgeprägt ist).

Exkurs 5 zeigt, wie sich reisebedingte CO_2-Emissionen vermeiden oder zumindest kompensieren lassen.

Exkurs 5: Reisen und Vermeidung bzw. Kompensation von CO_2-Emissionen

Die Reduktion von reisebedingten CO_2-Emissionen kann einerseits durch Null-Emissions-Transportmittel erfolgen oder durch Kompensationsmaßnahmen. **Null-Emissionen** i. e. S. liegen allerdings nur bei Wanderungen, Fahrradtouren oder einem Reiturlaub vor. I. w. S. sind auch Transportmittel, die mit regenerativen Energiequellen betrieben werden, hinzuzurechnen. Dies liegt vor, wenn z. B. eine Bahnfahrt durch Öko-Strom betrieben oder ein regenerativ gewonnener Bio-

kraftstoff verwendet wird. Den i. d. R. nötigen Aufpreis für die Nutzung regenerativer Energiequellen können Reisende als freiwillige Kompensationsabgabe entrichten (z. B. bis 1.1.2018 das Deutsche-Bahn-Projekt „Bahn Umwelt-Plus“, danach komplette Umstellung auf Öko-Strom im Fernverkehr). Unbeachtet bleibt hierbei allerdings, dass nur die durch den Transport verursachten CO_2-Emissionen Beachtung finden, wohingegen Emissionen bei der Herstellung des Transportmittels unberücksichtigt bleiben. Eine tatsächliche Null-Emissions-Reise ist daher kaum vorstellbar.
Ist der Einsatz regenerativer Energiequellen nicht möglich (z. B. bei Flugzeugen oder auf gewissen Strecken) oder sollen über die Transportleistung hinausgehende CO_2-Emissionen zusätzlicher touristischer Aktivitäten (z. B. der Hotelaufenthalt) reduziert und/oder weitere Nachhaltigkeitsdimensionen (z. B. Technologietransfer oder Armutsbekämpfung) gefördert werden, erfolgt die **Kompensation** indirekt als Spende.
Anbieter solcher Kompensationsangebote vertreten dabei den Grundsatz, dass CO_2-Vermeidung, wo immer möglich, Priorität vor Kompensationsmaßnahmen haben sollen. Sind CO_2-Emissionen nicht zu vermeiden, greift die Maxime, dass Klimaschutz ortsungebunden ist, denn für das globale Klima ist es relativ unerheblich, wo die Emissionen entstehen bzw. wo CO_2 gebunden oder vermieden wird. Daher lassen sich reisebedingte CO_2-Emissionen im In- oder Ausland kompensieren. Da oftmals die Kompensation in Entwicklungsländern günstiger zu erzielen ist, sind die Klimaschutzprojekte i. d. R. auch an Entwicklungsprojekte gekoppelt. Non-Profit-Organisation, wie z. B. Atmosfair oder Myclimate, garantieren dann für die Umsetzung der Projekte.
Die Höhe der Kompensationsleistung hängt u. a. von der Wahl des Reisemittels sowie der Distanz und Sitzklasse ab. Investiert wird dieser Beitrag dann z. B. in den Aufbau eines Windkraftparks, welcher CO_2-Emissionen aus Kohle- oder Gaskraftwerken einspart.
Quellen: Atmosfair 2018; Deutsche Bahn 2018; Spiegel Online 2015.

Neben dem Flugzeug verdienen auch **Kreuzfahrten** (vgl. Kap. 4.8.1) als eigenständige Tourismusform eine kritische ökologische Betrachtung. Denn bei den Kreuzfahrtriesen führt der Einsatz von schwefel- und schwermetallhaltigem Schweröl zu weit mehr Schwefeldioxid- und Stickoxidemissionen als bei anderen Verkehrsmitteln. Hinzukommt der Ausstoß klima- und gesundheitsschädlicher Rußpartikel bei Fehlen wirksamer Rußpartikelfilter. Einen großen Fortschritt stellt hier die Umstellung des Antriebs von Schweröl auf Flüssigerdgas bzw. LNG (Liquified Natural Gas) dar, das als sauberster fossiler Brennstoff gilt, weil bei seiner Verbrennung kaum Schwefel- oder Feinstaubemissionen anfallen (vgl. Schuhmann 2016, S. 11; Freyer/Jans 2016, S. 31; NZZ 2018a).

2.3.2.2 Belastungen durch die Errichtung und den Betrieb der touristischen Infrastruktur

Probleme treten hier insbesondere durch **Flächenverbrauch und -versiegelung** und die dadurch ausgelöste **Zerschneidung und Zersiedelung der Landschaft** auf. Zusätzlich kommt es zur **Verdrängung tendenziell ortstypischer und landschaftsbezogener Bauformen.** Die Urlaubsorte an der portugiesischen Algarve, der französischen Mittelmeerküste, der spanischen Costa Brava und Costa del Sol, auf den Balearen und Kanaren sowie entlang der italienischen und kroatischen Adriaküste liefern plastische Beispiele, wie kleine Fischerdörfer und bisweilen unbelassene Strände großen Hotels, Ferienappartementblöcken, Restaurants, Campingplätzen und Freizeiteinrichtungen weichen müssen. Ähnliches gilt für die Wintersport-Retortenstädte in den französischen und italienischen Westalpen.

Als besonders flächenintensiv zeigt sich die Parahotellerie (vgl. Kap. 5.3) in Form von Ferien- und Zweitwohnungen. Diese werden überwiegend in Vorzugslagen (Ufer- und Hanglagen, Orts- und Waldränder, dünn besiedelte Gebiete mit noch unversehrter Landschaft) errichtet und üben über Verbauung, Ver- und Entsorgungsprobleme sowie Verursachung zusätzlichen Verkehrsaufkommens einen entsprechend negativen Einfluss auf die sie umgebenden, ökologisch oft wertvollen Räume aus. Zu berücksichtigen ist ferner, dass die Zerstörung einer ohnehin oft nur spärlich vorhandenen Vegetation Gefahren von Naturkatastrophen wie Überschwemmungen, Muren und Lawinen birgt. Eine touristisch motivierte Siedlungsentwicklung erhöht ferner das Müll- und Abwasseraufkommen und wirft Probleme bei der Energie- und Trinkwasserversorgung auf (vgl. Lübbert 1999, S. 35; Job/Vogt 2007, S. 853 f.). Die Gefahr eines zu hohen Trinkwasserverbrauchs lässt sich exemplarisch anhand der spanischen Mittelmeerdestination Mallorca aufzeigen (vgl. Exkurs 6).

Weitere negative Effekte sind die Verminderung der Biodiversität, der Energieverbrauch bei der Errichtung und dem Betrieb der touristischen Infrastruktur, Bodenerosion und Gewässerverschmutzung, die Reduktion des Fauna- und Florabestandes (z. B. von Wild-, Fisch- und Korallenbeständen) für die Jagd-, Souvenir- und Ernährungswirtschaft sowie Schmutz, Verkehrs- und Lärmbelästigung durch Freizeiteinrichtungen (vgl. Freyer 2015, S. 620; Steinecke 2011, S. 101; Eisenstein 2014, S. 51).

Exkurs 6: Tourismus und Wasserknappheit auf Mallorca

In vielen Mittelmeerdestinationen stellt Wasser ein knappes Gut dar. Dies gilt insbesondere für die touristische Hochsaison in den Monaten März bis September, in denen im Mittelmeerraum die Niederschlagsmengen tendenziell gering ausfallen. Obwohl der Tourismus insgesamt nur für einen überschaubaren Anteil am Gesamtwasserverbrauch verantwortlich zeichnet, kann es in niederschlagsarmen und gleichzeitig sehr warmen Perioden zu Nutzungskonflikten mit anderen Wassernutzern wie Haushalten, Industrie und insbesondere der Landwirtschaft, welche in Spanien mit einem Bedarf von bis zu 80 % des Trinkwassers der mit Abstand größte Wasserverbraucher ist, kommen. Exemplarisch lässt sich dies am Rekordhitzejahr 2010 nachzeichnen, in dem es in Spanien zu langanhaltenden Dürren, zahlreichen Waldbränden und historisch niedrigen Stauseebeständen kam und die Landwirtschaft folglich unter einer besonders ausgeprägten Wasserarmut litt. Die Nutzungskonflikte dürften sich in Zukunft durch den klimawandelbedingten Temperaturanstieg bei fortschreitender Verringerung der Niederschlagsmengen weiter verschärfen.

Besonders plastisch lässt sich der Konflikt zwischen Tourismus und Wasserversorgung anhand der zu den Balearen gehörenden Ferieninsel Mallorca demonstrieren. Überhaupt erscheint die Insel aufgrund ihrer touristischen Intensität und der Begrenztheit ihrer Lage wie keine andere Destination geeignet, die Grenzen der touristischen Ressourcennutzung aufzuzeigen. Kamen im Jahr

1960 nur ca. 360.000 Touristen nach Mallorca, sind es heute – bei einer Einwohnerzahl von knapp 870.000 – ca. 10 Mio. im Jahr – rund 40 % davon aus Deutschland. Auf einer Fläche, die nur unwesentlich größer als das Saarland ist, wird eine Tourismusdichte je Flächeneinheit erreicht, wie sie sonst nur für Großstädte, wie z. B. Hamburg, üblich ist. Während die Balearischen Inseln insgesamt (neben der größten Mallorca auch Menorca, Ibiza, Formentera sowie die kleinste Cabrera) nur 1,1 Mio. Einwohner zählen, hält sich an manchen Sommertagen rund 1 Mio. Besucher auf den Inseln auf. Auf Mallorca entfallen die Hälfte der Wirtschaftskraft und rund 43 % der Beschäftigten auf den Tourismus. Ohne die touristische Inwertsetzung wäre Mallorca im Stadium eines passiven Agrarraums verblieben und stünde auf einer Stufe mit anderen weniger entwickelten Provinzen Spaniens oder Portugals wie z. B. Andalusien oder Estremadura.
Auf Mallorca wird der jährliche Wasserbedarf des Tourismus auf 40 Mio. m^3 bzw. ein Drittel des Gesamtwasserverbrauchs geschätzt. Bei jährlich ca. 80 Mio. Übernachtungen macht dies einen touristischen Wasserverbrauch von 500 l je Übernachtung aus – mehr als dreimal so viel wie bei Einheimischen. Der massive Wasserbedarf hat zu einem deutlichen Absinken des Grundwasserspiegels geführt. Im Raum Palma hat die starke Wasserentnahme aufgrund der kurzen Entfernung der Brunnen zum Meer eine drastische Versalzung des Grundwassers bewirkt. Ein besonderes Problem stellt ferner das marode Leitungsnetz dar: Rund ein Viertel des Wassers versickert, bevor es beim Verbraucher ankommt. Während in den Touristenhochburgen entlang der Playa de Palma und im Raum El Arenal genügend Wasser vorhanden ist und ein sehr großzügiger Umgang mit ihm herrscht, kann es in Bergdörfern, insbesondere an der Nordküste, wo das Wasser v. a. unterirdischen Quellen entstammt, zu ernsthaften Versorgungsengpässen kommen. In niederschlagsarmen und sehr heißen Jahren muss die Trinkwasserversorgung mit Tankschiffen und anschließend mit Tanklastern sichergestellt werden, was in der lokalen Politik Unmut erzeugt, da „Wasser auf Rädern“ um ein Vielfaches teurer ist.
Dabei ist es ein Irrtum zu glauben, dass v. a. der Massentourismus für den hohen Wasserbedarf verantwortlich zeichnet. So zeigt eine Studie der Ruhruniversität Bochum aus dem Jahr 2011, dass der tägliche Wasserverbrauch in der Gemeinde Calvià, die gerne als Aushängeschild für den Wechsel vom Massen- hin zum vermeintlich umweltschonenden Qualitätstourismus präsentiert wird, mit 700 l am Tag deutlich über dem in massentouristischen Vergleichsgebieten entlang der Playa de Palma und rund um El Arenal liegt. Die Ursache hierfür besteht in der Bewässerung begrünter Außenanlagen von Grundstücken, die Touristen im Rahmen des Residenzialtourismus als Zweitwohnsitz dienen. Auf die Gartenbewässerung solcher Anlagen entfallen rund 70 % des privaten Wasserverbrauchs. Ein Swimming Pool erfordert weitere 22 l pro Tag und Kopf. Es lässt sich daher der Schluss nahelegen: „Edeltouristen belasten die Umwelt mehr als Ballermänner“.
Mittlerweile hat die lokale Politik mit mehreren Maßnahmen reagiert, um dem Wasserproblem entgegenzuwirken. Es wurden verstärkt Anlagen zur Meerwasserentsalzung, z. B. in Andratx, der Bucht von Alcúdia sowie der Bucht von Palma, in Betrieb genommen. In der Region Palma wird sogar – allerdings zu im Vergleich zur normalen Grundwasserförderung hohen Kosten – mehr als ein Viertel des Grundwassers aus Meerwasser oder salzigem Grundwasser bezogen. Auch die Erneuerung des maroden Leitungsnetzes schreitet voran. Ebenso werden Maßnahmen zur Reduzierung des Wasserverbrauchs getroffen. Hierzu rechnen z. B. die Verwendung individueller Wasserzähler oder die Aufbereitung von Brauchwasser für eine erneute Nutzung – bis in die 1970er-Jahre floss der größte Teil der Abwässer ungereinigt ins Meer. Dennoch ist Mallorca immer noch weit entfernt von der systematischen Ausschöpfung aller Potenziale, um den Wasserverbrauch und die natürlich verfügbaren Wasserressourcen ins Gleichgewicht zu bringen.
Ein besonders gravierendes Problem für die Wasserversorgung stellt der Golftourismus dar, der auf Mallorca wegen der geringen Saisonalität des Golfsports – während der Spielbetrieb in Zentraleuropa witterungsbedingt limitiert ist, kann auf Mallorca ganzjährig gespielt werden – besonders

beliebt ist. Mit mittlerweile 23 Golfplätzen, die sich v. a. in Küstennähe rund um die Bucht von Alcúdia, die Ostküste sowie v. a. westlich von Palma, wo der Bau von Zweitwohnungen besonders rasant voranschreitet, konzentrieren, wartet Mallorca mit einer Golfplatzdichte wie kaum eine andere Destination für Golftourismus auf. Aufgrund der gut ausgebauten Verkehrsinfrastruktur und der geringen Größe der Insel lassen sich alle Plätze von den meisten Orten aus in höchstens einer Autostunde erreichen. Mit dem jährlichen Wasserbedarf eines einzelnen Golfplatzes auf Mallorca, der in etwa dem Wasserinhalt von 370 olympischen Schwimmbädern entspricht, könnte im gleichen Zeitraum in etwa der Wasserverbrauch einer 12.000-Einwohner-Stadt gedeckt werden. Obwohl die Golfclubs mittlerweile offiziell dazu angehalten sind, zur Bewässerung der Anlagen auch geklärtes Wasser zu verwenden, ist aufgrund der teils mangelnden Reinigungsleistungen der örtlichen Kläranlagen und des ausreichenden Vorhandenseins geklärter Wassermengen fast nur in der Nähe von Städten eine ausschließliche Verwendung aufbereiteten Brauchwassers noch nicht geglückt. Gegen die Betreiber eines Golfplatzes von Andratx im Südwesten der Insel wurde 2016 ein Verfahren eingeleitet, weil sie den Platz illegal mit Grundwasser aus einem nahgelegenen Brunnen bewässert haben.

Trotz des immensen Wasserbedarfs der Golfplätze ist in der Diskussion um diese anzumerken, dass die an den erzielten Einnahmen gemessene Produktivität eines zur Bewässerung herangezogenen Kubikmeters Wasser im Golftourismus wesentlich über der in der hoch subventionierten landwirtschaftlichen Erzeugung liegt, sodass die Bewässerung von Golfanlagen im Vergleich zur Landwirtschaft ökonomisch rational erscheint.

Aufgrund der allgemeinen Spürbarkeit des durch den Massentourismus hervorgerufenen Raubbaus an der Umwelt hat mittlerweile ein ökologisches Umdenken eingesetzt. Bereits 1988 wurde an der mallorquinischen Nordküste das Naturschutzgebiet Albufera eingerichtet, das mit einer Schutzfläche von 1.700 ha und einer Küstenlänge von mehr als 1,6 km als größtes Feuchtgebiet der Balearen und ökologisches Vorzeigeprojekt gilt. Auch die gerne von Bergwanderern aufgesuchte Sierra de Tramuntana, das Nordgebirge Mallorcas, ist mittlerweile als Naturgebiet mit besonderem Schutzinteresse ausgewiesen.

Quellen: Kagermeier 2016a, S. 256 ff. und 264 f.; Steinecke 2011, S. 156 ff.; Schmude/Aevermann 2015, S. 6 f.; SZ 2010; Focus 2016; FAZ 2017b; NZZ 2017d; Ruhruniversität Bochum 2011; Diercke 2015, S. 180.

Besonders gravierende ökologische Probleme gehen vom **Tourismus in Hochgebirgsregionen** (vgl. Kap. 4.4) aus. Zum einen gilt der alpine Naturraum als besonders sensibel, zum anderen gehen Bau und Erweiterungen der touristischen Infrastruktur insbesondere für den Wintersporttourismus mit ganz erheblichen Eingriffen in den Naturhaushalt einher. Der (Aus)bau von Skipisten sowie Lift- und Seilbahnanlagen erfordert umfangreiche Rodungen und Erdplanierungen, die Sprengung von Felsmassiven und das Schlagen von Schneisen in Bergwäldern. Durch Planierungen und Kunstschnee wird der Boden verdichtet, was die Wasserspeicherfähigkeit der Pistenböden sinken lässt. Die Folge ist, dass in trockenen Sommerperioden die Pflanzen auf den Pisten verwelken, während sie in schattigen Wäldern überdauern. Ferner verursacht der Pisten(aus)bau einen lokalen Klimawechsel durch höhere Temperaturschwankungen und Windgeschwindigkeiten mit entsprechenden Folgen für Bodenzusammensetzung und Wachstumsbedingungen. Indes sorgt der sich im Alpenraum ausbreitende Trend von Chaletdorfkonzepten, bei dem äußerlich einfach aussehende Almhütten im Inneren mit jeglichem Luxus von Zirbelholzbetten über

Kachelöfen bis zur eigenen Sauna aufwarten, für einen im Vergleich zu einzelnen Hotelgebäuden immensen Flächenverbrauch mit entsprechender Verbauung der Natur. Besser in die alpin-regionalen Gegebenheiten einfügen lässt sich dagegen das Konzept des „Albergo Diffuso", bei welchem Hotelzimmer in verschiedenen Häusern eines gewachsenen Dorfkerns mit einer Rezeption und gastronomischen Einrichtungen verbunden werden (vgl. SZ 2018h).

Problematisch ist ferner der Einsatz von Schneekanonen und Schneilanzen. Er verzögert über die Ausweitung der Schneezeit nicht nur das Auftauen der Böden im Frühjahr und stört die Tierwelt in ihrem natürlichen Verhalten, sondern erfordert auch immense Ressourcen- und Energiemengen. Zwar werden die Technologien immer raffinierter – z. B. arbeiten manche Anlagen mit Bakterienproteinen, welche das Wasser auch bei Plusgraden gefrieren lassen, andere verarbeiten das touristische Abwasser zu Schnee –, dennoch fällt für die ausreichende Beschneiung von nur einem Hektar ein Bedarf von bis zu 1,5 Mio. l Wasser und 21.000 kWh Strom an. Ferner kann das Betreiben der Beschneiungsanlagen auch die Nachtruhe der Anwohner empfindlich in Mitleidenschaft ziehen, denn nur nachts, wenn es am kältesten und gleichzeitig trockensten ist, herrschen optimale Beschneiungsbedingungen (vgl. Tagesspiegel 2016; SZ 2018b).

Besonders beträchtlich fallen die Schäden oberhalb der Waldgrenze aus, wo Pflanzen ein langsameres Wachstum und niedrigere Vermehrungsraten aufweisen. Als besonders gravierend erweist sich das Heliskiing (vgl. Lehmeier/Kukla 2016), bei welchem sich die Wintersportler direkt auf hohe, nur noch per Helikopter erreichbare Gebirgstypen fliegen lassen, um von dort aus ihre Abfahrt zu beginnen. Dadurch wird die Natur auch noch ihrer letzten Ruheplätze beraubt.

Der Pistenbetrieb hat auch erhebliche Folgen für die Berglandwirtschaft, denn durch den Druck der Skifahrer und Pistenraupen verdichtet sich die Schneedecke, sodass darunter nur robuste Pflanzen überleben und es zu Ertragsausfällen kommt. Die Grasnarbe wird in Mitleidenschaft gezogen, die Vegetationsdecke u. U. zerstört.

Zu den ökologisch umstrittenen Maßnahmen gehört auch die Erschließung von Gletschergebieten, um die Wintersaison zu verlängern bzw. mit einer absoluten Schneegarantie zu versehen oder eine neue sommertouristische Attraktion zu schaffen. Neben baulichen Maßnahmen (Straßen, Parkplätze, Hotels etc.) nimmt sich der Gletscherskibetrieb aufgrund der extremen Höhen und Temperaturen sowie der weiten Entfernungen zu den Talstationen als besonders umweltschädlich aus. In den Beherbergungsbetrieben anfallende Abwässer, durch Pistengeräte und Aufstiegshilfen verursachte Öl- und Treibstoffrückstände sowie chemische Substanzen zur Pistenpräparierung können im Gletscherschnee nicht abgebaut werden und können – sofern der Gletscher der Wasserversorgung dient – das Trinkwasser verunreinigen (vgl. Steinecke 2011, S. 181 ff.; Ellrich 2003).

Insgesamt führt der Ausbau des Wintersports zu erheblichen ökologischen Belastungserscheinungen, die wiederum eine Abwanderung von Gästen, Einkommensein-

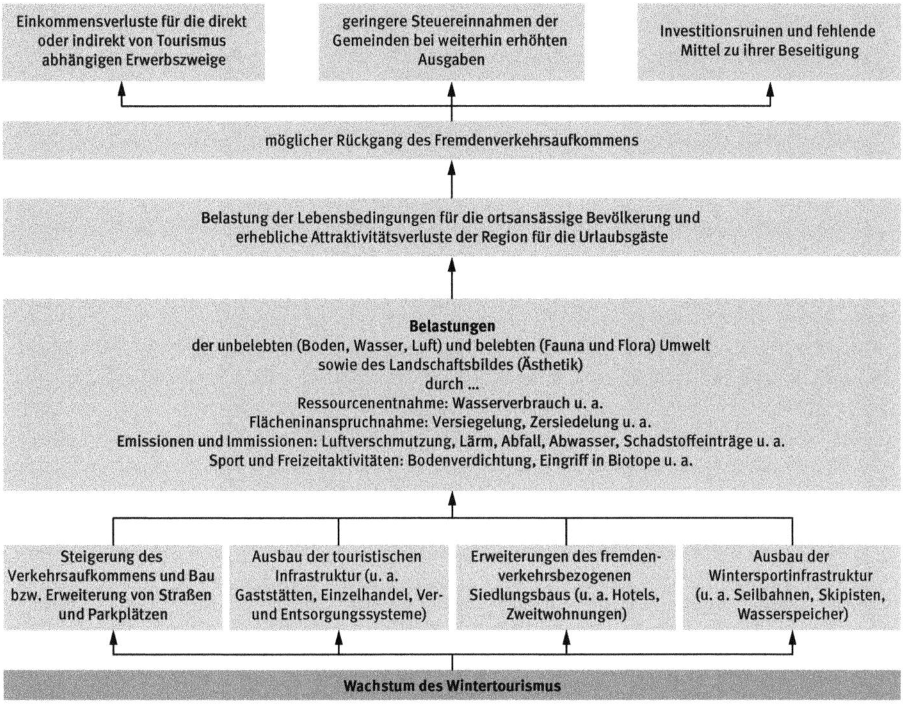

Abb. 2.7: Tourismusbedingte ökologische Belastungsformen und deren Folgewirkungen; Quelle: Eigene Darstellung nach Steinecke 2011, S. 180, vereinfacht.

brüche in der Tourismuswirtschaft, sinkende Steuereinnahmen sowie Fehlinvestitionen zur Folge haben können (vgl. Abb. 2.7).

Dass Skigebiete indes auch sehr ökologieorientiert und nachhaltig wirtschaften können, zeigt das Skigebiet Schmittenhöhe in Zell am See im Salzburger Land (vgl. Exkurs 7).

Exkurs 7: Skigebiet Schmittenhöhe – gelebte Nachhaltigkeit

Die Schmittenhöhe in der Pinzgauer Region Zell am See/Kaprun ist ein mittelgroßes, klassisches österreichisches Skigebiet. Auf einer Höhe von 760 bis 2.000 m befördern 25 Lift- und Seilbahnanlagen pro Stunde knapp 46.000 Skifahrer und Snowboarder, denen 77 km Skipisten und 8 km Skirouten zur Verfügung stehen. Es ist die einzige Wintersportdestination Österreichs, die sich der strengen Umweltzertifizierungsverordnung EMAS III (Eco Management and Audit Scheme) aus dem Jahr 2009 unterzieht. Das Umweltmanagementsystem der Destination, dessen wesentliche Grundlagen in einem Umweltmanagementhandbuch festgeschrieben sind, ist nach der ISO-Norm 14001:2004 aufgebaut.

Zu den Bestandteilen des Konzepts gehört, dass bereits seit Ende der 1980er-Jahre die Motorabwärme aus dem Seilbahnbetrieb (Areitbahn I) erfolgreich genutzt wird, indem eine bei der Bergsta-

tion installierte Wärmerückgewinnungsanlage durch die Umwandlung von Ab- in Heizwärme das Stationsgebäude beheizt und so den Wärmeverlust verringert. Das Verwaltungsgebäude wird mit Erdwärme geheizt und gekühlt und erfüllt die Anforderungen eines Niedrigenergiehauses. Einen weiteren Schritt zur Erhöhung der Energieeffizienz stellen die an den Tal- und Bergstationen der Areitbahnen I bis III sowie der Glocknerbahn auf ca. 2.300 m^2 angesiedelten Photovoltaikanlagen dar, die ca. 5 % des Energiebedarfs der Seilbahn- und Liftanlagen abdecken. Deren Energieverbrauch hängt vom Befüllungsgrad, der Fahrgeschwindigkeit und witterungsbedingten Einflüssen ab. Bei geringem Fahrgastaufkommen wird der Energiebedarf durch Drosselung der Fahrgeschwindigkeit oder eine entsprechende Reduzierung der Fahrbetriebsmittel optimiert.
Ein weiterer wichtiger Punkt betrifft einen ressourcenschonenden Beschneiungsbetrieb. Die Grundbeschneiung findet je nach Witterungsverhältnissen zwischen November und Dezember statt. In der Folge werden dann je nach Bedarf nur noch ausgewählte Abschnitte nachbeschneit. Die gleichmäßig gute Schneequalität auf den Pisten gewährleistet nicht nur einen erfolgreichen und schneesicheren Wintertourismus, sondern schützt auch die Vegetationsdecke vor mechanischen Beeinträchtigungen. Die Energiebilanz der Beschneiung wird ständig verbessert, indem die Anlagenplanung von den Pumpstationen über die Schneeerzeuger (Schneekanonen) bis zur Steuerung laufend optimiert wird. Durch Positionierung der Schneeerzeugungsanlagen am richtigen Standort lassen sich optimale Schneefenster nutzen. Der Einsatz des intelligenten Beschneiungssystems WinCC beobachtet die Temperaturwerte im gesamten Skigebiet und erkennt effizient zu beschneiende Pistenabschnitte. Mit neuartigen Schneilanzen lässt sich mit einem Zehntel des Energiebedarfs herkömmlicher Geräte dieselbe Schneemenge produzieren. Mit Hilfe des Systems von ARENA Pistenmanagement kann die Schneehöhe gemessen werden, sodass jeweils nur so viel Schnee erzeugt wie tatsächlich notwendig ist bzw. wo er wirklich benötigt wird. Die Daten zur Schneehöhe lassen sich dabei in Echtzeit zwischen den dieselelektrisch betriebenen und bis zu 20 % Diesel sparenden Pistenmaschinen austauschen und an das Pistenteam weitergeben.
Seit dem Winter 2015/16 gibt es einen umweltfreundlichen und emissionsfreien Elektromotorschlitten zur Pistenrettung. Mit Elektroautos anreisende Gäste können ihr Fahrzeug an einer Ladesäule an der Talstation kostenlos aufladen.
Ökologisch sinnvoll ist daneben die extensive landwirtschaftliche Bewirtschaftung der Pisten im Sommer, die für die Artenvielfalt bedeutsam ist. Durch Pistenraupen verursachte Vegetationsschäden werden durch Einsäen standortgerechten und auf die jeweilige Höhenlage und Untergrund abgestimmten Saatguts behoben. Eine sommerlichen Baumaßnahmen folgende Renaturierung ermöglicht eine weitgehende Erhaltung des alpinen Lebensraums. So wird beim Bau von Wegen und Pisten eine externe ökologische Bauaufsichtsinstanz zugezogen, um die Belastung für Fauna und Flora so gering wie möglich zu halten und gegebenenfalls Ausgleichsmaßnahmen (z. B. Wiederbegrünung unter Einsatz ökologischen und organischen Düngers) einzuleiten. Auf Pistenabschnitten, die im Sommer der Beweidung bzw. Heuernte dienen, wird der Zeitpunkt für die erste Mahd möglichst spät gelegt, um das Wachstum artenreicher Blumenwiesen zu erlauben. Im Winter erzeugt eine entsprechende Beschilderungskampagne („Respektiere deine Grenzen“) bei Skifahreren und Pistengehern eine Sensibilisierung für die Bedürfnisse von Fauna und Flora. Dabei wird weniger auf Verbote, sondern mehr auf Aufklärung gesetzt.
Die Trinkwasserversorgung der auf dem Berg befindlichen Betriebe speist sich aus eigenen Quellen. Der Umgang mit Abfällen ist in einem eigenen Abfallwirtschaftskonzept festgeschrieben. Während das Abfallaufkommen aus dem reinen Liftbetrieb eher gering ausfällt, nehmen sich speziell befugte Entsorger Gefahrenstoffen an, die bei Öl- und Fettabscheideranlagen oder in Werkstätten entstehen. Die bei den gastronomischen Betrieben anfallenden Abfälle werden über Trennsysteme entsorgt. Bei der vor Saisonbeginn stattfindenden Saisoneindeckung der Gastronomiebetriebe

werden die gelieferten Großverpackungseinheiten von den Lieferanten retour genommen und von diesen entsorgt.
Sämtliche Umweltprojekte werden seit 2011 von einem speziellen Ökologiebeirat unterstützt und beraten.
Quellen: Schmittenhöhenbahn AG 2016, 2018; SZ 2018a.

2.3.2.3 Belastungen durch die Freizeitaktivitäten der Touristen

V. a. die **Outdoor-Aktivitäten von Touristen** (Skifahren, Langlaufen, Rodeln, Schwimmen, Tauchen, Surfen, Segeln, Drachenfliegen, Paragliden, Radfahren, Wandern, Bergsteigen, Klettern etc.) verursachen Landschaftsverschmutzung durch Abfälle und Fäkalien, welche eine Stickstoffanreicherung im Boden bewirken. Die Verschmutzung von Gewässern durch Ausscheidungen und Kosmetika, die Einleitung von Abwässern sowie von Öl und Diesel durch den Betrieb von Motorsportbooten stellen weitere Probleme dar. Auch Bodenverdichtung und -abtrag, Vegetations- und Trittschäden, die Zerstörung der Unterwasserwelt durch Tauchaktivitäten, Vertreibung störungsempfindlicher Tierarten, Verringerung der Artenvielfalt u. a. sind anzuführen (vgl. Freyer 2015, S. 620).

Konflikte mit der Umwelt werden auch durch Innovationen bei Sportgeräten und -bekleidung befördert, die, wie z. B. bestimmte Kletter- und Surfausrüstungen, die Ausübung von Freizeitaktivitäten unabhängig von Witterung und Jahreszeit machen und damit die Ruhephase der Natur einschränken. Auch lässt sich damit ein räumliches Vordringen in immer entlegenere, ökologisch wertvolle Gebiete beobachten. Ferner müssen die dazu verwendeten Materialien hohen Ansprüchen (z. B. hinsichtlich mechanischer Belastungen und Temperaturen) genügen, sodass neben einem hohen Materialverbrauch auch Schwierigkeiten bei Deponierung und Recycling auftreten (vgl. Tempel 1998, S. 77 f.; Petermann 1997, S. 64 f.).

2.3.2.4 Positive ökologische Effekte

Nicht zu vernachlässigen ist, dass der Tourismus auch positive ökologische Wirkungen hervorbringt (vgl. Steinecke 2011, S. 103; Freyer 2015, S. 617; Job et al. 2005, S. 612). Der von Touristen an Destinationen gestellte Anspruch einer sauberen und intakten Umwelt macht den Tourismus, insbesondere in Berg- und Küsten- sowie ländlichen Regionen, zu einem bedeutenden Instrument des **Schutzes und der Pflege der Kulturlandschaft**. Auch lassen sich durch die touristischen Einnahmen Umweltschutzmaßnahmen, wie z. B. die Ausweisung von Naturschutzgebieten oder die Errichtung von Nationalparks v. a. in Entwicklungsländern, in denen oft kein Interesse an einem um seiner selbst willen betriebenen Naturschutz besteht, finanzieren. Durch den Kontakt mit den Touristen können die Einheimischen, insbesondere die in der Tourismuswirtschaft Beschäftigten, einen **Einstellungs- und Verhaltenswandel** hin zu einem kritischen Umweltverhalten vollziehen und als Multiplikatoren eines gesteigerten Umweltbewusstseins agieren. Auf Seiten der Touristen wiederum leistet ein naturorientierter Tourismus einen wichtigen Beitrag zur **Umweltbildung**, der gleichsam das ökologische Bewusstsein schärfen und ebenfalls eine Verhaltensänderung herbeiführen kann.

2.3.3 Tourismus und Klimawandel

Das Klima ist eine integrale Einflussdeterminante des Tourismus, da viele Tourismusformen und -aktivitäten von natürlichen Ressourcen (z. B. Schnee, Wasserqualität) abhängen und mit den adäquaten klimatischen Verhältnissen in den touristischen Destinationen (z. B. Bade- und Strandtourismus, Wintersporttourismus) stehen und fallen. Vom Klima hängen zudem Länge und Qualität touristischer Saisonzeiten ab (vgl. Freyer 2015, S. 625). Wetter und Klima sind daher als Teil des touristischen Angebots (vgl. Kap. 3.3.1) zu begreifen. Der Tourismus ist nicht nur ein bedeutender Verursacher von CO_2-Emissionen (vgl. Kap. 2.3.2.1) und mit seinem Wachstum am Klimawandel wesentlich beteiligt, er wird durch die Auswirkungen auf touristische Destinationen von diesem auch massiv in Mitleidenschaft gezogen. Dabei lassen sich die Folgen des Klimawandels folgenden Kategorien zuordnen (vgl. Kagermeier 2016a, S. 180): Zum einen die **direkten Folgen der Erwärmung** (wärmere Winter, heißere Sommer) und die damit einhergehenden **meteorologischen Wirkungen** (veränderte Niederschlagsmengen und Zunahme von Wetterextremen wie Wirbelstürme und Starkregen), zum anderen die **indirekten Folgen der Klimaveränderung** (Verlust von Biodiversität, Ansteigen des Meeresspiegels, vermehrte Ausbreitung von Krankheiten).

Da Touristen auf den Klimawandel sowohl in zeitlicher (Reisezeitpunkt) als auch räumlicher Hinsicht (Destinationswahl) reagieren, bewirkt dies eine Umverteilung der touristischen Nachfrage zwischen den Destinationen, womit es Gewinner- und Verliererregionen gibt. Während z. B. Mittelmeerdestinationen aufgrund des Temperaturanstiegs und der Zunahme von Hitzetagen sich als Verlierer führen lassen, kommen mittel- und osteuropäische Destinationen als Gewinner des Klimawandels in Frage (vgl. Bischof et al. 2017, S. 224).

Eine für den Tourismus positive Auswirkung des Klimawandels stellt die Ausweitung der Saisonzeiten dar, doch überwiegen die negativen Effekte durch die Zunahme von extremen Wetterereignissen sowie steigende Schneefallgrenzen. Besonders betroffen vom Klimawandel zeigt sich daher der **Wintersporttourismus** in Zentraleuropa und im Alpenraum (vgl. Kap. 4.4.2). In keinem anderen Tourismusbereich ist die Verknüpfung bzw. die Abhängigkeit vom Klima so eng bzw. hoch. Für einen rentablen Betrieb von Skiliften gilt die sog. 100-Tage-Regel, d. h. dass diese an mindestens 100 Tagen im Jahr in Betrieb sein müssen, um rentabel zu sein. Die Schneefallgrenze, d. h. das Vorhandensein eines gesicherten Schneedeckenaufbaus, liegt derzeit bei durchschnittlich 1.200 m. Steigt die Temperatur in den nächsten 30 bis 50 Jahren nur um zwei Grad, würde die Grenze auf 1.500 m, bei drei Grad sogar auf 1.800 m ansteigen. In zwei Dritteln aller alpinen Skigebiete würde im letzten Fall die 100-Tage-Regel nicht mehr erfüllt werden (vgl. Abbeg et al. 2007, S. 32). In Österreich könnte ein Anstieg von nur einem Grad bis 2030 dazu führen, dass nur noch zwei Drittel, d. h. 84 von 128 Wintersportorten, die derzeit über bzw. im Übergangsbereich zur natürlichen Schneefallgrenze liegen, über natürlichen Schnee verfügen. Die Skigebiete, die sich derzeit unter der Schneefallgrenze befinden, würden von 101 auf 145, d. h. um 44 %, zunehmen (vgl. bmwfw 2012, S. 8). In den Schweizer Alpen war der Dezember 2016 der trockenste Dezember seit Beginn der Wetteraufzeichnungen. Bereits 2015/16 begann die Schweizer Skisaison 12 Tage später und endete 25 Tage früher als 1970, die Schneemengen haben um 25 % abgenommen (vgl. Handelszeitung 2016b).

In vielen Wintersportgemeinden Bayerns, Österreichs und der Schweiz ist ein regulärer Skipistenbetrieb ohne Schneekanonen und Schneilanzen mittlerweile undenkbar. Diese sind aber nicht nur sehr teuer – so kostet eine Schneekanone mit Propeller zwischen 30.000 und 40.000 Euro, eine Schneilanze mit geringerer Flächenkapazität immerhin zwischen 10.000 und 15.000 Euro (vgl. SZ 2018b) –, sondern auch ökologisch fragwürdig (vgl. Kap. 2.3.2.2). Damit der Schnee denn auch liegen bleibt, muss es wiederum ausreichend kalt sein.

Generell lässt sich festhalten, dass der Skibetrieb immer teurer bzw. die Wintersaison immer kürzer wird, womit sich die Frage nach der Wirtschaftlichkeit aufwändiger skitouristischer Infrastruktur stellt.

Neben Zentraleuropa bekommen die negativen Folgen des Klimawandels insbesondere die Küstenregionen der Mittelmeeranrainer-Staaten sowie tropische und subtropische Entwicklungsländer zu spüren. Steigende Temperaturen, Desertifikation und Wasserarmut dämpfen die in den Tourismus gelegten wirtschaftlichen Hoffnungen (vgl. Kagermeier 2016a, S. 181).

2.3.4 Ökologieorientierte Tourismuskonzepte

Seit Anfang der 1980er-Jahre rückten die negativen Umweltwirkungen des Reisens in den Fokus der Tourismuskritik, die v. a. durch die Werke des Schweizer Tourismusforschers Jost Krippendorf („Die Landschaftsfresser“ 1982, „Die Ferienmenschen“ 1984) und den Beitrag des österreichischen Zukunftsforschers Robert Jungk („Wie viele Touristen pro Hektar Strand“ 1980) angestoßen wurden.

2.3.4.1 Sanfter Tourismus

Das auf Robert Jungk (1980) zurückgehende Konzept des Sanften Tourismus hat einen intensiven Diskurs zwischen Wissenschaftlern, Tourismusexperten und Öffentlichkeit ausgelöst. Dabei handelt es sich um einen **Oberbegriff für eine Vielzahl ähnlicher Tourismusformen**, die zwar durchaus die Ziele einer hohen wirtschaftlichen Wertschöpfung in den touristischen Destinationen und der Zufriedenheit der Touristen verfolgen, gleichzeitig aber hohe Anforderungen an die wirtschaftlichen,

Tab. 2.2: Hartes versus sanftes Reisen; Quelle: Jungk 1980, S. 156.

Hartes Reisen	Sanftes Reisen
Massentourismus	Einzel-, Familien- und Freundesreisen
wenig Zeit	viel Zeit
schnelle Verkehrsmittel	angemessene (auch langsame) Verkehrsmittel
festes Programm	spontane Entscheidungen
außengelenkt	innengelenkt
importierter Lebensstil	landesüblicher Lebensstil
„Sehenswürdigkeiten“	Erlebnisse
bequem und passiv	anstrengend und aktiv
wenig oder keine geistige Vorbereitung	vorhergehende Beschäftigung mit dem Besuchsland
keine Fremdsprache	Sprache lernen
Überlegenheitsgefühl	Lernfreude
Einkaufen („Shopping“)	Geschenke bringen
Souvenirs	Erinnerungen, Aufzeichnungen, neue Erkenntnisse
Knipsen und Ansichtskarten	Fotografieren, Zeichnen, Malen
Neugier	Takt
laut	leise

ökologischen und soziokulturellen Auswirkungen des Reisens stellen. Als Synonyme finden auch die Begriffe intelligenter, naturorientierter, naturnaher, umwelt- und sozialverträglicher, alternativer, grüner, angepasster, umweltbewusster, umweltschonender, stiller etc. Tourismus Verwendung (vgl. Freyer 2015, S. 647 f.). Um die **Gegenseite zur eindimensional-ökologischen Seite des Massentourismus** aufzuzeigen, diente Jungk (1980) die Kontrastliste in Tab. 2.2. Zum damaligen Zeitpunkt, Anfang der 1980er-Jahre, galt diese als Utopie, da das Reiseverhalten meist durch das Gegenteil, nämlich durch kurzfristige, vorbereitungslose Reiseentscheidungen, ein hochgradiges Erlebnisbedürfnis sowie einen ausgeprägten Kurz- und Fernreisetrend, charakterisiert war. Dennoch formierte sich an diesem simplen Gegensatzschema die grundlegende Maxime zur Kritik am konventionellen Tourismus, die in den darauffolgenden Jahren von immer mehr Wissenschaftlern, Organisationen und Initiativen aufgegriffen, modifiziert und erweitert wurde (vgl. Steiencke 2011, S. 189).

Die internationale Alpenschutzkommission CIPRA[7] definiert Sanften Tourismus als

> Gästeverkehr, der gegenseitiges Verständnis der Einheimischen und Gäste füreinander schafft, die kulturelle Eigenart des besuchten Gebietes nicht beeinträchtigt und der Landschaft mit größtmöglicher Gewaltlosigkeit begegnet. Erholungssuchende im Sinne des Sanften Tourismus benut-

7 Commission Internationale pour la Protection des Alpes.

> zen v. a. die in einem Raum vorhandenen Einrichtungen der Bevölkerung mit und verzichten auf wesentliche zusätzliche landschaftsbelastende Tourismuseinrichtungen (CIPRA 1985, S. 284).

Damit verfolgt der Sanfte Tourismus das Interesse an einer möglichst unbeschädigten Natur und die Berücksichtigung der lokalen Kultur. Er soll zu einer autonomen regionalen Entwicklung beitragen und die Entfaltung einheimischer kultureller Potenziale stärken (vgl. Kagermeier 2016a, S. 171). Doch bringt auch der Tourismus in seiner sanftesten Form immer Beeinträchtigungen von Natur und Umwelt mit sich. Ein Tourismus ohne jegliche ökologische Belastungen ist daher ausschließlich derjenige, der nicht stattfindet („Reiseverzicht") (vgl. Freyer 2015, S. 615).

2.3.4.2 Nachhaltiger Tourismus

Die in den späten 1980er- bzw. frühen 1990er-Jahren v. a. durch den Brundtland-Report (vgl. WCED 1987), die Agenda 21 (vgl. UNCED 1992a) und die Rio-Erklärung (vgl. UNCED 1992b) angestoßene Nachhaltigkeitsdiskussion fordert – wie in anderen Wirtschaftsbereichen – auch für den Tourismus die Verankerung des **Leitbilds der Nachhaltigkeit**, d. h. den Dreiklang von Wirtschaftswachstum, Umwelt- und Sozialverträglichkeit als gleichberechtigte Ziele. Ein nachhaltiges Wirtschaften verlangt eine umweltbewusste, an der Tragfähigkeit der Ökosysteme orientierte Koordination ökonomischer Prozesse ebenso wie soziale Ausgleichsprozesse innerhalb einer Volkswirtschaft. Dabei sind drei Dimensionen relevant (vgl. Rat von Sachverständigen für Umwelt 1994, S. 9; Schmude/Namberger 2015, S. 110):

- Die **ökonomische Dimension** thematisiert die wirtschaftlichen Wirkungen des Tourismus wie Einkommens- und Beschäftigungseffekte (vgl. Kap. 2.1) unter Berücksichtigung von Realisierbarkeit und Rentabilität.
- Die **ökologische Dimension** rückt die Beeinträchtigung der natürlichen Umwelt durch den Tourismus (vgl. Kap. 2.3) und den Umweltschutz in den Mittelpunkt.
- Die **soziokulturelle Dimension** befasst sich mit den soziokulturellen Effekten des Tourismus (vgl. Kap. 2.2), wobei soziale Gerechtigkeit und Bewahrung des kulturellen Erbes im Vordergrund stehen.

Damit kann Nachhaltiger Tourismus definiert werden als:

> Tourism that takes full account of its current and future economic, social and environmental impacts, addressing the needs of visitors, the industry, the environment and host communities (UNEP/UNWTO 2005, S. 12).

Neben den drei Nachhaltigkeitsdimensionen werden dabei auch die Akteursgruppen der **Touristen** („visitors"), der **Tourismuswirtschaft** („industry") und der **ortsansässigen Bevölkerungen** („host communities") betont, deren Interessen unter **Berücksichtigung der Umweltbedingungen** („environment") ins Gleichgewicht zu bringen sind. Zusätzlich gilt es auch die zeitliche Dimension, d. h. die **Bedürfnisse zukünftiger Generationen**, zu berücksichtigen. Damit steht hinter dem Konzept des Nachhaltigen Tourismus das ethisch intendierte Leitmotiv, die Verantwortung für die Bewahrung einer lebensfähigen und -werten Umwelt für Generationen der Zukunft zu tragen. Wie in anderen Wirtschaftsbereichen muss sich auch im Tourismus die Nutzung von Naturressourcen auf deren Regenerationsfähigkeit beschränken (vgl. Kagermeier 2016a, S. 173; Lübbert 1999, S. 49).

Es existiert eine Vielzahl an formulierten Anforderungen und Kriterien für einen nachhaltigen Tourismus (vgl. Wehrli et al. 2013, S. 44 f.). Auf **EU-Ebene** legen die Tourism Sustainability Group (vgl. TSG 2007) der Europäischen Kommission sowie die Commission on Sustainable Development (vgl. CSD 1999) Initiativen und Handlungsfelder für einen nachhaltigen Tourismus fest. Beispiele sind die Erhöhung der Arbeitsqualität im Tourismus, die Handhabung der Folgen des touristischen Verkehrs, die Reduzierung des Ressourcenverbrauchs und des Abfallvolumens sowie die Wahrung von natürlichem und kulturellem Erbe. Auf der **internationalen Ebene** hat das Global Sustainable Tourism Council (vgl. GSTC 2017) Mindestanforderungen erarbeitet, die als international anerkannte Richtlinien für die nachhaltige Entwicklung touristischer Betriebe und Destinationen gelten (vgl. Kap. 3.6.5).

Die wissenschaftliche Auseinandersetzung um Nachhaltigkeit folgt vier sich einander anschließenden Phasen (vgl. Schmude/Namberger 2015, S. 111 f.):
- In der **Phase der ausschließlichen Betrachtung** dominiert die Gegensätzlichkeit zwischen Massentourismus und Sanftem Tourismus.
- In der **Phase des Übergangs** ist Tourismus als Kontinuum zu verstehen, zwischen dessen Extremen Massentourismus und Nachhaltiger Tourismus unterschiedliche Zwischenformen angesiedelt sein können.
- Die **innovative Phase** befasst sich mit der Operationalisierung des Nachhaltigkeitskonzepts und dehnt die Kritik am Massentourismus konstruktiv aus, indem nicht mehr nur auf die Existenz des Problems hingewiesen, sondern gleichzeitig Konzepte zur Verbesserung entworfen werden.
- Die **Phase des Einlenkens** ist durch eine Weiter- bzw. Rückentwicklung in Richtung eines allgemeinen Nachhaltigkeitsdogmas gekennzeichnet, wobei allgemeine Quantitäts- und Qualitätsaspekte zugunsten raumspezifischer Individuallösungen in den Hintergrund rücken.

Kritisch zu beäugen ist, dass der Anwendbarkeit des Nachhaltigkeitskonzepts auf den Tourismus dadurch Grenzen gesetzt sind, dass unterschiedliche touristische Destinationen in Abhängigkeit von ihrer räumlichen Lage (z. B. Gebirgs-, Küsten- oder ländliche Räume) und ihrem wirtschaftlichen Entwicklungsgrad (z. B. Industrie- versus Entwicklungsländer) über jeweils ganz unterschiedliche Voraussetzungen für eine nachhaltige Tourismusentwicklung verfügen. Eine große Schwäche des Konzepts des Nachhaltigen Tourismus liegt ferner in der mangelnden inhaltlichen, räumlichen und zeitlichen Operationalisierung der drei Nachhaltigkeitsdimensionen und gemeinhin in der unzureichenden Beantwortung der Frage, was genau einen nachhaltigen von einem nicht-nachhaltigen Tourismus unterscheidet (vgl. Mansfeld/Jonas 2006, S. 584).

2.3.4.3 Operationalisierung von Nachhaltigkeit im Tourismus

Eine Möglichkeit zur Operationalisierung nachhaltigen Reisens stellt der **Reisestern** von Job (1996, S. 118 ff.) dar. Dabei werden zur Abbildung der drei Nachhaltigkeitsdimensionen gewisse Schlüsselindikatoren herangezogen, die sich ihrerseits in einzelne Komponenten zerlegen und bepunkten lassen, sodass sich über alle Schlüsselindikatoren in summa für jede Reise ein Nachhaltigkeitsgrad ermitteln lässt.

Die **ökologische Dimension** wird durch einen Raumüberwindungs- und einen Wohlstandsindikator abgebildet. Der **Raumüberwindungsindikator** (wie bewegt man sich fort?) dient der Beurteilung einer Reise in Abhängigkeit von der zurückgelegten Distanz und dem dafür verwendeten Tarnsportmittel. Er wird in die beiden Komponenten „An- und Abreiseweg“ sowie „Wege im Zielgebiet“ unterteilt. Als quantitative Messgrößen kommen der Energiekennwert (Megajoule/Personenkilometer) und der Emissionskennwert (Gramm/Personenkilometer) in Frage. Der **Wohlstandsindikator** (welche Ressourcen werden beansprucht?) besteht aus den beiden Komponenten „Beherbergung“ und „Reisezweck“. Bei der Beherbergung werden Flächenbedarf (m^2/Bett), das Abfallaufkommen (Liter/Tag/Tourist) und der Wasserverbrauch (Liter/Tag/Tourist) gemessen. Beim Reisezweck werden die entsprechend dem Anteilsspektrum ausgeübten Freizeitaktivitäten anhand von drei Stufen (keine bis geringe, geringe bis mittlere, mittlere bis hohe Belastung) bewertet.

Die **ökonomische Dimension** zielt auf die von einer Reise ausgehenden volkswirtschaftlichen Effekte ab. Sie wird durch einen Arbeitsplatz- und einen Wirtschaftlichkeitsindikator abgebildet. Der **Arbeitsplatzindikator** (welche Effekte stellen sich auf dem Arbeitsmarkt ein?) misst die Beschäftigten pro Zimmer, gewichtet mit einem vom Pro-Kopf-Einkommen abhängigen Multiplikator und der Saisonlänge in Abhängigkeit von der klimatischen Lage. Der **Wirtschaftlichkeitsindikator** (was bewirken die eingesetzten Devisen?) betrachtet alle bisherigen Komponenten mit Ausnahme des An- und Abreiseweges und misst diese mit dem Anteil touristischer Deviseneinnahmen am Exporterlös, gewichtet mit der Sickerrate, welche angibt, wie viele Devisen für bei der touristischen Leistungserstellung anfallende Importe wieder abfließen (vgl. Kap. 2.1.3).

Die **soziokulturelle Dimension** wird durch einen Akkulturations- und einen Menschenrechtsindikator (welche kulturellen Auswirkungen ergeben sich?) operationalisiert. Hinter dem **Akkulturationsindikator** steht die Hypothese, dass die kulturelle Vielfalt durch den Tourismus nivelliert wird. Einzelne Räume lassen sich hier hinsichtlich der Tourismusintensität (Übernachtungen je 1.000 Einwohner, vgl. Kap. 5.5.2) vier verschiedenen Kategorien (geringe, mittlere, hohe, sehr hohe Intensität) zuordnen.

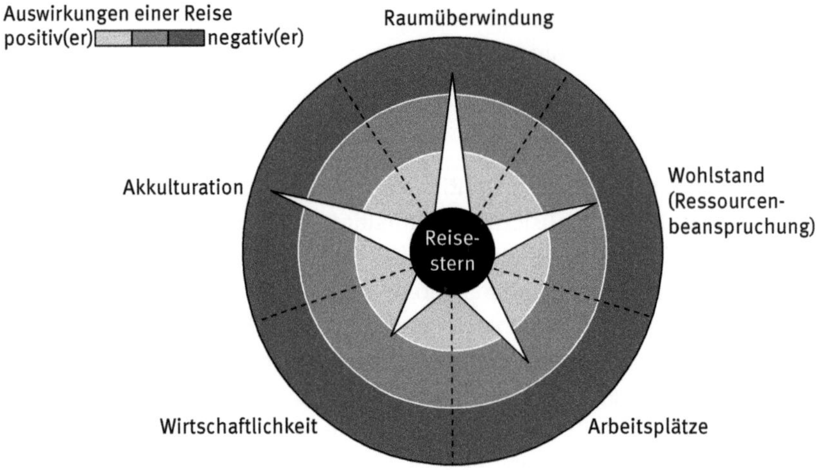

Abb. 2.8: Reisestern zur Beurteilung der Nachhaltigkeit von Reisen; Quelle: In Anlehnung an Job 1996, S. 129.

Der auf den jährlichen Berichten von Amnesty International basierende **Menschenrechtsindikator** beurteilt die Einhaltung der internationalen Menschenrechtskonvention. Als einziger nicht-tourismusspezifischer Indikator wird er in die grafische Umsetzung des Reisesternmodells nicht mit einbezogen.

Für die grafische Visualisierung des Reisesterns (vgl. Abb. 2.8) gilt, dass die Zackenlänge für jeden Schlüsselindikator, dargestellt durch das jeweilige Kreissegment, für die erwartbaren negativen Wirkungen einer Reise in Prozent der maximal möglichen Ausprägung steht. Der Farb- bzw. Rasterwechsel innerhalb der Kreissegmente folgt dem Ampelschema. Der innere helle (grüne) Bereich markiert die **Unbedenklichkeitszone**, der mitteldunkle (gelbe) Bereich die **Vorsichtszone**, der äußere dunkle (rote) Bereich die **Stoppzone**. Normativ ist nun festzuschreiben, wo die Grenzen zwischen den Zonen verlaufen bzw. ab wann aus Nachhaltigkeitsaspekten von einer Reise abzuraten ist und nachhaltigere Alternativen in Erwägung zu ziehen sind, z. B. wenn die dunkle (rote) Zone von einem Zacken überragt wird oder mindestens drei Zacken in den mitteldunklen (gelben) Bereich hineinreichen.

Der Reisestern bietet dem Touristen eine **Entscheidungshilfe bei der Beurteilung der Nachhaltigkeit einer Reise** und liefert eine **Entscheidungsregel bei der Reiseauswahl**, indem er einen raschen Vergleich zwischen einzelnen Reiseangeboten in punkto Nachhaltigkeit ermöglicht. In der Praxis hat sich der Reisestern allerdings nicht durchgesetzt, da die Reiseveranstalter erwartungsgemäß kein Interesse an einer derartigen Überprüfung und Beurteilung ihrer Produkte haben (vgl. Schmude/Namberger 2015, S. 114).

Abb. 2.9 stellt die Reisesterne für zwei völlig unterschiedliche Reiseziele (Südafrika versus Wien) dar.

Reise ab München	
Ziel und Dauer	
Südafrika, 14 Tage	Wien (Radwanderreise), 14 Tage
Anreise und Tagesausflüge	
Flug: ca. 17 000 km (Hin- und Rückflug), PKW:ca. 3 000 km	Bustransfer: ca. 450 km (Rückfahrt)
Übernachtung	
Hotel, Bungalow, Zelt	Hotel
Aktivitäten	
Safari, Trekking, Sightseeing, Weinverkostung	Radfahren, Sightseeing

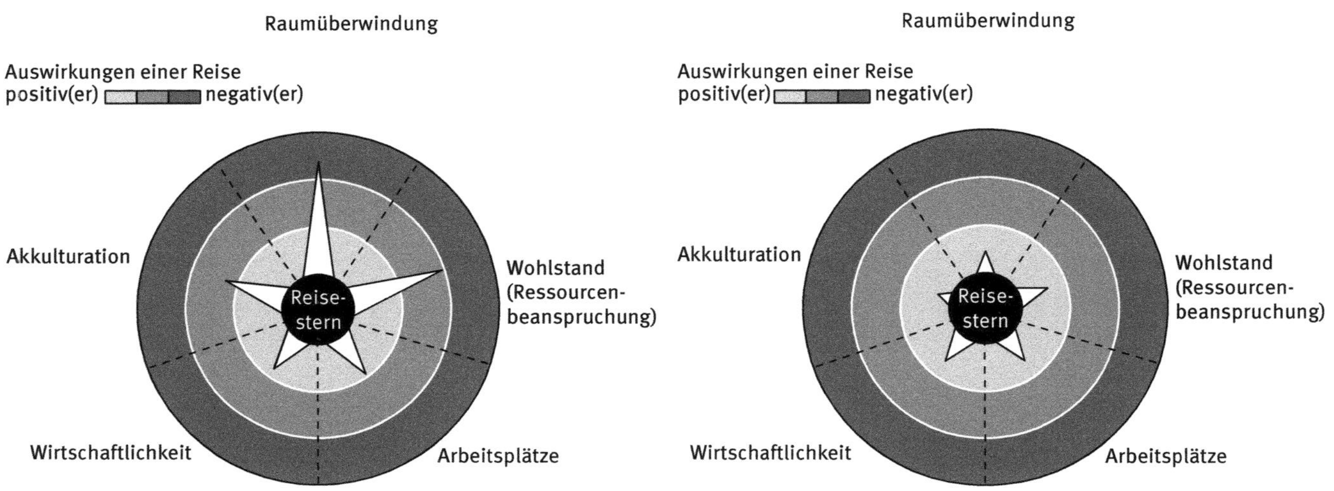

Abb. 2.9: Reisestern zur Beurteilung der Nachhaltigkeit von Reisen; Quelle: Eigene Darstellung in Anlehnung an Latz 2017, S. 284.

2.3.5 Maßnahmen zur Verringerung negativer Umweltwirkungen

Tourismus ohne völlige Nebenwirkungen für die Umwelt existiert nicht. In der Praxis sind daher Maßnahmen zu ergreifen, welche im Rahmen der Umsetzung eines Sanften bzw. Nachhaltigen Tourismus die negativen Wirkungen für Umwelt und Natur in Grenzen halten.

2.3.5.1 Umweltpolitische Instrumente

Dem Staat steht ein großes Repertoire von Maßnahmen einer **tourismusbezogenen Umweltpolitik** zur Verfügung, um die ökologischen Effekte innerhalb touristischer Destinationen zu beeinflussen.

Neben dem Erlass von **Umweltgesetzen** zum Natur-, Landschafts- und Gewässerschutz sowie **Besteuerungs- und Subventionsmechanismen** zur Einhaltung eines umweltkonformen Verhaltens kann der Staat über verschiedene **Steuerungsmöglichkeiten** die touristische Entwicklung beeinflussen, indem z. B. öffentlich finanzierte Einrichtungen der touristischen Infrastruktur nur an umweltverträglichen Standorten unter Vermeidung von Zersiedelung und unter Berücksichtigung eines gebietstypischen Baustils realisiert und nur mit einem ressourcenschonenden Umgang betrieben werden dürfen. Die Lage und Errichtung privater touristischer Einrichtungen lässt sich über entsprechende Flächennutzungs- und Bebauungspläne beeinflussen (vgl. Job/Vogt 2007, S. 859).

Auch die in der touristischen Destination zuständigen Verwaltungsinstanzen können zur Begrenzung touristisch bedingter Umweltschäden eine ganze Reihe von Maßnahmen ergreifen. Beispiele sind das Leisten einer entsprechenden **Aufklärungs- und Öffentlichkeitsarbeit** (z. B. Entwurf von Leitbildern, Aufstellen von Hinweis- und Informationstafeln, Errichtung von Lehrpfaden, Abhalten von Vortragsreihen und Seminaren etc.), das Angebot **umweltfreundlicher Verkehrsmittel** (ÖPNV, Elektroautos, Fahrräder etc.) und deren Förderung (z. B. Preisnachlässe oder kostenlose Mobility Tickets) oder die Errichtung einer **umweltschonenden Ver- und Entsorgungsinfrastruktur** (z. B. erneuerbare Energien, Kläranlagen, Recyclingmöglichkeiten) (vgl. Eisenstein 2014, S. 53).

Auf der regionalen Ebene kann zum raumordnungspolitischen Instrument der **Flächensicherung und Außernutzstellung** gegriffen werden, welches die Ausweisung von Ruhezonen vorsieht, die von einer künftigen touristischen Erschließung, z. B. den Bau von Skipisten, ausgenommen sind. Das Ziel eines großflächigen Schutzes verfolgt auch die Einrichtung von **National- und Naturparks.**

Schließlich kann die regionalwirtschaftliche **Zusammenarbeit zwischen Gastronomie/Hotellerie und lokaler Landwirtschaft** gefördert werden. Durch die Abnahme lokal erzeugter landwirtschaftlicher Produkte trägt der Tourismus nicht nur zur Stärkung der regionalen Wertschöpfung innerhalb einer Destination sowie zur landwirtschaftlichen Existenzsicherung und Landschaftserhalt bei, sondern verzichtet auch auf Verkehrsaufkommen, Luftverschmutzung und Lärmbelästigung, die mit dem Transport von außerhalb der Region bezogener bzw. importierter Produkte verbunden wären (vgl. Steinecke 2011, S. 192 und 194).

2.3.5.2 Besucherlenkung

Einige umweltpolitische Instrumente lassen sich bereits Maßnahmen der Besucherlenkung zurechnen. Darunter versteht man

> Maßnahmen zur Beeinflussung von Besuchern bezüglich ihrer räumlichen, zeitlichen oder quantitativen Verteilung sowie deren Verhaltensweisen mit dem Ziel, geringe oder gar keine negativen Auswirkungen auf das besuchte Objekt oder die bereiste Region entstehen zu lassen (Freyer 2015, S. 628).

Die Voraussetzung für Maßnahmen der Besucherlenkung stellt die Festlegung von **Kapazitätsgrenzen** dar, d. h. die maximale Anzahl an Gästen, welche eine touristische Destination nutzen können, ohne untragbare Beeinträchtigungen der Umwelt auszulösen oder die erlebten Eindrücke der Urlauber negativ zu beeinflussen (vgl. Freyer 2015, S. 628).

Abb. 2.10 zeigt verschiedene Maßnahmen der Besucherlenkung. Neben Herangehensweisen, welche sich auf **Maßnahmen der Raum- und Landschaftsplanung** zum Infrastrukturausbau und zur Zonierung, d. h. einer differenzierten räumlichen Funktionstrennung, beziehen, gibt es einen Katalog von **Einzelmaßnahmen**, welche

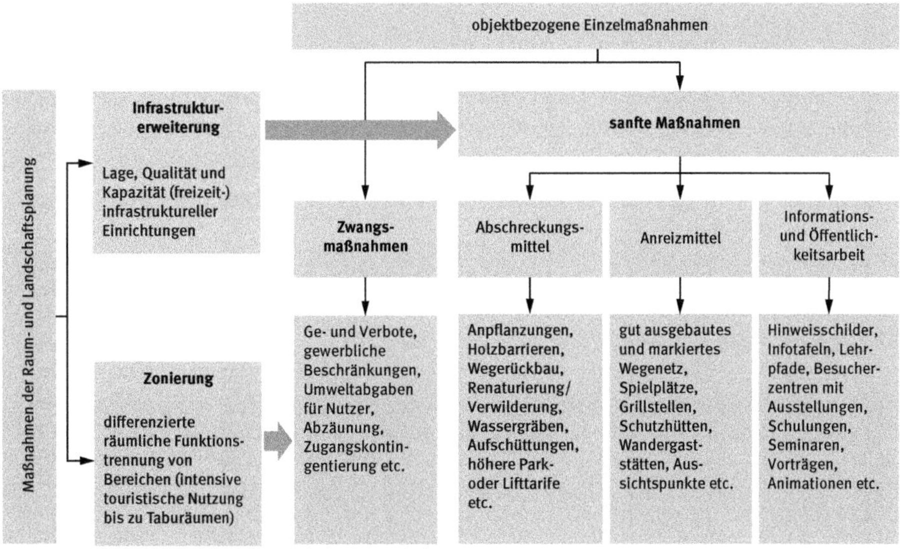

Abb. 2.10: Maßnahmen zur Besucherlenkung; Quelle: Eigene Darstellung in Anlehnung an Job/Vogt 2007, S. 862.

sich in **Zwangsmaßnahmen** (Abgaben, Ge- und Verbote, gewerbliche Beschränkungen, Zugangskontingentierungen) und **sanfte Maßnahmen** (Abschreckungs-, Anreiz- sowie Mittel der Informations- und Öffentlichkeitsarbeit) unterscheiden lassen. Mit Zwangsmaßnahmen können Umweltauflagen konsequenter durchgesetzt werden, allerdings bergen sie die Gefahr, dass Touristen sie als Einschränkung ihrer Selbstbestimmungsmöglichkeiten und damit als Minderung des erlebten Erholungswertes sehen, während sanfte Maßnahmen von ihnen nicht bewusst als Ordnungsmaßnahmen wahrgenommen werden (vgl. Eisenstein 2014, S. 54).

2.3.5.3 Verkehrslenkung und -reduzierung

Der touristisch motivierte Verkehr trägt in besonderem Maße zu Luftverschmutzung und Lärmbelästigung bei (vgl. Kap. 2.3.2.1). Zu seiner Reduktion und Lenkung existiert eine ganze Palette unterschiedlicher Instrumente, welche an den unterschiedlichen Formen des touristischen Verkehrs ansetzen (vgl. Steinecke 2011, S. 194):

- **Verkehrsvermeidung bei der An- und Abreise:** Denkbar sind hier u. a. Preisnachlässe bei der Bahn, Kombitickets für die Bahn bei gleichzeitig vergünstigtem Zutritt zu Sehenswürdigkeiten, Sonderzüge, mit denen die Touristen zu ermäßigten Beförderungstarifen von den Ballungsgebieten zu den Destinationen gebracht werden, erhöhte Parktarife für die Individualanreise per PKW.
- **Verkehrsentflechtung:** Insbesondere in den Wintersportgebieten sorgt der für Samstag übliche „Bettenwechsel" für kilometerlange Verkehrsstaus am Wochenende. Diesem Problem lässt sich begegnen, wenn die Beherbergungsbetriebe, gegebenenfalls in Kooperation mit den Reiseveranstaltern, die An- und Abreise auch zur Wochenmitte ermöglichen.
- **Verkehrsvermeidung in der Destination:** Ansatzpunkte können hier die Ausweisung von Fußgängerzonen und Fahrradrouten, ein Radverleih, der Ausbau des inner- und außerörtlichen ÖPNV mit entsprechenden Vorfahrtsregelungen, die Sperrung von Straßen für den Individualverkehr bis hin zum kompletten Ausschluss des privaten PKW-Verkehrs sein, wie es seit Jahrzehnten im Schweizer Bergort Zermatt üblich ist (vgl. Exkurs 8).

Exkurs 8: Verkehr in Zermatt

Seit 1931 ist der am Fuße des weltberühmten Matterhorns auf 1.608 m N.N. gelegene Luftkur- und Wintersportort Zermatt autofrei. Der Hintergrund war damals aber kein ökologischer. Vielmehr führte 1931 noch keine Straße nach Zermatt. Wohl aber gab es mit der Visp-Zermatt-Bahn eine Bahnverbindung mit den Gemeinden Visp und Brig im Rhonetal. Der Kanton Wallis hat sich damals das Ziel gesetzt, jeder Gemeinde eine Erschließungsmöglichkeit mit einer befahrbaren Zugangsstraße zu bieten. Der Bau der Straße scheiterte zunächst am Widerstand der Visp-Zermatt-Bahn, die mit der Straße ihre Wirtschaftlichkeit in Frage gestellt sah und damit drohte, Zermatt im Winter wegen der hohen Kosten nicht mehr anzufahren. Am Ende stand ein Kompromiss: Die Straße

wurde zwar gebaut, 1931 aber für zunächst 15 Jahre zwischen St. Niklaus und Zermatt – von bewilligungspflichtigen Ausnahmen abgesehen – gesperrt. Im Gegenzug nahm die Visp-Zermatt-Bahn den ganzjährigen Fahrbetrieb nach Zermatt auf. Damit wurde das Dorf autofrei.
Heute ist die Zufahrt für den privaten Autoverkehr nur bis ins 5 km vor Zermatt gelegene Täsch möglich. Die Straße Täsch-Zermatt darf nur mit einer Spezialgenehmigung, welche nur Einheimische, Zweitwohnungsgäste, Taxis, Versorgungs- und Rettungsfahrzeuge erhalten, befahren werden. Das bestehende Fahrverbot wurde in der ca. 5.500 Einwohner zählenden Gemeinde 1972 und 1986 in Volksabstimmungen bestätigt.
Privatfahrzeuge mit Verbrennungsmotor sind in Zermatt generell verboten. Zugelassen sind neben Kutschen seit 1947 lediglich bewilligungspflichtige Elektrofahrzeuge, deren Anzahl bis heute auf rund 500 angewachsen ist. Sie stehen Gewerbetrieben und Geschäftsinhabern, Supermärkten, Taxifahrern sowie den vielen Gaststätten und Hotels zu. Sechs große Elektrobusse dienen entlang zweier Linien als öffentliche Verkehrsmittel, welche die Touristen, insbesondere die Skifahrer, vom Bahnhof bzw. den Hotels zu den Talstationen der Bergbahnen und zurück befördern.
Da die maximal 20 km/h fahren dürfenden Elektroautos, die bis zu 90.000 CHF kosten können, mit zumeist aus Wasserkraft erzeugten Strom betrieben werden, ist der Ort völlig emissionsfrei. Zudem besitzen die Autos, deren Karosserie aus korrosionunanfälligem und gewichtssparendem Aluminium besteht, eine äußerst umweltfreundliche Lebenserwartung von 30 bis 40 Jahren. Die Batterien, welche je nach Alter, Ladegewicht, Fahrweise, Jahreszeit und Steigungswinkel des Untergrunds täglich oder alle zwei Tage aufzuladen sind und pro Ladung Stromkosten zwischen drei und fünf CHF verursachen, weisen ebenfalls eine umweltverträgliche Lebensdauer von bis zu zwölf Jahren auf. Die Gäste sollen von hoher Luftqualität und Bewegungsfreiheit profitieren. Sie können ihre Autos in Täsch abstellen, wo es über 3.000 überdeckte und unbedeckte Parkmöglichkeiten gibt. Im Matterhorn-Terminal der heutigen Matterhorn-Gotthard-Bahn steigt man bequem in Shuttle-Züge um, die alle 20 Minuten verkehren und die Touristen in zwölf Minuten ins Dorfzentrum von Zermatt bringen.
Zermatt gehört der Gemeinschaft autofreier Schweizer Tourismusorte (GaST) an, welche seit 1988 die Entwicklung und Förderung der Interessen autofreier Feriendestinationen in der Schweiz bezweckt und sich wegen des Verfolgens einer naturnahen Ferienphilosophie selbst als Pionier des Sanften Tourismus (vgl. Kap. 2.3.4.1) sieht[8].
Es mag paradox klingen, wenn man sagt, dass ein autofreies Dorf ein Verkehrsproblem hat. Doch genauso ist es, denn der Elektroverkehr nimmt kontinuierlich zu. In Spitzenzeiten beherbergt der Ort rund 40.000 Touristen und Skifahrer. Insbesondere im Winter kommt es beim Transport der Gäste zu den Bergbahnstationen und zurück zu langen und lästigen Wartezeiten in den engen und verschlungenen Dorfstraßen. Während die Beförderungskapazität bei den Bergbahnen bei rund 3.000 Personen pro Stunde liegt, sind es bei den örtlich verfügbaren Transportmitteln nur 1.000.
Die Gemeinde versucht, mit verschiedenen Maßnahmen dem zunehmenden Elektroverkehr Herr zu werden. So ist genau vorgeschrieben, wo und wann welche Fahrzeuge fahren dürfen. Auch werden stets die Bewilligungen überprüft, was dazu führt, dass Fahrzeuge bei Geschäftsaufgabe, Widerruf einer befristeten Genehmigung oder im Rahmen der Erbfolge aus dem Verkehr gezogen werden. Auch wird gegen überflüssige Fahrten und willkürliches Parken vorgegangen.
Quellen: Zermatt Tourismus 2017a und b; NZZ 2014; SRF 2014; Valais Wallis Digital 2015; GaST 2017.

---

8 Weitere Mitglieder von GaST sind die Gemeinden Bettmeralp, Riederalp und Saas Fee im Wallis, Braunwald im südlichen Glarnerland, Mürren und Wengen im Berner Oberland sowie Stoos und die Region Rigi in der Zentralschweiz.

2.3.5.4 Umweltgütesiegel

Seit der zweiten Hälfte der 1980er-Jahren breiten sich sog. Umweltgütesiegel immer mehr aus. Als **Aufklärungsinstrument** wollen sie umweltbewussten Touristen eine Entscheidungshilfe bieten, indem sie ihnen Transparenz bei der Auswahl umweltschonender Reiseanbieter, touristischer Betriebe und Destinationen verschaffen. Daneben tragen sie auf der Nachfragerseite zur **Sensibilisierung für ökologische Fragestellungen** bei und bieten auf der Anbieterseite **Anreize für eine umweltbewusste Betriebsführung** sowie **Profilierungs- und Imageeffekte** (vgl. Job/Vogt 2007, S. 858; Mundt 2013, S. 528; Krug 2000, S. 24).

Umweltgütesiegel beurteilen touristische Angebote auf Basis gebündelter Indikatoren, die sich auf einen umweltbewussten Betriebsablauf beziehen und unterliegen der Kontrolle einer Jury. Die Unternehmen werden bei der Teilnahme durch spezifische Marketingmaßnahmen der Siegelanbieter unterstützt.

In den 1990er-Jahren kam es zu einer regelrechten Inflation von Umweltgütesiegeln mit der Folge, dass sich keines auf dem Markt wahrnehmbar durchsetzen konnte und der Urlauber eher verwirrt und verunsichert wird anstatt eine Entscheidungshilfe bei der Auswahl umweltgerechter Angebote zu erhalten. Kritik richtet sich ferner darauf, dass oft soziale Aspekte und die Komponente der Raumüberwindung nicht Gegenstand der Beurteilung sind und Umweltverbände häufig kaum oder gar nicht in der Jury vertreten sind (vgl. Job/Vogt 2007, S. 858).

Um der Verwirrung aufgrund der Siegelvielzahl entgegenzuwirken, wurde 2002 der Trägerverein Viabono als Umweltdachmarke im Tourismus ins Leben gerufen, unter welcher die Nachfrage nach umweltbewussten Reiseangeboten gebündelt und verstärkt wird. In Viabono sind mehrere hundert Betriebe aus Gastronomie und Hotellerie, aber auch Tourismusgemeinden und Naturparks zusammengeschlossen und verfolgen das Ziel eines umwelt- und qualitätsorientierten Tourismus in Deutschland. Viabono stellt eine Orientierungshilfe dar, um den Urlaubern die Entscheidung für umwelt- und klimafreundliche Reiseangebote zu erleichtern. Angeboten wird zum Beispiel ein CO_2-Fußabdruck, der auf wissenschaftlicher Basis, beruhend auf Daten zu den Bereichen Größe und Ausstattung eines Betriebes, Gebäude, Print, Mobilität, Reinigung/Wäsche sowie Food & Beverage, die betriebsbedingten CO_2-Emissionen eines Beherbergungsbetriebs errechnet und sie sog. Klimaeffizienzklassen zuordnet (vgl. DEHOGA 2017; Viabono 2017).

3 Die Destination als tourismusgeografischer Forschungsgegenstand

Während der Wirtschaftsraum den Forschungsgegenstand der übergeordneten Wirtschaftsgeografie darstellt, ist dies die Destination für die nachgeordnete Tourismusgeografie (vgl. Kap. 1.2.1). Seit Mitte der 1990er-Jahre kennzeichnet der Begriff eines der wichtigsten Konzepte in der Tourismusforschung und ist aus ihr nicht mehr wegzudenken. Auch in der Tourismuswirtschaft handelt es sich um eine gebräuchliche und sehr häufig verwendete Bezeichnung. Folgendes Kapitel beschäftigt sich mit dem Begriff, den Merkmalen, zeitlichen und räumlichen Aspekten sowie der Entwicklung von Destinationen (vgl. Kap. 3.1), ihrer Abgrenzung nach geografischen (vgl. Kap. 3.2) und touristischen Aspekten (vgl. Kap. 3.3) sowie aus Nachfrage- (vgl. Kap. 3.4) und Angebotssicht (vgl. Kap. 3.5), bevor mit Destinations-Managementorganisationen (DMO) die organisatorischen Aspekte einer Destination (vgl. Kap. 3.6) und schließlich die Möglichkeiten der Strukturanalyse von Destinationen thematisiert werden (vgl. Kap. 3.7).

3.1 Der Destinationsbegriff

Während die anfängliche Bedeutung des Destinationsbegriffs darin lag, den letzten Landeplatz im Beförderungsvertrag von Schiffen und Flugzeugen auszuweisen (vgl. Brittner-Widmann 2003, S. 120), stellt sich eine einheitliche Definition heute als schwierig heraus und ist über konstitutive Merkmale herzuleiten (vgl. Kap. 3.1.1). Seine ursprüngliche Bedeutung stammt aus dem Lateinischen („destinatio") und kann mit „Bestimmung" oder „Endzweck" übersetzt werden (vgl. auch im Englischen „destiny" = Schicksal). Im touristischen Kontext gilt er als Synonym für die Begriffe **Zielort, Zielgebiet** oder **Reiseziel**.

Eine Annäherung an den Begriff Destination kann über eine sehr allgemeine Beschreibung und grobe Eingrenzung erfolgen: Eine Destination ist der **geografische Ort**, den der jeweilige Gast oder ein bestimmtes Gästesegment als Reiseziel auswählt. Dabei kann es sich – je nach **Maßstabsebene** – um Kontinente, Länder, Regionen, Landschaftsausschnitte, Städte bis hin zu einzelnen Hotelresorts handeln.

Eine Destination enthält sämtliche für einen Aufenthalt notwendigen Einrichtungen für Beherbergung, Verpflegung, Unterhaltung und Beschäftigung der Touristen und ist als **strategische Wettbewerbseinheit** zu führen. Sie stellt quasi ein **touristisches Produkt** mit allen dafür notwendigen Angeboten dar, das innerhalb eines Zielgebiets einer Zielgruppe zur Verfügung gestellt wird (vgl. Fischer 2009, S. 65).

https://doi.org/10.1515/9783110500318-003

3.1.1 Konstitutive Merkmale von Destinationen

Eine Destination kann durch die folgenden konstitutiven Merkmale beschrieben werden (vgl. Becher 2008, S. 7 f):

- Sie ist ein **Ort** mit einem Muster von Attraktionen und damit verbundenen Tourismuseinrichtungen und Dienstleistungen.
- Sie stellt ein **Leistungsbündel** dar, das der Gast als **Produkt** wahrnimmt.
- Je nach Gästegruppe handelt es sich um **unterschiedliche Kernprodukte** mit spezifischem individuellen Nutzen. Als solche ist sie die **zentrale Wettbewerbseinheit im Incoming-Tourismus** (vgl. Kap. 1.1.2).
- Sie ist die **Summe aller am Tourismus mitwirkenden Akteure.**

Zwei Haupttypen von Destinationen lassen sich unterscheiden. Eine **klassische Destination** ist eine gewachsene, marktwirtschaftlich organisierte und in die nicht-touristischen Elemente einer Region integrierte tourismuswirtschaftliche Formation (z. B. Allgäu, Schwarzwald, Berchtesgadener Land). Im Gegensatz dazu ist eine **neue Destination** (z. B. Tropical Island bei Berlin) künstlich geschaffen und meist von auswärtigen Investoren getragen und verfügt nur über eine begrenzte Anzahl von Akteuren. Beispiele liefern Clubanlagen und Eventparks (vgl. Letzner 2014, S. 9 und 18 f.). Es kann sich auch um künstlich aufgezogene und investorengestützt realisierte Welten handeln, wie sie vorwiegend auf der arabischen Halbinsel zu finden sind (z. B. The Palm in Dubai[1]). Die zentrale Instanz wird u. U. von mehreren Eigentümern gebildet, die aber vorwiegend gleiche Interessen vertreten.

Abb. 3.1 zeigt mögliche Anhaltspunkte zur Abgrenzung von Destinationen. Diese lassen sich neben **geografischen** (vgl. Kap. 3.2) und **touristischen Aspekten** (vgl. Kap. 3.2.3 auch **nachfrageseitig**, d. h. aus Sicht der Touristen (vgl. Kap. 3.4), und **angebotsseitig**, d. h. aus Sicht der touristischen Leistungsträger (vgl. Kap. 3.5), abgrenzen. Ferner weisen sie entweder einen **privatwirtschaftlichen** (z. B. Ferienklubs und -parks, Hotelresorts, Kreuzfahrtschiffe etc.) oder **öffentlichen Charakter** (z. B. Städte, Gemeinden, Regionen, Länder etc.) auf (vgl. Steinecke/Herntrei 2017, S. 23). Zusammenfassend lassen sie sich definieren als

> geografische, landschaftliche, soziokulturelle oder organisatorische Einheiten mit ihren Attraktionen, für die sich Touristen interessieren. Aus ökonomischer Sicht wird in Destinationen ein touristisches Leistungsbündel von verschiedenen Anbietern produziert und gemeinschaftlich angeboten (vgl. Freyer 2015, S. 320).

---

1 The Palm ist ein gigantisches Bauprojekt des Emirats Dubai, das 2001 startete und 2008 fertig gestellt wurde. Vor der Küste wurde durch Aufschüttung eine riesige neue Fläche in Form einer Palme geschaffen. Die vielen Verzweigungen haben zur Folge, dass sich fast jeder Bauplatz mit dem Merkmal „Ocean Front“ schmücken kann. The Palm beherbergt ca. 30 Luxushotels und 1.500 Privatvillen (vgl. Department of Tourism and Commerce Marketing 2017).

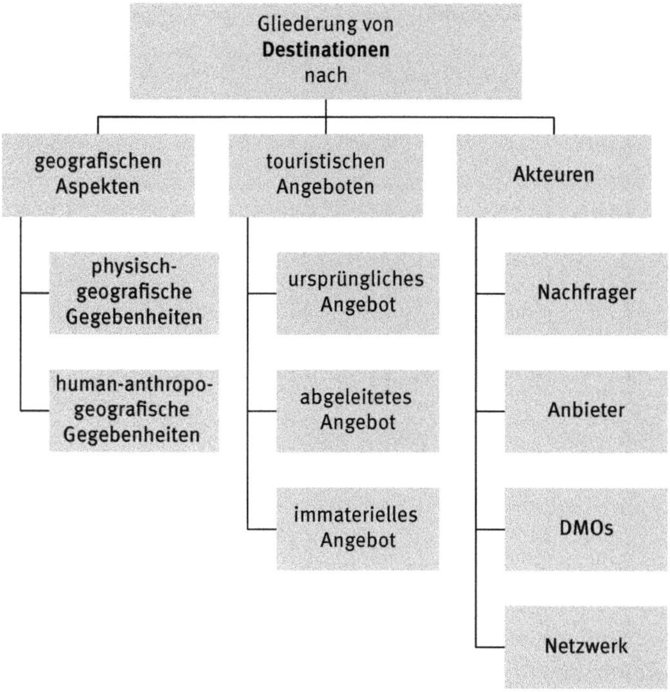

Abb. 3.1: Ansatzpunkte zur Abgrenzung von Destinationen; Quelle: Eigene Darstellung.

3.1.2 Touristische versus nicht-touristische Prägung von Destinationen

Touristische Destinationen stellen Räume dar, in denen touristische und nicht-touristische Nutzungen mit-, neben- oder gegeneinander existieren. Durch das Zusammenspiel der **nicht-touristischen Nutzungsformen** (gering, mittel, hoch), der **touristischen Infrastruktur** (gering, mittel, hoch) sowie der **touristischen Attraktoren** (tradiert[2], gemischt, produziert) ergeben sich folgende Destinationstypen, die sich von rein industriell oder gewerblich geprägten Regionen unterscheiden (vgl. Tab. 3.1).

Im Erscheinungsbild von **Naturlandschaften** dominieren naturbestimmte Landschaftselemente (Ebenen, Hügel- und Bergländer, Hochgebirge, Waldlandschaften etc.). Nicht-touristische Nutzungen treten überhaupt nicht, touristische dagegen allenfalls in sehr geringem Ausmaß auf. Die touristischen Attraktionen sind ausschließlich aufgrund des natürlichen Angebots (vgl. Kap. 3.3.1) vorgegeben (z. B. Klettersteige, Hochsitze, Schutzhütten im Hochgebirge), es findet nur ein sehr geringer Eingriff in die Naturlandschaft statt. Im Gegensatz dazu sind **Kulturlandschaften** durch

2 Mit „tradiert" ist gemeint, dass ein Attraktor in seiner Form nur einmal existiert und nicht beliebig wiederhergestellt werden kann, d. h. nicht-reproduzierbar ist (vgl. Letzner 2014, S. 28).

Tab. 3.1: Typen von Destinationen; Quelle: Letzner 2014, S. 7.

Destinationstypen	nicht-touristische Nutzungsformen	touristische Infrastruktur	touristische Attraktoren
Naturlandschaft	keine	keine bis sehr gering	tradiert (traditionell)
Kulturlandschaft	mittel	mittel	überwiegend tradiert
Stadtlandschaft	hoch	mittel bis sehr hoch	alles, von tradiert bis produziert
Ski- bzw. Warmwasser-destination	mittel	mittel bis hoch	tradiert (Landschaftsformen und Klima); teilweise auch produziert
künstliche (Freizeit-) Räume	mittel bis hoch	sehr hoch	produziert
zum Vgl. eine Industrie- und Gewerberegion	sehr hoch	keine (ggf. Hotels/ Messehallen)	keine

menschliches Einwirken geprägt und gewinnen durch die Kombination von Feldern, Pflanzungen und kleineren Siedlungen an touristischem Reiz. Eine touristische Infrastruktur kann bereits vorhanden sein, auch wenn die Attraktoren noch überwiegend tradiert sind (z. B. Besichtigung von Kulturgütern wie Schlösser, Burgen, Kirchen etc.).

Die **Stadtlandschaft** ist zur Gänze durch menschliche Bauten charakterisiert, natürliche Elemente geben allenfalls eine landschaftliche Kulisse ab (vgl. Ritter/Frowein 1997, S. 17). Sie stellt einen Destinationstyp dar, der sowohl von Touristen als auch von Einwohnern und Geschäftsreisenden genutzt wird. Viele Infrastrukturangebote werden von allen drei Gruppen in Anspruch genommen, eine Abgrenzung der touristischen von der nicht-touristischen Nutzung ist in vielen Fällen problematisch (z. B. Nutzung von öffentlichen Verkehrsmitteln oder kultureller Einrichtungen). Das Angebot an nicht-touristischen Nutzungsformen ist sehr hoch, die Attraktoren können sowohl tradierter (kultureller/traditioneller Hintergrund) als auch produzierter Herkunft sein.

Ski- und Warmwasserdestinationen sind innerhalb von Kulturlandschaften (z. B. Mallorca), seltener aber auch von Stadtlandschaften (z. B. Rio De Janeiro, Barcelona oder Tel Aviv als städtische Destinationen, die gleichzeitig über einen bedeutenden Strand verfügen) angesiedelt. Im Bereich des Skisports haben sich Skigebiete (z. B. Sölden, Ischgl, Saalbach-Hinterglemm, St. Moritz, Gstaad etc.) als Destinationen, die ebenfalls Anschluss an dörfliche oder urbane Strukturen haben können, etabliert. Die touristische Nutzung in Ski- und Warmwasserdestinationen übersteigt die nicht-touristische und der Tourismus stellt einen wichtigen Wirtschaftsfaktor dar.

In **künstlichen Freizeitwelten** (vgl. Kap. 4.6) sind die touristischen Attraktoren produziert, d. h. zum Zweck der touristischen oder freizeitlichen Nutzung geschaffen worden. Sie können sowohl touristische Nutzungsformen (z. B. Freizeitpark), aber auch nicht-touristische Angebote (z. B. Shopping-Mall) beinhalten.

Welche Bedeutung die touristischen und nicht-touristischen Akteure haben, ist von Destination zu Destination unterschiedlich. Während in manchen Regionen, wie z. B. dem Allgäu, die nicht-touristische Wirtschaft eine hohe Bedeutung hat, spielt dies in anderen Destinationen, vor allem in Entwicklungsländern (z. B. der Serengeti im nördlichen Tansania), kaum eine Rolle (vgl. Letzner 2014, S. 9). Je nach wirtschaftlicher Bedeutung tourismusfremder Akteure ist deren Einfluss auf tourismuspolitische Entscheidungen entsprechend hoch oder gering.

Die zu den anderen Destinationen in Kontrast stehenden **Industrie- und Gewerberegionen** weisen keine touristischen Attraktoren auf. Die Infrastruktur könnte zwar auch touristisch genutzt werden, was aufgrund einer fehlenden Nachfrage aber nicht stattfindet. Eine Ausnahme bildet der **Industrietourismus**, der Zeugnisse der Industriekultur überliefert (vgl. Kap. 4.7 und 4.8.3).

3.1.3 Standortmuster von Destinationen

Touristische Destinationen sind **Kristallisationspunkte des Fremdenverkehrs** bzw. Zentren einer touristischen Nachfrage und beschreiben den Aktivitätsraum der Touristen. Dieser kann sowohl flächenhaft (z. B. ein Gebirgstal), linear (z. B. eine Themenroute) als auch punktuell (z. B. ein Denkmal oder ein Museum) ausgeprägt sein (vgl. Schmude/Namberger 2015, S. 52).

Hinsichtlich ihrer standörtlichen Prägung lassen sich folgende Destinationsmuster voneinander abgrenzen (vgl. Letzner 2014, S. 165): **Konzentrationsmuster** treten bei Touristenmagneten, wie z. B. in naturräumlich präferenzierten Lagen oder bei wichtigen kulturellen Attraktionen, auf, weshalb sich die touristische Infrastruktur an diesen zentralen Orten stark konzentriert.

Da mittlerweile mehr als die Hälfte der Weltbevölkerung in urbanen Räumen lebt, charakterisiert sich der Tourismus v. a. auch durch Peripherisierungstendenzen, indem es die Menschen im Urlaub raus aus der Stadt ins Land zieht. Bei gleichen touristischen Anbietern, welche eine Konkurrenzvermeidungsstrategie betreiben und deren Marktgebiet durch die Nachfragedichte limitiert ist, entstehen **Netzmuster**, bei denen unterschiedliche kulturlandschaftliche Attraktionen (z. B. landschaftlich ästhetische Räume mit behutsamer landwirtschaftliche Nutzung, kulturelle und religiöse Relikte, Tradition und Brauchtum) vergleichsweise gleichmäßig über die Destination verteilt sind und von der touristischen Infrastruktur meist dezentral erschlossen werden.

Das **Hierarchiemuster** beschreibt eine Destination, in deren Marktgebiet zusätzlich zu den Anbietern einer höheren Qualitätsstufe mehrere Anbieter niedrigerer Qualitätsstufen angesiedelt sind. Was z. B. die Beherbergungsleistung betrifft, befindet sich in einem ländlichen Dorf i. d. R. ein einfacher Gasthof mit Zimmern. In einer kleineren Stadt gibt es zusätzlich zu solchen Gasthöfen bereits Pensionen oder einfache Hotels. In einer etwas größeren Stadt findet sich zusätzlich zu diesem Angebot möglicherweise schon ein Viersternehotel, während in einer Großstadt die ganze Palette von Low-Budget-Hotels bis zu luxuriösen Fünfsternehäusern abgedeckt ist.

Im Falle der Schweiz als eine der Wiegen des Tourismus lässt sich das Netzmuster anhand des sommerlichen Wander- und Bergsteiger- sowie Brauchtumstourismus (z. B. Saanenland, Berner Oberland, Engadin, Zermatt, Appenzeller Land) und das Konzentrationsmuster bei historisch gewachsenen Großstädten (Zürich, Genf, Basel, Lausanne, Bern) oder Großereignissen (z. B. Art Basel, Winzerfest Fête des Vignerons in Vevey alle 20 bis 25 Jahre, Lucern Festival, Filmfestival Locarno, Montreux Jazz Festival, White Turf St. Moritz, Ski World Cup Wengen, sechsjährliches Unspunnenfest Interlaken) beobachten. Das Hierarchiemuster findet sich in allen größeren Städten, aber auch den touristischen Hotspots (z. B. Jungfrauregion, Zermatt, Luzern).

3.1.4 Destinationslebenszyklus

Destinationen sind keine starren Gebilde, sondern einem kontinuierlichen Wandel **(Lebenszyklus)** unterworfen. Zur Veranschaulichung des Entwicklungsverlaufs von Destinationen kann auf das Produktlebenszyklusmodel Modell von Vernon (1966) sowie seine Übertragung auf den Tourismus durch Butler (1980) zurückgegriffen werden: Die Grundannahme ist, dass eine Destination wie ein industrielles Produkt einem s-förmigen Lebenszyklus unterliegt, der wie bei natürlichen Organismen dem Gesetz des Werdens und Vergehens folgt. Dabei handelt es sich nicht um eine zwingende Gesetzmäßigkeit oder ein ökonomisches Allgesetz, sondern einen rein idealtypischen Verlauf (vgl. Popper 2005, S. 45 f.).

Es lassen sich sechs unterschiedliche **Phasen** unterscheiden (vgl. Abb. 3.2), die im Zeitablauf charakteristische Eigenschaften in Bezug auf die Wettbewerbs- und Marktsituation einer Destination (hier dargestellt in Bezug auf die Anzahl der Touristen) aufweisen und strategische Implikationen nahelegen (vgl. Steinecke/Herntrei 2017, S. 125 ff.; Kagermeier 2016a, S. 42; Latz 2017, S. 285; Arnold/Herold 2012, S. 42 f.; Heuwinkel 2019, S. 75 ff.).

1. Erkundungsphase:

- Anziehende Nachfrage, steigende Preise, hohe Wertschöpfung bei gleichzeitig hohen Investitionen,
- starke Innovationskraft, Nutzung durch Trendsetter und Visionäre,
- sorgfältige Planung und Entwicklung zur Sicherstellung einer verantwortungsvollen und nachhaltigen Nutzung der touristischen Ressourcen,
- durchgängige Interaktion mit der einheimischen Bevölkerung.

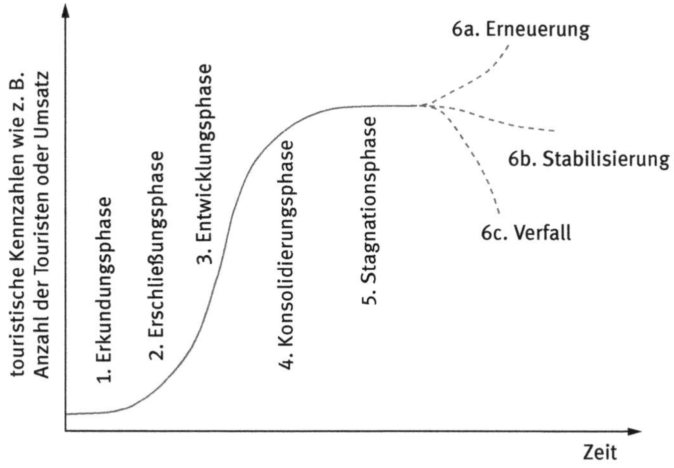

Abb. 3.2: Lebenszyklus einer touristischen Destination; Quelle: Kagermeier 2016a, S. 42; Latz 2017, S. 285; verändert.

2. Erschließungsphase:
- Bereitstellung von Schulungen und Anreizen zur Förderung von kleinen und mittleren Unternehmen sowie Gemeinden zur Entwicklung grundlegender touristischer Dienstleistungen,
- ausgewähltes Destinationsmarketing,
- erste ökonomische Effekte erkennbar.

3. Entwicklungsphase:
- Hohe Nachfrage (Massennachfrage) bei steigender Konkurrenzsituation, Preise nur noch moderat steigerbar,
- Anpassung von Investitionen an die Nachfrage, Bildung von Kooperationen,
- Überwachung der wichtigsten Einflussfaktoren auf die Mikro- und Makroumgebung sowie Entwicklung geeigneter Reaktionsmechanismen,
- Aufbau eines langfristigen Tourismus-Masterplans (Marketing- und Entwicklungsstrategie),
- Einbindung destinationsfremder Reiseveranstalter und Investoren,
- Schaffung einer hohen regionalen Wertschöpfung.

4. Konsolidierungsphase:
- Sinkende Wachstumsraten von Gästeankünften und Aufenthaltsdauern,
- innovative Marketingstrategien inkl. Marktsegmentierung und Branding (u. a. bekannte Künstler als Gäste des Saisonopenings wie z. B. Helene Fischer oder Andrea Berg in Ischgl),

- Sicherstellung eines hohen Maßes an touristischen Leistungen,
- Tourismus zwischenzeitlich als dominierender regionaler Wirtschaftsfaktor,
- ökologische und soziale Probleme stärker im Vordergrund (z. B. Skischuhverbot ab 18 Uhr im Zentrum von Ischgl).

5. Stagnationsphase:
- Sinkende Preise aufgrund hohen Angebots,
- nur noch bestandserhaltende Investitionen,
- Auflösung von Kooperationen und Besitzstandswahrung,
- Neupositionierung und Re-Branding: Suche nach neuen Märkten, Entwicklung neuer touristischer Angebote (z. B. Spielcasinos),
- Sicherstellung der Tragfähigkeit, d. h. keine Preiserhöhungen, keine Reduktion von Öffnungszeiten oder Sehenswürdigkeiten.

6a. Erneuerungsphase:
- Zunehmende Nachfrage nach überarbeitetem Produkt,
- wieder steigende Preise,
- erneuter Beginn des Zyklus auf hohem Niveau.

6b. Stabilisierung:
- Verharrung in der kritischen Zone der Tragfähigkeit (Stagnationsphase),
- geringe Zuwächse oder Abschwächung der Nachfrage im Wechsel.

6c. Verfall:
- Preisverfall aufgrund sinkender Nachfrage,
- keine neuen Projekte oder Produktdifferenzierungen,
- weniger Übernachtungen.

Ob es zur Erneuerung bzw. Relaunch oder zum Verfall – dazwischen sind Mischformen wie gebremstes Wachstum, Stabilisierung oder langsamer Niedergang denkbar – kommt, ist auf der Anbieterseite von verschiedenen Komponenten abhängig. Hierzu gehören die Höhe des Investitionsstaus, die Nachfolgeproblematik (insbesondere im Hotel- und Gaststättengewerbe), der Ausschluss bestimmter Gästegruppen durch ein eingeschränktes Angebot (z. B. kein Fünf-Sterne-Hotel) oder eine spezifische Zielgruppenpositionierung (z. B. nur asiatische Reisegruppen), die einheimische Bevölkerung (Verhinderung von Neuerungen z. B. durch Volksentscheide), die Bedeutung des Tourismus für die wirtschaftliche Entwicklung der Region, die öffentliche Infrastruktur (z. B. Anbindung an Autobahnen, Bahnhöfe, Flughäfen) sowie die Austauschbarkeit des Angebots (vgl. Letzner 2014, S. 192 ff.).

Besonders in ländlichen Gebieten, in denen hohe strukturelle Defizite, wie z. B. mangelnde Verkehrsanschlüsse, Auspendlerüberschüsse, geringe soziale und technische Infrastruktur, Überalterung der Bevölkerung, herrschen, kann sich ein Relaunch als schwierig herausstellen, da die Investitionssummen im touristischen Bereich nicht finanzierbar sind.

Das Lebenszyklusmodell stellt ein geeignetes **Instrument zur Analyse der Wettbewerbsposition touristischer Leistungen und Destinationen** als Voraussetzung für die Planung von Marketingmaßnahmen einer Destination dar. Allerdings belegen empirische Studien immer wieder, dass für den Destinations- dieselben **kritischen Vorbehalte** wie für den Produktlebenszyklus gelten. So ist der Destinationslebenszyklus nicht verallgemeinerbar. Empirisch ermittelte Daten weichen oft von der theoretischen Phasenabfolge ab und ergeben einen anderen Kurvenverlauf, dessen Interpretation dann unklar ist. Der Verlauf und die Dauer der Phasen sind damit stark destinationsspezifisch. Problematisch nimmt sich ferner die Abgrenzung der einzelnen Phasen aus, da nicht immer klar ist, wann eine Phase endet und die nächste beginnt bzw. welcher Phase eine Destination mit ihren Angeboten gerade zugeordnet werden kann. Auch kann es dazu kommen, dass sich eine Destination je nach Zielgruppe in unterschiedlichen Phasen befindet, also traditionelle Zielgruppen z. B. stagnieren, aber neue Zielgruppen stark im Kommen sind. Des Weiteren ist es häufig schwierig bis unmöglich, auf die Daten aller Marktteilnehmer in einer Destination zurückzugreifen, womit sich ein unvollständiges Bild mit geringer strategischer Aussagekraft ergibt. Gerade Destinationen sind komplexe Leistungsbündel, die sich aus einer Vielzahl an touristischen Einzelleistungen (natürliche und kulturelle Sehenswürdigkeiten, Beherbergungsbetriebe, Gaststätten etc.) zusammensetzen, sodass sie ein höheres Aggregationsniveau als ein einzelnes Produkt besitzen. Weiterhin bleibt unberücksichtigt, dass die Marketingmaßnahmen einer Destination sowohl individuell als auch destinationsbezogen ausgerichtet sein können. So kann sowohl ein Hotel selbst als auch die Destination, in welcher es sich befindet, zu Werbemaßnahmen greifen. Hier wäre zwischen einem Mikro- und einem Makrolebenszyklus zu differenzieren. Während ersterer sich auf die einzelnen touristischen Leistungsangebote bezieht, steht letzterer für die Destination als Ganzes. Schließlich erfolgt die Festlegung des räumlichen Analyseniveaus willkürlich, während der Einfluss anderer Marktteilnehmer unbeachtet bleibt (vgl. Arnold/Herold 2011, S. 43 f.; Schmude/Namberger 2015, S. 57; Bieger 1997, S. 116; Heuwinkel 2019, S. 174).

3.1.5 Einflussfaktoren der Destinationsentwicklung

Die Entwicklung von Destinationen wird in praktischen Tourismus- und Regionalentwicklungsstudien beschrieben. Zur Strukturierung kommen unterschiedliche

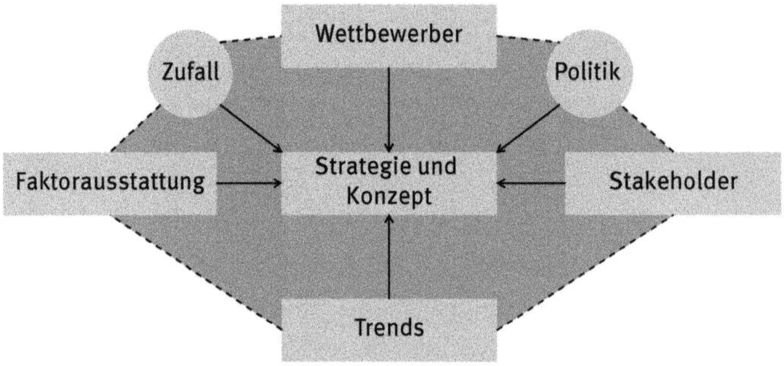

Abb. 3.3: Diamant der Destinationsentwicklung; Quelle: Eigene Darstellung in Anlehnung an Schlesinger/Pauen 2017, S. 34.

Ansätze, wie z. B. SWOT[3]-, PESTEL[4]-, Trend- und/oder Konkurrenz-Analyse, häufig eingebettet in die Branchenstrukturanalyse von Porter[5] (1999, S. 128), in Frage. Ein ganzheitliches Modell existiert nicht. Diese Lücke schließt das Diamantmodell der Destinationsentwicklung, welches auf Porters Konzept nationaler Wettbewerbsvorteile[6] (1999, S. 176 ff.) basiert und die genannten Analysen integriert, um eine Strategie- und Konzeptentwicklung unter Beachtung interner und externer Rahmenbedingungen zu betreiben.

Im **Zentrum** des Modells stehen die knappen Ressourcen einer Destination (Faktorausstattung), gekoppelt an die unterschiedlichen Ziele der betroffenen Akteure (Stakeholder). Ausdruck dieses Spannungsfeldes ist eine kodifizierte bzw. nicht kodifizierte **Entwicklungsstrategie** oder **-struktur**, die es unter Bezugnahme auf externe Trends und Marktteilnehmer (Wettbewerber) sowie politische, aber auch zufällige Rahmenbedingungen (weiter) zu entwickeln gilt (vgl. Abb. 3.3).

---

3 Die SWOT-Analyse ist ein Instrument der strategischen Planung und hilft bei der unternehmerischen Positionsbestimmung und Strategieentwicklung. SWOT steht für „**s**trengths" (Stärken), „**w**eaknesses" (Schwächen), „**o**pportunities" (Chancen) und „**t**hreats" (Bedrohungen).

4 Die PESTEL-Analyse dient der Beschreibung und Strukturierung des Makroumfelds eines Unternehmens. PESTEL steht für die politischen („**p**olitical"), wirtschaftlichen („**e**conomic"), soziokulturellen („**s**ocial"), umweltbezogenen („**e**nvironmental") sowie rechtlichen („**l**egal") Einflussfaktoren von Unternehmen.

5 Dabei wird die Branchenstruktur durch den Wettbewerb innerhalb einer Branche, die Bedrohung durch neue Konkurrenten, die Verhandlungsstärke der Abnehmer und Lieferanten sowie die Bedrohung durch Substitute determiniert.

6 Das Konzept dient der Erklärung der Wettbewerbsfähigkeit von Volkswirtschaften, die durch folgende Faktoren geprägt wird: Faktorausstattung eines Landes, inländische Nachfragebedingungen, Existenz qualifizierter Zulieferer sowie verwandter und unterstützender Branchen sowie Unternehmensstrategie, Struktur und Wettbewerb. Ergänzt werden diese Faktoren durch die Rolle des Staates sowie eine Zufallskomponente.

Die **interne Sicht** auf die Destinationsentwicklung wird durch die horizontale Achse, d. h. das Spannungsfeld zwischen der Faktorausstattung und den Stakeholdern, bestimmt. In Anlehnung an die SWOT-Analyse kann hierunter die Analyse von Stärken und Schwächen verstanden werden.

Die **Faktorausstattung** beschreibt die vorhandenen Ressourcen einer Destination, die sowohl die Möglichkeiten als auch die Beschränkungen einer Destinationsentwicklung aufzeigen. So bietet z. B. ein internationaler Flughafen Vorteile in punkto Erreichbarkeit und Beschäftigung, birgt aber auch enormes Konfliktpotenzial mit den Anwohnern. Zur Strukturierung der Untersuchung lässt sich die PESTEL-Analyse und/oder eine Systematisierung von Standortfaktoren (vgl. Kap. 3.5.5) heranziehen.

Das Gegenstück zur Faktorausstattung liegt in der Analyse der Wahrnehmung der betrachteten Destination aus Sicht der betroffenen Akteure **(Stakeholder)** sowie der Erfassung ihrer Ziele, Wünsche, Vorstellungen etc. (Soll-Ist-Vergleich) in Bezug auf die Grunddaseinsfunktionen (vgl. Kap. 1.2.3), aber auch Bevölkerungsstruktur und -entwicklung, Mobilität und Verkehr, soziale Infrastruktur und Versorgung, Lebensstile und Konsumverhalten, Freizeit und Tourismus, Energieversorgung und Klimaschutz sowie Partizipation (vgl. Kap. 2.2.5). Kern der Untersuchung ist die Befragung von Bürgern, Gästen und Nichtgästen bzw. Kunden und Nichtkunden[7], der Wirtschaft, Verbänden und Vereinen, aber auch der politischen Akteure. Letztere sind besonders sorgfältig einzubinden, da diese die einflussreichsten Stakeholder darstellen, haben doch sie i. d. R. nicht nur ein enormes Interesse an der Entwicklung ihrer Destination, sondern auch die Möglichkeiten, die Rahmenbedingungen aktiv zu beeinflussen (vgl. Latz 2017, S. 404).

Als Ergänzung der internen Sicht zeigt die durch die vertikale Achse abgebildete **externe Sicht** auf die Destinationsentwicklung die Rahmenbedingungen auf, welche i. d. R. außerhalb des Einflussbereiches der Destination angesiedelt sind und den Wettbewerb determinieren. Unter Bezugnahme auf die SWOT-Analyse kann hierunter das Chancen-Risiko-Portfolio verstanden werden.

Unter der Determinante **Wettbewerber** sind Entwicklungen in „fremden" Destinationen aufgeführt, die sich positiv oder negativ auf die betrachtete Destination auswirken können. So steht z. B. eine oberbayerische Tourismusgemeinde nicht nur mit den Nachbargemeinden, sondern auch mit Angeboten aus fernen Destinationen in Konkurrenz. Auftretende Krisen (z. B. Terrorgefahren, vgl. Kap. 2.1.7) in diesen (Fern-)Gebieten können dann aber auch umgekehrt wieder einen fördernden Einfluss (Cocooning) auf die betrachtete Destination ausüben.

7 Die Befragung von Nichtgästen oder Nichtkunden erfordert ein gewisses Maß an Kreativität. Kern der Überlegung sollte hierbei sein, wo potenzielle Gäste oder Kunden zu finden sind und diese dann vor Ort, d. h. abweichend vom Untersuchungsgebiet, zu befragen.

Trends wiederum spiegeln die Entwicklung im globalen, aber auch regionalen Umfeld wider. Hierbei sind sowohl sog. Megatrends[8] als auch regionale oder tourismusspezifische Trends zu erfassen und deren Wirkung auf eine Region zu analysieren.

Zur **Abgrenzung** von „Trends" und „Wettbewerbern" sollten als Wettbewerber konkrete Anbieter, unter Trends dagegen neue Ideen aufgeführt werden. Beispiel für einen Trend ist der Megatrend Mobilität, für Wettbewerber das Verkehrsdienstleistungsangebot des Unternehmens Uber.

Neben den direkten Wettbewerbsdeterminanten wirken noch indirekte Wettbewerbsdeterminanten auf die Destinationsentwicklung. Der Einfluss der (Tourismus- bzw. Wirtschafts-)**Politik**, v. a. auf der überregionalen Ebene, stellt eine bedeutende Rahmenbedingung für die regionale Entwicklung dar. Zu nennen sind z. B. Subventionen, Anforderungen aus der Regionalplanung sowie Bau- oder Umweltgesetze. Um auch unerwartete Effekte im Modell zu beachten, wurde schließlich die Komponente **Zufall** aufgenommen. Ein Beispiel stellt hier eine erfolgreiche Fernsehserie dar, die eine Destination positiv erscheinen lässt (z. B. Der Bulle von Tölz) und entsprechende Entwicklungseffekte auslöst, aber auch eine Naturkatastrophe, welche die Destinationsentwicklung hemmt.

3.1.6 Strategien der Destinationsentwicklung

Die Entwicklung touristischer Destinationen ist häufig dem **Mangel an wirtschaftlichen Alternativen** geschuldet (vgl. Jurczek 2007b, S. 733). So entstanden z. B. die Skigebiete in Tirol infolge ungünstiger landwirtschaftlicher Nutzungsbedingungen und des Nichtvorhandenseins industrieller Wertschöpfung. Die Etablierung des Bayerischen Walds als Wanderdestination ist auf den Niedergang des traditionellen Handwerks (Schnitzer, Glasbläser, Köhler etc.) zurückzuführen. Aufgrund von Abwanderungsbewegungen in die Städte und teils erfolgloser Industrieansiedlungen entschloss sich die bayerische Landespolitik in den 1970er-Jahren, das damalige Zonenrandgebiet durch eine Forcierung des Tourismus mithilfe der flächenhaften Errichtung von Feriendörfern und -parks zu entwickeln und wirtschaftlich voranzutreiben. Auch wenn sich Urlaubern eine derartige Form der Unterbringung heute nicht mehr ohne weiteres vermitteln lässt, gilt die Tourismuswirtschaft im Bayerischen Wald mit jährlich über 7 Mio. Übernachtungen heute als bedeutender Wirtschaftszweig (vgl. Kordel et al. 2015, S. 38).

In einigen Destinationen ist es auch gelungen, über den „Umweg" des Tourismus neue Technologien anzulocken. So hat sich beispielsweise das Allgäu zunächst von einer kleinbäuerlich geprägten Milchwirtschaft zu einer touristischen Destinati-

8 Z. B. Gesundheit, Globalisierung, Individualisierung, Konnektivität, Mobilität, Neo-Ökologie, New Work, Sicherheit, Silver Society, Urbanisierung oder Wissenskultur.

on entwickelt, in der sich zwischenzeitlich auch zahlreiche Hochtechnologiebetriebe in den Bereichen Maschinenbau, Steuerungs- und Prozesstechnik, Hochleistungskeramik u. a. angesiedelt haben. Heute gilt das Allgäu aufgrund guter infrastruktureller Anbindungsmöglichkeiten, Agglomerationsvorteilen sowie vergleichsweise günstiger Lebenshaltungskosten als attraktiver Unternehmensstandort. Dabei haben auch verschiedene Fördermodelle, wie z. B. die GRW (Gemeinschaftsaufgabe „Verbesserung der regionalen Wirtschaftsstruktur“[9]) in den 1960er-Jahren, eine wesentliche Rolle gespielt (vgl. Jurczek 2007b, S. 734). Im Allgäu z. B. entfallen heute mehr als 10 % des regionalen Sozialprodukts auf den Tourismus (vgl. Allgäu GmbH 2017).

Für die **touristische Inwertsetzung** einer Region muss der Naturraum einer Destination für Touristen attraktiv, d. h. abwechslungsreich, sein und sich in die Kulturlandschaft integrieren lassen, wofür die **Unterstützung zahlreicher Akteure** (Politik, einheimische, Bevölkerung, Land- und Forstwirtschaft etc.) notwendig ist. So ist z. B. die Entwicklung einer Wanderdestination nur mit Hilfe der Forstwirtschaft möglich. Um Wanderwege miteinander zu verbinden, müssen Wegenetze entwickelt, die u. U. durch Schutzzonen führen, oder forstwirtschaftliche Wege naturalisiert werden, um attraktiv für Wanderer zu sein. Die Pflege dieser Wege kann, insbesondere bei Nutzung durch Fahrradfahrer, sehr aufwändig und teuer sein.

Bei der Bemessung der regionalwirtschaftlichen Effekte in einer touristischen Destination ist die Unterscheidung zwischen Tages- und übernachtenden Touristen von Bedeutung (vgl. Schmude/Heumann 2010, S. 338 f.): Während bei **Tagestouristen** die Wertschöpfung für die Region häufig gering ist und möglicherweise eine hohe Belastung der einheimischen Bevölkerung darstellt, fällt in Regionen mit vorwiegend **Übernachtungstouristen** die empfundene Last deutlich geringer aus. Dieses meist subjektive Empfinden ist auf die bessere Integration der Einheimischen in den Tourismus und umgekehrt zurückzuführen: Die ortsansässige Bevölkerung profitiert von den Übernachtungsgästen durch eine höhere Wertschöpfung und unterhält, z. B. in den Beherbergungsbetrieben, auch einen engeren Kontakt zu ihnen als dies bei Tagestouristen möglich oder üblich ist.

Beim Tagestourismus ist zwischen Naherholungs- und Durchreisegästen zu unterscheiden: Während **Naherholungsgäste** von der einheimischen Bevölkerung meist als wenig störend empfunden werden, da sie aufgrund ihrer Herkunft aus der unmittelbaren Umgebung der Destination als kulturell und sprachlich affin gelten, verhält sich dies bei **Durchreisegästen** oft anders. So werden z. B. in kleinen Orten wie Oberammergau und Ettal Reisegruppen aus asiatischen Ländern als negativ wahrgenommen, da sie nicht die erhoffte Wertschöpfung bringen, weil die Übernachtung meist an anderen Orten wie Garmisch, Innsbruck oder im Allgäu stattfindet.

9 Die GRW-Förderung gibt es immer noch. Es werden Maßnahmen in strukturschwachen Gebieten gefördert, die nachhaltig Arbeitsplätze schaffen und zum Wohlstand innerhalb der Region beitragen. Förderfähig sind sowohl Industrie- als auch Dienstleistungsunternehmen, aber auch Städte und Gemeinden. Gefördert wird durch zinsgünstige Darlehen oder Zuschüsse (vgl. BMWi 2017).

Strategien zur Destinationsentwicklung					
integrative Strategien			kooperative Strategien		
Ausdehnung	Anschluss	Zusammenschluss	Erweiterung	Markennetzwerk	digitales Netzwerk
Eine etablierte Destination dehnt sich in ihr räumliches Umfeld aus.	Kleinere Destinationen schließen sich einer etablierten Destination an.	Destinationen schließen sich zu einer neuen (größeren) Dach-Destination (Marke) im Außenauftritt und ggf. auch organisatorisch (Fusion) zusammen, um Größen- und Skaleneffekte zu generieren.	Kooperation touristischer sowie nicht-touristischer Organisationen und Betriebe (in eher nicht-touristischen Regionen) zur Entwicklung marktfähiger regionaler oder thematischer Leistungsbündel.	Kooperation von (starken) Destinationen mit dem Ziel der Markt- und Markenpflege sowie Bearbeitung ferner Zielmärkte zur Steigerung des Wahrnehmungs-potenzials.	Digitale Kooperation von Destinationen mit dem Ziel der Stärkung der Außenwirkung und Aufbau eines ziel-gruppenspezifischen Images.
Ziele: – Übertragung von Imageeffekten – Erweiterung des Attraktionsspektrums – Anpassung der D. an den Aktionsraum – Zukunftssicherung des Tourismus – besserer Ressourceneinsatz					

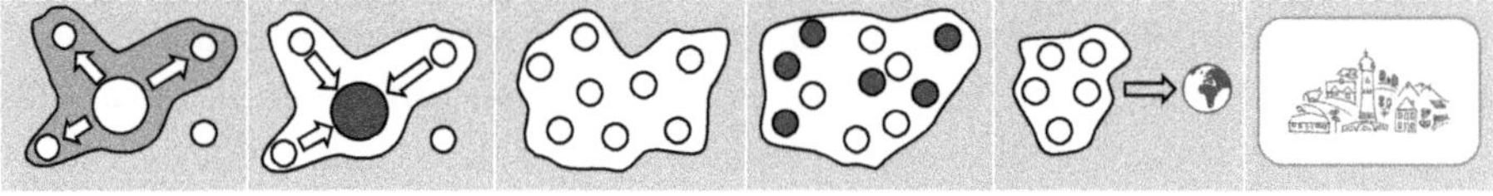

Abb. 3.4: Strategien zur Bildung und Weiterentwicklung von Destinationen; Quelle: Eigene Darstellung.

Bezüglich der **Bildung und Weiterentwicklung von Destinationen** können unterschiedliche Strategien verfolgt werden (vgl. Abb. 3.4): **Integrative Strategien** setzen auf die Verbindung einer Vielzahl von Destinationen zu einer Einheit, **kooperative Strategien** sind auf die Zusammenarbeit auf politischer, gesellschaftlicher, marktlicher oder wirtschaftlicher Ebene angelegt.

Zu den **integrativen Strategien** zählen die **Ausdehnung**, d. h. eine etablierte Destination dehnt sich in ihr räumliches Umfeld aus, sowie der **Anschluss**, d. h. kleinere Destinationen schließen sich einer etablierten Destination an. Die Ziele beider Strategien liegen vor allem in der Übertragung von Imageeffekten auf einen größeren touristischen Aktionsraum (vgl. Kap. 1.2.2, 3.4.1), der Erweiterung des Attraktionsspektrums aller beteiligten Akteure (z. B. bei einem Zusammenschluss von städtischen und ländlichen Destinationen), der verbesserten Wahrnehmung des Bewegungsraums der Touristen sowie der Zukunftssicherung des Tourismus z. B. durch einen besseren Ressourceneinsatz (vgl. Steinecke/Herntrei 2017, S. 129 ff.). Ein Beispiel für einen Anschluss stellt die Destination Innsbruck dar. Ausgehend von der Stadt Innsbruck, wurden die umliegenden Feriendörfer (u. a. Grinzens, Axams, Götzens, Mutters und Natters, Kematen, Völs und Zirl, Patsch, Lans, Kühtai, Sellraintal, Mieminger Plateau sowie Telfs) in die Destination integriert, wodurch diese zur finanzstärksten Destination in Tirol aufstieg. Beispielhaft für einen Anschluss ist der südafrikanische Kruger National Park, der das historische und touristische Kerngebiet des „Great Kruger National Park“ bildet, dem sich u. a. aus Naturschutzgründen andere bekannten Safari-Destinationen (private Naturparks, Lodges und Camps), wie z. B. Sabi Sand, Mala Mala, Londolozi, Sabi Sabi oder Ulusaba, angegliedert haben.

Die dritte integrative Strategie stellt der **Zusammenschluss** dar. Destinationen schließen sich zu einer neuen (größeren) Dachdestination (ggf. mit neuer Marke) im Außenauftritt und u. U. auch organisatorisch (Fusion) zusammen, um Größen- und Skaleneffekte zu generieren. Exemplarisch lässt sich auf den naturräumlich, thematisch oder willkürlich erfolgten Zusammenschluss diverser bayerischer Destinationen unter dem Dach „Bayern Tourismus" (vgl. Abb. 3.6 in Kap. 3.3.1) als Marketinginitiative oder die Fusion der vier Destinationen Achenkirch, Maurach, Pertisau und Steinberg unter der Destination Achensee verweisen.

Zu den **kooperativen Strategien** zählt zunächst die **Erweiterung**. Hierbei kommt es vor allem in eher nicht-touristischen Regionen zur Kooperation touristischer sowie nicht-touristischer Organisationen und Betriebe mit dem Ziel der Entwicklung marktfähiger regionaler und/oder thematischer Leistungsbündel. Ein gelungenes Beispiel stellt die Kooperation von Künstlern, Einzelhändlern, Handwerkern, Gastronomie- und Beherbergungsbetrieben, Anbietern von Freizeitaktivitäten und Konferenzen sowie Bildungseinrichtungen im Rahmen der „Midlands Meander Tourist Route" in KwaZulu-Natal, Südafrika, dar.

Das **Markennetzwerk** ist eine Kooperation von meist starken Destinationen mit dem Ziel der Markt- und Markenpflege sowie der Bearbeitung ferner Zielmärkte zur Steigerung des Wahrnehmungspotenzials. Z. B. kooperieren unter dem Dach „Best of the Alps" zwölf einzigartige alpine französische, italienische, schweizerische, österreichische und deutsche Wintersportdestinationen (Chamonix-Mont Blanc, Megève, Cortina d'Ampezzo, Crans-Montana, Davos, Grindelwald, St. Moritz, Lech-Zürs und St. Anton am Arlberg, Seefeld, Kitzbühel, Garmisch-Partenkirchen), um ihre Präsenz auf internationalen Märkten als global herausragende Destinationen zu stärken.

Digitale Netzwerke sind Kooperationen von meist etablierten Destinationen mit dem Ziel der Stärkung der Außenwirkung und des Aufbaus eines zielgruppenspezifischen Images. Ausgewählte US-amerikanische Weinanbaudestinationen (u. a. Napa Valley) haben z. B. ihren Internetauftritt unter der Domain WineCountry.com organisiert. Inhaltlich werden dabei in exklusiver Aufmachung die Destination vorgestellt und Insiderwissen rund um das Thema Wein sowie die Regionen vermittelt, um eine regionale Verbundenheit herzustellen.

3.2 Abgrenzung nach geografischen Aspekten

Die Grundlage für die Abgrenzung von Destinationen bilden die geografischen Gegebenheiten eines Raumes. Denn ohne geografische Unterschiede zwischen Orten würde der Anlass zum Verreisen meistens entfallen:

> Were there no geographical differences between place and place, tourism would not exist (Robinson 1976, S. 42)

> Tourism is first and foremost about space (Wearing et al. 2010, S. 76).

Bei der geografischen Abgrenzung ist zwischen **physisch-geografischen** und **human- bzw. anthropogeografischen Gegebenheiten** zu unterscheiden. Während erstere die durch natürliche Landschaftsdeterminanten bestimmte **Naturlandschaft** betreffen, beinhalten letztere die durch wirtschaftliche und siedlungsmäßige Nutzung der ursprünglichen Naturlandschaft entstandene **Kulturlandschaft** (vgl. Egner 2010, S. 110).

3.2.1 Physisch-geografische Gegebenheiten

Im Rahmen einer physisch-geografisch Betrachtung ist zunächst zu unterscheiden, welche **physikalischen Gliederungszonen** der Erde überhaupt für den Tourismus zugänglich sind. Man unterscheidet dabei zwischen der Lithosphäre (Gesteinshülle), der Atmosphäre (Lufthülle) und der Hydrosphäre (Wasserhülle bzw. Ozeane und Seen) (vgl. Abb. 3.5). Wo zwei dieser Zonen aufeinandertreffen, entstehen Oberflächen bzw. Erdräume, bei dreien Grenzen, von denen die bedeutendste die Meeresküste ist (vgl. Ritter/Frohwein 1997, S. 16).

Touristisch voll zugänglich ist – von extremen Hochgebirgen abgesehen – die feste Landoberfläche zwischen Lithosphäre und Atmosphäre, die sich in Festland (Kontinente) und Inseln unterteilen lässt. V. a. letztere erfreuen sich großer touristischer Beliebtheit, da sie das sog. Inselgefühl vermitteln, das Bewusstsein nämlich, auch bei limitierter Urlaubszeit ein begrenztes Stück Erdoberfläche weitgehend erkunden und erleben zu können. Zwischen Hydro- und Lithosphäre sind Küsten und Seeufer touristisch voll zugänglich und verfügen ebenfalls über eine hohe touristische Anziehungskraft. Andere Erdräume sind touristisch nur beschränkt (z. B. Höhlen, Hochgebirge, Gletscher, Oberfläche der Hohen See) oder gar nicht zugänglich (z. B. der Untergrund der Ozeane und die Unterseite des schwimmenden Meereises). Die Grenzzone

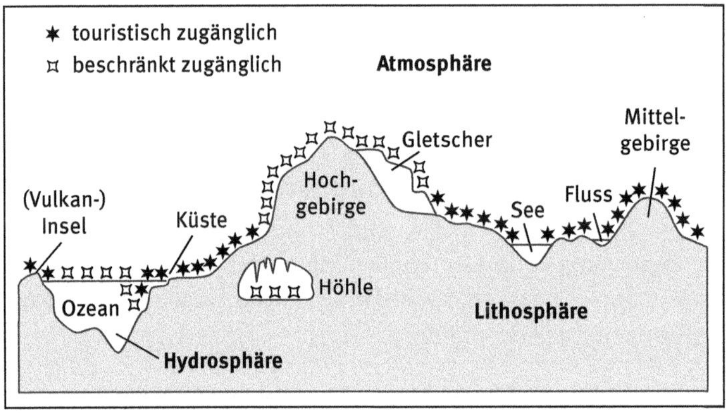

Abb. 3.5: Touristische Zugänglichkeit der landschaftlichen Gliederungszonen der Erde; Quelle: Ritter/Frowein 1997, S. 16, verändert.

zwischen Eis und Lithosphäre eröffnet sich dann einer touristischen Zugänglichkeit, sobald eine frühere Eisdecke abgeschmolzen ist. Derartige Glaziallandschaften mit ihrem Seenreichtum kommen dann sowohl in Hochgebirgsregionen als auch in Fjordlandschaften als populäre touristische Destinationen in Frage.

Eine besondere Rolle für die touristische Nutzung spielen vor allem die **Klimazonen der Erde**, da Tageslänge, Sonnenscheindauer, Temperaturen, Windverhältnisse sowie Witterungsverlauf am Urlaubsort für das menschliche Wohlempfinden ausschlaggebend sind. Die einzelnen Klimazonen lassen sich näherungsweise durch die Entwicklung der Jahrestemperaturen und das Aufkommen von Frost voneinander unterscheiden. Eine speziell am Tourismus orientierte Klimaklassifizierung existiert nicht. Von Bedeutung sind die klimatischen Verhältnisse während der Reise sowie während der Tagesstunden. Abgrenzen lassen sich ganzjährig warme Klimate der Tropen, Höhenstufen der Tropen, subtropische Klimate, gemäßigte (kühlgemäßigte) Klimate sowie ganzjährig kühle Klimate. Sie decken die gesamte Bandbreite möglicher touristischer Aktivitäten (vom Sonnenbaden bis zum Gletscherskifahren) ab.

Für den Tourismus von besonderer Bedeutung sind **Zeitzonen** bzw. Zeitunterschiede, da nur am selben Meridian gelegene Orte die gleiche Ortszeit aufweisen. Bei der touristischen Raumüberwindung (z. B. interkontinentale Flugverbindungen) auftretende Zeitunterschiede von mehr als drei Stunden rufen bei vielen Reisenden eine Verwirrung des biologischen Zeitgefühls hervor, sodass die Bekämpfung der Müdigkeit und die Gewöhnung an den neuen zeitlichen Rhythmus u. U. mehrere Tage in Anspruch nehmen kann (vgl. Ritter/Frowein 1997, S. 14 ff.; Luft 2010, S. 81 ff.).

3.2.2 Anthropogeografische Gegebenheiten

Eine human- bzw. anthropogeografische Betrachtung rekurriert auf die touristisch relevanten **soziokulturellen Verhältnisse** eines Raums bzw. einer Region. Für den Tourismus sind soziokulturelle Unterschiede sowohl als Anreiz wie auch als Ausschlussgrund von Bedeutung (vgl. Ritter/Frowein 1997, S. 20). Neben dem volkswirtschaftlichen und gesellschaftlichen Entwicklungsgrad (Industrie- versus Entwicklungsländer) stehen dabei Bevölkerung und Besiedlung, Kultur und Tradition, Sprachzonen, Brauchtum und Mentalität im Vordergrund. Zwar handelt es sich hier nicht um statische Elemente, aber eine Anpassung erfolgt i. d. R. langsam und stetig. Zu den sichtbaren Artefakten soziokultureller Verhältnisse gehören religiöse und profane Bauwerke, Stätten und Denkmäler sowie traditionelle Gebäude. Häufig prägt eine vorherrschende Bauweise das Bild einer Region und gibt Hinweise zu Brauchtum und Mentalität (z. B. Tiroler Glockenturm, Holzbalkone in Süddeutschland, Zwiebeltürme in römisch-katholisch geprägten Regionen). Zu den soziokulturellen Verhältnissen gehören aber auch ökonomische (z. B. private versus staatliche Investitionsaktivitäten), psychologische (z. B. Aufgeschlossenheit der lokalen Bevölkerung gegenüber den Touristen) sowie politische Faktoren (z. B. Tourismuspolitik), welche den Tourismus maßgeblich beeinflussen und prägen (vgl. Wolf/Jurczek 1986, S. 57).

Zu den anthropogeografischen Eigenheiten zählt auch die **allgemeine Infrastruktur** eines Raums bzw. einer Region, d. h. die Grundausstattung an allgemein benutzbaren Einrichtungen für Verkehr und Transport, Ver- und Entsorgung sowie gesellschaftliche Aktivitäten.

3.2.3 Bewertung touristischer Räume

Die Qualität und Eignung touristischer Räume wird einerseits durch harte (Infrastruktur, Beherbergungsmöglichkeiten, Versorgungsangebot), andererseits durch weiche Standortfaktoren (vgl. Kap. 3.5.5), insbesondere das **Landschaftsbild**, geprägt. Touristen betrachten eine Landschaft, geografisch zu verstehen als erdräumlicher Funktionszusammenhang bzw. räumliches Wirkungsgefüge einzelner Sphären (Geo-, Bio- und Anthroposphäre), als Freizeit- und Erholungslandschaft, von der sie sich ästhetisch angesprochen fühlen wollen (vgl. Kreisel/Reeh 2004, S. 76).

3.2.3.1 Perspektiven der Landschaftsbewertung

Im Tourismus kann die Bewertung von Landschaften, die auf die Ermittlung von Bedeutung und „Wert" eines konkreten Landschaftsraums für anthropogene Nutzungen gerichtet ist, aus zweierlei Perspektiven erfolgen (vgl. Nolte 2007, S. 475): Aus Sicht der Touristen und aus Sicht der bereisten Destinationen. Für Touristen gelten Landschaften dann als attraktiv, wenn sie einen **Erlebniswert** besitzen. Dieser wird durch die Bewertung der Landschaft seitens der Touristen bestimmt, die selbst wiederum vom jeweiligen Landschaftsbild beeinflusst wird. Eine solche Bewertung fällt stets individuell aus, da Attraktivität, aber auch Schönheit und Ästhetik von Räumen stets subjektive Komponenten verkörpern. Individualität bzw. Subjektivität stellen gleichsam eines der größten Probleme bei der Bewertung der touristischen Eignung von Räumen im Rahmen der Raumplanung dar (vgl. Kap. 3.2.3.3). Möglichkeiten zur visuellen Erfassung liegen in der in Kap. 3.4.2 darstellten Wahrnehmungsgeografie.

Die zweite Perspektive, die der bereisten Destinationen, kommt in der **Landesplanung** zum Einsatz. Die Bewertung der natürlichen Ressourcen einer Region liefert die Informationsgrundlage für die Entscheidung, welche Nutzungen von Natur- und Landschaft am zweckdienlichsten sind, mitunter auch die Antwort auf die Frage nach der freizeitlichen und touristischen Eignung einer Destination. An diese Bewertung knüpft die **Raumplanung** an, deren Aufgabe die planerische Zuweisung von Funktionen für bestimmte Räume ist. Ihr dient die Landschaftsbewertung als Entscheidungskriterium, insbesondere wenn es um die **Ausweisung touristischer Eignungsräume** geht.

3.2.3.2 Verfahren der Landschaftsbewertung

In der raumplanerischen Praxis wurden in den 1960er- und 1970er-Jahren zahlreiche komplexe, **quantitativ-mathematische Verfahren** zur Landschaftsbewertung entwickelt, welche der Ermittlung der touristischen Eignung von Räumen dienen.

Am bekanntesten ist das Verfahren von Hans Kiemstedt (1967a). Für ihn gilt das Landschaftsbild als der „sinnlich erfahrbare Eindruck, der gebunden ist an die vielfältige Ausstattung eines Gebietes" (Kiemstedt 1967b). Er geht davon aus, dass sich die Wirksamkeit landschaftlicher Ästhetik auf Basis **realer Landschaftsgegebenheiten** objektiv bestimmen und messen lässt. Diese Gegebenheiten wirken auf drei Ebenen:

- Als Träger optischer Eindrücke und Erlebnisse,
- bzgl. der Nutzbarmachung der Landschaft, d. h. der Tourist muss sie begehen, befahren, sich in ihr versorgen können etc.,
- als direkter physisch-klimatischer Einfluss auf den Organismus.

Vier **Landschaftsfaktoren** mit ihren Bewertungsmaßstäben werden für eine Aussage zur Landschaftsbewertung herangezogen (vgl. Kiemstedt 1967a, S. 19 ff.):

- **Waldrand** (m je km^2) und **Gewässerrand**, d. h. Ufer stehender/fließender Gewässer (m je km^2),
- **Relief** (Reliefenergie, d. h. Höhenunterschied zwischen höchstem und niedrigstem Punkt einer Landschaft),
- **Nutzungsarten** (prozentualer Anteil von Acker-, Grün- und Ödland sowie Wäldern, Mooren, Heiden, Wasser an der Gesamtfläche),
- **Klima** (Gesamtkomplex in Bioklimazonen).

Aus den einzelnen Werten ergibt sich der sog. **Vielfältigkeitswert (V-Wert)** als Maß für die natürliche Erholungseignung eines Raumes.

$$\text{V-Wert} = \frac{(\text{Waldrandzahl} + \text{Gewässerrandzahl} + \text{Reliefzahl} + \text{Nutzungszahl})}{1.000 \cdot \text{Klimafaktor}}$$

Der Ansatz besticht wegen seiner aus der geringen Zahl der Faktoren resultierenden Übersichtlichkeit und leichten Anwendbarkeit. Negativ stößt die Komprimierung auf ebendiese wenigen Faktoren auf, denen nachgesagt wird, die komplexe Wirklichkeit einer Landschaft nur bedingt abbilden zu können (vgl. Nolte 2007, S. 479).

Ein wesentlich detaillierteres Verfahren ist das von Rudolf Schöneich (1975). Er berechnet den LE-Wert einer Landschaft (= landschaftlicher Eignungswert einer Landschaft für Erholung und Fremdenverkehr) wie folgt (vgl. Benthien 1997, S. 125 ff.).

$$LE = 0{,}001 \cdot (F + R + V + Re + Pa + S)$$

Der **Flächenwert (F)** steht für die Einheit von Nutz- und Erlebniswert für jede Flächenart (Wiese, Laubwald, Acker, Strand, Park etc.). Er ist die Funktion des Anteils einer Flächennutzungsart an der Gesamtfläche und der einer jeden Flächennutzungsart als

Qualitätsmerkmal zugeordneten Wägezahl:

$$F = f(WzF; A)$$

A ist der prozentuale Flächenanteil der einzelnen Nutzungsformen, die sich einer von acht Wertekategorien (0…7) zuordnen lassen (z. B. Industriefläche = 0, Acker = 1, Laubwald = 4 bis 7, Strand = 6 bis 7). WzF ist die zugeordnete Wägezahl.

Der **Randeffekt (R)** tritt an der Grenzlinie kontrastierender erholungsrelevanter Flächennutzungsarten (z. B. Wald – Wiese, Meer – Strand) auf und ist die bedeutendste Komponente des Erlebnisgehalts einer Landschaft, da er deren Abwechslungsreichtum verkörpert. Er ergibt sich aus dem Produkt der Wägezahl der Randflächennutzungsart (siehe Flächenwert) und der in m gemessenen Länge des Randes.

Der **Vielfältigkeitswert (V)** spiegelt die landschaftliche Diversität der einzelnen Flächenstücke wider und ergibt sich aus Art und Anzahl der vorhandenen Flächennutzungen sowie der Zahl der Einzelflächen.

Eine besondere Bedeutung kommt dem **Reliefwert (Re)** zu, da die Oberflächengestaltung und deren Nutzung sowohl für die aktive Erholung (z. B. Wandern, Klettern) als auch die Erlebnisinhalte (Überraschungseffekte, Panoramen, Skulpturformen u. a.) relevant sind. Er ergibt sich aus der Reliefenergie, der Formendichte und dem Typ der Formenskulptur, d. h. der größenunabhängigen Gruppierung von Einzelformen des Georeliefs.

Da Panoramen wesentlich zur landschaftlichen Ästhetik beisteuern, genießt der **Panoramawert (Pa)** ebenfalls eine hohe Bedeutung. Er hängt vom Relief, der Größe des Bildausschnitts, der Ausblicksweite sowie der Physiognomie der Landschaft ab. Hierzu werden die qualitativ unterschiedlichen Panoramen gewichtet und addiert.

Die **Wertzahl für Sehenswürdigkeiten (S)** schließlich kennzeichnet den Rang (1…7) nicht im F-Wert erfasster, meist punktuell oder linienförmig auftretender natürlicher oder kulturhistorischer Sehenswürdigkeiten.

3.2.3.3 Kritik an landschaftsbewertenden Verfahren und Alternativen

Trotz ihrer Anwendung in der Praxis haben sich quantitative Landschaftsbewertungsverfahren wegen ihrer Komplexität auf breiter Front nicht durchsetzen können. Das Hauptproblem liegt darin, dass nicht messbare und untereinander vergleichbare qualitative Elemente einer Landschaft wie Attraktivität, Schönheit, Ästhetik in die Bewertung einfließen. Eine objektive Gewichtung dieser subjektiven Wertmaßstäben unterliegenden Variablen erweist sich als höchst problematisch (vgl. Nolte 2007, S. 478). Jenen mit mathematischen Modellen auf die Spur kommen zu wollen, gilt als Irrweg (vgl. Jülg 1974, S. 40 f.). Ferner bleibt bei landschaftsbewertenden Verfahren immer die Frage offen, was eigentlich zu bewerten ist: Das gesamte touristische Angebot oder lediglich das Entwicklungspotenzial einer Destination.

Seit Ende der 1970er-Jahre haben Landschaftsbewertungsverfahren deutlich an Bedeutung eingebüßt. Dies ist aber nicht nur den methodischen Schwächen, sondern

Tab. 3.2: Scoring-Modell zur Ermittlung der raumspezifischen touristischen Eignung; Quelle: Eigene Darstellung.

	touristische Eignung					
Merkmale	**Reisemotiv 1**	**Gewichtung 1**	**Reisemotiv 2**	**Gewichtung 2**	**Reisemotiv n**	**Gewichtung n**
Relief	→	+	↑	++	…	…
Klima	↓	+	→	+	…	…
Gewässer	↑	–	↑	–	…	…
Wald	↑	0	→		…	…
…	…	…	…	…	…	…
Ergebnis	→		↑↑		↓	

Gewichtung: + = hohe Bedeutung 0 = mittlere Bedeutung – = geringe Bedeutung,
Zielerreichung: ↑ positiv/hoch → neutral/mittel ↓ negativ/gering

auch dem Umstand geschuldet, dass seitdem auch nicht mehr die Notwendigkeit bestand, neue Erholungs- und Tourismusräume auszuweisen. Stattdessen gerieten Fragen der Umweltbelastungen durch den Tourismus (vgl. Kap. 2.3.4) verstärkt in den Vordergrund (vgl. Nolte 2007, S. 481): Es stellt sich daher eher die Frage, wie sich die Notwendigkeit bzw. Eignung von Räumen zur touristischen Außernutzstellung, z. B. durch Natur- oder Nationalparks, feststellen lässt (vgl. Kap. 2.3.5.1).

Dennoch kann die touristische Eignungsbewertung für den Vergleich von Erholungslandschaften von Bedeutung sein. Diese sollte aber nicht durch die geschilderten komplexen mathematischen Verfahren, sondern mittels einer vereinfachten qualitativen Bewertung erfolgen. Geeignet sind z. B. die aus der Entscheidungstheorie stammenden **Scoring-Modelle bzw. Nutzwertverfahren** (vgl. Tab. 3.2), welche dazu dienen, unter Berücksichtigung multidimensionaler Zielsysteme und spezifischer Zielpräferenzen Handlungs- und Entscheidungsalternativen zu bewerten. Dabei kommen einfache Nominalskalen (+, 0, – bzw. hohe, mittlere, geringe Bedeutung) zum Einsatz (vgl. Tab. 3.2). Auch semantische Differenziale oder Polaritätenprofile (z. B. sehr schön – sehr hässlich, sehr abwechslungsreich – sehr langweilig) sind möglich (vgl. Klemm 2007, S. 525 f.).

Ein Punktwertverfahren wird z. B. beim „landscape evaluation scale" angewendet. Hierbei sind für die Ermittlung der Attraktivität einer Landschaft vordefinierte Punktwerte für die Landschaftsform und Landnutzung zu vergeben und zu addieren (vgl. Hall/Page 2006, S. 98 f.).

3.3 Abgrenzung nach touristischen Aspekten

Aufbauend auf den geografischen Aspekten ergibt sich das touristische Angebot einer Destination, wobei zwischen dem ursprünglichen (vgl. Kap. 3.3.1), dem abgeleiteten (vgl. Kap. 3.3.2) sowie dem immateriellen Angebot (vgl. Kap. 3.3.3) zu unterscheiden ist.

3.3.1 Ursprüngliches Angebot

Das ursprüngliche Angebot umfasst die originäre Ausstattung eines Raumes, d. h. die in Kap. 3.2.1 und 3.2.2 beschriebenen physisch-geografischen und anthropogeografischen Gegebenheiten, die nicht speziell für den Tourismus entwickelt wurden:

Unter die **natürlichen Gegebenheiten** fallen zum einen klimatische Vorzüge wie z. B. jahreszeitenspezifische Aufenthalte, aus denen sich unterschiedliche sportliche Aktivitäten ableiten lassen, aber auch Heilklimate, zum anderen landschaftliche Vorzüge wie beispielsweise eine ansprechende Landschaft allgemein (z. B. Gebirge, Seen), die Vegetation (z. B. Waldgebiete, südländische Vegetation) oder besondere landschaftliche Erscheinungen (z. B. Wasserfälle, Höhlen, Vulkane, Gebirge, Felspartien, Aussichtspunkte). Sie werden zum einen direkt genutzt, wie z. B. beim Bergwandern, zum anderen dienen sie als Kulisse für die Ausübung bestimmter Freizeitaktivitäten.

Zu den **soziokulturellen Gegebenheiten** rechnen Kunst und zeitgenössisches Kulturleben, Altertümer, schöne Orts- und Stadtbilder, Kulturdenkmäler (Museen, Schlösser, Burgen, historische Bauwerke etc.) und Ausstellungen, historische Orte und Gedenkstätten, Geburts- und Wohnhäuser bekannter Persönlichkeiten, aber auch urtümliches Brauchtum und Volksleben, Volksfeste, Wallfahrten, Festspiele etc.

Die **allgemeine Infrastruktur** schließlich steht zunächst ausschließlich der einheimischen Bevölkerung zur Verfügung und ist auf deren Bedürfnisse abgestimmt (z. B. Ladensortimente, Öffnungszeiten, Verkehrsmittel, Entsorgungseinrichtungen, Unterhaltungs- und Sportangebote), wird aber in der Folge auch von den Touristen genutzt. Hinzukommen infrastrukturelle (z. B. Häfen, Talsperren, architektonisch beeindruckende Brücken) oder wirtschaftliche Einrichtungen (z. B. Bergwerke, Schleifereien, Spinnereien, Mühlwerke, Fabriken), die auch touristische Ausgangspunkte markieren können (vgl. Wolf/Jurczek 1986, S. 12 f. und 57).

Sobald natürliche Gegebenheiten eine Destination begrenzen, wird es an den Randgebieten u. U. schwierig, diese abzugrenzen, da es keine greif- oder sichtbaren Begrenzungen (z. B. Grenzen, Zäune) gibt. Während die Kerngebiete eindeutig definierbar sind (z. B. durch ihr optisches Erscheinungsbild) und sich Merkmale festlegen lassen (z. B. Bodenbeschaffenheit: Sand; sichtbare Vegetation: keine; Niederschlagsmenge im Jahresschnitt: < 100 mm/qm), ist dies in Randregionen oft problematisch, da einige Merkmale noch vorkommen, andere bereits nicht mehr. In manchen Fällen bilden derartige Übergangszonen eigene Destinationen, wie z. B. die Kalahari-Savanne im südlichen Afrika als Kerndestination und das Kalahari-Becken als Übergangs-

Tourismusregionen* in Bayern
Stand: 1. Januar 2018

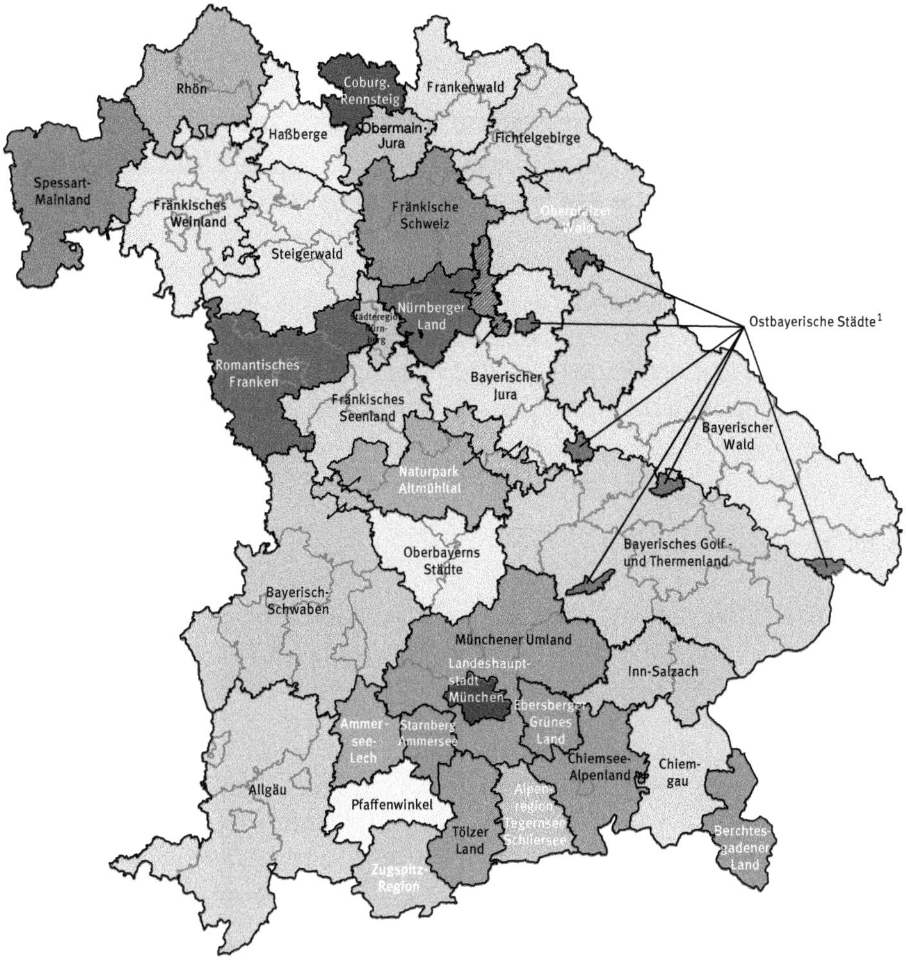

Gemeindegebiete, die zwei Tourismusregionen angehören
Grenzen der Tourismusregionen
Grenzen der kreisfreien Städte und Landkreise

* Die Festlegung und Abgrenzung der Tourismusregionen basiert auf Angaben der vier bayerischen Tourismusverbände (München-Oberbayern, Ostbayern, Franken und Allgäu/Bayerisch-Schwaben). Daran beteiligt waren das Bayerische Staatsministerium für Wirtschaft und Medien, Energie und Technologie sowie das Bayerische Landesamt für Statistik.

1 Die kreisfreien Städte Landshut, Passau, Straubing, Amberg, Regensburg und Weiden i.d.OPf. bilden eine gemeinsame Tourismusregion.

Bayerisches Landesamt für Statistik, Fürth 2018

Abb. 3.6: Tourismusregionen in Bayern 2018; Quelle: Bayerisches Landesamt für Statistik.

destination. Ein weiteres Beispiel ist der Alpenrand oder das Alpenvorland, das die Destination Alpen von Flachlanddestinationen abgrenzt. Typisch für solche **Rand- bzw. Übergangsdestinationen** ist, dass der Name der Hauptdestination Teil des Namens ist. Somit wird zum einen ein direkter Bezug hergestellt, zum anderen aber eine gewisse Abgrenzung geschaffen.

Die meisten Destinationen verfügen – wie es das Beispiel der bayerischen Tourismusregionen (vgl. Abb. 3.6) zeigt – nicht über historisch oder politisch-administrativ festgelegte Grenzen. Die Abgrenzung erfolgt häufig thematisch (z. B. Bayerisches Golf- und Thermenland, Fränkisches Weinland, Pfaffenwinkel, Romantisches Franken) oder naturräumlich (z. B. Bayerischer Wald, Allgäu, Fichtelgebirge, Steigerwald), ist teilweise aber auch mehr oder wenig willkürlich gewählt. Ein Beispiel für letzteres stellt die Alpenregion Tegernsee-Schliersee dar, weil der nördliche Teil dieser Destination funktional-wirtschftlich Richtung München ausgerichtet ist, während der südliche Teil funktional-touristisch und landschaftlich als eher dem Tölzerland zugehörig erscheint.

3.3.2 Abgeleitetes Angebot

Das ursprüngliche Angebot allein etabliert einen Ort nur selten zu einer touristischen Destination, wenngleich von ihm wesentliche Impulse ausgehen können. Zur tourismuswirtschaftlichen Nutzung muss daher ein weiteres, **abgeleitetes Angebot** kommen, für welches das ursprüngliche Angebot die Grundlage darstellt. Dazu gehören:

- **touristische Infrastruktur:** Betriebliche Beherbergung, Verpflegung, touristisches Transportwesen, Reiseberatung und -organisation, überbetriebliche Tourismusorganisation (z. B. Kooperationen, Vereinigungen, Verwaltungen);
- **Freizeitinfrastruktur:** Sport- und Kultureinrichtungen, Veranstaltungen, Wander- und Radwege, Fahrrad- und Sportgeräteverleih, Organisation von Dorf- und Stadtführungen, Shoppingmöglichkeiten, Outletcenter, Freizeitparks etc.;
- **spezielle touristische Angebote:** Einrichtungen des Kur- und Bäderwesens, Messen, Tagungen, Events etc.

Beim abgeleiteten Angebot geht es bereits um die Veränderung einer Destination, die durch den Tourismus entsteht oder die geschaffen werden muss, um für den Touristen attraktiv zu sein. Häufig ist es eine Mischung aus beidem: So kann z. B. die von einzelnen Touristen geforderte regelmäßige Busverbindung zu einer Attraktion vom Management einer Destination eingerichtet werden, woraus wiederum eine Attraktivitätssteigerung der Destination als Ganzes resultiert. Das Bedürfnis einiger Weniger schafft damit die Basis für ein Massenangebot.

Insbesondere das Angebot von **Aufenthalts- und Beherbergungsstätten** bildet einen Grundpfeiler im Tourismus. Auch hier wechselt das Angebot im Laufe der Zeit und passt sich der zunehmenden touristischen Nutzung an. Dies gilt jedoch nicht nur für Angebote im Bereich Beherbergung, sondern z. B. auch auf für Sportstätten, die von einer rein vereinsinternen zu einer öffentlichen Nutzung übergehen, wobei für einheimische Nutzer (z. B. bei Schwimmbädern, Liftanlagen etc.) spezielle Ermäßigungen vorgesehen sein können.

Die Beurteilung des Angebots einer Destination kann qualitativ oder quantitativ erfolgen. **Qualitativ** lassen sich, z. B. über die Befragung von Touristen, folgende Aspekte bewerten:
- **Übernachtungs- und Gastronomieangebot:** Z. B. Sauberkeit, Freundlichkeit, Service;
- die **touristische Infrastruktur:** Z. B. sanitäre oder behindertengerechte Einrichtungen;
- die **Verkehrsinfrastruktur:** Z. B. Anbindungen an den überregionalen, nationalen und internationalen Verkehr, öffentlicher Verkehr innerhalb der Destination;
- die **touristischen Attraktionen:** Bandbreite der Sehenswürdigkeiten, Preis-Leistungs-Verhältnis;
- die **touristischen Informationen:** Vielseitigkeit, Zuverlässigkeit, Mehrsprachigkeit;
- **Einkaufsmöglichkeiten:** Zusammensetzung des lokalen Einzelhandels;
- allgemeine **Sauberkeit** z. B. von Stränden, Parkanlagen, öffentlichen Räumen;
- **Gastfreundschaft** z. B. der touristischen Betriebe, der ortsansässigen Bevölkerung.

Aus **quantitativen** Erhebungen (z. B. Zahl von Übernachtungen und Ankünften, durchschnittliche Verweildauern, Auslastungen, Umsätze) lassen sich ebenfalls Hinweise auf die Qualität einer Destination ableiten (vgl. Schmude/Namberger 2015, S. 53 f.).

3.3.3 Immaterielles Angebot

Immaterielle Angebote (sog. Zusatzleistungen) runden das Angebot einer Destination ab. Zu nennen sind z. B. Attraktivität oder Image einer Destination, aber auch Erlebnisse oder Glücksmomente, die dort erlebt werden können. Hierbei handelt es sich eher um weiche Standortfaktoren, die schwer zu messen sind und mehr einen subjektiven Charakter aufweisen (vgl. Kap. 3.5.5). Oft wird das immaterielle Angebot auch mit der Seele eines Ortes oder dem Ambiente bzw. dem Flair umschrieben. Gastfreundschaft, die Kommunikation der Einheimischen mit den Touristen sowie die Begegnung der Touristen untereinander sind weitere mögliche Felder (vgl. Freyer 2015, S. 325 f.).

Die Bedeutung immaterieller Angebote verdeutlicht z. B. der „Destination Brand Award", der 2017 Bayern als authentischste, die Ostsee als gastfreundlichste sowie Hamburg als attraktivste Destination unter den deutschen Reisezielen ausgezeichnet hat. Ferner wurde die Bedeutung von 67 Eigenschaften bei der Reisezielentscheidung ermittelt, wobei von 74 % der Befragten ein „freundliches" Reiseziel auf Platz eins für die Relevanz der Destinationsentscheidung angesehen wird (vgl. Tourismusnewsletter Deutschland 2017).

Das **Image** einer Destination hat somit – neben dem ursprünglichen und abgeleiteten Angebot – eine hohe Bedeutung für deren Wettbewerbsfähigkeit. Um Touristen zu begeistern, spielen Zielbilder eine entscheidende Rolle bei den Auswahlentscheidungen. Erfolgreiche Destinationen nehmen einen Platz in den Herzen und Köpfen der Menschen ein, was nur in einem Zusammenspiel der unterschiedlichen Akteure, also der „Destination Creators" (u. a. Tourismusentwickler, Investoren, Politik) sowie Bevölkerung, Wirtschaft, Verwaltung, der Touristen selbst und deren Bedürfnisse und Bestrebungen gelingt (vgl. Colliers International 2016).

Die Bedeutung des immateriellen Angebots zeigt sich darin, dass der potentielle Gast bei der Wahl einer Destination die Leistungsbündel unterschiedlicher Destinationen vergleicht und anhand der subjektiv wahrgenommenen optimalen Leistungskombination die Entscheidung, in welcher Destination er seinen Urlaub verbringt, trifft (vgl. Bieger/Beritelli 2013, S. 53). Dazu muss eine Destination in das **Relevant Set** des Gastes gelangen, um bei seinem Reiseentscheidungsprozess überhaupt eine Rolle zu spielen. Dafür muss sie zunächst einen Platz in seinem **Awareness Set** finden, d. h. seine Aufmerksamkeit erregen. Von den dort befindlichen Destinationen wird nur ein kleiner Teil ernsthaft in Betracht gezogen. Daraus ergibt sich das **Consideration Set**, aus dem wiederum weitere Reiseziele ausscheiden, sei es, dass sie dem Reisenden ungeeignet (z. B. zu teuer) erscheinen **(Inept Set)** oder er ihnen, warum auch immer, unentschlossen gegenübersteht **(Inert Set).** Das übrigbleibende Relevant Set beinhaltet dann die verbliebenen Alternativen, aus denen auszuwählen ist (vgl. Mundt 2013, S. 150 f.).

3.4 Nachfrageseitige Abgrenzung

Seit dem Zweiten Weltkrieg hat sich in Deutschland der Tourismusmarkt von einem **Verkäufermarkt** zu einem **Käufermarkt** entwickelt (vgl. Schmude/Namberger 2015, S. 29). Auf diesem übersteigt das Angebot an touristischen Attraktionen die Nachfrage, d. h. die Anbieter müssen mit ihren Leistungsangeboten um die Gunst der Gäste buhlen, um diese anzulocken. Um eine maßgeschneiderte Destination zu entwickeln, ist es notwendig, das Bild des Gastes von einer Destination zu erfassen und darauf aufbauend die Destination zu gestalten.

3.4.1 Touristischer Aktionsraum

Nachfrageseitig ist eine Destination aus Sicht des Gastes abzugrenzen, da sein Bild, die sog. **„Mental Map"** bzw. **kognitive Karte** (vgl. Kap. 3.4.2.2), ausschlaggebend

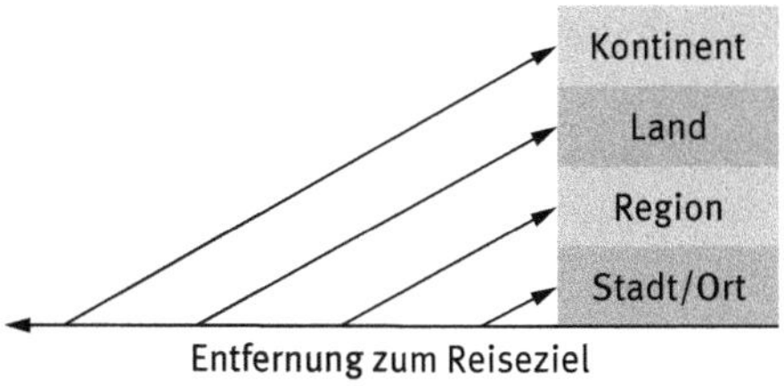

Abb. 3.7: Zusammenhang zwischen Größe und Entfernung einer Destination; Quelle: Bieger/Beritelli 2013, S. 57.

für die Auswahl einer Destination ist. Sie repräsentiert einen Querschnitt durch den Raum, der die wahrgenommene Umwelt eines Menschen zu einem bestimmten Zeitpunkt in sein Inneres projiziert. Für den Touristen spiegelt sich die Destination bzw. das Reiseziel so wider, wie er glaubt, dass sie ist bzw. er sie im Kopf hat (vgl. Haas/Neumair 2015, S. 31; Job et al. 2005, S. 618).

Diese räumliche Abgrenzung ist häufig schwer darzustellen und von subjektiven Faktoren und Erfahrungen des Touristen abhängig. Dessen individuelle Bedürfnisse und Wahrnehmungen grenzen eine Destination als eigentlichen **touristischen Bewegungsraum (Aktionsraum)** ab: Ein Golfspieler z. B. betrachtet seinen Golfplatz samt Hotel als Destination. Für einen amerikanischen Touristen ist Europa, welches er in sechs Tagen bereist, eine Destination. Für eine Familie wiederum, die einen Badeaufenthalt bucht, ist z. B. die Clubanlage auf einer Kanareninsel die gewählte Destination.

Die wahrgenommen Destinationen können in ihrer **Größe** stark voneinander abweichen, je nachdem, wer sie definiert. Abb. 3.7 veranschaulicht diese Vorstellung: Eine Destination erscheint aus Gastsicht tendenziell umso größer, je weiter sie vom Heimatort entfernt liegt (z. B. Australien aus europäischer Sicht).

Befragt man hingegen Gäste, die sich innerhalb einer Destination aufhalten, erhält man meist detailliertere Antworten. Häufig werden Attraktionen, die innerhalb eines Tagesausflugs erreichbar sind, noch als Teil der Destination wahrgenommen. Die Größe einer Destination wird somit durch den **Reisezweck** bestimmt. Generell gilt: Je fokussierter der Reisezweck, umso kleiner der Bewegungsraum eines Touristen (z. B. Club-, Strand- oder Golfurlaub) (vgl. Eisenstein 2014, S. 15).

Die unterschiedlichen sozialen Gruppen entsprechen im Tourismus den **Gästesegmenten**, aber auch den Einheimischen oder anderen Anspruchsgruppen, die durch das Leistungsbündel einer Destination angezogen werden und meist recht homogen sind. Fühlen sich unterschiedliche Gästegruppen angesprochen, werden u. U. einige verdrängt oder es kommt zu einer Abwanderung der ursprünglichen Klientel aus einer Destination (vgl. Bieger/Beritelli 2013, S. 56). Eine Destination kann aber auch für verschiedene Gruppen unterschiedliche Kernprodukte liefern, ohne dass es zu einer Verdrängung oder Rivalität kommt: So warten z. B. alpine Destinationen im Sommer mit Angeboten gleichsam für Kletterer, Bergwanderer, Genusswanderer, Mountainbiker und Familien mit Kindern auf.

Allgemein zeigt der Aktionsraum die Reichweiten, d. h. die räumlichen Distanzen zwischen Quelle und Ziel räumlicher Bewegungen, die Individuen als Mitglieder einer sozialen Gruppe bei der Ausübung von Grunddaseinsfunktionen (vgl. Kap. 1.2.3), hier des „Sich Erholens", zurücklegen. Anhand der Reisemotive lassen sich nach dem Starnberger Studienkreis für Tourismus verschiedene Beschäftigungen **(Urlaubsaktivtäten[10])** generalisiert darstellen (vgl. Schmude/Namberger 2015, S. 66; Kliem 2003, S. 22):

- **Regenerativ-passive Beschäftigungen:** Ausruhen, Sonnenbaden, am Strand oder auf der Liegewiese liegen etc.;
- **regenerativ-aktive Beschäftigungen:** (Wald-)Spaziergänge, Besichtigungen (Tierparks, Botanische Gärten, Freizeitanlagen usw.), Angeln, Pilze und Beeren sammeln etc.;
- **bildungsorientierte Beschäftigungen:** Besuch von Sehenswürdigkeiten, Museen, kulturellen Veranstaltungen, Vorträgen etc.;
- **sportliche Betätigungen:** Rad fahren, Schwimmen, Baden, Wandern, Bergsteigen und Bergwandern, Tennis, Golf, Skifahren, Segeln, Surfen, Tauchen etc.;
- **gesellig-kommunikative Beschäftigungen:** Urlaubsbekanntschaften machen, Gespräche führen, Kinderspiele, Tanzen, Feiern, Karten spielen, Teilnahme an Animationen etc.;
- **Eigeninteresse, Unterhaltung:** Lesen (Bücher, Zeitschriften, Zeitungen), Karten und Briefe schreiben, Fernsehen, Kinobesuche, Filmen und Fotografieren, Hobbies ausüben etc.;
- **sonstige Beschäftigungen:** Gastronomiebesuche, Shopping, Schaufensterbummel etc.

Die mit den Beschäftigungen korrelierenden Aktivitätsmuster determinieren den Aktionsraum und die Gästesegmente. Beispielhaft lässt sich die eindimensionale Typenbildung von Fingerhut (1973) heranziehen. Hierbei werden unter Berücksichtigung der Motive (Wünsche und Erwartungen) und der daraus resultierenden Aktivitäten der Reisenden sieben **Urlaubertypen** (ursprünglich Erholungstypen) differenziert (vgl. Tab. 3.3):

---

10 Im Gegensatz zu Urlaubsreisen liegen die Motive von Geschäftsreisen in Geschäftsanbahnung und/oder -abschluss, der Führung und/oder Koordination sowie dem Austausch von Geschäftseinheiten, Schulungen, Seminaren und Fortbildungen bzw. dem Absatz von Produkten und Dienstleistungen. Tagungs- und Kongresswesen sind als Gruppenreisen zu klassifizieren, da ein gemeinsamer Reiseanlass vorliegt, welcher der Vermittlung von beruflichen oder persönlichen Kenntnissen sowie dem Austausch oder der Vermittlung von Kontakten dient. Messen und Ausstellungen zielen auf Information, Ausstellung, Erläuterung und/oder Verkauf von Waren und Dienstleistungen ab. Incentive-Reisen sollen als Marketing- oder Personalführungsinstrumente Kunden oder Mitarbeiter positiv beeinflussen und weisen Elemente der klassischen Urlaubsreise auf (vgl. Gardini 2014, S. 97; Kap. 4.1.2).

Tab. 3.3: Erholungstypen nach Motiven und Verhaltensweisen nach Fingerhut; Quelle: Kliem 2003, S. 27.

Typ	Motive (Wünsche, Erwartungen)	Aktivitäten
Wandertyp	traditionsgeleitet, Suche nach Harmonie, Aufsuchen der Restflächen der „noch heilen Welt", Distanz zum Alltag sowie zu anderen Erholungstypen, Wunsch nach „Naturnähe"	Wandern, Spazieren, sich bewegen, Natur beobachten, Ausschau halten, Sammeln (Früchte, Pilze, Pflanzen), Rasten, Aussicht genießen, Skiwandern
Freiraumtyp	Suche nach Freiheit, ungestört sein, Naturerlebnis, bewusstes Antinormverhalten, Erproben von neuen Rollen und Reizen, Selbstbestimmung, Distanz zum Alltag, Spontaneität	Wild lagern, Campieren, Picknicken, Feuer machen, Klettern, Bergsteigen, Herumtollen, Gelände- und Jagdspiele, Wildbaden, Nacktbaden, Fischen, Sonnenbaden
Landschaftstyp	Suche nach Harmonie und Kontakten, Gruppenerlebnis, starkes Regelverhalten, soziale Kontrolle, Suche nach „Heim im Grünen"	Lagern, Picknicken, Campieren, Zelten, Caravaning, Spielen (Rasen- und Ballspiele), Ruhen, Sitzen, Ausspannen, Sonnenbaden, Reviere bilden und ausgestalten (Camping und Wochenendhaus), Baden (an frei zugänglichen Ufern), Skilanglauf, Skiwandern, Schlittenfahren
Rundfahrertyp	traditionsgeleitet, Prestige- und Bildungsgewinn durch Reisen, räumliche Dynamik, Suche nach der Ferne, Entdeckungen, Sehenswürdigkeiten	Autofahren, Autowandern, Radfahren, Besichtigungen, Einkehren, Promenieren, Spazieren, Rundwandern
Promeniertyp	Suche nach Kontakten, „Sehen und Gesehen werden", Suche nach Massenerlebnissen, keine Strapazen	Promenieren, Flanieren, Einkehren, Zuschauen, Leute beobachten, Gesehen werden, Ausruhen, Sitzen
Sporttyp	Trainieren, Anpassen, Zurschaustellen des eigenen Leistungsvermögens, sportliche Aktivitäten als Erlebnis und Körperertüchtigung, aktive Zerstreuung, Fitness, Erhaltung der körperlichen Leistungsfähigkeit	Leichtathletik, Trainieren, Ballspiel (Tennis, Beach-Volleyball usw.), Schwimmen, Wasserskifahren, Segeln, Surfen, Kanuwandern, Rudern, Bootfahren, Golf, Reiten, Schießen, Wintersport (Skifahren, Skilanglauf, Eislauf, Hockey, Curling etc.)
Bildungstyp	Suche nach kreativem und selbstbestimmtem Verhalten, Erprobung von neuen Rollen und Reizen, Prestigegewinn	sich weiterbilden (Diskutieren, Lesen), Besichtigen, Veranstaltungen und Anlässe besuchen, Einkehren

Bei der konkreten Zuordnung einer Person zu einem Typ kann die Intensität der Aktivitäten ausschlaggebend sein, da kaum ein Urlauber nur einer der genannten Beschäftigungen nachgehen wird. Auch ist diese motivationspsychologische Typologie für gewisse Aufgaben- bzw. Fragestellungen nicht ausreichend, da weitere wichtige Kriterien außer Acht gelassen wurden. Daher haben sich für die Differenzierung der

Zuordnung in unterschiedliche Gruppen (Segmente) mehrdimensionale Modelle bewährt. **Segmentierungskriterien**, die das Reiseverhalten beeinflussen können, sind (vgl. Oberösterreich Tourismus 2013; Freyer 2015, S. 100 f.):

- **Soziodemografischer Art:** Alter, Geschlecht, Familienstand, Einkommen, Bildungsstand, Beruf etc.;
- **geografischer Art:** Wohn- und Zielort;
- **verhaltensorientierter Art:** Wahl des Verkehrsmittels, Buchungsverhalten, Reiseziele, Reisedauer, Reisepreis, Reisezeit, Unterkunft, Zahl der Reisenden, Aktivitäten, Anlass etc.;
- **psychografischer Art:** Motive, Präferenzen, Lebensstile[11], Wertvorstellungen, Interessen, Typologien wie z. B. Yuppies („young urban professionals"), Dinks („double income no kids"), Skippies („school kids with income and purchase power"), Woopies („well-off older people");
- **psychosomatischer Art** (Gesundheit);
- **sozialer Art:** Mitreisende Freunde, Familie, andere Urlauber, Gastgeber, Reiseleiter etc.

Fernreisende verfügen z. B. über eine gewisse Reiserfahrung, relativ hohe Bildung und überdurchschnittliches Einkommen (bedingt durch den Preis der Fernreise), sind eher Paare, Alleinreisende oder kleine Gruppen und weniger Familien mit kleinen Kindern. Ältere Personen über 70 Jahre sind eher unterrepräsentiert. Die Fernreise stellt i. d. R. die Haupturlaubsreise mit einer überdurchschnittlichen Dauer und dem Flugzeug als Verkehrsmittelwahl dar (vgl. Steinecke 2006, S. 61).

Das aktionsräumliche Verhalten der verschiedenen Gruppen unterliegt folgenden Einflussfaktoren, sog. **„Constraints"** (Einschränkungen) (vgl. Steinbach 2003, S. 17; Schamel 2016, S. 45):

- **Capability Constraints:** Personen- und haushaltsspezifische biologische und soziokulturelle Eigenschaften (z. B. Alter, Sozialstruktur, Einkommen),
- **Coupling Constraints:** Kopplungs- und Terminzwänge (z. B. ÖPNV-Verbindungen, Öffnungszeiten),
- **Authority Constraints:** Politisch-administrative oder rechtliche Bestimmungen (z. B. Glücksspielverbot).

11 Lebensstile sind Grundhaltungen, die in konsum- und freizeitbezogenen Präferenzen zum Ausdruck gelangen und sich von anderen Lebensstilen abheben oder mit ihnen verbinden. Die im deutschsprachigen Raum bekannteste Einteilung von Lebensstilgruppen sind die Sinus-Milieus des Markt- und Meinungsforschungsinstitutes Sinus. Anhand von drei Grundorientierungen lassen sich folgende Sinus-Milieus ausdifferenzieren: 1. Tradition (traditionelles, konservatives, etabliertes Milieu), 2. Modernisierung/Individualisierung (prekäres, bürgerlich-mittiges, sozial-ökologisches, liberal-intellektuelles Milieu), 3. Neuorientierung (hedonistisches, adaptiv-pragmatisches, expeditives, Performer-Milieu) (vgl. Kagermeier 2016a, S. 47 f.).

Der Aktionsraum wird durch die einzelnen Gästesegmente, die „contraints“ sowie die konkreten **Bedingungen am Reiseort** zugeschnitten und in seiner räumlichen Reichweite (lokal, regional oder landesweit) unterschiedlich gestaffelt. Grundformen aktionsräumlicher Reisemuster sind (vgl. Eisenstein 2014, S. 5; Mundt 2013, S. 12):
- **Linienfahrt:** Direkte Fahrt zum Reiseziel ggf. mit Zwischenhalt.
- **Sternfahrt:** Ausgehend von einem zentralen Punkt (z. B. Hotel) werden sternförmig weitere Attraktionen besucht.
- **Rundreise:** Die Destination wird durch den Besuch mehrerer Orte nacheinander (bei mehrtätigen Reisen i. d. R. mit unterschiedlichen Übernachtungsorten) mit Rückkehr zum Ausgangspunkt erschlossen[12].

Die Erfassung des Aktionsraums erfolgt – wie oben angeführt – i. d. R. über **Befragungen der Gäste** (vgl. Kap. 5.1.1), die idealerweise auch weitere Informationen zur Reise (z. B. Segmentierungskriterien, aber auch Zufriedenheit mit der Reise und den Akteuren, Ausgaben für Übernachtungen und Aktivitäten etc.) erhebt. Daraus lässt sich dann ein individueller Raum-Zeit-Pfad, z. B. innerhalb eines Ferienresorts, konstruieren (vgl. Abb. 3.8), aus dem sich nicht nur die Wege, Aufenthaltsorte und -zeiten, sondern auch Maßnahmen zur (Weiter-)Entwicklung der Destination ableiten lassen (Angebote, Öffnungszeiten, Kapazitätsplanung, Wegstreckenanpassung etc.). Zur Erarbeitung konkreter Maßnahmen kann es sinnvoll sein, individuelle Raum-Zeit-Pfade zu aggregieren. Abb. 3.9 zeigt, wie viel Prozent der Gäste eines Ferienresorts sich zu welcher Uhrzeit an welchem Ort aufhalten.

Eine modernere Möglichkeit zur Erfassung des Aktionsraums ist das sog. **Tracking**. Hierbei handelt es sich i. d. R. um eine **verdeckt-teilnehmende Beobachtung** (vgl. Kap. 5.1.1) des natürlichen Umfelds der Touristen, d. h. der Beobachter nimmt am Geschehen teil, ohne sich zu erkennen zu geben. Er wird Teil einer (sozialen) Gruppe

12 Aufgrund der großen Vielfalt an Rundreisen ist eine eindeutige Festlegung konstitutiver Merkmale kaum möglich. Die **Reisemotive** liegen i. d. R. in Entdeckungen (Abenteuern) und Besichtigungen von Landschaften, Städten und Sehenswürdigkeiten, um Natur, Kultur, Geschichte und Alltag eines Landes zu erleben. Liegt der Fokus der Reise auf dem Bildungsaspekt, kann auch von der Sonderform Studienreise gesprochen werden. Somit enthält eine Rundreise Elemente unterschiedlichster **Destinationstypen** (vgl. Kap. 4) und kann aufgrund der räumlichen Dynamik nicht als eigenständiger Destinationstyp definiert werden. Die intensive Auseinandersetzung mit dem zu bereisenden Raum erfordert eine längere **Reisevorbereitung** im Vergleich zu anderen konsumtiven Reiseformen. Bevorzugte **Verkehrsmittel** sind PKW bzw. Karavan (eher Individualreise mit frei gewählten Stationen und Aufenthaltsmöglichkeiten) und Bus (eher Pauschalreise mit festgelegten Stationen), wobei die zurückgelegten **Entfernungen** durchaus bis zu 7.000 km ausmachen können. Ferner sind Fahrten per Zug (Interrail), Schiff (Kreuzfahrt) oder Flugzeug (Weltreise) sowie Wander- und Radtouren beliebt. Die **Dauer** dieser Langzeitreise liegt oftmals zwischen zwei bis drei Wochen. Auch wenn i. d. R. (kleinere) Reisegruppen auszumachen sind, können aufgrund der hohen Variabilität keine allgemeingültige **Zielgruppendefinition** vorgenommen oder präferierte Beherbergungsbetriebe bzw. Ausgabenstruktur benannt werden. Die **wirtschaftliche Bedeutung** dieses Segments ist allerdings nicht zu unterschätzen und kann bis zu 25 % der Gäste ausmachen (vgl. Kliem 2003, S. 147 und 162).

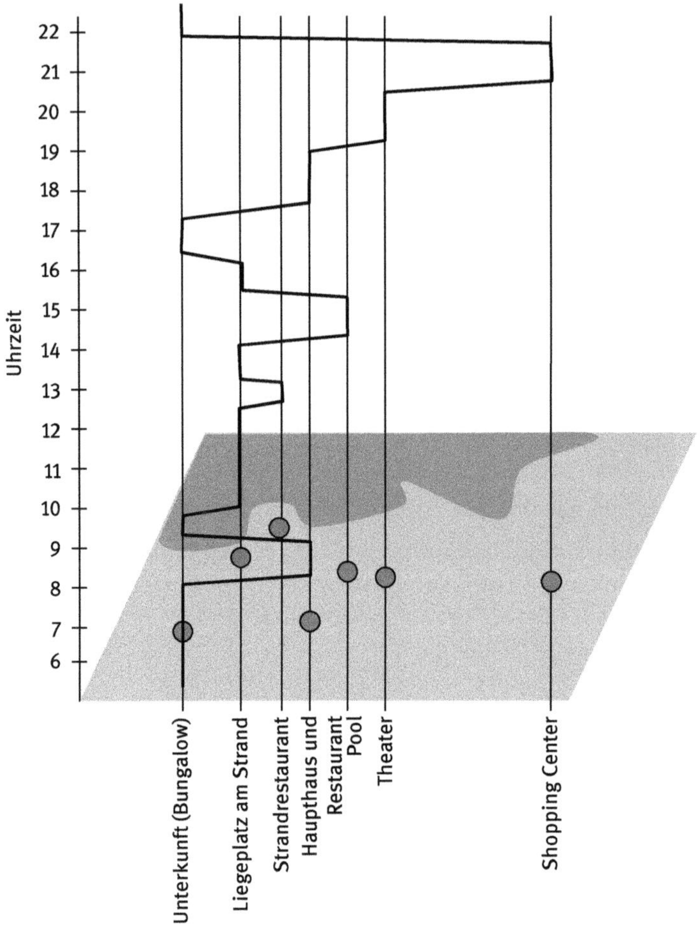

Abb. 3.8: Raum-Zeit-Pfad in einem Ferienresort (touristische Enklave); Quelle: Eigene Darstellung in Anlehnung an Steinbach 2003, S. 18.

und erlebt z. B. mit dieser gemeinsam eine Stadtführung. So lassen sich Wege, Aufenthaltsorte sowie Interaktionen, Interessen und Aktivitäten dieser Gruppe lebensnah dokumentieren (vgl. Steinecke 2006, S. 126).

So aufschlussreich die so erfassten Ergebnisse auch sein mögen, gilt diese Form der Feldforschung doch als aufwändig und gleichsam moralisch fragwürdig, da die Touristen ohne ihr Wissen beobachtet werden. Würden sie dagegen über die Beobachtung informiert, bestünde die Gefahr, dass sie ihr Verhalten ändern und somit die Ergebnisse ggf. verfälscht würden.

Eine Möglichkeit, diese Schwachstellen zu umgehen, ist der Rückgriff auf Smartphone-Daten **(Smartphone-Tracking)**. Da Smartphones die Bewegungsprofile ihrer Nutzer (bei entsprechender Einstellung der Geräte) erfassen, kann ein orts- und zeitgenaues Profil ausgelesen werden.

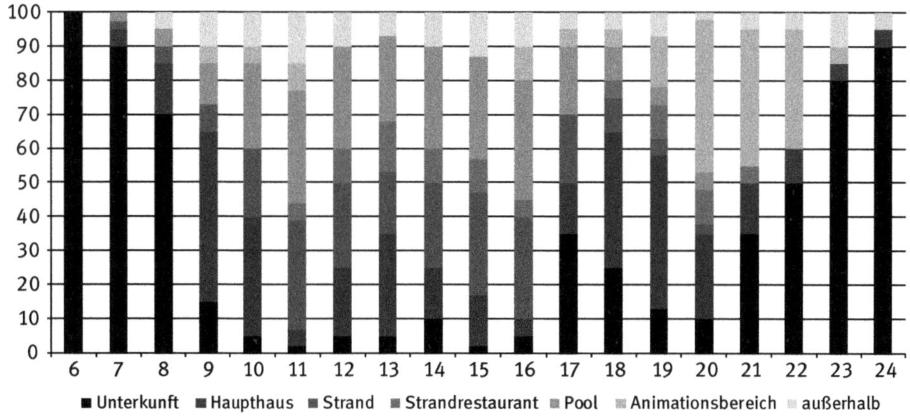

Abb. 3.9: Aggregiert-durchschnittliches tägliches Aktivitätenmuster in einem Ferienresort (touristische Enklave); Quelle: Eigene Darstellung in Anlehnung an Steinbach 2003, S. 14.

Das Smartphone-Tracking verfügt über eine bemerkenswerte Präzision, die in innenstädtischen Lagen sogar eine hausgenaue Zuordnung von Aktivtäten (z. B. Einkaufsverhalten) erlaubt. Unter Hinzuziehung von Bluetooth (Beacons) und W-LAN- bzw. WiFi-Daten sind auch raum- und/oder stockwerksgenaue Zuordnungen möglich. Somit ließen sich sogar die Dauer des besuchten Restaurants oder anderer Freizeiteinrichtungen (Kino, Bar, Fitnessstudio etc.) sowie das Mobilitätsverhalten (zu Fuß, mit dem Fahrrad oder mit dem Auto) identifizieren.

Der Aufwand zur Erfassung dieser Bewegungsprofile hält sich im Vergleich zur Beobachtung in Grenzen, da die Probanden „nur" um die entsprechenden Daten gebeten werden müssten. Die moralische Komponente entfiele indes durch die Einwilligung zur Datenweitergabe. Zusätzlich bieten Apps unter dem Begriff **„Mobile Ethnographie"** (z. B. https://www.experiencefellow.com/) die Möglichkeit, die **„Customer Journey"**, d. h. den gesamten Aufenthalt von Gästen in einer Destination samt gewonnener Eindrücke, Motivationen und Meinungen, anhand von Fotos, Videos, Sprachnachrichten, Texten und Dokumenten zu erfassen (vgl. Horster et al. 2017, S. 314). Eine attraktive Sonderform zur Erfassung einer Destination stellen **Storymaps** (https://storymaps.esri.com/) dar. Hier steht das kartierende Erzählen im Vordergrund. Dabei werden visuelle Elemente in Form ansprechender Karten, Bilder und Videos von individuell bis kollektiv und „anekdotisch oder politisch" verwendet (vgl. Kanwischer 2016).

3.4.2 Wahrnehmungsforschung

Neben der Erfassung und Analyse des touristischen Aktionsraums anhand der klassischen Methoden der empirischen Sozialforschung bietet die **Wahrnehmungsgeo-**

grafie interessante Instrumente, welche die subjektive Wahrnehmung (Perzeption) vor sozialpsychologischem Hintergrund untersuchen.

3.4.2.1 Wahrnehmungsgeografie

Die Ursprünge der **Wahrnehmungsgeografie** (Perzeptionsgeografie) gehen auf den US-amerikanischen Stadtplaner Kevin Lynch und sein Werk „The Image of the City" (1960) zurück und erlebten Mitte der 1980er-Jahre einen gewissen Aufschwung im Zuge der Diskussion um die Umweltwahrnehmung, welche sich auf die kritische Betrachtung der sozialen, ökonomischen und technischen Umwelt des Menschen bezieht (vgl. Brunotte et al. 2002, S. 370). Zu unterscheiden sind dabei eine **physiologisch-verhaltenstheoretische Herangehensweise**, welche Wahrnehmung hauptsächlich als Stimulus-Response-Modell betrachtet, sowie eine **kognitive Herangehensweise**, welche die wahrgenommenen Elemente mit bereits abgespeicherten Wissensstrukturen und Erfahrungsschätzen vergleicht und die im Folgenden auch verfolgt wird. Praktische Probleme bei der Durchführung und Interpretation von Ergebnissen sowie theoretische Kritikpunkte ließen die Wahrnehmungsgeografie jedoch keinen Durchbruch in Wissenschaft und Praxis erzielen.

Die heutzutage ubiquitäre Nutzung von Smartphones und Tablets kann praktische Umsetzungsprobleme allerdings deutlich reduzieren. Eine pragmatisch-handlungsorientierte Herangehensweise, d. h. eine Auffassung von Wissenschaft als experimentellen Erkenntnisprozess und Werkzeug eines auf die Lebenswelt ausgerichteten Handelns sowie ihrer Orientierung an Nützlichkeit, Wert und Erfolg anstatt an vorrangiger Wahrheitsfindung (vgl. Kerres/de Witt 2004, S. 6), liefert bei der Interpretation von Ergebnissen interessante Erkenntnisse über den Aktionsraum, ohne diese theoretisch zu überhöhen. Somit kann Wahrnehmungsgeografie wie folgt charakterisiert werden:

- Der Mensch nimmt seine Umgebung über **Sinneseindrücke und Reize** auf.
- Bewusst oder unbewusst aufgenommene Sinneseindrücke und Reize (Informationen aus verschiedenen Quellen) werden vor dem Hintergrund bisheriger (subjektiver) Erkenntnisse und Erfahrungen verarbeitet und eine **subjektive Realität** konstruiert.
- Diese **subjektive Vorstellung einer räumlichen Situation** (z. B. Ort, Land, Standortmuster, Distanz) bei einer Person äußert sich in beobachtbaren bzw. unterlassenen Handlungen, die dann nicht oder kaum beobachtbar sind.
- Die beobachtbaren Handlungen bilden den **Aktionsraum** ab.

Zur **Erfassung des Aktionsraums** können aufwändige Beobachtungen durchgeführt werden oder aber anhand von kognitiven Karten (vgl. Kap. 3.4.2.2) bzw. Collagen (vgl. Kap. 3.4.2.3) der Aktionsraum indirekt ermittelt werden.

3.4.2.2 Kognitive (Land-)Karten

Kognitive Karten (**Mental Maps**) repräsentieren die **subjektive Vorstellung einer räumlichen Situation** bei einer Person oder Gruppe, wodurch sich Aktionsräume identifizieren und voneinander abgrenzen lassen. Sie spiegeln die Welt so wider, wie ein Mensch sie empfindet. Dabei handelt es sich meist nicht um eine korrekte Repräsentation der räumlichen Umwelt, vielmehr können auf der Verarbeitung der Sinneseindrücke sowie der Speicherung und Verwendung des so entstandenen Wissens beruhende Abweichungen und Verzerrungen (z. B. bzgl. der Lage oder Ausdehnung eines Ortes oder der Distanz zwischen zwei Orten sowie weiterer topografischer Merkmale) gegenüber der Realität auftreten (vgl. Haas/Neumair 2015, S. 31).

Kognitiven Karten liegt die Annahme zugrunde, dass Menschen die Information über Räume und Landschaften in **landkartenähnliche Bilder** umsetzen, d. h. sich im Grunde auch zeichnen bzw. als Kartenskizzen abfragen lassen und auf diese Weise Rückschlüsse auf räumliches Vorstellungsvermögen, Erfahrungen und Gewohnheiten einer Person oder Gruppe gestatten (vgl. Nadler/Sgibnev 2016, S. 71).

I. d. R. werden kognitive Karten aus dem Gedächtnis heraus gezeichnet. Dabei wird der Proband gebeten, eine Karte, z. B. seiner Urlaubsdestination, aus dem Kopf heraus auf einem leeren Blatt Papier zu fertigen. Zur Unterstützung lassen sich „stumme" Karten, die Grundelemente, wie z. B. Grenzlinien oder Gewässer, abbilden, verwenden (vgl. Nadler/Sgibnev 2016, S. 173). Die **praktische Relevanz** der auf Basis der Erinnerung des Probanden erstellten Karte ergibt sich draus, dass sich aus ihr ableiten lässt, welche Dinge beim Urlauber einen bleibenden Eindruck hinterlassen haben bzw. er sich mit ihnen intensiver beschäftigt hat oder welche er weggelassen oder nicht bewusst wahrgenommen hat, also für ihn keine oder nur eine untergeordnete Rolle gespielt haben. Das räumliche Handeln von Menschen wird durch subjektive Wahrnehmung damit stark beeinflusst und strukturiert.

Die in Abb. 3.10 dargestellte kognitive Karte eines Wanderurlaubs in Südtirol zeigt deutlich die Aktivitäten (Wandern, Einkaufen und Essengehen), Attraktionen (Hotel, Eisdiele, Laubengasse, Bergbahn und Hütten sowie Speck und Wein), Angebote (Hotel, Bustransfer, Einzelhandel) sowie den Aktionsraum der Destination (Lana, Meran, Dorf Tirol, Schenna und Hafling), auch wenn die geografische Einordnung nur geringfügig mit der Realität übereinstimmt. Die kognitive Karte von Sylt hingegen veranschaulicht die räumliche Nähe zum Urlaubsort, indem der Südteil der Insel inkl. Anreise deutlich detailreicher dargestellt ist als der Nordteil.

Durch eine höhere Anzahl von Kandidaten lassen sich mehrere kognitive Karten erstellen, miteinander vergleichen und so ein Durchschnitt bilden. Dadurch wird die Subjektivität des Einzelnen reduziert, woraus sich **Einsatzmöglichkeiten im Destinationsmanagement** ergeben, indem Schwachstellen eines Raumes identifiziert und behoben werden können. So lässt sich z. B. auf Basis kognitiver Karten die Beschilde-

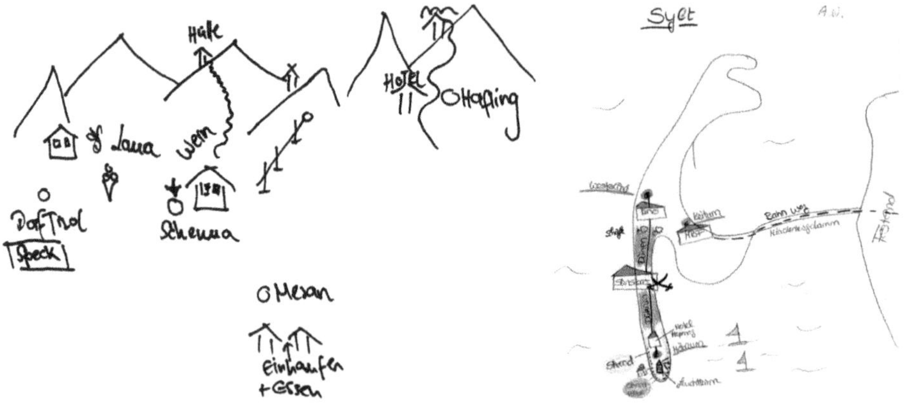

Abb. 3.10: Kognitive Karte eines Wanderurlaubs in Südtirol und eines Badeurlaubs auf Sylt; Quelle: Eigene Erhebung.

Abb. 3.11: Kognitive Karte Naherholung im Starnberger Fünfseenland – Uferpromenade Stegen und Kloster Andechs; Quelle: Eigene Erhebung.

rung oder das Prospektangebot verbessern, um für den Nutzer die Angebotsmöglichkeiten übersichtlicher zu machen.

Eine solche Schwachstellenanalyse für den Landkreis Starnberg (Destination Fünfseenland, vgl. Abb. 3.6 in Kap. 3.3.1) zeigt beispielsweise, dass die einzelnen Attraktionen (Kloster oder Uferpromenade mit der jeweiligen Gastronomie und Spaziermöglichkeit) von unterschiedlichen sozialen Gruppen nur punktuell als Ausflugziel wahrgenommen werden und weder innerhalb der Gesamtdestination noch bzgl. der einzelnen Attraktionen Verbindungen bestehen (vgl. Abb. 3.11). Damit lockt die Destination nicht nur zu wenige Gäste an, sondern kann von den vorhandenen Gästen auch nur unzureichend profitieren.

Kognitive Karten können zur Erfassung von Knotenpunktwissen (landmarks), Streckenwissen (route knowledge) und Überblickswissen (survey knowledge) herangezogen werden. Dies geschieht anhand der Erfassung von **Grundelementen**, die zu kategorisieren und deren gleiche Nennungen zu notieren sind. Übereinstimmungen

und Unterschiede in der Wahrnehmung der Destination lassen sich so zielgruppenspezifisch erfassen. Als Grundelemente kommen in Frage (vgl. Steinbach 2003, S. 56; Gstöttner/Hempel 2012; Nadler/Sgibnev 2016, S. 171):
- **Merk- oder Wahrzeichen** fungieren als optische Bezugspunkte. Oft sind sie identisch mit besonders auffallenden Bauwerken (z. B. Türmen) oder Landschaftselementen. Sie haben den Charakter von etwas Einmaligem oder Speziellem, das die Kontinuität der Umgebung durchbricht.
- **Bereiche** sind größer als Merk- oder Wahrzeichen und bilden zweidimensional abgebildete flächenhafte Abschnitte.
- **Grenzlinien** oder Ränder sind linienhafte Elemente, die nicht (oder nicht nur) als Wege benutzt oder bewertet werden. Sie haben neben trennenden, wie z. B. der Grenze zwischen Strand und Beachfront, auch verbindende Funktionen (Strandpromenade), die zwei Gebiete aneinanderfügen oder in Beziehung setzen.
- **Wege** bilden die vorherrschenden Gliederungselemente, durch die man sich – individuell oder öffentlich – regelmäßig, gelegentlich oder zufällig bewegt und durch die Räume als eine Ansammlung von Gestaltelementen wahrgenommen werden.
- **Brennpunkte** sind zentrale Punkte, d. h. Ziel- oder Ausgangspunkt einer Destination. Sie sind allgemein zugänglich und werden häufig durch das Zusammentreffen anderer Elemente definiert.

Bei der Analyse kognitiver Karten gilt es mögliche **Fehlerquellen** zu beachten. Da sie auf der Analyse von subjektiven Vorstellungen einer räumlichen Situation beruhen, ist grundsätzlich davon auszugehen, dass zwischen verschiedenen Menschen – in Abhängigkeit von dispositionellen Faktoren (z. B. Veranlagungen oder Neigungen) – gravierende interindividuelle Unterschiede in Bezug auf die Qualität bzw. Realitätsadäquanz kognitiver Karten bestehen. Diese zeichnen sich nämlich dadurch aus, dass sie
- gegenüber dem Raum, den sie abbilden, **verzerrt** sind (bekannte Räume sind in den Karten meist größer und detaillierter dargestellt als fremde Räume),
- **Vereinfachungen gegenüber der Wirklichkeit** aufweisen (z. B. Begradigung krummer Landschaftsmerkmale (Flüsse, Straßen),
- aus einer **kleinen Gruppe von Grundelementen** zusammengesetzt und
- **gruppenspezifisch** sind.

Eine Überinterpretation ist daher zu vermeiden. So ließe sich die überdimensionierte Darstellung eines Wahrzeichens sicherlich als dessen besondere Wertschätzung interpretieren, könnte aber auch den mangelnden künstlerischen Fähigkeiten des Zeichners geschuldet sein. Abhilfe kann hier eine ausreichende Zahl von Probanden (v. a. in Bezug auf mögliche Zielgruppen) schaffen, damit das Ergebnis nicht zu subjektiv erscheint. Eine Untersuchung kognitiver Karten, aber auch von Collagen, Moodboards oder Fotos (vgl. Kap. 3.4.2.3 und 3.4.2.4) sollte ferner stets von einer vertiefenden Befragung begleitet und auch mit dieser verbunden werden, um zur Erleichterung von Auswertung und Interpretation der Ergebnisse Informationen über den Befragten (soziodemografische oder verhaltensbezogene Angaben) bzw. zur Motivation der Reise zu erlangen.

3.4.2.3 Collagen und Moodboards

Eine weitere Möglichkeit der Erfassung, Auswertung und Reflexion der Wahrnehmung von Destinationen ist die **Collage.** Bei dieser kognitiven Methode der qualitativen Markenforschung werden von Befragten Assoziationen zu einem bestimmten Thema bildlich ausgedrückt (vgl. Weber 2017). Das Ziel von Collagen liegt in der **Erfassung verborgener Einstellungen sowie Denk- und Wahrnehmungsschemata** bezüglich eines ausgewählten Themas. Die Vorteile dieser Technik liegen darin, dass Emotionen, Stimmungen, Werte und Assoziationen, aber auch gefühlsbezogene Bedürfnisse in Form von Bildern einfacher dargestellt werden können als durch sprachliche (Befragung) oder zeichnerische Mittel (kognitive Karte). Dabei lassen sich u. U. auch Unterbewusstes sichtbar machen sowie Produkte und Dienstleitungen entwickeln, die Aufmerksamkeit erzeugen und gleichzeitig positive Emotionen bei der Zielgruppe hervorrufen.

Die **Erstellung der Collage** läuft klassischerweise wie folgt ab: Die Teilnehmer bekommen den Auftrag, einzeln oder in Gruppen eine Collage zu einer Destination zu fertigen. Dafür erhalten sie Stifte, Scheren, Papier, Kleber und viele verschiedene Zeitschriften. Vor dem Hintergrund der vorgegebenen Aufgabenstellung blättern die Teilnehmer durch die Zeitschriften und suchen nach geeigneten Bildern. Anschließend sollen sie die ausgewählten Bilder einzeln oder gemeinsam zu einer Collage zusammenfügen. Abb. 3.12 zeigt exemplarisch die Collage eines harmonischen Familienurlaubs in North Carolina zwischen stattlichem Landsitz, Strand und beschaulichem Städtchen.

Über Collagen können unbewusste, wenig reflektierte Denk-, Wahrnehmungs- und Handlungsstrukturen zugänglich gemacht werden. Bei der **Auswertung** gilt es sowohl die gesamte Collage als auch die einzelnen Symbole in einen realistischen Kontext zu setzen, sie zu interpretieren und den subjektiv gemeinten Sinn der Teilnehmer nachzuvollziehen. Möglichkeiten der Analyse beziehen sich auf Häufigkeit, Größe und/oder Gruppierung der Bilder, farbliche Übergewichte sowie die Identifikation dominanter Elemente bei bestimmten Zielgruppen.

Sollen Collagen zur **Bestimmung des Destinationsimages** (Markenimage) genutzt werden, können tiefere Analysen sinnvoll sein. In diesen Fällen ist ein Konstrukt zur Bestimmung der Markenidentität oder -persönlichkeit (z. B. von Aaker 1997 oder Bosnjak et al. 2007) heranzuziehen. Zunächst sind die einzelnen Bilder aus der Collage (z. B. das Wohnzimmer in Abb. 3.12) zu beschreiben (Metapher) sowie anschließend den Facetten und Faktoren sowie den Merkmalen der Markenpersönlichkeit zuzuordnen (vgl. Tab. 3.4). Diese Analyse kann dazu beitragen, die Marke zielgerichteter darzu-

Abb. 3.12: Collage Familienurlaub in North Carolina; Quelle: Eigene Darstellung (Bildmaterial: Pixabay.com).

Tab. 3.4: Muster zur Auswertung von Collagen; Quelle: Eigene Darstellung.

Bild	**Metapher (Be-/Umschreibung)**	**Faktor/Facette**	**Merkmal**
Wohnzimmer	Kamin, Armsessel, Decke, Teppich …	Kultiviertheit (sophistication)	vornehm (upper class)
		zuverlässig (reliable)	sicher (secure)
		modern (up to date)	unabhängig (independent)

stellen und zu positionieren, was auf gesättigten Märkten ein wesentliches Kriterium für Kaufentscheidungen darstellen kann.

Um Fehlinterpretationen von Collagen zu reduzieren, ist es ratsam, eine zusätzliche Befragung der Teilnehmer vorzunehmen. Diese kann helfen, gestalterische Verzerrungen (Qualität der Zeichnung, Größenverhältnisse, Wahl von Objekten etc.) aufzuklären. Dadurch wird die eingangs erwähnte Kritik an kognitiven Verfahren relativiert, da eine Tiefenanalyse nicht das primäre Ziel einer Collage darstellt. Vielmehr geht es um die Bestimmung der Destination oder des Aktionsraums von Touristen.

Aus den aus Collagen gewonnenen Eindrücken von Image und Attraktivität einer Destination lassen sich wertvolle Informationen zu deren Außenauftritt oder Markenausrichtung erheben, indem sie einen atmosphärischen Eindruck von der Tonalität einer Destination vermitteln **(Bilderwelt)**. So besteht die z. B. die Möglichkeit, das tatsächliche Bild einer Destination **(Fremdbild)** mit dem Markenbild **(Sollbild)** zu ver-

Abb. 3.13: Collage Starnberger Fünfseenland; Quelle: Eigene Darstellung (Bildmaterial: Pixabay.com).

gleichen und Unterschiede zu identifizieren. Dadurch lässt sich prüfen, welche Imageattribute und -assoziationen als wahrgenommene Eigenschaften sowie Kennwerte der Imagestärke beim Gast vorherrschen.

Um dieses Bild zielgruppenspezifisch darzustellen, kann ein sog. **Moodboard** (Stimmungsbild) erstellt werden. Dabei handelt es sich um eine grafisch-semantische Komposition, welche die Interpretation der Destination aus Sicht des Gastes aufzeigt. Travel-Moodboards versuchen, die Ästhetik der Destination zu erfassen, indem zusätzlich zu Bilden und Zeichnungen darin auch Schlüsselworte (beschreibende Worte), Texturen, Typographien und Farbpaletten enthalten sind (vgl. Kilian 2018).

Webbasierte Drag-and-Drop-Editoren (z. B. die App von Canva) unterstützen die Erstellung von Moodboards durch eine Auswahl vorgegebener Designs, Formen, Grafiken und Bilder, die sich durch eigene Elemente ergänzen lassen. So ist ein Moodboard mit wenig Aufwand einfach und schnell zu erstellen. Individuell für eine Untersuchung zusammengestellte Bilderbibliotheken erleichtern dann zusätzlich die

Auswertung. Abb. 3.13 zeigt exemplarisch Assoziationen, die mit dem Starnberger Fünfseenland (vgl. Abb. 3.6 in Kap. 3.3.1) verbunden sind. Farblich dominieren Blau- und Grüntöne. Sportwagen, Villa, Golfplatz und Segelboot deuten auf das Image als exklusiver Destination hin. Der hohe Freizeitwert lässt sich an den vielfältigen Aktivitäten (Golf, Segeln, Biking), der reizvollen Landschaft (Seen und Wälder), dem Gastronomieangebot sowie der Historie von König Ludwig II als bayerischem Märchenkönig ablesen.

3.4.2.4 Foto-Research

Einen weiteren interessanten und durch die ubiquitäre Verfügbarkeit von Kameras (z. B. in Smartphones) verbreiteten Ansatz stellt das **Foto-Research** dar. Hier sollen die Befragten Bilder ihres Urlaubs übermitteln oder z. B. einen Urlaubstag dokumentieren. Anhand der Fotos lässt sich ermitteln, was unternommen wurde (Aktionsraum), welche Dinge den Befragten persönlich wichtig sind oder was typisch ist. Anhand eines im Rahmen eines Projektseminars durchgeführten Foto-Researchs der letzten Sommerreise junger Erwachsener konnten beispielsweise drei wesentliche Reisetypen identifiziert werden:

- Individuell organisierte **Städtereise**: Dauer 3–5 Nächte; Reisefokus: Sightseeing; Bildelemente: Sehenswürdigkeiten, Freunde sowie Essen und Trinken;
- pauschal organisierte **Sun and Beach-Reise**: Dauer 7–10 Nächte; Reisefokus: Erholung und Familie; Bildelemente: Familie, Meer und Sonnenuntergänge;
- individuell organisierte **Rundreise**: Dauer 16–20 Nächte; Reisefokus: Entdeckung neuer Räume; Bildelemente: Spektakuläre Landschaften.

Die Vorteile dieser Methode liegen darin, dass individuelle Assoziationen klar zum Ausdruck gebracht und unverfälschte Ergebnisse geliefert werden.

Abb. 3.14 zeigt eine zielgruppenspezifische Fotoanalyse der Destination Stadt. Die Analyse der Fotostrecken führt zu interessanten Erkenntnissen. So sticht die Bedeutung der Unterkunft (Hotel) bei der Kultur- und Genussreise nach Basel als wichtiger Anziehungspunkt der Destination hervor, die durch ergänzende kulturelle Angebote (Museum) und das Stadtbild abgerundet wird. Bei der Familienreise nach Wien stellt hingegen die Stadt insgesamt die Destination dar. Die Unterkunft wird nicht hervorgehoben, sondern vielmehr das vielfältige und kinderzentrierte Angebot (Fiaker, Riesenrad, Museen, Spielplatz). Der Aktionsraum ist durch Capability Constraints (vgl. Kap. 3.4.1), z. B. ein müdes Kind, beschränkt.

Die begleitende Befragung der Fotoanalyse zeigt, dass es sich bei beiden Reisenden um sog. soziodemografische Zwillinge handelt, d. h. in diesem Fall das verfügbare Haushaltseinkommen, das Alter, der Bildungsstand sowie die Berufsgruppe, aber auch der Heimatwohnort fast identisch sind. Beide Probanden gaben zudem an, zu Freizeitzwecken die Reise unternommen zu haben. Der identifizierte Unterschied lag darin, ob schulpflichtige oder jüngere Kindern vorhanden sind oder nicht.

Kultur- und Genussreise nach Basel	Familienreise nach Wien

Stationen: Mittelalterliche **Mittlere Rheinbrücke**, **Rathaus der Stadt** Basel, **Historisches Museum Basel**, **Grand Hotel Les Trois Rois** mit Drei-Sterne-Küche des Hotelrestaurants **Cheval Blanc** und **exquisitem Snack** auf der Rheinterrasse.	Stationen: **Fiaker** in der Inneren Stadt, **Taubenjagd** im Bezirk Mariahilf, **Riesenradfahrt** auf dem Wiener Prater, **Dinosaurier** im Naturhistorischen Museum Wien, **Spielplatz** am Yppenplatz und **erschöpftes Kind** im Haus des Meeres.

Abb. 3.14: Zielgruppenspezifische Fotoanalyse der Destination Stadt; Quelle: Eigene Erhebung.

3.5 Angebotsseitige Abgrenzung

In jeder touristischen Destination existiert eine Vielzahl an **Anbietern touristischer Leistungen** (vgl. Abb. 3.15). Diese Leistungsträger – die wichtigsten sind sicherlich die Anbieter von Beherbergungsdienstleistungen (vgl. Kap. 3.5.3) – grenzen eine Destination als Wettbewerbseinheit von anderen Destinationen ab. Sie sind in ihrer Struktur und Ausrichtung sehr unterschiedlich, woraus sich eine Vielzahl an unterschiedlichen Interessensschwerpunkten ergibt, die ein hohes Konfliktpotential bergen. Allerdings gibt es innerhalb einer Destination auch zahlreiche Schnittstellen, an denen die Leistungsträger miteinander interagieren und auf pragmatischer Ebene eine Interessenharmonisierung stattfindet. Dies hat zur Folge, dass die Alltagsinteraktionen innerhalb einer Destination meist sehr viel reibungsloser verlaufen als zunächst erwartet.

3.5.1 Abgrenzung durch Leistungsbündel und Leitbilder

Bei der Abgrenzung von Destinationen aus **Sicht der Anbieter** stellen sich diese als Wettbewerbseinheit dar, die folgende Merkmale aufweisen (vgl. Becker 2007, S. 470):

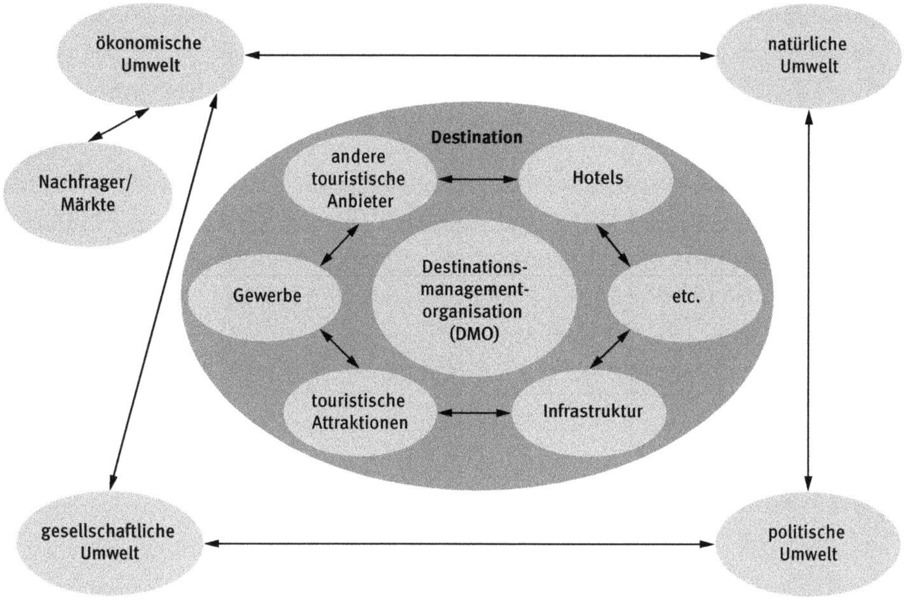

Abb. 3.15: Akteure einer Destination und ihre Abgrenzung; Quelle: Bieger/Beritelli 2013, S. 62, verändert.

- eine – unabhängig von politischen Grenzen – gegebene **Abgrenzung aus Sicht des Gastes**,
- Verfügbarkeit aller notwendigen **touristischen Einrichtungen**,
- ein **eigenständiges Profil** zur Vermarktung,
- eine **individuelle Ansprache** ausgewählter Gästesegmente,
- ein ausreichend großer **Nachfragermarkt**,
- Vorhandensein einer **zentralen Instanz** für Informationen und Reservierungen,
- hohe **Eigenständigkeit** bei der Gestaltung des Marketing-Mix,
- eine definierbare **Konkurrenz**,
- Identifizierung der **lokalen Bevölkerung** mit der Tourismusentwicklung.

In einer Destination werden für unterschiedliche Gästesegmente individuelle **touristische Leistungsbündel** (vgl. Steinecke/Herntrei 2017, S. 66) von verschiedenen Anbietern in den Bereichen Beherbergung, Verpflegung, Unterhaltung, Transport etc. produziert sowie gemeinschaftlich angeboten und vermarktet, was sie von anderen Destinationen abgrenzt. Destinationen sind daher als Makrobetriebe oder **Netzwerke** touristischer Leistungsträger (vgl. Kap. 3.7) zu sehen und stellen das eigentliche Produkt im Tourismus dar (vgl. Bieger 1997, S. 79).

Zur angebotsseitigen Abgrenzung von anderen Destinationen dienen auch **touristische Leitbilder**, welche für die Akteure einer Destination eine Orientierungshilfe darstellen, die Idealvorstellung über die touristische Entwicklung der Destination widerspiegeln und einen Soll-Ist-Zustand, d. h. sowohl die gegenwärtige als auch die zukünftige Situation, beschreiben (vgl. Lehmann/Heinemann 2009, S. 5; Steinecke/Herntrei 2017, S. 68 ff.). Es handelt sich quasi um eine schriftlich fixierte Absichtserklärung über ein touristisches Konzept, das unterschiedliche Bereiche innerhalb einer Destination betrifft (Hotels, Einzelhandel, weitere touristische Akteure, Bürger etc.). Definiert werden neben wirtschaftlichen auch soziale und gesellschaftliche Ziele. Die Zielvorgaben, aus denen sich einzelne Aktionen ableiten lassen, werden von einer Vielzahl an Leistungsträgern umgesetzt. Ein derartiges Leitbild ist dann die Grundlage eines **Markenkonzepts.** Wichtig ist, dass Leitbilder aber immer nur so gut wie ihre Akteure sind. Wird das Leitbild nicht von den meisten Leistungsträgern gelebt, hat es keine markenstärkende Wirkung. Exkurs 9 beschreibt das touristische Leitbild der Mecklenburgischen Seenplatte.

Exkurs 9: Mecklenburgische Seenplatte – ein touristisches Leitbild

Die Mecklenburgische Seenplatte (Landschaft zwischen Lübeck und Schwerin, Müritz, Neustrelitz und Eberswalde) verfügt bereits seit Anfang der 2000er-Jahre über ein übergeordnetes Leitbild, das vom regionalen Planungsverband Mecklenburgische Seenplatte mit dem Slogan „Arbeiten, erholen, leben: natürlich! In der Mecklenburgischen Seenplatte" entwickelt wurde. Darauf aufbauend, ist im Zuge der Bewerbung um die Auszeichnung „Europäische Charta für nachhaltigen Tourismus in Schutzgebieten" im Jahr 2011 ein detailliertes, touristisches Leitbild entstanden.
Im übergeordneten Leitbild des Planungsverbands steht im Vordergrund, den Wirtschaftsstandort attraktiv zu gestalten und dabei sowohl auf die ansässige Bevölkerung als auch auf die Natur Rücksicht zu nehmen. Die drei Hauptleitlinien sind: „gesund! Leben", „zukunftsfähig! Wirtschaften", „europäisch! Denken".
Der Tourismus spielt bei allen drei Leitlinien eine Rolle, wird aber im touristischen Leitbild erweitert und konkretisiert. Der Tourismusverband Mecklenburgische Seenplatte erarbeitete dazu mit etwa 50 Einzelakteuren und einem externen Berater über zwei Jahre ein detaillierteres Leitbild zur Regionalentwicklung. Während sich die drei Botschaften ausschließlich auf die bisherigen Gegebenheiten beziehen (ursprüngliche Wasserlandschaft, größte wassertouristische Destination Mitteleuropas und herausragende Natur als Fundament), sind sieben Leitlinien entstanden, die die zukünftige Ausrichtung darstellen:
- Marke stärken,
- Alleinstellungsmerkmal als größte natürliche Wasserdestination in Mitteleuropa verankern,
- Landschaft und Naturraum schützen,
- Leistungsqualität, Innovation und Serviceorientierung steigern,
- Ganzjahresangebote ausweiten,
- Lebensbedingungen für Bürger verbessern,
- auf soziodemografische Auswirkungen rechtzeitig einwirken.

Diese sieben Leitlinien werden mit der Ausarbeitung von Handlungsschwerpunkten und Aktionen konkretisiert. Erfolgreich umzusetzen ist die Charta sowohl innerhalb der Region und in den einzelnen Teilregionen als auch regionsübergreifend, z. B. durch Zusammenarbeit mit dem Land Brandenburg. Die Leitlinien sollen lediglich ein Grundgerüst darstellen, das innovativ weiterzuentwi-

ckeln ist und den einzelnen Akteuren als Handlungsempfehlung für eigene, kreative Ansätze der Gestaltung dient.
Quellen: Web-Tourismus 2018; Regionaler Planungsverband Mecklenburgische Seenplatte 2017; Regionales Design Mecklenburgische Seenplatte 2017.

3.5.2 Systematisierung touristischer Leistungsträger

Die touristischen Leistungen einer Destination werden von wirtschaftlichen Betrieben erstellt. Dabei ist zunächst zwischen privaten und öffentlichen Betrieben zu unterscheiden: **Private Betriebe** sind durch Privateigentum, autonome Entscheidungen sowie Gewinnorientierung charakterisiert. **Öffentliche Betriebe** hingegen befinden sich ganz oder teilweise im Eigentum der öffentlichen Hand, unterliegen dem Organprinzip, d. h. Beteiligung bzw. Mitbestimmung staatlicher Stellen an betrieblichen Entscheidungen, und verfolgen eher Sachziele (z. B. Kostendeckung oder Versorgung mit öffentlichen Gütern). Durch Zuschüsse können ferner bestimmte Angebotsleistungen, wie z. B. Theater und Museen, finanziert und erbracht werden.

Entsprechend dem **Grad ihrer Verbundenheit mit dem Tourismus** bzw. der Abhängigkeit von ihm lassen sich touristische Betriebe einteilen in (vgl. Freyer 2015, S. 143):
- Betriebe mit **rein touristischer Nutzung** (z. B. Beherbergung),
- Betriebe mit **überwiegend touristischer Nutzung** (z. B. Bergbahnen),
- Betriebe mit **teilweiser touristischer Nutzung** (z. B. Restaurants),
- Betriebe mit **untergeordneter touristischer Nutzung** (z. B. Lebensmittelgeschäfte, Ärzte, Friseure etc.).

Hinsichtlich ihres **touristischen Leistungsspektrums** (vgl. auch Kap. 2.1.1) sind folgende Betriebsarten zu unterscheiden (vgl. Lübbert 1999, S. 8 und 18; Wirtschaftslexikon24.com):

1. **Betriebe mit enger Beziehung zum Tourismus**
- Beherbergungsbetriebe mit vollem Verpflegungsangebot: Hotels, Hotels garni, Gasthöfe, Pensionen, Motels, Aparthotels;
- Beherbergungsbetriebe mit eingeschränktem Verpflegungsangebot: Apartments, Ferienheime, Ferienhäuser, Ferienwohnungen, vermietete Privatzimmer, Campingplätze, Jugendherbergen, Klubhütten, Schutzhäuser;
- Verpflegungsbetriebe: Restaurants, Gasthäuser, Gaststätten für spezielle Speisenangebote, Wein- und Bierstuben, Cafés, Konditoreien, Imbissstuben;
- Kur- und Heilbetriebe: Badehotels, Heilbäder, Kurmittelhäuser (Klimakurhäuser);
- Erziehungsinstitute;
- Unterhaltungs- und Vergnügungsbetriebe: Theaterbühnen, Clubs, Diskotheken;
- besondere Sport- und Freizeitanlagen: Kunsteisbahnen, Schwimmbäder, Hallenbäder, Tennisplätze, Golfplätze, Freizeitparks, Zoos;

- Sportschulen: Ski-, Tennis-, Segel-, Golf-, Surfschulen etc.;
- touristische Verkehrsbetriebe, insbesondere für Spezialverkehrsmittel in Ski- und Ausflugsgebieten: Seilbahn- und Liftbetriebe, Omnibusbetriebe für Ausflugsfahrten, Schifffahrtsbetriebe, Charterflugbetriebe;
- tourismusorientierte Produktions-, Handels- und Dienstleistungsbetriebe: Souvenirs, Reiseutensilien, Sportgeräte usw.

2. Subjektbezogene **Betriebe mit enger Beziehung zur touristischen Nachfrage:**
- Tourismuswerbebetriebe,
- touristische Versicherungsbetriebe,
- touristische Finanzdienstleister,
- Destinations-Management-Organisationen (vgl. Kap. 3.6).

3. **Betriebe zur Herstellung der Beziehungen zwischen touristischem Angebot und Nachfrage:**
- Reisebüros,
- Reiseveranstalter,
- Reisemittler.

Eine andere Systematisierungsmöglichkeit unterschiedlicher touristischer Leistungsträger ist die nach **Schauplätzen** (vgl. Schober 1995, S. 18). Dabei handelt es sich um räumliche Muster von Attraktionspunkten unterschiedlicher Art und Qualität, an denen der Reisende seine Reiseerlebnisse, die meist im Vorfeld geplant sind oder über die er sich vorab zumindest informiert hat, generiert. Häufig stellt ein solcher Attraktionspunkt den Hauptgrund der Reise dar. Dabei kann es sich sowohl um Aktivitäten wie Skifahren, Wandern oder Baden, die bestimmte infrastrukturelle Attraktoren wie Bergbahnen, Skilifte, Wanderwege und Strände voraussetzen, oder bestimmte spezifische kulturelle, historische, natürliche etc. Sehenswürdigkeiten (z. B. Kölner Dom, Schloss Neuschwanstein, Brandenburger Tor, Eifelturm, Matterhorn, Berner Oberland, Schwarzwald etc.) handeln, während die anderen Attraktionen den ergänzenden Rahmen bilden (z. B. ein Wellnesshotel, eine ansprechende Landschaft, eine Bergtour). An jedem dieser Attraktionspunkte müssen mindestens einer, meist mehrere Leistungsträger (z. B. Hotels, Restaurants, Einzelhandel, Souvenirgeschäfte etc.) vorhanden sein. Auch touristische Verkehrsträger (z. B. Bergbahnen, Ausflugsschiffe, Buslinien) sowie Destinations-Managementorganisationen (z. B. Tourismusämter und -büros; vgl. Kap. 3.6), welche der Information der Touristen dienen, gehören dazu. Wenn die Destination die Einzelleistungen bündelt und ein touristisches Gesamtangebot zur Verfügung stellt, wird die ganze Destination zum eigentlichen Leistungsträger (vgl. Freyer 2009, S. 23).

Die touristischen Leistungsträger innerhalb einer Destination bedingen auch deren **Attraktivität** und lassen sich schließlich folgenden drei Kategorien zuteilen (vgl. Freyer 2015, S. 326 f.):

Attractions (Attraktionen): Jede Destination stellt ein gewisses Angebot an Attraktionen zur Verfügung. Häufig gibt es eine oder wenige Hauptattraktionen, die durch weitere Attraktionen abgerundet werden. Z. B. stellen in einer Wintersportdestination abwechslungsreiche Skipisten und eine damit korrespondierende gute Bergbahn- und Skiliftinfrastruktur die Hauptattraktion dar, um die sich weitere Attraktionen gruppieren (z. B. Fünf-Sterne-Hotels, Gaststätten, Après-Ski-Parties, Schwimmbäder, Rodelbahnen, Kinder-Ski-Zirkus etc.). Eine Vielzahl an zielgruppenspezifischen Attraktionen erhöht die Aufenthaltsdauer der Gäste.

Amenities (Annehmlichkeiten): Hierzu gehören Einrichtungen, die der Tourist außerhalb der Attraktionen benötigt. Neben Beherbergungsbetrieben sind dies z. B. Nahversorger und Tankstellen, aber auch Museen, Konzerte und Events, die sowohl von Touristen als auch in erheblichem Maß von Einheimischen genutzt werden. In den Bereich „Amenities" fallen ferner Angebote, die dem touristischen Randbereich (vgl. Kap. 2.1.1) zuzuordnen sind. Hierzu rechnen Ärzte, Apotheken, spezielle Einzelhandelsgeschäfte, Handwerksbetriebe etc., sofern sie vorwiegend für touristische Leistungsträger tätig sind.

Access (An- und Abreisemöglichkeit): Hierzu zählt die Infrastruktur, die den Touristen die An- und Abreise ermöglicht (u. a. Flughäfen, Bahnhöfe, Autobahnen). Der öffentliche Nahverkehr spielt als Zubringer und Transportmittel während des Aufenthalts ebenfalls eine wichtige Rolle. Ohne diese Infrastruktur ist die touristische Nutzung einer Destination nicht möglich. So wird beispielsweise ein schöner Badesee erst zum Besuchermagneten, wenn eine Straße o. ä. dorthin führt. Neben der An- und Abreisemöglichkeit ist auch dem Sicherheitsaspekt Rechnung zu tragen (z. B. moderner Flughafen, gut ausgebaute Straßen, intelligente Verkehrsleitsysteme etc.) (vgl. Mundt 2004, S. 356).

3.5.3 Ausgewählte touristische Leistungsträger

Den Kern bzw. die Grundlage einer touristischen Destination stellen Beherbergungsbetriebe dar, denn wer reist, benötigt eine Übernachtungsmöglichkeit. Neben der Tourismuswirtschaft im Allgemeinen – in Deutschland z. B. sind 60 % der Tourismusbeschäftigten im Gastgewerbe tätig (vgl. Freyer 2015, S. 165) – ist das Beherbergungs- und Gaststättengewerbe in punkto Umsatz und Beschäftigung vor allem für die lokale Wirtschaft von zentraler Bedeutung.

Bei Beherbergungsbetrieben unterscheidet man zwischen Hotellerie und Parahotellerie (vgl. Gardini 2010, S. 4). Zu den wichtigsten Betriebsarten in der **Hotellerie** zählen:

- **Hotel:** Mind. 20 Zimmer, meist mit Dusche/WC, Rezeption, Restaurant sowie weitere Einrichtungen;
- **Hotel garni:** Mind. 20 Zimmer, meist mit Dusche/WC, Rezeption, nur Frühstück, kein Restaurant sowie weiteren Einrichtungen;

- **Gasthof:** Ländlicher Gastronomiebetrieb, der auch (einfache) Zimmer anbietet;
- **Motel:** Übernachtungsbetrieb an oder in der Nähe von großen Straßen oder Autobahnen, häufig auf die Übernachtung von Fernfahrern ausgerichtet, meist günstige Preise;
- **Pension:** Meist kleiner als Hotels, eingeschränktes Dienstleistungsangebot.

Zur **Parahotellerie**, die sich von der Hotellerie durch ein eingeschränktes Leistungsspektrum unterscheidet und meist im Nebenerwerb betrieben wird, rechnen:
- **Ferienwohnung/Ferienhaus:** Abgeschlossene Unterkunft mit Schlaf- und Wohnbereich, Badezimmer und Küche (Selbstverpflegung) zur vorübergehenden Beherbergung von Touristen;
- **Privatzimmer:** Zimmer in einer privaten Wohnung, Sozialräume wie Küche und Bad werden z. T. mitbenutzt;
- **Camping:** Übernachtungsmöglichkeiten im Wohnwagen oder Zelt auf einem Campingplatz mit Sanitärräumen;
- **Jugendherbergen:** Übernachtungsmöglichkeiten für vorwiegend junge Gäste, Abgabe von Speisen und Getränke nur an Bewohner, häufig werden Unterhaltungsprogramme und Ausflüge angeboten.

Zur Parahotellerie gehören auch neuartige, plattformartige Konzepte zur Vermittlung von Zimmern, Wohnungen und Häusern wie Homeaway oder Airbnb, die für die Hotellerie eine ernstzunehmende Konkurrenz darstellen. Für Privatreisende geht es dabei sowohl um das Sparen von Geld bei der Wahl der Unterbringungsmöglichkeiten als auch um das Auffinden von Beherbergungsmöglichkeiten, die nahe am Alltag und den Lebensgewohnheiten der Bevölkerung liegen. Neben Privatreisenden nutzen zunehmend auch Geschäftsreisende, derer sich klassische Hotelbetriebe über Jahrzehnte als Klientel sicher sein konnten, das Angebot solcher neuen Beherbergungsmodelle.

Eine besondere Rolle bei der Beherbergung nehmen **Zweitwohnungen** ein, welche weder leer stehen noch dauerhaft genutzt werden (vgl. Krautter 2015, S. 44). Sofern der Fokus nicht auf einer multilokalen Lebensführung beruht, bei welcher der Eigentümer die Wohnung bzw. das Haus zur eigenen Freizeitnutzung (v. a. an den Wochenenden oder während der Ferien) nutzt, sondern die kommerzielle touristische Nutzung im Vordergrund steht (z. B. Kurzzeit-Vermietobjekte, Timesharing), rechnen diese ebenfalls zu Parahotellerie.

Neben den Beherbergungsbetrieben als Hauptleistungsträger einer Destination sind **weitere Destinationsakteure** an der Erstellung tourismuswirtschaftlicher Leistungen beteiligt: Das **Gaststättengewerbe (Gastronomie)** wird statistisch zusammen mit den Beherbergungsbetrieben erfasst, obwohl dieses seine Leistungen nicht ausschließlich für Touristen anbietet. Während Beherbergungsbetriebe zu fast 100 % tourismusabhängig sind und damit Betriebe mit rein touristischer Nutzung (vgl. Kap. 3.5.2) darstellen, gilt das gastronomische Leistungsangebot innerhalb einer Destination nicht als typische Tourismusleistung, da viele Gaststättenbetriebe (Restaurants, Imbissstuben, Cafés, Bars, Eisdielen, Diskotheken etc.) ein ausschließlich oder überwiegend ortsansässiges Publikum zu ihrer Kernklientel zählen. Allerdings können gastronomische Betriebe an ausgewählten Standorten (z. B. einem Flughafen, Bahnhof oder in einem Hotel) bzw. zu bestimmten Zeiten (z. B. in der touristischen Hochsaison) sehr stark vom Tourismus abhängig sein (vgl. Freyer 2015, S. 165 f.).

Ähnliches gilt für bestimmte Betriebe des **Einzelhandels und Dienstleister**, deren Leistungen sich zwar an alle Nachfrager richten, aber ebenfalls in sehr hohem Maße vom Tourismus abhängen wie z. B. eine Bäckerei oder ein Kiosk in einem kleinen Tourismusort oder ein Hotelfriseur (vgl. Freyer 2015, S. 155). Hinzukommen weitere an der Destinationsleistung beteiligte Akteure wie Attraktions- und Ausflugsagenturen, Ticketanbieter, Mietwagenverleiher, Souvenirgeschäfte etc.

Neben Häfen, Flughäfen und Bahnhöfen für die An- und Abreise der Touristen gilt auch der **öffentliche Personennahverkehr (ÖPNV)** als touristischer Leistungsträger. Zwar wird er in erster Linie von Einheimischen genutzt, dient allerdings auch den Touristen der Raumüberwindung im Zielgebiet und bietet ihnen gleichzeitig die Möglichkeit, Sehenswürdigkeiten fahrend zu erleben (vgl. Freyer 2015, S. 211). Beispiele sind die Buslinie 100 und die Panorama-S-Bahn in Berlin, die U-Bahnen in London und New York, die Schwebebahn in Dresden, die Magnetschwebebahn vom/zum Flughafen Shanghai oder die Panorama-Tramlinie 15/16 in Basel.

3.5.4 Eigenschaften der touristischen Angebotserstellung

Die **Eigenschaften touristischer Dienstleistungen** stellen die Betriebe vor große Herausforderungen, da diese immateriell, standortgebunden, nicht-transportierbar sowie nicht-lagerfähig (Uno-Actu-Prinzip) sind und ein externer Faktor (Gast) zur Leistungserbringung vorhanden sein muss. Z. B. kann ein nicht verkauftes Hotelzimmer i. d. R. nur schwer am selben Tag weiterverkauft werden, d. h. die Leistung verfällt meist ungenutzt, während die Fixkosten für die Bereitstellung der Übernachtungsleistung (z. B. Hotelgebäude, Einrichtung, Heizung, Vorhalten von Servicekapazitäten etc.) bestehen bleiben (vgl. Steinecke/Herntrei 2017, S. 64 ff.; Linne 2016, S. 68). Diese für viele Tourismusleistungen typische Problematik wirkt sich negativ auf die Renditeaussichten der Betriebe aus. Hotels oder Restaurants reagieren darauf mit saisonal oder täglich unterschiedlichen Öffnungszeiten, sodass bei geringer Nachfrage das Haus geschlossen bleibt oder das Leistungsangebot eingeschränkt wird (Reduktion der Fixkosten). Ein weiterer Ansatz stellt das aus der Luftfahrtbranche stammende und im Tourismus erstmals von der Hotelkette Marriot International angewandte Yield bzw. Revenue Management, d. h. eine dynamische, an der Nachfrage ausgerichtete Preisgestaltung, dar (vgl. Engl 2017, S. 166 f.).

Beide Ansätze beeinträchtigen allerding die Attraktivität einer Destination, da entweder das touristische Angebot eingeschränkt oder dieselbe touristische Leistung zu unterschiedlichen Preisen angeboten wird, was dem Gast nur bedingt zu vermitteln ist (vgl. Engl 2017, S. 185 ff.). Aus Sicht der Destination wäre daher als dritte Alternative ein Management der Gästeströme, z. B. die Erschließung neuer Zielgruppen und/oder die Anpassung der Saison durch destinationsweite Aktionen, vorzuziehen. Ein erfolgreiches Beispiel hierfür ist das Konzept des „Meraner Herbsts" in Südtirol (kulinarische Genüsse zur Erntezeit in Meran und Umgebung), welches die Saison von Ende Oktober bis Mitte November verlängert hat und gezielt Genussreisende anspricht.

Im Rahmen der touristischen Angebotserstellung in einer Destination sollten die beteiligten Betriebe sich an deren Leitbild orientieren, um dem Gast ein in sich schlüssiges Erlebnis zu bieten. Folgende betriebliche Entwicklungen tragen diesem Gedanken Rechnung:

Professionalisierung: In der durch kleine und mittlere Betriebsgrößen geprägten Tourismusbranche ist seit vielen Jahren ein Strukturwandel zu beobachten. Durch besser ausgebildetes Personal (u. a. durch eine Vielzahl an Hochschulabsolventen, die seit Mitte der 1990er-Jahre in der Tourismus- und Eventbranche tätig sind) haben zahlreiche Betriebe neue Strukturen und Methoden eingeführt und professionalisiert, indem strategische Entscheidungsmodelle, klar strukturierte Organigramme, Marketingprozesse und Kundenbindungssysteme etc. aus der industriellen Produktion übernommen und auf den Dienstleistungssektor adaptiert wurden (vgl. Steinecke 2006, S. 74).

Standardisierung: Damit der Gast eine Destination als einheitlich wahrnimmt, sind die touristischen Dienstleistungsprozesse auf das Leitbild der Destination (vgl. Kap. 3.5.1) auszurichten und entsprechend zu standardisieren. In den Betrieben ist damit die Erbringung einer vergleichbaren Basisleistung gesichert, was Vertrauen in die Wiederholbarkeit des Produkts bzw. Prozesses sichert. Im Hotelgewerbe z. B. hat der Deutsche Hotel- und Gaststättenverband (DEHOGA) mit der Sterne-Klassifizierung eine entsprechende Standardisierung von Hoteldienstleistungen geschaffen (vgl. Exkurs 18 in Kap. 5.4.1). Dieses Erfolgsmodell wird derzeit in 16 Ländern der Europäischen Union umgesetzt.

Spezialisierung: Für die Destination ist es von größter Bedeutung, eine klare Kernkompetenz zu definieren oder ein Alleinstellungsmerkmal herauszuarbeiten, was von den touristischen Betrieben entsprechend gelebt und umgesetzt werden sollte. So wird es immer wichtiger, eine „Geschichte" zu erzählen, die z. B. einem Hotel oder einem Restaurant einen individuellen Charakter verleiht und vom Gast nachvollzogen wird. Dieses „Story Telling" ist die Basis der Corporate Identity (Unternehmensphilosophie). So lassen sich Corporate Design (Erscheinungsbild des Unternehmens), Corporate Behaviour (Verhalten des Unternehmens mit Interaktionspartnern wie Kunden, Mitarbeitern, Geschäftspartnern sowie Stakeholdern) und Corporate Communication (Art und Weise der internen und externen Kommunikation des Unternehmens) von der Geschichte (fiktiv oder wahr) ableiten. Ein bekanntes Beispiel stellt hier das Grand Hotel Les Trois Rois in Basel dar (vgl. Exkurs 10).

Exkurs 10: Das Grand Hotel Les Trois Rois in Basel – eine lebende Legende

Ein fast unüberschaubares Kulturangebot mit einer der größten Ausstellungs- und Museumsdichten in Europa (u. a. die weltberühmten Gemäldesammlungen der Fondation Beyeler oder das Kunstmueseum Tinguely), das internationale Flair im Dreiländereck der Schweiz, Deutschlands und Frankreichs, die geografische Lage an einer berühmten und großen Schleife des Rheins, der größte Messe- und Kongressstandort der Schweiz mit wichtigen internationalen Messen, wie z. B. Baselworld (Weltmesse für Uhren und Schmuck) und Art Basel (internationale Kunstmesse), der Standort globaler Chemiekonzerne (z. B. Novartis, Roche) und wichtiger Banken (z. B. Bank für Internationalen Zahlungsausgleich) sowie die weltberühmte Fasnacht machen Basel mit seinen ca. 170.000 Einwohnern als drittgrößte Stadt der Schweiz zu einer „Weltstadt im Taschenformat".
Ein wichtiges Aushängeschild der Stadt stellt das am Blumenrain, direkt am Rheinufer und unmittelbar an der mittelalterlichen mittleren Rheinbrücke gelegene weltbekannte Grand Hotel Les Trois Rois (Drei Könige) dar, eines der ältesten, geschichtsträchtigsten, besten und berühmtesten Stadthotels der Welt. Zum ersten Mal als Herberge „Zu den Drei Königen" (benannt nach den Drei Weisen aus dem Morgenland Kaspar, Melchior, Balthasar) 1681 erwähnt, wurde es am 16. Februar 1844 als Hotel „Des Trois Rois" eröffnet und in der Folgezeit unter verschiedenen Eigentümern zu einem weltberühmten Haus gemacht. Nach einer umfassenden Renovierung und Modernisierung in den Jahren 2004 bis 2006 wurde es am 20. März 2006 als „Grand Hotel Les Trois Rois" wiedereröffnet, das sich mit seinem prunkvollen Gebäude und traditionellen Design perfekt in das historische Stadtbild einfügt, die historische Skyline bei der Mittleren Brücke aufwertet und damit einen wichtigen Beitrag zur Stadtentwicklung geleistet hat.
Alles, was Rang und Namen hat, ist bereits im Les Trois Rois abgestiegen. Zu den anspruchsvollen und zahlungskräftigen Gästen aus aller Welt gehörten bereits Napoleon Bonaparte, Queen Elisabeth II, Thomas Mann, Pablo Picasso etc. Der österreichische Schriftsteller Theodor Herzl, der während des ersten internationalen Zionistenkongresses in Basel 1897 den Grundstein zur Schaffung des Staates Israel legte, logierte im Hotel.
Das sog. „Story Telling" für die Gäste besteht neben der eigentlichen Geschichte und historischen Entwicklung des Hotels auf Geschichten über bekannte Persönlichkeiten, die einst im Hotel zu Gast waren. So gab es z. B. 2015 anlässlich einer Picasso-Ausstellung im Kunstmuseum Basel ein spezielles Picasso-Arranagement. Basierend u. a. auf Informationen seines Sohnes, konnte sich der Gast 24 Stunden auf die Spuren des weltberühmten Malers begeben, indem er in kleinen, mit der erworbenen Handschrift Picassos verfassten Briefen Informationen und Geheimnisse zu dessen Hotelaufenthalt in den 1930er-Jahren erhielt (z. B. dass er aus Wut über eine nicht zustandegekommene Verabredung mit dem Maler Paul Klee die ganze Nacht rauchend und trinkend auf dem Balkon zum Rhein verbracht hat). Es gab u. a. einen speziellen Picasso-Drink – er trank Bier mit Absinth und Orange –, Zigarillos, die er rauchte, eine Bouillabaisse (Fischsuppe), die er einst aß, sowie einen Afternoon Coffee, denn er trank niemals Tee.
Das 101 Zimmer und Suiten zählende, gruppenunabhängige, im Familienbesitz befindliche und im oberen Preissegement verortete Hotel wirbt mit dem Logo und Claim „Rich in history, young at heart" und versucht damit, dem selbst gesetzten Anspruch, eine über 300jährige Geschichte mit einer lebendigen Gegenwart in Verbindung zu bringen, gerecht zu werden.
Zwar verfügt das Hotel über keinerlei Wellness-Einrichtungen wie Spa oder Schwimmbad, doch machen sein unverwechselbarer historischer Charme, ein persönlich-authentischer Service, eine perfekt geführte Bar sowie das beste, mit drei Michelin-Sternen ausgezeichnete Restaurant der Schweiz („Chevavl Blanc" by Peter Knogl) es zur ersten Adresse in Basel und zu einem der Top-Hotels der Schweiz. Es gehört den Kooperationsverbünden „Leading Hotels of the World", „Swiss Deluxe Hotels" sowie „Swiss Historic Hotels" an.

Das Cooperate Behaviour, insbesondere das Verhalten aller Mitarbeiter gegenüber dem Gast, wird durch folgende Grundsätze gelebt:

- Ich bin ein wertvolles Mitglied unseres hervorragenden Teams,
- ich habe ein gepflegtes Erscheinungsbild und eine positive Ausstrahlung,
- ich spreche die Gäste, wenn immer möglich, mit dem Namen an,
- ich bin aufmerksam, zuvorkommend und diskret,
- ich überlege, was ich dem Gast unaufgefordert noch bieten kann,
- ich antworte nie mit nein, ich biete stets eine Alternative an,
- ich trete im Gästebereich ruhig, natürlich und achtsam auf,
- ich begleite den Gast ans gewünschte Ziel,
- ich verabschiede mich vom Gast im Hinblick auf ein Wiedersehen.

Das Cooperate Design wird durch ein einheitliches, farbenfrohes Logo, das sowohl für die Lebendigkeit des Hotels als auch die Multinationalität des Personals (180 Mitarbeiter aus 38 Nationen) steht, verkörpert. Es findet sich u. a. auf Broschüren, Prospekten, Streichholzschachteln, Papiertüten, Regenschirmen wieder.

Die Cooperate Communication ist durch den systematisch geplanten Auftritt in traditionellen und neuen Medien sowie Einträge in allen wichtigen Bekanntheit und Reputation steigernden Führern und Verzeichnissen geprägt.

Seine lokale Verbundenheit mit der Stadt und Region Basel bestätigt das Hotel durch Teilnahme an speziellen Events, wie z. B. der Basler Fasnacht oder dem Basel Tattoo (an das Royal Edinburgh Military Tattoo angelehntes Musikfestival), welche durch lokale Spezialitäten abgerundet werden.

Quellen: Grand Hotel Les Trois Rois 2017; Triet et al. 2006; Auskunft des Marketing-Managements des Grand Hotels Les Trois Rois.

Markenbildung: Die Kommunikation der drei vorherigen Entwicklungen gegenüber dem Gast erfolgt u. a. über eine Marke, wobei Hotels und Gastronomiebetriebe meist über eine zu schwache Einzelmarke im überregionalen Wettbewerb verfügen. Denn der Aufbau einer eigenen Marke erfordert ein hohes Maß an Individualität, Fokussierung auf Kernkompetenzen und Alleinstellungsmerkmale sowie eine stringente Umsetzung des zugrundegelegten Marketingkonzepts. Nur wenige Ausnahmen, wie z. B. Traube in Tonbach im Schwarzwald, Auberge de l'Ill im Elsaß, El Bulli an der Costa Brava (2011 geschlossen), Marina Bay Sands in Singapur oder Savoy Baur en Ville in Zürich, sind u. a. aufgrund ihrer herausragenden Kulinarik, Lage, Architektur oder Servicestärke etc. als Einzelmarke erfolgreich. I. d. R. erfolgt die Marktsequenzierung aber nicht nur über die Eigenmarke, sondern auch über die Zugehörigkeit zu einer Gruppe oder Kette (z. B. Burj Al Arab der Jumeirah Group in Dubai, Adlon von Kempinski in Berlin, Grandhotel Victoria Jungfrau in Interlaken der Victoria Jungfrau Collection), den Anschluss an eine Hotelkooperation (z. B. Baur au Lac in Zürich, Bayerischer Hof in München, Hassler in Rom oder Ritz in Paris der Leading Hotels of the World)[13] oder eine Destination (z. B. die Hochzeitsdestination Mauritius mit den nam-

13 Hotelkooperationen sind Marketingverbände auf regionaler (z. B. Allgäu Top Hotels), nationaler (z. B. Swiss Deluxe Hotels) oder internationaler Ebene (z. B. Leading Hotels of the World, Small Luxu-

haften Hotels Le Saint Géran von One&Only, Le Touessrok & Spa by Shangri-La, The Oberoi Mauritius, Four Seasons Resort Mauritius at Anahita oder die Beachcomber Ressorts). Neben Hotels schließen sich auch andere Betriebsarten zu Kooperationen zusammen wie z. B. die Wellness-Einrichtungen unter „The Leading Spas" oder hervoragende Restaurants unter „Les Grandes Tables du Monde". Eine weitere Möglichkeit ist schließlich die Vermarktung über die Marke eines Reiseveranstalters (z. B. über TUI oder ITS) oder Franchisekonzepte[14].

Bei der Markenbildung in der Kettenhotellerie ist zwischen Dachmarke (z. B. Marriot, Hilton oder Accor), Familienmarke (z. B. Sofitel oder Ibis unter dem Dach Accor) und Einzelmarke (z. B. Sofitel Legend, SO/Sofitel, Sofitel Hotels & Resorts und M Gallery by Sofitel der Familie Sofitel) zu unterscheiden.

Angelehnt hieran trachten auch Destinationen danach, als Dachmarke zu fungieren (vgl. Engl 2017, S. 137 ff.). Allerdings kann dies aus betrieblicher Sicht nicht die optimale Markenarchitektur darstellen, weshalb destianationsbezogene Dachmarkenstrategien oftmals zum Scheitern verurteilt sind, v. a. wenn nur der Destinationsort vermarktet wird, ohne eine weitergehende inhaltlich-thematische Fokussierung zu erzeugen.

3.5.5 Standortanalyse

Da touristische Dienstleistungen standortgebunden, nicht-transportierbar sowie nicht-lagerfähig sind (vgl. Kap. 3.5.4), kommt der **Standortwahl touristischer Betriebe** eine existentielle Bedeutung zu. Die Vielzahl der zu berücksichtigenden Einflussfaktoren auf einen Standort macht sie zu einer **multidimensionalen Entscheidung**. Bevor diese getroffen wird, ist im Vorfeld eine Standortanalyse und -bewertung zur Erfassung der Attraktivität einer Destination für touristische Betriebe vorzunehmen. Hierbei werden Art und Qualität der **Standortfaktoren** als maßgebliche Determinanten der Standortwahl erfasst (vgl. Haas/Neumair 2015, S. 13 f.). Der konkrete **Ablauf einer Standortanalyse bzw. Standortbewertung** gliedert sich in folgende Schritte (vgl. Ottmann/Lifka 2010, S. 11 und 34 ff.).

---

ry Hotels of the World, Relais & Chateaux). Die Mitglieder müssen bestimmte Voraussetzungen erfüllen und meist einen einmaligen und im weiteren einen jährlichen Beitrag bezahlen (Bemessungsgrundlage ist meist die Anzahl der Betten). Im Gegenzug dürfen Sie die Marke verwenden und an Marketingaktionen (z. T. kostenpflichtig) teilnehmen (vgl. Pro Allgäu GmbH & Co. KG 2017; Swiss Deluxe Hotels 2017; Relais & Chateaux Entreprises SAS 2017; LHW 2017).

14 Beispielhaft mit Bezug zum Tourismus ist die Systemgastronomie (u. a. Pizza Hut, McDonald's, Subway, Dunkin´ Donuts, Burger King, KFC), Autovermietungen (u. a. Hertz, Europcar, Budget Car Rental), Hotels (u. a. InterContinentalHotels, Best Western, Hilton, Hamptons Hotels, Ibis) oder Reisemittler (u. a. TUI Reise Center).

1. Standortfaktoren wählen

Bei der Auswahl der Standortfaktoren muss Klarheit bestehen, was die genaue Zielsetzung und Zielgruppe ist. Es steht die **Problemadäquanz**, d. h. die inhaltliche Ausrichtung an der Problemstellung, im Vordergrund. Einerseits sollten alle für den Entscheidungsprozess relevanten Aspekte berücksichtigt sein, andererseits ist dabei auch dem Grundsatz der Wesentlichkeit Beachtung zu schenken. So kann eine ausschweifende Menge an Kriterien – neben dem erhöhten Untersuchungsaufwand – zu einer Verringerung der Ergebnisqualität führen, wenn die Verständlichkeit der Befunde erschwert wird. Folglich ist es aus Effizienzgründen zweckmäßig, den Kriteriensatz überschaubar zu halten, die Informationsmenge auf das erforderliche Mindestmaß zu begrenzen und somit auch die entstehenden Datenbeschaffungskosten möglichst gering zu halten. Jedes gewählte Kriterium sollte geeignet sein, die Alternativen auf sinnvolle Weise zu differenzieren. Neutrale Merkmale, die bei allen Alternativen in gleicher Weise auftreten, sind dagegen ohne Entscheidungsrelevanz und deswegen auszuschließen. Eventuell bestehende Abhängigkeiten zwischen verschiedenen Kriterien können mit Hilfe statistischer Verfahren untersucht und identifiziert werden. Zudem sollten die Kriterien international vergleichbar sein und über längere Zeiträume konsistent erhoben vorliegen.

Eine Unterteilung von Standortfaktoren lässt sich nach der **Betrachtungsebene** vornehmen. Generell ist zwischen der Makro-, Meso- und Mikroebene zu unterscheiden (vgl. Haas/Neumair 2015, S. 17 ff.): Die **Mikroebene** umfasst das direkte Umfeld, die **Mesoebene** das nähere und die **Makroebene** das entferntere Umfeld eines Standorts. Allerdings existiert keine einheitliche Definition zur Abgrenzung dieser Ebenen, weshalb der räumliche Bezug für jede Untersuchung individuell und hinsichtlich regionaler Gegebenheiten sowie des Untersuchungsobjekts und der Entwicklungsziele festzulegen ist. Für ein Stadthotel z. B. kann die Mikroebene den Straßenzug, die Mesoebene den Stadtteil und die Makroebene die Stadt und ihr Umland umfassen. Bei einem Strandhotel könnte der Strandabschnitt die Mikroebene, die Stranddestination die Mesoebene und das Hinterland die Makroebene verkörpern.

Eine weitere Unterscheidung von Standortfaktoren betrifft deren **Spezifität**. Diese können **genereller Art**, d. h. alle Betriebe betreffen (z. B. Transportbedingungen, Verkehrsanbindung, Flächen und Gebäude, Verfügbarkeit und Kosten von Arbeitskräften, Nähe zu Absatzmärkten) oder **branchenspezifischer Natur** sein. Branchenspezifische Standortfaktoren orientieren sich an den speziellen Anforderungen der betrachteten Branche. In der Tourismuswirtschaft sind dies z. B. die touristische Attraktivität bzw. der Charakter der Destination (z. B. Strand, Seen, Berge, Einkaufsmöglichkeiten, Ausflugsziele, kulturelles Angebot, Image etc.), die klimatischen Gegebenheiten und die Entfernung zu bedeutenden Quellgebieten (z. B. Reisezeit, Erreichbarkeit) (vgl. Steinecke 2011, S. 76; Gardini 2014, S. 61). Für Hotels im speziellen können folgende Standortfaktoren bedeutsam sein (vgl. Schmude/Namberger 2015, S. 33 f.; Hotelimmobilien 2018a und 2018b):

- **Standorteignung:** Verkehrsanbindung, Standortimage, Nachbarbebauung, Grundstückseignung, Grundstücksgröße, Grundstücksform, Gebäudeattraktivität etc.;
- **Nachfrage am Standort:** Durch Messen und Kongresse, Kur- oder Wellnessanlagen induzierte Zimmerauslastung, saisonale Verteilung, mehrfache Zielgruppenfähigkeit (während der Woche Geschäftskunden, am Wochenende z. B. Opernbesucher) etc.;
- **Wettbewerb vor Ort:** Hotelbettenzahl je 1.000 Einwohner, Anzahl der Hotels und Betriebsarten, Verbundeffekte durch Konkurrenzhotels mit differenzierter Strategie etc.;
- **Anforderungen der Gäste:** Erreichbarkeit, Nähe zum Geschäftszentrum, Erholungs-, Freizeit- und Einkaufsmöglichkeiten etc.;
- **Anforderungen des Betreibers:** Eignung für das Hotelkonzept, Ansprüche an das Gebäude, Infrastruktur (Vorfahrt, Parkplätze etc.), Betriebsabläufe etc.

Die Anforderungen des Betreibers sind wiederum nach dem Hoteltyp zu unterscheiden:
- **Luxushotels:** Exponierte Lage (Berg- oder Seesicht, Meer- oder Seeanschluss), 1a-Standorte in Innenstädten, herausragende Shoppingmöglichkeiten, Kulturangebote oder Sehenswürdigkeiten in Nähe etc.;
- **Businesshotels:** Nähe zu Messen, Kongresshäusern, Unternehmenssitzen, Flughäfen und Bahnhöfen etc.;
- **Budgethotels:** gute Verkehrsanbindung.

Eine weitere Abgrenzungsmöglichkeit stellt der Grad der Quantifizierbarkeit von Standortfaktoren dar (vgl. Abb. 3.16): **Harte Standortfaktoren** wie Arbeitskräfte, Arbeitskosten, Transportbedingungen, Flächen und Gebäude, Rohstoffe, Infrastruktur, Absatzmärkte etc. wirken sich direkt auf die Kosten und Erlöse eines Unternehmens aus. Sie büßen für die unternehmerische Standortwahl aber umso mehr an Bedeutung ein, je mehr Regionen sie anbieten. Zwar spielen sie als Grundausstattung für einen potenziellen Standort eine immer noch wichtige Rolle. Da in den Industrieländern viele harte Standortfaktoren aber als ubiquitär vorhanden gelten, besitzen sie für im Standortwettbewerb befindliche Regionen allein kein ausreichendes Profilierungspotenzial (vgl. Haas/Neumair 2015, S. 16).

Die regionale Wettbewerbsfähigkeit wird daher zunehmend durch **weiche Standortfaktoren** bestimmt. Der Begriff „weiche Standortfaktoren“ stellt eine Clusterung aller Faktoren dar, die sich auf das individuelle Arbeits- und Lebensumfeld von Menschen beziehen. Sie lassen sich monetär nur schwer quantifizieren und meist nicht in unmittelbaren Kosten-Nutzen-Analysen eines Standortes auflösen, weil sie ökonomisch nicht begründet sind und durch subjektive Präferenzen geprägt werden (regionales Image oder Wirtschaftsklima, Unternehmerfreundlichkeit der öffentlichen

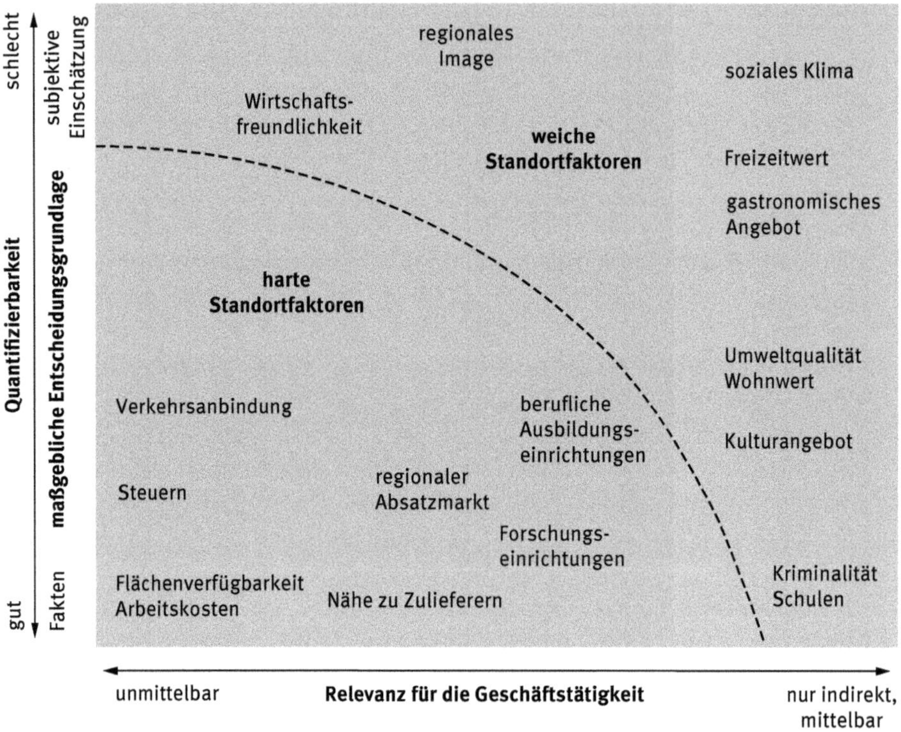

Abb. 3.16: Systematisierung von Standortfaktoren; Quelle: Neumair 2006, S. 417.

Verwaltung, lokale Arbeitnehmermentalität, Aufgeschlossenheit für neuartige Technologien, Wohn- und Freizeitwert, Umweltqualität, kulturelles oder gastronomisches Angebot, Kriminalitätsrate etc.). Branchenübergreifend besitzen weiche Standortfaktoren zwar nur eine mittelbare Relevanz, weisen aber im Wettbewerb um die Rekrutierung qualifizierter Arbeitskräfte eine hohe Bedeutung auf (vgl. Haas/Neumair 2015, S. 16). Im Tourismus kommt ihnen eine noch höhere Relevanz zu, da z. B. Kulturangebot, Freizeitwert, Klima oder Stadtbild als zentrale touristische Anziehungs- und Attraktivitätsfaktoren gelten.

2. Standortfaktoren messen

Hierbei ist der Ausprägungsgrad der Kriterien für alle Standorte auf einheitliche Weise zu ermitteln. **Messen** bezeichnet den Vorgang, bei dem die Kriterienausprägungen gemäß geeigneter Skalierungs- bzw. Zuordnungsregeln auf einer Maßskala abgebildet werden. Die dafür notwendige Informationsgewinnung ist für die Standortanalyse von zentraler Bedeutung: Erstens ist die Bereitstellung der zur Alternativenbewertung notwendigen Grundlagen in den meisten Fällen die aufwendigste und zeitintensivste Aufgabe der Standortanalyse. Zweitens hängt ihre Ergebnisqualität – und die einer darauf beruhenden Entscheidung – in hohem Maße von den verfügbaren Angaben über die Alternativen ab. Bei harten Standortfaktoren ist dies vergleichsweise einfach, da hier i. d. R. klar definierte Begriffe und internationale Standards existieren, nach denen die wichtigsten ökonomischen Größen von den meisten Ländern fortlaufend erhoben werden. Schwieriger wird es bei der Messung weicher Standortfaktoren.

3. Standortfaktoren skalieren

Die Ausprägung der Kriterien kann durch qualitative oder quantitative Daten in unterschiedlichen Maßeinheiten vermittelt werden: In numerischer Form, als verbale Beschreibung, als Nummerierungspunkte (z. B. Anzahl von Sternchen) oder auch durch Farbcodierung. Dabei kann jedes Kriterium eine andere Maßeinheit aufweisen. Durch die **Skalierung** werden das Messniveau, die Bandbreite und die Abstufung bestimmt. Dabei lassen sich Nominalskalen (wie z. B. politische Stabilität: ja oder nein), Ordinalskalen (z. B. Marktwachstum: „sehr gut“, „gut“, „durchschnittlich“ oder „schlecht“) oder Kardinalskalen (z. B. Arbeitskosten je Arbeitsstunde) verwenden. Ziel der Skalierung ist es, die Extremwerte festzulegen und die erhobenen Werte innerhalb dieser Spannweite zuzuordnen.

4. Standortfaktoren normieren

Liegen die Standortfaktoren im gleichen Skalenniveau vor, lassen sie sich z. B. durch die Vergabe von Rangplätzen – unter Verlust der absoluten Abstände – miteinander vergleichen. Wenn allerdings unterschiedlich skalierte Merkmale (Sachinformationen) zu einem Gesamtwert zusammengeführt werden sollen, muss eine Vereinheitlichung des Wertebereichs **(Normierung)** sowie ggf. durch Invertierung einzelner Kriterien eine einheitliche Bewertungsrichtung erfolgen. Diese Werte lassen sich dann z. B. in einem sog. **Spinnennetz-Diagramm** abbilden (vgl. Abb. 3.17).

Die Interpretation eines **Spinnennetz-Diagramms** erfolgt über die Fläche, die eine Destination abdeckt, wobei eine größere Fläche für einen vorteilhafteren Standort steht. Ein idealer Standort würde sich über die volle Fläche des Diagramms erstrecken. Weitere Darstellungsmöglichkeiten sind z. B. „Ampel-Diagramme“, in denen jedem Teilindikator die Farbe grün, gelb oder rot zugeordnet wird – je nachdem, wie die Destination auf diesem Teilgebiet abschneidet.

5. Standortfaktoren gewichten

Bevor aus den normierten Teilindikatoren ein Gesamtindex errechnet werden kann, hat eine **Gewichtung der Teilindikatoren** zu erfolgen, d. h. ist ein Werturteil über die relative Bedeutung der einbezogenen Kriterien vorzunehmen. Neben einer Gleichgewichtung lassen sich auch Gewichtungsfaktoren bestimmen. Diese sind z. B. durch Experten- oder Zielgruppenbefragungen zu ermitteln.

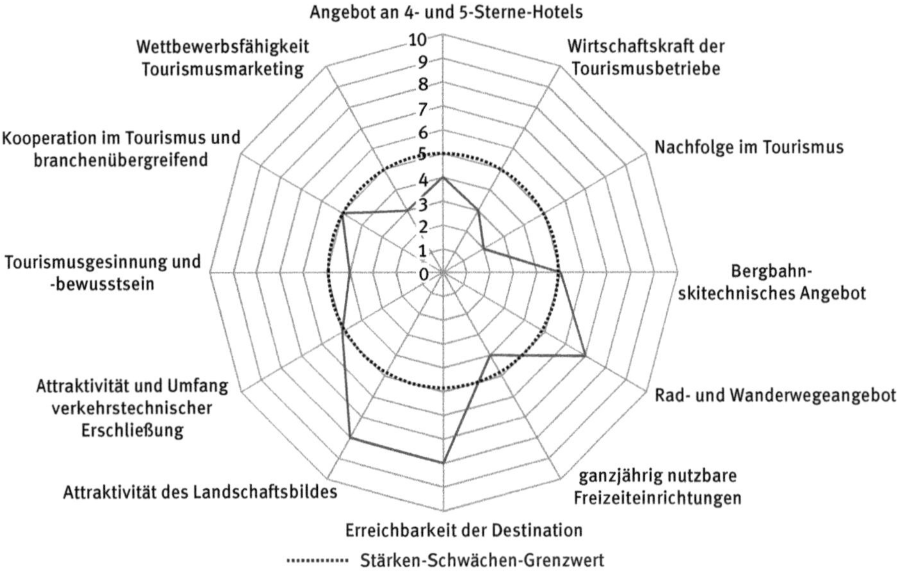

Abb. 3.17: Spinnennetz-Diagramm: Touristische Standortfaktoren im Vergleich; Quelle: Auweck et al. 2009, S. 108.

6. Standorte bewerten

Zur **Bewertung der Standorte** lassen sich unterschiedliche Verfahren heranziehen, die jedoch alle durch ein mehr oder weniger hohes Maß an Subjektivität charakterisiert sind und in der Praxis nicht alleine, sondern in Kombination mit anderen Verfahren (z. B. Investitionsrechnungen, Kosten-Ertragsrechnungen) einzusetzen sind (vgl. Schmude/Namberger 2015, S. 35):

- Beim **Einfachverfahren** werden die zur Disposition stehenden Standorte anhand der Mindestausprägung vorab definierter betriebsspezifischer Kriterien (z. B. Lage: 1a-Lage in den Innenstädten; Sichtbarkeit: Hervorragende Sichtbarkeit des Objekts; Anbindung: Sehr gute Anbindung an den ÖPNV) geprüft.
- Beim **Checklist- bzw. Punktbewertungsverfahren** wird die Kriterienausprägung mit Punktwerten versehen und ergibt sich der optimale Standort durch Summation über alle Kriterien (Additionsregel) hinweg (vgl. Kap 3.2.3.3). Je nach Präferenz des Entscheiders sind auch andere Entscheidungsregeln heranzuziehen (z. B. bei einer Risikoaversion die Min-Max-Regel).
- Beim **Analogieverfahren** wird ein alternativer mit einem bereits vorhandenen Standort verglichen, wobei sich etwaige Unterschiede durch Zu- und Abschläge berücksichtigen lassen. So zeigt Abb. 3.18 ein beispielhaftes Analogieverfahren für die Ermittlung der Eignung der Gemeinde Pöcking am Starnberger See als Gewerbestandort im Vergleich zu einer frei wählbaren Alternative.

Standortanalyse Pöcking

>>> Anleitung zum Ausfüllen auf der Vorderseite <<<

Pöcking Kurzüberblick
– 5.700 Einwohner und 2.600 Haushalte
– Gemeindesteuereinnahmen: 3.306 €/EW
– konstante Bevölkerungsentwicklung (2,6%)
– ∅-Alter 44,0; im LK STA 43,7 (LHM 41,7)
– sozialversicherungspflichtige Beschäftigte (SVB): 941
– Anteil der SVB: Land- und Forstwirtschaft 1%, produzierendes Gewerbe 11%, Handel/Verkehr 23%, Dienstleistung 65%
– Pendlersaldo: -677; Einpendler 722 und Auspendler 1.399

Erläuterungen zur vergleichenden Standortanalyse
Gewichtung (G): 3 = sehr wichtig, 2 = wichtig, 1 = weniger wichtig, 0 = unwichtig;
Bestimmen Sie den Gewichtungsfaktor entsprechend Ihren Anforderungen an einen Standort.
Bewertung (B): 5 (sehr gut erfüllt) bis 1 (weniger gut erfüllt); 0 = nicht erfüllt → ggf. Ausschlusskriterium.
Punkte (P): Multiplikation des Gewichtungsfaktors mit dem bewerteten Standortfaktor.
Nutzwertanalyse: Addition der Punkte → Vergleich der Standorte.

Verkehr, Infrastruktur und Gewerbeflächen:
- direkte Anbindung zur Bundesstraße 2; 15 Minuten zur A96 und A95
- Fahrzeit zum Flughafen München < 1 Stunde (65 km)
- S-Bahn-Station Possenhofen (mit P&R) und Busverbindungen
- flächendeckender DSL-Anschluss
- flächendeckende Gasversorgung
- Gewerbegebiet in Planung*

Steuerniveau:
- Gewerbesteuerhebesatz: 240% (niedrigster Satz!)
- Hebesatz der Grundsteuer B: 250%
- Vermögensstand der Gemeinde Pöcking ca. +8.900€/EW (zum Vergleich ∅ Dt. -1.000€ = Schulden)

Arbeitsmarkt und Sozialstruktur:
- Ausbildungsniveau überdurchschnittlich hoch (z.B. besuchen 80% der Schüler ein Gymnasium; in Bayern 44%)
- gehobenes Lohnkostenniveau
- Arbeitslosenquote 2,7%
- Kaufkraft/EW 28.604 € (∅ Dt. 18.734 €), KK-Index 152,7 (∅ Dt. 100)

Branchenumfeld:
- Vielzahl an Handwerksbetrieben (Installation, Maler, Zimmerei, Schreinerei, Baumeister, Dachdecker, Gartenbauer u.a.), freie Berufe (Ärzte, Anwälte, Architekten, Heilpraktiker u.a.) sowie Bootswerft und Pharmaproduktion
- Max-Planck-Institut und Fachschule der Bundeswehr für Informationstechnologie
- Mittelpunkt des „Tagungs- und Konferenztourismus Starnberger See" mit La Villa und DGB-Tagungszentrum

llgemeines Wirtschaftumfeld:
- offene Gemeindeverwaltung
- Gewerbeverband Pöcking (6,7 Mitglieder/1000 EW, (∅ LK. 4/1000 EW), GfW Starnberg und Tourismusverband Fünf-Seen-Land
- Landkreis gehobener mittelständischer Firmenmix; Schwerpunkte: Luft- und Raumfahrttechnik, Tourismus, Umwelttechnologie, optischen Technologie, Automotive und Medizintechnik

Standortattraktivität:
- beliebtes Naherholungsziel, attraktive Ortsmitte und Kaiserin Elisabeth (Possenhofen)
- 1.398 Wohngebäude mit 2.587 Wohnungen; ∅ 47 qm/EW, ∅ Belegung 2,19; Bodenrichtwert Wohnbauland 559 €/qm
- Breites Ärzte-Spektrum und 2 Apotheken; Sozialstation und betreutes Wohnen (im Bau); Kreiskrankenhaus (10 Min. Anfahrt)
- 2 Krippen, 2 Kindergärten, Hort sowie Grundschule; alle weiterführenden Schulen im ÖPNV-Einzugsbereich (< 10km)
- Bio-, Super- und Drogeriemärkte, Obst- und Gemüseläden, Bäcker, Metzger und Fischerei sowie Autohäuser und Bekleidungsgeschäfte
- Sportpark Pöcking, Ozon-Hallenbad, Starnberger und Maisinger See, Seenschifffahrt, Wanderwege und Nordic-Walking-Park
- Theater, reges Vereinsleben sowie Jugend-, Konzert- und Kulturanagebot, Kaiserin-Elisabeth-Museum und Gemeindebücherei
- Restaurants, Beherbergungsbetriebe und Jugendherberge Possenhofen

sonstige Standortfaktoren:
- ....

	G	Pöcking B	Pöcking P	Alternative B	Alternative P
Verkehr, Infrastruktur und Gewerbeflächen					
– Anbindung an das Fernstraßennetz		4			
– Flughafenanbindung		3			
– ÖPNV-Anbindung		4			
– Versorgungsnetze		4			
– Mietflächenverfügbarkeit		*2*			
– Mietpreisniveau		3			
Steuerniveau					
– Gewerbesteuer		5			
– Grundsteuer		5			
– Vermögenstand der Gemeinde		5			
Arbeitsmarkt und Sozialstruktur					
– Qualifikationsniveau		5			
– Lohnkosten		3			
– Arbeitskräfteverfügbarkeit		3			
– Kaufkraft		5			
Branchenumfeld					
– Branchenmix		5			
– Forschungs- und Ausbildungseinrichtungen		4			
– Tagungs- und Kongressmöglichkeiten		4			
llgemeines Wirtschaftumfeld					
– lokales Wirtschaftsklima (Gemeinde)		5			
– lokale Brancheninitiativen		5			
– Landkreis Starnberg		5			
Standortattraktivität					
– Attraktivität der Region (Image)		5			
– Wohnmöglichkeiten		4			
– medizinische Versorgung und Betreuung		5			
– Bildungs- und Betreuungseinrichtungen		5			
– Nahversorgung		4			
– Sport und Freizeit		5			
– Gastronomie und Hotels		3			
– Kultur		4			
sonstige Standortfaktoren					
– ...					
– ...					
Summe			Σ ____		Σ ____

Abb. 3.18: Analogieverfahren Standortanalyse Pöcking am Starnberger See; Quelle: Eigene Darstellung.

7. Ergebnisse kontrollieren
Da die Ergebnisse einer Standortanalyse mit Unsicherheiten verbunden sind, bedarf es einer **sorgfältigen Interpretation**. Unwägbarkeiten lassen sich auf die verwendeten empirischen Eingangsdaten, gewählten Untersuchungsparameter oder die eingesetzten Rechenregeln zurückführen. Zudem sind Änderungen im Zeitverlauf aufgrund unbeeinflussbarer Rahmenbedingungen möglich. Da Standortentscheidungen nur schwer revidiert werden können, sollte der endgültigen Handlungsempfehlung eine **gründliche Kontrolle** vorausgehen. Hierbei ist zu untersuchen, wie sich die Vorteilhaftigkeit der Alternativen ändert, wenn eine oder mehrere Einflussgrößen um eine bestimmte Abweichung variieren. Dies kann durch eine Sensitivitätsanalyse, die die Auswirkungen von Änderungen einzelner Eingangsdaten und Analyseparameter auf die Alternativenbewertung untersucht, oder eine Szenarioanalyse, die jeweils eine optimistische, realistische und pessimistische Einschätzung zukünftiger Umweltzustände berechnet, erfolgen.

3.6 Organisation von Destinationen

Eine Destination bedarf einer konsequenten und stringenten Organisation, um sich gegenüber anderen Destinationen abzugrenzen und zu positionieren. Sie ist immer eine **wirtschaftliche Einheit**, die wie ein Unternehmen gemanagt werden muss, um wirtschaftlich erfolgreich zu sein. Dies bedeutet nicht, dass alle Akteure innerhalb einer Destination erfolgreich sind, allerdings liefert ein professionelles Management die Basis des Erfolgs der einzelnen Leistungsträger. Folgende Akteure sind Teil einer Destination:

- Bürger,
- touristische Leistungsträger,
- Einrichtungen ohne touristischen Bezug (Privatwirtschaft),
- Verwaltungs- bzw. politische Strukturen,
- Touristen.

3.6.1 Ziele und Bildung von Destinations-Management-Organisationen (DMO)

Das übergeordnete Ziel einer **Destinations-Management-Organisation (DMO)** liegt in der Entwicklung und Profilierung von Alleinstellungsmerkmalen, um die Destination zu einem unverwechselbaren Attraktionsort zu machen. Dazu muss die DMO die Akteure einer Destination vernetzen sowie ihre Interessen repräsentieren, bündeln und in Einklang bringen, um entsprechende Angebote abzuleiten und die Destination zu stärken. Dies ist nicht immer einfach, da häufig gegensätzliche Anforderungen und Erwartungshaltungen aufeinandertreffen. Beispielsweise erhoffen sich die touristischen Leistungsträger vom Bau einer Sommerrodelbahn einen wirtschaftlichen Aufschwung und mehr Gäste, während die Bürger ein erhöhtes Verkehrsaufkommen und negative Auswirkungen auf die Umwelt befürchten könnten.

Die Hauptaufgaben einer DMO als Wirbelsäule einer Destination liegen in der **Koordination und Vermarktung des Destinationsproduktes**, d. h. des gesamten Bündels an ursprünglichen (vgl. Kap. 3.3.1), abgeleiteten (vgl. Kap. 3.3.2) und immateriellen Angebotsfaktoren (vgl. Kap. 3.3.3) einer Destination, der **Anbahnung und Unterstützung von Kooperationen unter den Leistungsträgern** innerhalb der Destination sowie der **Erstellung eines Tourismuskonzeptes** für die Destination, oft verbunden mit einem öffentlichen Auftrag zur Tourismusförderung (vgl. Scherhag 2017).

Da der Gast bei der Nutzung einzelner Leistungen innerhalb einer Destination nicht nach deren unterschiedlichen Anbietern differenziert, projiziert er die wahrgenommene Leistungsqualität auf die Destination als Ganzes. Es ist daher die große Herausforderung einer DMO, die Einzelleistungen so gut wie möglich aufeinander abzustimmen und zu koordinieren, um dem Gast ein vollkommenes, optimales Angebot zu vermitteln (vgl. Becker 2007, S. 465).

Die Bildung einer erfolgreichen Destination findet immer in einer Verknotung unterschiedlicher Interessen sowie gewachsener Vorgaben statt, welche sich als sehr beharrlich erweisen und von einer DMO zu überwinden sind. Dazu gehören (vgl. Steinecke/Herntrei 2017, S. 25 ff.):

Das Kirchturmdenken von Politikern: Das Interesse von Regionsoberhäuptern oder Bürgermeistern gilt immer einer positiven wirtschaftlichen Entwicklung der Destination im Einzelnen, um eine Erfolgsbilanz zu präsentieren und dadurch ihre Wiederwahlwahrscheinlichkeit zu erhöhen. Eine Kooperation mit anderen Städten und Gemeinden, wie sie für die Destinationsbildung strikt erforderlich ist, da Touristen nicht in kleinräumigen administrativen Einheiten, sondern in größeren natur- und kulturräumlichen Zusammenhängen denken, ist für sie von nachrangiger Bedeutung.

Konflikte mit bestehenden Organisationen: Eine DMO muss sich gegenüber beharrlichen lokalen Verbänden und Vereinen, welche sich gegen Veränderungen abschotten, durchsetzen können. Sie müssen zur Abgabe von Kompetenzen, Aufgaben und Zuständigkeiten bewogen werden, um einem erfolgreichen ganzheitlichen Destinationsmanagement nicht im Wege zu stehen.

Die Vielfalt touristischer Betriebe: Da der Tourismus nicht für alle Betriebe gleichermaßen bedeutend ist – Hotelbetriebe sind z. B. von Touristen stärker abhängig als Einzelhandelsgeschäfte, Imbissstände oder Tankstellen, bei denen die Ausgaben der Urlauber nur eine untergeordnete Rolle (und zumeist nur in der Hauptsaison) spielen –, fällt die Bereitschaft, sich aktiv bei der Entwicklung der Destination einzubringen, sehr unterschiedlich aus. Auch führen unterschiedliche Professionalisierungsgrade (z. B. Hotels versus Privatzimmer und Jugendherbergen) zu einer mehr oder weniger ausgeprägten Marktkenntnis und Kundenorientierung, was eine ganzheitliche Destinationsbildung erschwert. Der Konzentrationsprozess im Beherbergungswesen trägt sein weiteres zu dieser Erschwerung bei, da große Hotelketten ihre eigenen, unternehmensspezifischen Strategien (z. B. eigene Pauschalangebote, welche nicht über die DMO vermarktet werden) verfolgen und daher an einer aktiven Rolle im Destinationsmanagement nicht interessiert sind.

Lokalpatriotismus der Bevölkerung: Touristen und Ortsansässige zeichnen sich durch eine unterschiedliche Raumwahrnehmung aus. Während Touristen in größeren räumlichen Maßstäben denken, beschränkt sich der Fokus der Einheimischen auf ihr eher kleinräumiges Umfeld, z. B. das Stadtviertel oder die Straße, in der sie wohnen.

3.6.2 Formen von DMOs

Die untersten Einheiten von DMOs bilden die **Fremdenverkehrs- bzw. Tourismusämter** der Gemeinden. Ihre Hauptaufgabe liegt in der Gestaltung des Marketing-Mix für eine Destination. Hierzu gehören Maßnahmen der **Produktpolitik** (z. B. Entwicklung von Pauschalangeboten für Privat- und Tagungsreisende, Gestaltung von Kinderprogrammen und Ortsführungen, Schulung von Fremdenverkehrsführern und Mitarbeitern an Schaltern etc.), der **Kommunikationspolitik** (z. B. Vermittlung von Informationen an bestehende und potenzielle Gäste, Entwurf von Prospekten und Werbemitteln, Teilnahme an Messen und Workshops, Durchführung von Mailing-Aktionen, Aussendung von Presseinformationen, Betreuung von Pressevertretern, Gestaltung des Online-Auftritts etc.) und der **Distributionspolitik** (z. B. Bearbeitung von Anfragen, Reservationen, Zimmervermittlung etc.).

Als öffentlich-rechtliche Organisationseinheit sind sie der Stadtverwaltung unterstellt **(Regiebetrieb)** sowie dem Wirtschaftsressort zugeteilt und werden über den Gemeindehaushalt finanziert. Eine Gegenfinanzierung lässt sich über die Gewerbesteuer sowie Fremdenverkehrsabgaben und ggf. Kurtaxen sicherstellen (vgl. Kap. 3.6.4). Haushaltsplan und Organisation werden von Gemeinderat und Bürgermeister bestimmt und orientieren sich an der Bedeutung und dem zur Verfügung stehenden Budget. Die Mitarbeiter sind bei der Gemeinde angestellt. Die Ämter können aber auch als **privatwirtschaftliche Betriebe** in Form einer GmbH betrieben werden, an denen die Gemeinde aber die Mehrheit der Gesellschafteranteile hält (vgl. Steinecke 2011, S. 139).

Als Teil der Gemeindeverwaltung bilden die Tourismusämter oft nur wenig schlagkräftige Einheiten. Aufgrund ihrer finanziellen Abhängigkeit von der jeweiligen Gemeinde wird hier mehrheitlich verwaltet statt aktiv gehandelt. Deshalb haben sich in den letzten Jahren in fast allen Destinationen **Verbände** gebildet, die meist überregional eine gesamte Destination vermarkten. Bei einem Verband handelt es sich um einen **Zusammenschluss von natürlichen oder juristischen Personen**, die ein gemeinsames Interesse oder Ziel verfolgen, wobei die Einstellung der Mitglieder zum Verband traditionell, emotional oder zweckrational determiniert sein kann (vgl. Helmig 2017). Verbände organisieren die Interessen ihrer Mitglieder und vertreten diese in der Öffentlichkeit und gegenüber Entscheidungsträgern.

Die Struktur eines Verbands ist mit Ausnahme eines Spitzenverbandes, der als lose Zusammenfassung mehrerer großer Verbände gebildet wird, um sich in wichtigen Fragen schnell und bürokratisch einen Standpunkt zu bilden, i. d. R. langfristig angelegt und wird professionell gemanagt. Durch die Bündelung von möglichst vielen und großen Einzelakteuren wird ein Verband mächtig und finanzstark, was bei der Durchsetzung gegenüber anderen Gremien hilfreich ist. Je homogener seine Zielsetzungen sind, umso einflussreicher und erfolgreicher ist ein Verband bei der Durchsetzung seiner Interessen. Ein erfolgreiches Beispiel stellt der Tourismusverband Mecklenburgische Seenplatte dar (vgl. Exkurs 10 in Kap. 3.5.1).

Die meisten Verbände sind als Verein, als Körperschaft des öffentlichen Rechts oder als öffentlich anerkannter Wirtschaftsverband organisiert (vgl. Helmig 2017). Inzwischen sind zahlreiche Verbände sowohl in punkto Organisationsstruktur als auch rechtlicher Ausrichtung ähnlich strukturiert wie privatwirtschaftliche Unternehmen. Häufig werden sie in Form einer GmbH geführt, möglich sind auch kleinere Aktien- und Kommanditgesellschaften. Fast immer sind sie haftungsbeschränkt.

Tourismusverbände vertreten die Interessen der jeweiligen Akteure innerhalb einer Destination (z. B. Hoteliers, Skiliftbetreiber, Restaurantbetreiber, Ladenbesitzer etc.) und verfolgen deren Bündelung und Durchsetzung, was aufgrund der Vielzahl an unterschiedlichen Interessen innerhalb einer Destination nicht immer ein einfaches Unterfangen darstellt. I. d. R. vermarkten Tourismusverbände eine Destination als **Dachmarke**, welche sie und ihre touristischen Leistungsträger profilieren soll (vgl. Schmude/Namberger 2015, S. 52). Meist interagieren unterschiedliche kleinere Marken bzw. Destinationen miteinander, die sich zu einer großen Dachmarke zusammenschließen. Z. B. vermarkten sich die Tiroler Skiorte Sölden, Obergurgel, Hochgurgel etc. sowohl einzeln als auch gemeinschaftlich unter der Marke Ötztal, die wiederum Teil der großen Dachmarke Tirol ist. Der Zusammenschluss kann auch auf überregionaler oder nationaler Ebene erfolgen. Wichtig ist in erster Linie aber nicht die räumliche Abgrenzung, sondern die Darstellung als Einheit in der Außenwirkung, sodass trotz der Vielzahl an Akteuren die Touristen die Destination als **virtuelles Unternehmen** wahrnehmen (vgl. Job et al. 2005, S. 619 f.).

Die Organisationsstrukturen von Vereinen als DMOs sind in Deutschland sehr kleingliedrig und wenig transparent. National bildet die **Deutsche Zentrale für Tourismus (DZT)** die Marketingsäule für das in- und ausländische Marketing und unterhält in jedem Bundesland mehrere Regionalverbände (vgl. Job et al. 2005, S. 620).

DMOs können auch privatwirtschaftlich in Form von **Marketinggemeinschaften** geführt werden. Ziel ist die Stärkung der Destination als wirtschaftliche Einheit und deren Vermarktung. Dabei gehören Markenbildung und -stärkung zu den Kernaufgaben. Mitglieder sind oft nicht nur touristische, sondern auch Leistungsträger aus anderen Bereichen, wie es z. B. bei der Allgäu GmbH der Fall ist, welche die Marke Allgäu vermarktet (vgl. Exkurs 11).

Exkurs 11: Die Allgäu GmbH

Die Marke Allgäu ist die größte DMO in Deutschland. Sie vertritt nicht nur touristische, sondern auch Leistungsträger aus anderen privatwirtschaftlichen Bereichen (z. B. Brauereien, Handwerksbetriebe, Technologieunternehmen, Dienstleister etc.), die in der Region ansässig sind. Sie definiert sich selbst als Gesellschaft für Standort und Tourismus. Ihre Aufgaben liegen in den Bereichen Tourismus-, Standort- und Markenmanagement. Im touristischen Bereich hat die Allgäu GmbH fünf Geschäftsfelder festgelegt: Winter, Gesundheit, Wandern, Radfahren und Städtekultur. Diese Geschäftsfelder werden von Leitprodukten und jeweils eigenständigen Marketingkonzepten (z. B. Alpenwellness, Wandertrilogie, Radrunde) unterstützt. Die Leitprodukte bieten touristischen Dienstleistern, insbesondere Beherbergungsbetrieben, die Möglichkeit, sich auf wenige oder ein Thema zu spezialisieren und dies mit Hilfe der Allgäu GmbH gezielt zu vermarkten. Es erscheint ein jährliches Booklet mit aktuellen Kennzahlen und Entwicklungsschritten der Marke Allgäu sowie diversen Marketing-Beteiligungsmöglichkeiten (Printmedien, Presse- und Online-Marketing). Die Beteiligungsmöglichkeiten richten sich hauptsächlich an Hotelbetriebe, können aber auch von anderen Unternehmen genutzt werden.

Kernaussage der Marketingstrategie 2020 ist: „Urlauben, Wirtschaften und Leben – am Liebsten im Allgäu". Daraus wird deutlich, dass sich das Konzept nicht nur an Urlauber, sondern gleichsam an Unternehmen und Bürger wendet. Das Thema Nachhaltigkeit, Verantwortung für Umwelt und Natur, spielt in der Strategie eine zentrale Rolle und beeinflusst alle Teilbereiche und Kampagnen.

Teilhaber der GmbH sind der Tourismusverband Allgäu/Bayerisch Schwaben (26 %), die Allgäuer Regional- und Investitionsgesellschaft (26 %) und mehrere private Gesellschafter (48 %). Die Geschäftsführer werden durch den Aufsichtsrat (Mitglieder aus Regionalpolitik und Wirtschaft) unterstützt. Einer der wichtigsten privatwirtschaftlichen Teilhaber ist die Pro Allgäu GmbH & Co. KG. Hierbei handelt es sich um eine standortgebundene Hotelkooperation (Allgäu Top- und Landhotels) von 80 Hotels in der Kategorie zwischen drei und fünf Sternen. Es ist die größte derartige Kooperation in Deutschland mit den Schwerpunkten Lobbyarbeit und Marketing.

Die Marke Allgäu gilt als bedeutendste und einflussreichste Regionalmarke in Deutschland und ist Vorbild für viele weitere Destinationsmarken. Seit 2012 darf sie sich offiziell mit dem Titel „Superbrand" schmücken und wird damit als einzige Regionenmarke in Deutschland zu diesem internationalen Kreis gezählt.

Quellen: Allgäu GmbH 2017; Pro Allgäu GmbH & Co. KG 2017.

Bei DMOs spielen heute **Governance-Ansätze** eine wichtige Rolle. Dabei handelt es sich um eine Kombination von öffentlicher Steuerung und privater Selbstorganisation (vgl. Raich 2006, S. 199). Gerade in touristischen Destinationen sind viele unterschiedliche Anspruchsgruppen und deren Interessen zu beachten sowie in Einklang zu bringen, was nach geeigneten Strategien und Instrumenten verlangt (vgl. Schuler 2013, S. 24). Ziel einer Corporate Governance, bei der es sich um ein Gefüge aus Rechten, Prozessen und Kontrollen handelt, um die Führung einer Geschäftseinheit unter der Berücksichtigung des Interessenschutzes aller Anspruchsgruppen zu gewährleisten (vgl. Bieger/Beritelli 2013, S. 85), ist es immer, ein freiwilliges Umdenken zu erreichen, d. h. die Betriebe sollen die Ansätze und Leitlinien freiwillig anerkennen und befolgen. Um einen entsprechenden Anreiz zu geben, werden nicht nur Best-Practice-Betriebe ausgezeichnet, sondern auch der „Comply-or-Explain"-Ansatz verfolgt.

Die Einhaltung der Leitlinien ist unverbindlich, ein Nicht-Einhalten muss aber von den teilnehmenden Betrieben in einem jährlichen Bericht dokumentiert werden. Es können eigene Corporate-Governance-Ansätze entwickelt oder auf bereits bewährte zurückgegriffen werden (z. B. den Deutschen Corporate-Governance-Kodex börsennotierter Unternehmen, vgl. DCGK 2017[15]).

3.6.3 Determinanten und Ebenen von DMOs

DMOs stehen im Fokus unterschiedlicher Anspruchsgruppen, sind gleichzeitig aber auch von gesamtwirtschaftlichen Faktoren abhängig. Folgende Determinanten sind für eine DMO relevant (vgl. Steinecke 2006, S. 77):
- Gegenwärtige und zukünftige **wirtschaftliche Dynamik** des Ziellandes,
- ökonomische und politische **Stabilität**,
- **Gesetzgebung** (z. B. Umwelt- und Steuergesetzgebung),
- **Qualitäts- und Lohnniveau** sowie arbeitsrechtliche Rahmenbedingungen,
- **infrastrukturelle Ausstattung**.

Die unterschiedlichen Anspruchsgruppen innerhalb einer DMO weisen folgende Charakteristika auf (vgl. Letzner 2014, S. 10):
- **Keine klassische Hierarchie** zwischen den einzelnen Akteuren, dennoch große Unterschiede in der Machtposition (Größe, wirtschaftliche Möglichkeiten und politischer Einfluss),
- hoher **Koordinations- und Abstimmungsbedarf** zwischen den Einzelakteuren,
- hoher Anteil **öffentlicher Güter** (Landschaft, Wege, Sehenswürdigkeiten, Infrastruktur etc.).

DMOs treten in einer Destination zum einen als **Leistungsträger** (touristisches Marketing für eine bestimmte Region bzw. Produkte), **Reisemittler** (z. B. Vermittlung von Zimmern, Informationen, Tickets), aber auch als **Reiseveranstalter**, die verschiedene Teilleistungen zu einem Pauschalangebot bündeln (z. B. Übernachtung mit Skipass), auf. In letzterer Funktion tragen sie ganz erheblich zur touristischen Erschließung sowie zur funktionalen Verknüpfung touristischer Quell- und Zielgebiete bei (vgl. Steinecke 2006, S. 90 und 109).

15 Der Deutsche Corporate-Governance-Kodex (DCGK) setzt sich aus gesetzlichen Vorschriften zur Leitung und Überwachung von börsennotierten, deutschen Unternehmen zusammen (geregelt im Aktiengesetz und international anerkannten Standards in Bezug auf verantwortungsvolle Unternehmensführung). Diese Standards sind Soll-Standards, die nicht erfüllt werden müssen, allerdings muss die Nicht-Erfüllung im jährlichen CG-Bericht erläutert werden („Comply or Explain"). Der CGK soll aktiennotierte Unternehmen transparenter machen sowie Best-Practice-Unternehmen positiv herausstellen und zur Nachahmung anregen (vgl. DCGK 2017).

Neben der Bündelung von Einzelakteuren zu einer (homogenen) Gruppe ist die **Professionalisierung** von touristischen Leistungen innerhalb einer Destination die Kernkompetenz von DMOs. Die Abkehr von vormals häufig ehrenamtlichen Tätigkeiten hin zu hauptberuflichen Lobbyisten und touristischen Fachkräften bringt einen hohen Input an Informationen und eine gute Vernetzung der DMOs mit politischen Parteien, anderen Verbänden und Wettbewerbseinheiten mit sich. Dieser Schritt von losen Interessensverbänden zu strukturierten Unternehmen, die häufig als GmbH organisiert sind (vgl. Steinecke 2006, S. 110), wurde u. a. durch den zunehmenden internationalen Wettbewerb zwischen Destinationen nötig.

DMOs verfolgen klassische Managementstrategien, um ihren Einfluss zu stärken und die Interessen ihrer Mitglieder bzw. Beitragszahler zu vertreten. Hierbei müssen unterschiedliche Ebenen berücksichtigt werden: **Normative Ebene** (Politik), **strategische Ebene** (Planung) und **operative Ebene** (Umsetzung) (vgl. Steingrube 2007a, S. 442). Diese Ebenen sind nicht isoliert voneinander zu betrachten, vielmehr ist jede auf die anderen angewiesen, sodass ein immerwährender Kreislauf der Zusammenarbeit entsteht. Wenn einer der drei Teilbereiche nicht mehr „rund" läuft, gerät das ganze Gefüge ins Wanken. Dies kann z. B. eintreten, wenn politische Entscheidungen getroffen werden, die sich negativ auf den Tourismus auswirken könnten, wie z. B. die Ablehnung eines Bauantrags zur Erweiterung eines Skiliftes. Die strategische Ebene muss daher ihre Planung und ihr Konzept anpassen und ggf. unter schlechteren Bedingungen die touristische Destination ohne den erweiterten Skilift ausrichten. Die operative Ebene ist gezwungen, das Konzept umzusetzen und zum Erfolg zu führen. Sie besteht v. a. aus kleinen und mittleren Unternehmen, die vorwiegend über eine nur geringe Kapitaldecke verfügen und auf einen stetigen Erfolg angewiesen sind. Eine längere Durststrecke können sich die meisten Betriebe nicht leisten. Auf die Entscheidungen der normativen Ebene besteht dabei nur geringer Einfluss (z. B. über die Durchführung eines Volksentscheids zur Erweiterung des Skilifts).

Die unterschiedlichen Ebenen und Anspruchsgruppen führen oft dazu, dass Entscheidungen nur zögerlich getroffen werden und von zahlreichen Kompromissen geprägt sind. DMOs stehen daher häufig auf der operativen Ebene, d. h. von unten, in der Kritik, weil sich zum einen die touristischen Leistungsträger schnellere und ganzheitlichere Entscheidungen wünschen, zum anderen die Ansprüche der operativen Ebene zu unterschiedlich sind und häufig zu gegensätzliche Erwartungen erfüllt werden müssten, um alle zufrieden zu stellen. Ein Beispiel hierzu ist die Etablierung und Umsetzung der „Wandertrilogie" (Gewinner des ADAC-Tourismus-Preises Bayern 2016) im Allgäu (vgl. Exkurs 12).

Exkurs 12: Wandertrilogie im Allgäu

Mit der Entwicklung des Fernwanderwegs „Wandertrilogie" im Allgäu, der mit seinen 53 Etappen und drei Wanderwegnetzen in unterschiedlichen Höhenlagen an sich schon eine sehr große organisatorische Aufgabe darstellte, wurden auch strategisch neue Wege eingeschlagen. Das Ziel

war, neue und alte Zielgruppen für das Wandern zu begeistern und auch jüngeren Zielgruppen ein Erlebniswandern schmackhaft zu machen. Die Idee ist, in drei unterschiedlichen geografischen Lagen Erlebnisräume (Wasserläufer: Eher flache Strecken durch die wasserreiche Voralpenlandschaft; Wiesengänger: Sanfte Hügellandschaft; Gipfelstürmer: Alpine und hochalpine Touren) zu schaffen und miteinander zu verbinden. Die operative Verankerung wird durch Etappen- und Portalorte (größere, bedeutendere Etappenorte) geschaffen, die strategisch durch ein gemeinsames Marketing verknüpft sind.
Ein wichtiges Element der Etappen- und Portalorte sind die Geschichten und Besonderheiten, die diese Orte einzigartig machen. Bei der strategischen Entwicklung mussten alle 53 Orte eigene, individuelle Geschichten finden und innerhalb ihres Ortes durch Tafeln, Aktionspunkte und Gestaltungsmerkmale sichtbar machen. Dies gestaltete sich bereits innerhalb der Orte als zum Teil äußerst schwierig (was ist denn Geschichte und was nicht?), wurde aber zum fast unlösbaren Problem, nachdem einige Orte sich für eine ganz ähnliche Geschichte entschieden hatten und diese nachträglich revidiert oder angepasst werden musste. Erst nach jahrelanger Vorarbeit konnte für jeden Ort eine Geschichte definiert werden – allerdings mit sehr unterschiedlicher Akzeptanz bei den einzelnen Leistungsträgern. Wie sich diese Diskrepanz in den nächsten Jahren auswirken wird, lässt sich an dieser Stelle noch nicht feststellen. Es ist aber zu befürchten, dass das Marketingpotenzial dadurch nicht annähernd ausgeschöpft werden kann.
Quelle: Allgäu GmbH 2017.

3.6.4 Finanzierung von DMOs

Aufgrund klammer Haushaltskassen in vielen Kommunen stellt sich die Frage, wie sich DMOs und touristisch-infrastrukturelle Einrichtungen (z. B. Museen, Schwimmbäder, Wanderwege etc.) finanzieren lassen, zumal die Förderung von Tourismus in Städten und Gemeinden seitens der Europäischen Union von der EU-Kommission für die Haushaltsperiode 2014–2020 deutlich gedrosselt wurde (vgl. DTV 2016, S. 2). Neue Einnahmequellen müssen gefunden werden, allerdings sind Gemeinden an ein Kommunalabgabengesetz gebunden und können nur in engem Rahmen eigene Abgaben, Steuern und Gebühren erheben.

Fremdenverkehrsämter finanzieren sich neben Mitteln der öffentlichen Hand aus Kurtaxen (auch Kurabgabe oder Ortstaxe) und Fremdenverkehrs- bzw. Tourismusabgaben (auch Fremdenverkehrsbeitrag). Werden die Ämter als private Unternehmen geführt, erfolgt die Finanzierung nur noch zum Teil aus öffentlichen Mitteln. Stattdessen treten Provisionen für diverse Buchungs-, Vermittlungs- und Verkaufsleistungen in den Vordergrund (vgl. DTV 2016, S. 6; Steinecke 2011, S. 139).

Die **Kurtaxe** ist eine Abgabe, die jeder Gast, dessen Aufenthaltsgrund touristischer Art ist, pro Nacht leisten muss. Für Tagesgäste fällt diese Abgabe nicht an. Erhoben wird sie von der Gemeinde, die auch die Höhe, in Deutschland häufig mit saisonalen Unterschieden i. d. R. zwischen 0,80–3,20 Euro pro Nacht und Person, festlegt. Kinder, Jugendliche und Schwerbehinderte erhalten häufig Rabatte oder sind freigestellt. Reisende mit geschäftlichem Hintergrund sind ebenso befreit. Kurtaxen dürfen nur Gemeinden erheben, welche die Anforderungen an Kurorte, Erholungsorte oder sonstige Fremdenverkehrsgemeinden erfüllen (§ 43 Kommunalabgabengesetz).

Die Auslegung dieses Gesetzes fällt in den Zuständigkeitsbereich der einzelnen Bundesländer.

Die Kurtaxe wird mit der Übernachtungsrechnung des Hotels bzw. der Ferienwohnung beglichen und gesondert auf dieser ausgewiesen. Die Anzahl der Übernachtungen geht aus den amtlichen Meldescheinen hervor, die der Hotelier bzw. der Vermieter für jeden Gast übermitteln muss. Sie enthalten persönliche Daten sowie die Dauer des Aufenthalts.

Als Gegenleistung für die Kurtaxe erhält der Gast in vielen Gemeinden eine Gästekarte, die monetäre Vergünstigungen bei der Nutzung von Angeboten und Einrichtungen der Gemeinde oder Region gewährt (z. B. bei öffentlichen Nahverkehrsmitteln oder Bergbahnen). In vielen Städten der Schweiz beispielsweise (u. a. Basel, Bern, Genf, Luzern) werden sogar kostenlose Mobility-Tickets für die gesamten öffentlichen Verkehrsmittel angeboten.

In manchen Gemeinden muss eine pauschalierte Gästetaxe (manchmal in Form einer Zweitwohnsitzsteuer) auch von Inhabern oder Mietern eines Ferien- oder Zweitwohnsitzes beglichen werden. In diesem Fall ist die Abgabe direkt an die Gemeindeverwaltung zu entrichten.

Die **Tourismusabgabe** müssen die örtlichen Unternehmen leisten, die vom Tourismus in der Gemeinde profitieren. Bei Beherbergungsbetrieben richtet sie sich nach der Anzahl der Übernachtungen. Es spielt keine Rolle, ob die Übernachtung geschäftlicher oder touristischer Art ist. Ebenso unerheblich ist es, wie alt die Gäste sind oder ob eine Behinderung vorliegt.

Unternehmer und Dienstleister, deren Einnahmen nur teilweise touristisch bedingt sind (z. B. Lebensmittelgeschäfte, Ärzte, Unterhaltungsdienstleister), müssen die Abgabe anhand eines festgelegten Satzes, von Gemeinde zu Gemeinde variierend, leisten. Häufig bemisst sich dieser am zu versteuernden Betriebsergebnis, d. h. anders als bei Übernachtungsbetrieben fällt die Abgabe nur an, wenn der Betrieb ein steuerpflichtiges Ergebnis erwirtschaftet. Seltener orientiert sich die Berechnungsgrundlage am Umsatz. Unternehmen können dieser pauschalierten Abgabe widersprechen, müssen im Gegenzug aber nachweisen, dass sie nur einen geringen oder gar keinen touristisch bedingten Umsatz erwirtschaften.

Die sog. **Bettensteuer** (auch Kulturförderabgabe, Übernachtungssteuer, City-Tax) entspricht in ihrer Struktur der Kurtaxe und wird von Städten und Gemeinden erhoben, die der Sache nach nicht kurtaxenberechtigt sind (keine Kur-, Erholungsorte oder sonstige Fremdenverkehrsgemeinden). Freigestellt oder vergünstigt sind die gleichen Anspruchsgruppen wie bei der Kurtaxe. Es kann sich um einen festen Betrag je Übernachtung oder um einen Prozentsatz des Übernachtungspreises handeln. So verlangt z. B. die Stadt Amsterdam 6 % des Gesamtaufenthaltspreises. Gegen die Erhebung der Bettensteuer gibt es oft großen Widerstand, da sie ausschließlich von Beherbergungsbetrieben mit Meldepflicht zu entrichten ist, während Gewerbetreibende, die vom Tourismus profitieren (z. B. Einzelhandel) oder Kleinvermieter (z. B. Airbnb-Partner) davon nicht betroffen sind.

Im Gegensatz zu Gemeinden finanzieren sich Marketinggemeinschaften, Kooperationen und privatwirtschaftliche Verbände zu großen Teilen aus Beiträgen ihrer Mitglieder und Spenden von Partnerunternehmen. Die Beiträge richten sich i. d. R. nach festen Bemessungsgrundlagen wie z. B. Grundbeitrag zzgl. Beitrag pro Gästebett oder Anzahl der Mitarbeiter (vgl. BHG 2017; Pro Allgäu GmbH & Co. KG 2017).

3.6.5 Destinationsmanagement und nachhaltiger Tourismus

Bereits in Kap. 2.3.4 wurde die hohe Bedeutung ökologieorientierter Tourismuskonzepte hervorgehoben, von denen der Primat eines **nachhaltigen Tourismus** (vgl. Kap. 2.3.4.2), der die ausgewogene Berücksichtigung der drei Nachhaltigkeitsdimensionen Wirtschaft, Gesellschaft und Umwelt als Grundlage für eine dauerhaft erfolgreiche Entwicklung der Tourismuswirtschaft betont, besondere Beachtung verdient. Dabei gibt es mehrere Gründe, aus denen eine nachhaltige Tourismusentwicklung auf Destinationsebene zu steuern ist (vgl. Wehrli et al. 2013, S. 42):

- Als touristische Wettbewerbseinheiten können Destinationen die Wirkung von Maßnahmen einzelner touristischer Leistungsträger durch ein **koordiniertes Vorgehen** verstärken.
- Die Destination trägt die **strategische Gesamtverantwortung** für das touristische Angebot und dessen Vermarktung.
- Der Gast nimmt die Destination als Ganzes wahr und erlebt seinen Urlaub entlang der **gesamten Servicekette** der Destination.
- Eine nachhaltige Entwicklung verlangt eine **ganzheitlich-integrierte Betrachtung** und daher den Einbezug übergeordneter Querschnittsthemen.
- Der Destinationsansatz fordert die **Beteiligung aller relevanten Leistungsträger und Akteure** sowie deren Beitrag.

Zur erfolgreichen Verankerung einer nachhaltigen touristischen Entwicklung in Destinationen bedarf es eines einfach verständlichen, flexiblen, die Ansprüche unterschiedlicher touristischer Akteure berücksichtigenden **Nachhaltigkeitsmanagementmodells**, das klare und erreichbare Ziele vorgibt, welche sich in kurzen zeitlichen Perioden realisieren lassen, um zur Motivation weiterer Akteure den Nutzen der ergriffenen Maßnahmen sichtbar zu demonstrieren (vgl. Wehrli et al. 2013, S. 46). Voraussetzung dafür ist, dass die Nachhaltigkeitsdimensionen operationalisiert, d. h. messbar gemacht werden. Dafür hat z. B. die Welttourismusorganisation ein Guidebook veröffentlicht (vgl. UNWTO 2004), das Tourismus- und Destinationsmanagern hierfür praktische Hilfe anbietet. Auch existieren mittlerweile mehrere Indices und

Indikatoren zur Messung einer nachhaltigen Tourismusentwicklung (vgl. z. B. Castellani/Sali 2009; Choi/Sirakaya 2005; Miller 2000).

Grundsätzlich gelten folgende **Prinzipien bzw. Anforderungen an ein Nachhaltigkeitsmanagementmodell** einer touristischen Destination (vgl. Wehrli et al. 2013, S. 51):
- Vereinfachte Umsetzung von Nachhaltigkeitsinitiativen,
- einfache Anwendbarkeit und Verständlichkeit,
- mit wissenschaftlicher Basis ausgestattet,
- Abstimmung auf die Bedürfnisse und die Eigenheiten der Destination,
- Verursachung geringen zusätzlichen Aufwands und Einbettung in das Führungssystem der Destination,
- Förderung des Informationsaustausches zum Thema Nachhaltigkeit in der Destination,
- Integration aller bestehenden Aktivitäten und Instrumente,
- Anlehnung an bestehende Konzepte und Verknüpfung mit diesen.

Angelehnt an diese Grundprinzipien ergibt sich folgendes u. a. am St. Galler Management Modell und dem EFQM-Modell (European Foundation for Quality Management) orientiertes Nachhaltigkeitsmanagementmodell (vgl. Abb. 3.19).

Im Managementteil des Modells besteht der Handlungsspielraum einer DMO aus drei Handlungsebenen:
- Die **Abläufe und Standards innerhalb einer DMO**, die sich von dieser weitgehend selbst bestimmen lassen.
- Das **touristische Angebot** kann die DMO nur in Interaktion mit den einzelnen Leistungsträgern entlang der gesamten Servicekette einer Destination zielführend beeinflussen. Die DMO kann hier über die Verbreitung von Informationen, Vernetzung sowie Anreizschaffung entsprechend steuern.
- Die mit der nachhaltigen Entwicklung der **Region** in Verbindung stehenden Themen reichen weit über den Einfluss- und Gestaltungsspielraum einer DMO hinaus. Diese ist hier auf die strikte Zusammenarbeit mit den entsprechenden Stakeholdern (Anspruchsgruppen), insbesondere der öffentlichen Hand, angewiesen.

Umgeben ist das Managementkapitel von den **Rahmenbedingungen** einer Destination sowie den **Themenfeldern**, welche beim Beschreiten einer nachhaltigen Entwicklung zu beachten sind.

Der Ansatz unterstützt die Destination bei ihren Nachhaltigkeitsbemühungen, indem es zum einen die unterschiedlichen Ebenen ihres Einflusses auf die einzelnen Anspruchsgruppen dokumentiert, zum anderen den Blick für die nachhaltigkeitsrelevanten Themen, Stakeholder und Stufen des Managementprozesses schärft (vgl. Wehrli et al. 2013, S. 52).

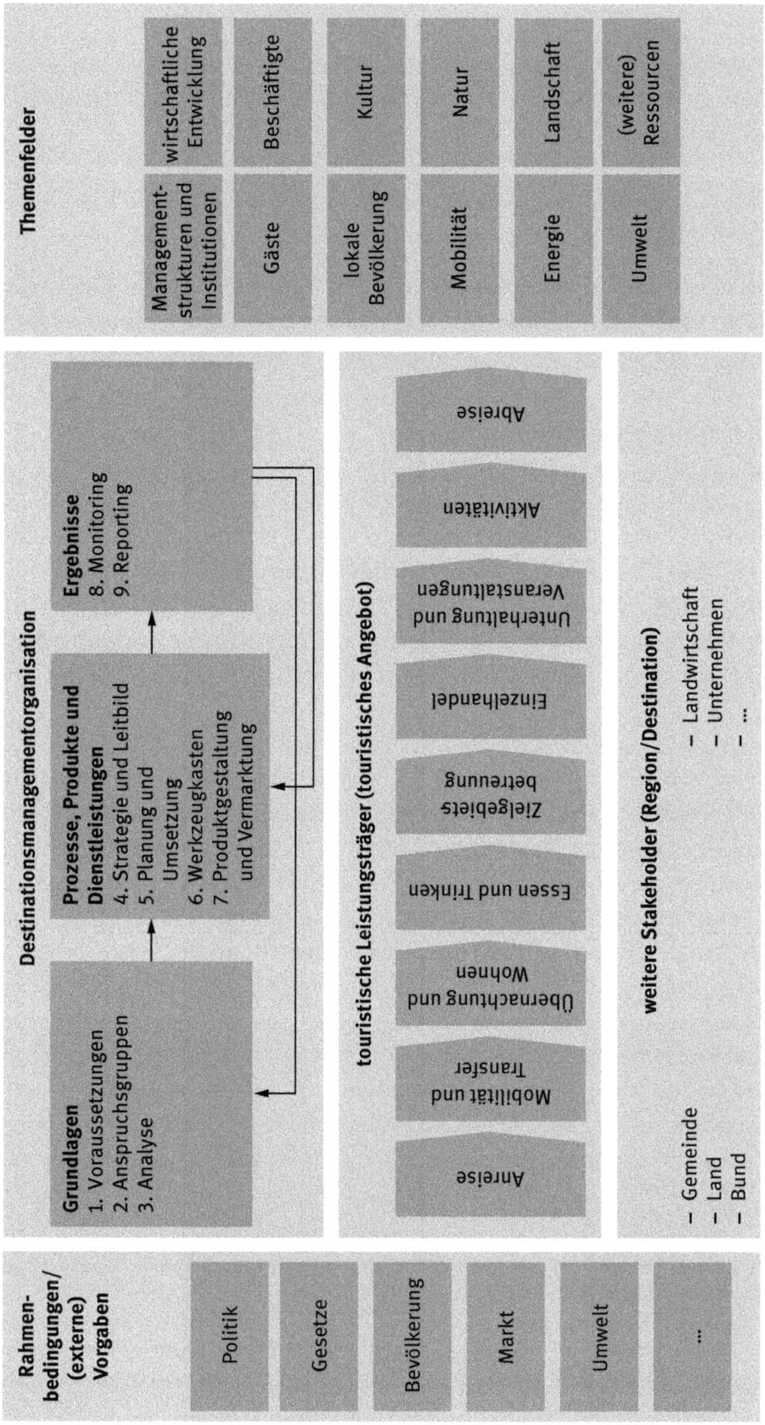

Abb. 3.19: Managementmodell für Nachhaltigkeit einer touristischen Destination; Quelle: Wehrli et al. 2013, S. 51, verändert.

3.7 Struktur- und Interaktionsanalyse von Destinationen

Das Zusammenspiel der touristischen Akteure manifestiert sich in den Strukturen und Interaktionen einer Destination, die idealtypisch anhand von Karten- (vgl. Kap. 3.7.1) und Netzwerkanalysen (vgl. Kap. 3.7.2) untersucht werden können.

3.7.1 Kartenanalyse

Karten sind ideale Medien zur Erfassung und zum Vergleich räumlicher Strukturen. Sie liefern ein zwei- oder dreidimensionales Abbild einer Destination, das je nach Zweck der Karte mit unterschiedlichen grafischen Zeichen illustriert wird.

3.7.1.1 Einführung in die Kartographie

Karten sowie Satelliten- bzw. Luftbilder sind Geoinformationssysteme, d. h. es werden Informationen (Elemente, materielle Dinge oder Bedeutungen) Punkten der Erdoberfläche zugeordnet (geografische Koordination) (vgl. Gryl 2016, S. 6). Ein **Satellitenbild** bzw. **Luftbild** ist eine fotografische Abbildung, die einen Teil der Erdoberfläche verkleinert und naturgetreu darstellt. Je nach Aufnahmewinkel unterscheidet man Schräg- von Senkrechtaufnahmen. Sie dienen u. a. der Herstellung topografischer Karten (vgl. Abb. 3.20). Eine Sonderform sind Luftbildkarten, also Luftbilder mit kartenähnlichen Inhalten.

Karten hingegen stellen die reale Situation generalisiert, d. h. vereinfacht, dar. So werden z. B. ab einem gewissen Maßstab Gebäude nicht mehr einzeln, sondern flächenhaft abgebildet. Je nach Themenstellung lassen sich verschiedene Elemente auch unterschiedlich generalisiert darstellen (z. B. werden bei touristischen Karten touristische Angebote schwach generalisiert, andere Thematiken dagegen stark). Da Karten zweidimensional vorliegen, geht die Geländeform verloren. Durch den Einsatz von Hilfsmitteln – z. B. Höhenlinien oder Böschungsschraffuren – lässt sich dieser Verlust aber korrigieren, wodurch dann im geneigten Gelände die Karten- kürzer als die Naturstrecke ist (vgl. Hennermann 2006, S. 3 ff.).

Die Gestaltung einer Karte richtet sich nach den Bedürfnissen der Nutzer und damit ihrem Zweck. So ist z. B. für eine Bergwanderung eine detailgenaue Karte samt Höhenlinien sinnvoll, während zur Orientierung im ÖPNV-Netz ein verzerrt dargestellter U-Bahn-Plan zielführender ist. Grundsätzlich ist dem Maß der Generalisierung[16] (d. h. nicht überladen oder zu wenig Informationen), der Farbwahl (weckt ggf. gewollte oder ungewollte Assoziationen), Signaturen sowie Projektion (Verzerrungen bzgl. Flächen und Formentreue) Beachtung zu schenken (vgl. Hennermann 2006, S. 21 und 93 ff.; Marek 2016, S. 26).

16 Vereinfachung, Weglassung, Zusammenfassung oder Hervorhebung von Einzelheiten zur Verbesserung der Lesbarkeit des Kartenbildes und der Identifizierbarkeit der dargestellten Sachverhalte.

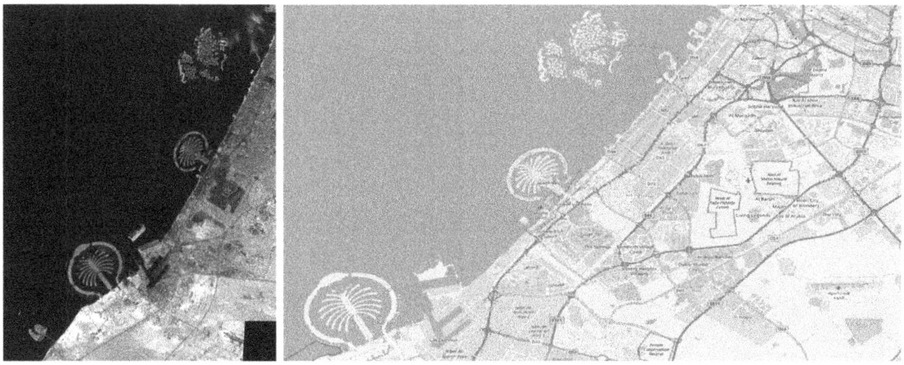

Abb. 3.20: Vergleich eines Raumausschnittes (Dubai) durch Satellitenbild sowie seiner topografischen Generalisierung; Quelle: Nasa 2019 und OpenStreetMap 2019.

Karten setzten sich aus einem Kartenfeld (Kartenbild sowie ggf. Kartenschrift und Kartenrahmen) und einem Kartenrand (u. a. Titel, Legende, Karten- und Datengrundlage, Datum, Autor sowie ggf. Maßstab, Richtungsangabe, Orientierungskarten und weitere erläuternde Informationen) zusammen (vgl. Hennermann 2006, S. 12 f.).

Topografische Karten geben eine Landschaft, dem jeweiligen Maßstab entsprechend, vollständig und geometrisch korrekt wieder. Sie dienen der allgemeinen Lageorientierung und geben ein exaktes und detailreiches Abbild einer Landschaft ab (vgl. Hennermann 2006, S. 14; Jensch 1975, S. 98; Koll 2014, S. 4). I. e. S. sind hierunter nur amtliche topografische Karten, welche lagerichtige Eintragungen von Gewässern, Vegetation, Siedlungen, Verkehrswegen und Geländemerkmalen sowie Höhendarstellungen beinhalten, zu verstehen. Bei der Kartengestaltung sind zwar gewisse Konventionen vereinbart (z. B. blau für Wasser), aber nicht unumstößlich festgeschrieben. Der hohe Grad an Wahlfreiheit zeigt sich in der Gestaltung topografischer Karten entsprechend der Zielgruppe (z. B. Stadtpläne, Wander- oder Touristenkarten) und den damit verbundenen Hervorhebungen oder Veränderungen (vgl. Gryl 2016, S. 6). Abb. 3.21 veranschaulicht dies anhand verschiedener Tourismuskarten der slowenischen Hauptstadt Ljubljana. Die linke Karte zeigt touristische Attraktionen ohne besonderen Zielgruppenfokus, während die rechte Karte speziell von jungen Leuten für junge Leute erstellt wurde und entsprechende Gestaltungselemente und Insidertipps enthält.

Thematische Karten basieren i. d. R. auf reduzierten sowie überarbeiteten[17] bzw. überdruckten topografischen Karten und stellen einen gewünschten Sachverhalt (z. B. Klimazonen, Bodenschätze, Wirtschaftszweige, Bevölkerungsdichte) mit seinen räumlichen Beziehungen dar (vgl. z. B. Jentsch 1975, S. 137 f.). Häufig enthalten thematische Karten mehrere Informationsebenen, die gemeinsam abgebildet wer-

17 Zur Gestaltung thematischer Karten sei z. B. auf Jensch 1975, S. 149; Hennermann 2006, S. 118 oder Marek 2016, S. 26 verwiesen.

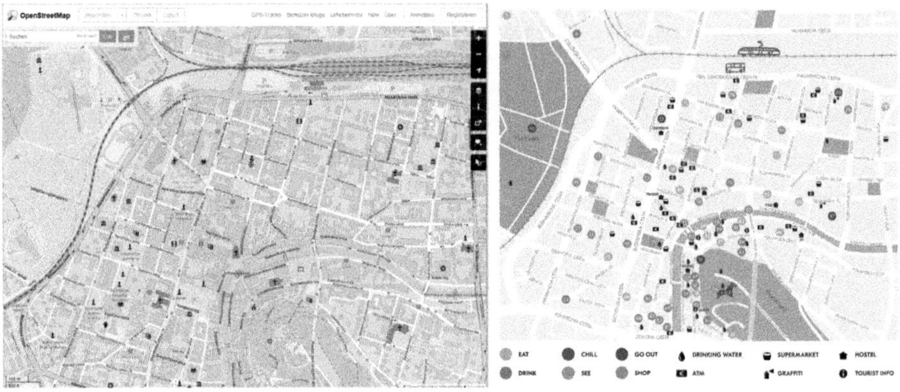

Abb. 3.21: Auswahl topografischer Karten von Ljubljana, Slowenien; Quelle: OpenStreetMap 2018; Use-IT 2018.

den, um deren Zusammenhänge (Strukturen) zu verdeutlichen (vgl. Schuler 2016, S. 8), wie es z. B. Abb. 5.6 und Abb. 5.7 der Tourismuswirtschaften im europäischen Ländervergleich zeigen (vgl. Kap. 5.5.3.1 und 5.5.3.2).

Panoramakarten (Bildkarten, Erlebniskarten, Vogelschaubilder) stellen eine dreidimensional perspektivisch und nicht maßstäblich gestaltete Sonderform von Karten dar, die für touristische Zwecke aufgrund ihrer höheren Anschaulichkeit und Ästhetik von hoher praktischer Relevanz (z. B. zur Verschaffung eines Überblicks) ist. Dabei wird die Landschaft oder das Stadtbild in der Panoramakarte so verändert, dass der Nutzer z. B. eine optimale Sicht auf ein Gebiet hat, in ein Tal hineinblicken oder eine Stadt auf die wesentlichen Sehenswürdigkeiten reduziert bzw. eine Altstadt gegenüber dem Umland stark vergrößert wahrnehmen kann. Oftmals werden derartige Karten sowohl als Winter- als auch als Sommerpanorama einer Destination erstellt. Im ersten Fall dienen sie meistens der plastischen Darstellung von Skiabfahrten und Loipenverläufen, im zweiten Fall von Wanderwegen. Weitere Einsatzgebiete liegen in der Gestaltung von Orts- und Stadt-, Hotel- oder Events- und Messeplänen. In besonderen Fällen erstellen namhafte Künstler (der Region) eine Panoramakarte und erhöhen somit den ästhetisch-künstlerischen Wert. 3D-Reality-Maps hingen fokussieren auf ein fotorealistisches Abbild und erlauben die Einbindung in Apps und Endgeräte wie z. B. Tablets, Smartphones oder Virtual-Reality-Brillen.

3.7.1.2 Karteninterpretation

Die strukturierte Analyse der Karteninhalte wird als **Kartenlesen** bezeichnet, die Erklärung der dargestellten Sachverhalte als **Karteninterpretation** (vgl. Hennermann 2006, S. 31). Folgende Schritte dienen der Auswertung von Karten (vgl. Schuler 2016, S. 8; Hüttermann 2011, S. 171):

- **Orientieren:** Thema der Karten erfassen und räumliche Orientierung vornehmen,
- **Beschreiben:** Informationen den Karten entnehmen,

- **Erklären:** Prüfen von vermuteten Zusammenhängen zwischen Lage und Verteilung von Signaturen.

Das Ziel der **Orientierung** liegt in der sachlichen, räumlichen und zeitlichen Einordnung der Karte. Im Rahmen der **sachlichen Einordnung** (Kartentitel) ist zu klären, welches Thema bzw. welchen Inhalt die Karte behandelt. Ferner sind die zugrundeliegende Datenquelle (Quellenangabe), der Autor bzw. Herausgeber, das Erscheinungsjahr, der Kontext (u. a. Artikel in einer Zeitung, Fachliteratur bzw. einem Atlanten) sowie die angesprochene Zielgruppe zu prüfen. Zur **räumlichen Einordnung** ist festzustellen, welcher Raumausschnitt dargestellt wird, ob die tatsächliche Größe des Kartenausschnitts anhand des Maßstabs oder der Maßstabsleiste repräsentiert wird, sich die Lage in einem übergeordneten Großraum (Kontinent oder Staat) befindet, der Raumausschnitt passend gewählt worden und die Karte eingenordet (Nordpfeil) ist. Zuletzt ist auch die **zeitliche Einordnung** vorzunehmen, also welcher Zeitpunkt bzw. welche Zeitspanne vorliegt.

Das Ziel der **Beschreibung** liegt in der Erfassung und Ordnung der dargestellten Informationen. In diesem Schritt sind **räumliche Strukturen** zu erfassen, also ob Auffälligkeiten in der **räumlichen Verteilung** verschiedener Elemente, z. B. in Bezug auf Häufigkeit, Dichte oder Ausdehnung (u. a. punktuell, radial, linear oder kreisförmig), zu identifizieren sowie ggf. auch **räumliche Zusammenhänge** oder **Lagebeziehungen** (z. B. touristische Attraktion in der Nähe eines Ufers) zu entdecken sind. Basis der Beschreibung stellt die **Legende** dar. Aus dieser gehen Inhalt, Art sowie Wert und Menge der Informationen hervor. Die in der Karte verwendeten Signaturen müssen in der Legende erläutert und quantifiziert, d. h. nach der Bedeutung abgestuft, sowie die Begriffe passend zur Fragestellung operationalisiert sein. Kern der Beschreibung sind die
- **qualitative Analyse**, d. h. Beschreibung der räumlichen Lage und Verteilung der Objekte (welche Signaturen finden sich wie häufig in welchem Kartenausschnitt, gibt es bevorzugte Standorte?) sowie der Größen- und Mengenverhältnisse, und die
- **quantitative Analyse**, d. h. Auszählen (punktueller Erscheinungen) oder Ausmessen (flächenhafter und linienhafter Erscheinungen) der Daten ggf. anhand des Aufbaus einer Datentabelle und Durchführung von Berechnungen (Häufigkeiten, Mittelwerte etc.).

Als sinnvolle Ordnung der Kartenbeschreibung bietet es sich an, **einzelne deutlich unterscheidbare Raumausschnitte** nacheinander, aber immer in ihrer ganzen Komplexität oder den **ganzen Kartenausschnitt** sowie die einzelnen Themen zu beschreiben. Anschließend sind Zusammenhänge zwischen den Analyseebenen herzustellen, wobei eine reine Aneinanderreihung richtig erkannter und interpretierter Einzelelemente zu vermeiden ist. Um **Entwicklungsprozesse** zu beschreiben, sind Karten mit dem gleichen Raumausschnitt, aber unterschiedlichen zeitlichen Bezügen zu vergleichen.

Die **Erklärung der Karteninhalte** dient der kausalen Verknüpfung der beschriebenen Elemente in Bezug auf physisch-geografische, historische, wirtschaftliche, gesellschaftliche oder politische etc. Gegebenheiten und damit dem Aufdecken und Erklären von Strukturen (funktionalräumliche Beziehungen und Verflechtungen) und der Genese innerhalb und zwischen Elementen einer Destination z. B. zur Identifikation von Raumtypen (peripherer Raum, Fremdenverkehrsgebiet). Oftmals ist hierzu zusätzliches (Fach-)Wissen erforderlich. Grundsätzlich ist der Bezug zur Karte zu wahren. Aussagen sind durch Einzelkriterien oder durch Verknüpfungsketten zu belegen, Deutungsalternativen abzuwägen sowie Spekulationen zu vermeiden. Schlussendlich kann eine Beurteilung der Karte vorgenommen werden. Hierbei ist zu klären, ob Inhalt und Darstellung der Karte dem darzustellenden Sachverhalt gerecht werden.

3.7.1.3 Beispiel einer kartenbasierten Strukturanalyse

Folgendes Beispiel verdeutlicht die Möglichkeiten einer **touristischen Strukturanalyse** anhand einer Karteninterpretation. Theoretischer Ausgangspunkt ist der Ansatz des „**Recreational Business District**" (RBC), welches, angelehnt an den „Central Business District" (Geschäftszentrum größerer Städte), tourismuszentrierte Funktionen betrachtet. Kernidee ist es, dass sich tourismusorientierte Raum- und Gebäudenutzungen in der Nähe der Hauptattraktionen einer Destination befinden. Das RBD entwickelt unter dem Einfluss der Haupterschließungsroute der Destination und der zentralen touristischen Attraktionen seine Bedeutung (vgl. Abb. 3.22). In Seebädern z. B. liegt das RBD oftmals parallel zum Küstenabschnitt mit den attraktivsten Hotels und Geschäften. In den dahinterliegenden Stadtteilen nehmen sowohl Intensität touristischer Angebote als auch die Bodenwerte ab (vgl. Boniface/Cooper 2009, S. 58).

Anhand einer kartenbasierten Strukturanalyse soll die Übertragbarkeit des RBD auf eine Bergdestination geprüft werden. Die abgeleitete These lautet, dass ein zentrales Lagekriterium der „Seafront" der unverbaubare Blick auf das Meer ist. Dieses

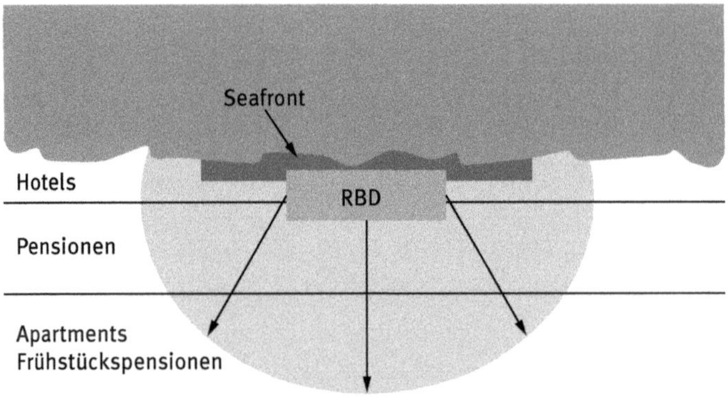

Abb. 3.22: Recreational Business District; Quelle: In Anlehnung an Boniface/Cooper 2009, S. 59.

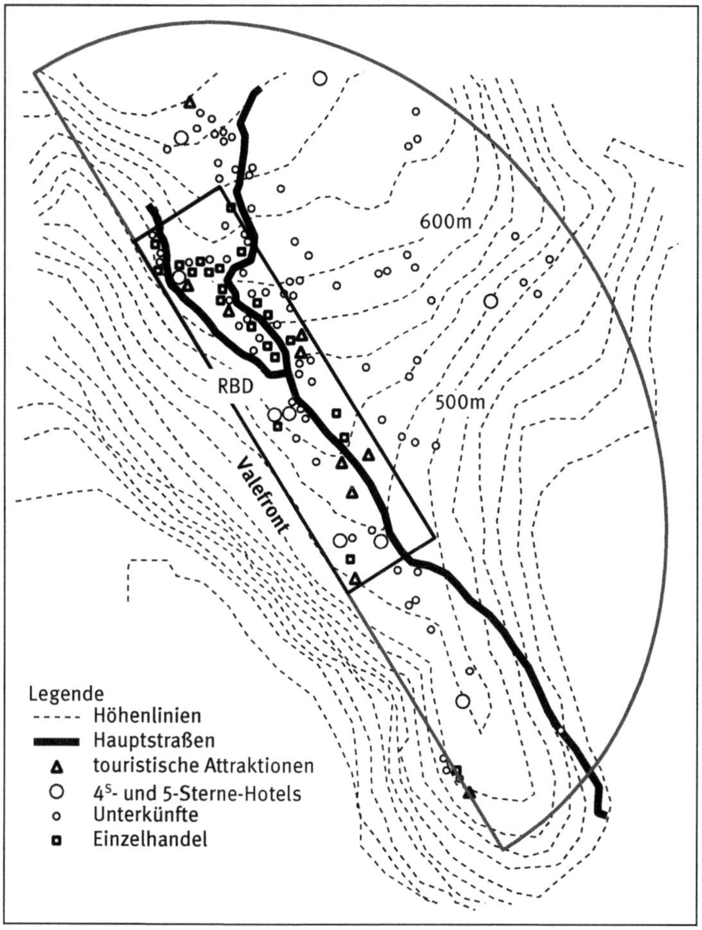

Abb. 3.23: Recreational Business District und „Valefront" von Dorf Tirol; Quelle: Eigene Darstellung.

Kriterium liegt auch bei exponierten Bergdestinationen vor. Die Prüfung dieser These soll exemplarisch anhand einer Kartenauswertung von Dorf Tirol (Südtirol), welches über einen unverbaubaren Blick auf das Etschtal und die Stadt Meran verfügt, erfolgen (vgl. Abb. 3.23).

Basierend auf einer topografischen Karte von Dorf Tirol wurden die Höhenlinien (entsprechend der „Seafront") sowie touristische Angebote gekennzeichnet. Um das RBC abzuleiten, wurden zudem Fünf- sowie Vier-Sterne-Superior-Hotels, besondere Attraktionen sowie der Übergang der Haupterschließungsstraße und der Promenade hervorgehoben. Die Häufung der touristischen Elemente um den Übergangpunkt sowie die Promenade lassen ähnliche Strukturen wie bei der „Seafront" vermuten und verfestigen die These einer „Valefront", die es in weiteren Analyseschritten zu verifizieren gälte.

3.7.2 Destinationen als Netzwerke

In einer Destination kommt es zu komplexen und räumlich getrennt ablaufenden netzwerkartigen Interaktionen zwischen den beteiligten Akteuren, die es durch entsprechende Organisationsstrukturen zu optimieren gilt (vgl. Steinbach 2003, 6 f. und 163 ff.).

3.7.2.1 Einführung in die Netzwerkanalyse

Die Grundidee von Netzwerkansätzen beruht darauf, dass ökonomisches Handeln im Zusammenhang mit den sozialen Beziehungen der Akteure („social embeddedness") zu betrachten ist. Damit rückt weniger der einzelne Betrieb als abgeschlossene Einheit in den Mittelpunkt des Interesses, sondern der Betrieb in seinem Beziehungsgeflecht zu anderen Betrieben (vgl. Pfützer 1995, S. 52 f.).

Netzwerke sind durch enge Beziehungen der Teilnehmer und die Absicht, für alle Beteiligten gewinnbringend zu sein, charakterisiert. Die im Netzwerk verbundenen Betriebe sind zwar rechtlich selbstständig, doch kann die Selbstständigkeit durch die Verflechtungen eingeengt werden (vgl. Sydow 1992, S. 79). Oft übernimmt ein Betrieb in einem Netzwerk die Rolle des zentralen Koordinators, welcher die Güter- und Informationsströme zwischen den unabhängigen Betrieben im Netzwerk steuert, um so das vom Abnehmer gewünschte Produkt produzieren und vertreiben zu können (vgl. Jarillo 1993, S. 6). Der Führungsbetrieb wird in diesem Zusammenhang auch als **fokaler Betrieb** bezeichnet.

Die Struktur des Netzwerks setzt sich zusammen aus **Knoten**, in denen die einzelnen Wertschöpfungsstufen (hier Betriebe mit unterschiedlichen touristischen Nutzungen innerhalb einer Destination) angeordnet sind, und **Kanten**, welche die Knoten miteinander verbinden (vgl. Tucher 1999, S. 7 ff.). Über die Kanten finden Austauschprozesse statt, die materieller (z. B. Güter) oder immaterieller Natur (z. B. Informationen) sein können. Abb. 3.24 zeigt den Zusammenhang zwischen Knoten und Kanten.

Die Kanten beinhalten neben den Ressourcen- und Leistungsflüssen auch **Einflussbeziehungen** (einseitig oder wechselseitig) und **Informationsströme** zwischen den verschiedenen Akteuren (vgl. Tucher 1999, S. 11). Bezüglich der Knoten und Kanten kann die Beschreibung eines Netzwerks u. a. durch verschiedene **Eigenschaften** vorgenommen werden (vgl. Steinbach 2003, S. 6):

- **Größe:** Anzahl der enthaltenen und miteinander über Kanten verbundenen Knoten (Betriebe);
- **Dichte:** Verhältnis existierender Kanten und rechnerisch möglicher Kanten. Ein Netzwerk mit einem zentralen Knoten, von dem Kanten strahlenförmig zu den anderen Knoten ausgehen, letztere aber direkt nicht miteinander verbunden sind, würde eine geringe Dichte aufweisen, d. h. die Zahl der tatsächlichen Netzwerkverbindungen ist deutlich geringer als rechnerisch möglich;

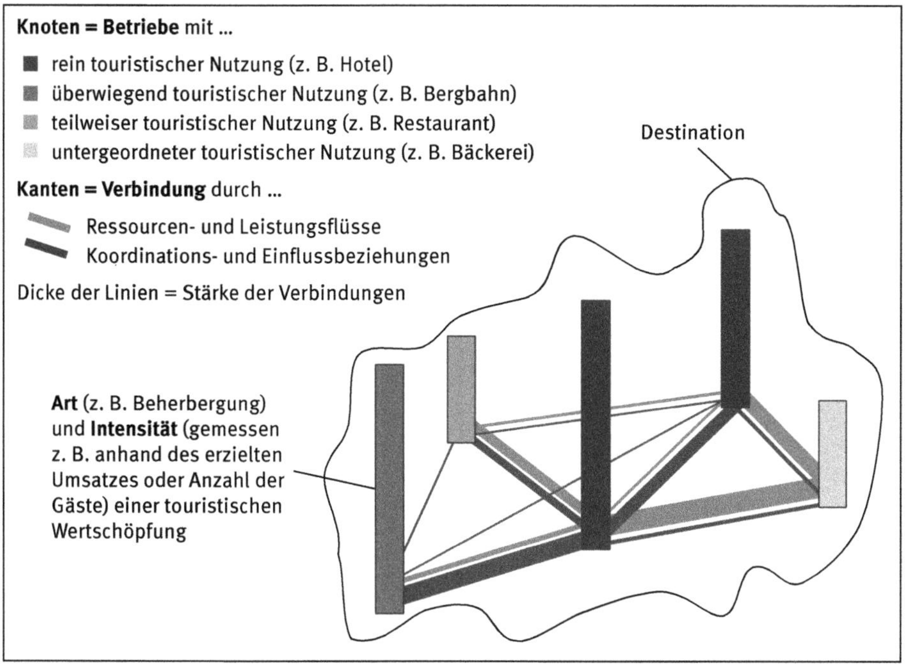

Abb. 3.24: Elemente von Netzwerken und Standortsystemen; Quelle: Eigene Darstellung.

- **Verbundenheit:** Ausdruck der direkten oder indirekten Erreichbarkeit anderer Knoten. Sie ergibt sich aus der Zahl der notwendigen Kanten von jeweils zwei Knoten;
- **Stärke:** Bindung zwischen zwei Knoten in Abhängigkeit von der Häufigkeit, der Intensität und der Dauer der Beziehung.

Zur Netzwerkanalyse einer Destination sind zunächst die **touristischen Akteure** (vgl. dazu Kap. 3.5.2 und 3.5.3) zu **ermitteln**[18] und ggf. in einer Karte darzustellen (vgl. Kap. 3.7.1). Deren Verknüpfungen können in einem ersten Schritt über eine Auswertung der digitalen Kommunikationskanäle sowie vor Ort ausgelegter Prospekte, Broschüren und Aushänge etc. oder die Befragung der Betreiber erfasst werden. Die folgende Beispieluntersuchung (angelehnt an das Naherholungsziel Feldafing am Starnberger See) erläutert das Vorgehen (vgl. Tab. 3.5).

Insgesamt existieren vor Ort 24 Betriebe mit enger Beziehung zum Tourismus (vgl. Kap. 3.5.2). Neben den aufgeführten gibt es noch neun Pensionen und Ferienwohnun-

18 Die Erfassung erfolgt im Rahmen der Auswertung von Sekundärquellen sowie von Beobachtungen (Zählungen und Kartierungen; vgl. Kap. 5.1). Hierbei sind allerdings nicht nur die Anzahl, sondern auch qualitative Merkmale, wie z. B. Betriebsgröße, Leistungstiefe etc., sowie – falls möglich – entsprechende Entwicklungen im Zeitablauf zu erheben.

Tab. 3.5: Netzwerkanalyse: Verbindungen touristischer Akteure inner- und außerhalb der Destination; Quelle: Eigene Erhebung.

Akteur	Betriebs-bezeichnung	Ge-meinde	Über-nachtung	Restau-rant	Trans-port	Aktivi-täten	Summe	außer-halb
Gemeinde	DMO	–	12	3	2	1	18	1
Übernachtung	Golfhotel	1	–	–	2	2	5	12
Übernachtung	Residence	1	–	1	1	2	5	8
Übernachtung	Forsthaus	1	–	–	1	4	6	8
Übernachtung	Pension und Ferienwohnung	9	–	3	1	3	16	27
Gastronomie	Strandbad	–	–	–	–	2	2	0
Gastronomie	Gasthof	–	–	–	–	–	0	–
Gastronomie	Café	–	–	–	1	2	3	1
Transport	Fähre	–	1	–	–	1	2	–
Transport	ÖPNV	1	–	–	1	1	3	–
Aktivitäten	Golfclub	–	2	1	–	2	5	3
Aktivitäten	weitere	1	5	3	1	2	12	23

gen sowie je einen Anbieter für Gästeführungenund Ballonfahrten, ein Künstlerhaus, ein Freibad und ein Tagungszentrum. Daraus ergeben sich 552 rechnerisch mögliche Kanten (n*[n-1] mit n = Anzahl der Knoten). Die **Größe** des Netzwerks deutet darauf hin, dass es sich eher um eine kleine Destination handelt, die bei 77 tatsächlich identifizierten Verbindungen eine **Dichte** von ca. 14 % aufweist. Die administrative Abgrenzung der Destination zeigt hier Schwächen, da mehr Verbindungen zu Betrieben außer- als innerhalb der Destination vorliegen. Eine Unterstützung von Betrieben in räumlicher Nähe (vgl. Exkurs 13) könnte sich daher förderlich auswirken, wenn die Betriebe einem gemeinsamen Leitbild folgten.

Exkurs 13: Formen von Nähe

Die **geografische/räumliche Nähe** beschreibt die physische (z. B. gemessen in km) oder ökonomische Distanz (z. B. gemessen in Zeiteinheiten oder Transportkosten) zwischen Betrieben. Eine geografische Nähe kann Hemmnisse abbauen und Vertrauen zwischen Akteuren schaffen. I. d. R. ist die geografische Nähe innerhalb einer Destination gegeben, sodass Kooperationen relativ einfach zu organisieren und wahrscheinlich, aber nicht zwingend sind.

Weiterhin werden die Austauschbeziehungen durch folgende Kategorien von Nähe beeinflusst:

– **Kognitive Nähe** zwischen Betrieben und weiteren Institutionen bedeutet, dass diese Erfahrungen aus denselben Gebieten mitbringen, was die Wahrscheinlichkeit zum Wissenschaftsaustausch erhöht, aber auch die Kommunikation effizienter gestaltet. Eine zu große Nähe kann jedoch auch nachteilig wirken, da das Potenzial für Innovationen eingeschränkt werden könnte (Log-In-Effekt).

- **Organisatorische Nähe** (z. B. messbar durch die Zugehörigkeit zu administrativen Einheiten, Organisationeinheiten oder -strukturen). Sie ist v. a. bei wissensintensiven, innovativen Prozessen vorteilhaft, da sie eine höhere Flexibilität und schnellere Reaktion ermöglicht.
- **Institutionelle Nähe**, die sich auf Gesetze, Normen und Gewohnheiten auf der Makroebene bezieht.
- **Sozio-kulturelle Nähe** erfasst Ähnlichkeiten zwischen Personen und/oder Gruppen und wird durch Bildungsgrad, Einkommenshöhe, Freizeitverhalten, Einstellungen oder Werte sowie die Ähnlichkeit/Verschiedenartigkeit von Kulturdimensionen erfasst.
- **Virtuelle Nähe** bezieht sich auf die Anbindung an moderne IuK-Technologien und kann (teilweise) räumliche bzw. institutionelle/organisatorische Nähe kompensieren.

Quellen: Haas/Neumair 2015, S. 23; Brökel 2016, S. 58 ff.; Boschma 2005, S. 63 f.; Genosko 2006, S. 65 f.

Die Visualisierung des Netzwerks (z. B. mithilfe des Excel Plug-Ins NodeXL) zeigt die **Verbundenheit der Akteure** auf. So hebt Abb. 3.25 sowohl die Bedeutung der DMO als verbindendes Element in einem Netzwerk als auch die zentrale Stellung der Gästeführung hervor.

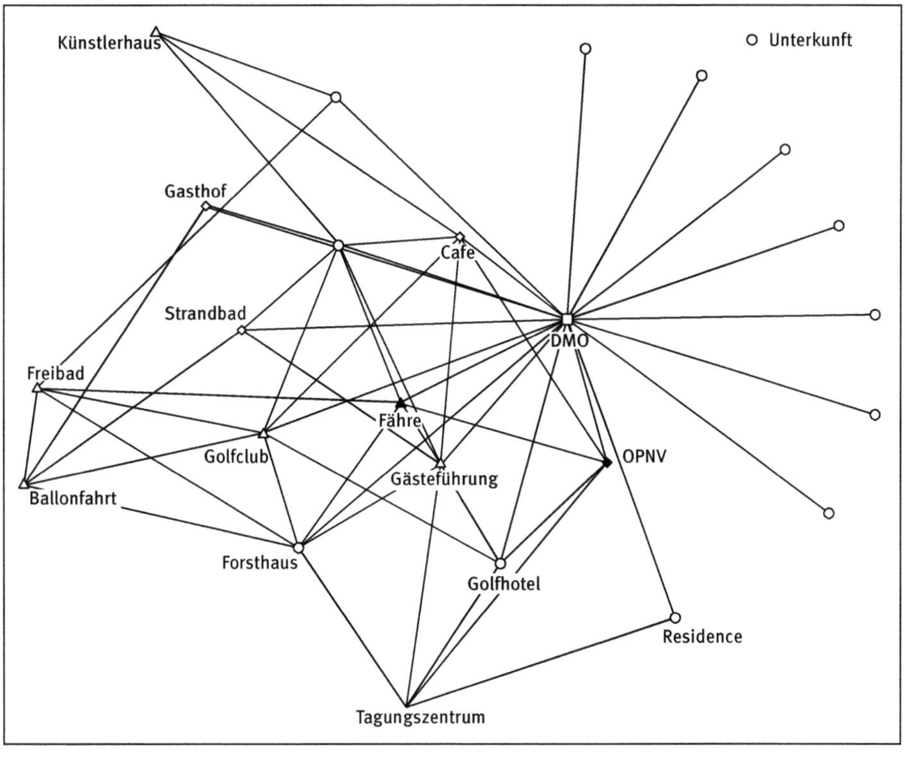

Abb. 3.25: Destinationsnetzwerk; Quelle: Eigene Darstellung.

Die **Stärke** der Bindung kann, wie z. B. in Abb. 3.24 dargestellt, anhand der Art und Intensität der Wertschöpfung (z. B. erbrachte Übernachtungs-, Essens- oder Unterhaltungseinheiten pro festgelegter Zeiteinheit, gemessen in Geldeinheiten) sowie der Ressourcen- und Leistungsflüsse (z. B. Lieferungen von Waren und Erbringung von Dienstleistungen in Geldeinheiten), aber auch der Koordinations- und Einflussbeziehungen[19] visualisiert werden.

3.7.2.2 Gestaltungsmöglichkeiten von Netzwerken

Wird die Stärke einer Bindung um weitere Elemente erweitert, so lässt sich die **Machtstruktur** in einem Netzwerk und damit die Frage nach den Gestaltungsmöglichkeiten einzelner Netzwerkakteure, der Stellung von Betrieben innerhalb des Netzwerks sowie der Gewinnverteilung und dem Aufbau von Eintrittshürden in das Netzwerk analysieren. Einen etablierten Analyserahmen zur Untersuchung dieser Fragestellungen bildet der Ansatz der **globalen Warenkette** („global commodity chain") des US-Soziologen Gary Gereffi (vgl. Gereffi et al. 1994). Er definiert eine globale Warenkette als ein Netzwerk von Beziehungen, die durch bestimmte Transaktionen miteinander verbunden und an denen Unternehmen aus verschiedenen Branchen und Ländern beteiligt sind.

Auf diesen Überlegungen baut das grundlegende Konzept für die Analyse der **betrieblichen Wertschöpfungskette** auf. Diese teilt die unternehmerische Wertschöpfung in eine lineare Abfolge von **Hauptaktivitäten** (Logistik, Beschaffung, Produktion, Marketing, Servicedienstleistungen und Entsorgung) sowie übergeordneten **unterstützenden Aktivitäten** (Management, Organisation, Forschung und Entwicklung, Rechnungswesen, Personalwirtschaft, Controlling, Finanzierung etc.) ein (vgl. Haas/Schlesinger 2007, S. 40 f.). Da Wertschöpfungsprozesse organisatorisch und räumlich voneinander getrennt werden können, ergeben sich komplexe Interaktionen zwischen den beteiligten Akteuren, die steten Veränderungen und Rückkopplungen unterliegen. Die Wertschöpfung ist daher kaum mehr als linearer Prozess darzustellen, sondern findet in einem komplexen Netzwerk statt. Aus diesen konzeptionellen Überlegungen heraus lassen sich vier **Dimensionen der Analyse** ableiten (vgl. Zademach 2009, S. 76 f.; Braun/Schulz 2012, S. 210 f.):

---

19 Die Erfassung von Koordinations- und Einflussbeziehungen gestaltet sich im Gegensatz zur Erfassung von Ressourcen- und Leistungsflüssen als komplizierter und aufwändiger. Dies liegt daran, dass Beziehungen sich kaum direkt messen lassen und bereits in ihrer Definition schwerer zu operationalisieren sind. Unterscheidungen sind nach Qualität, Intensität und Form, wie z. B. Kommunikations-, emotionale oder Verwandtschaftsbeziehungen sowie Machtstrukturen (z. B. Hierarchien), möglich. Die Erfassung der Interaktionen kann anhand qualitativer Interviews erfolgen, die dann durch geeignete Software (z. B. GABEK) in Netzwerkdiagrammen auszuwerten sind. Als pragmatischer Zugang könnte die Auswertung von sozialen Netzwerken im beruflichen (z. B. Xing oder LinkedIn) und privaten Umfeld (z. B. Facebook) einen Kompromiss zwischen Güte und Durchführbarkeit darstellen (vgl. Mülheims/Bauhuber 2014, S. 141; Kagermeier 2016a, S. 153).

- **Input-Output-Struktur:** Tangible (Rohstoffe, Halbfertigerzeugnisse) sowie intangible Ströme (Wissen, Informationen);
- **Governance- bzw. Steuerungsstrukturen:** Macht der Akteure, welche die ökonomischen Verknüpfungen und Transaktionen determiniert;
- **räumliche Struktur:** Räumliche Konzentration oder Verteilung der Kette bzw. ihrer Glieder;
- **institutioneller Rahmen:** Zusammenwirken der Akteure unter nationalen und internationalen, aber auch der innerhalb der Kette gegebenen Rahmenbedingungen, wie z. B. der Kontrolle des Marktzugangs oder des Informationsflusses.

Der Kern der Analyse besteht darin, die Akteure und deren Beziehungen sowie **Schlüsselakteure**, die eine kritische Rolle bei der Koordination von Netzwerken spielen, zu identifizieren. Dabei wird festgestellt, wer welche Rolle einnimmt, welche Standards einzuhalten sind, um am Netzwerk teilzunehmen (Eintrittsbarrieren), und wie Wertschöpfungsaktivitäten sowie Gewinne zwischen den verschiedenen Akteuren verteilt sind. Zudem sind organisatorische Veränderungen sowie das Management von Interesse. Schlüsselakteure dominieren dabei und geben die Regeln für andere Akteure vor, können weitere Handelnde mit in das Netzwerk einbeziehen oder ausschließen. Deren Vorgaben bestimmen nicht nur darüber, was produziert wird, sondern auch über die Art und Weise der Produktion, also z. B. über eine sozial und ökologisch korrekte Erzeugung, sowie über die Verteilung von Gewinnen und Wertschöpfungsaktivitäten. Durch das Festsetzen von Qualitätsstandards können Schlüsselakteure Risiken und Investitionskosten minimieren. Sie besitzen ferner die Macht, Aktivitäten, die weniger wertschaffend sind, an andere Akteure auszulagern und solche einzubeziehen, die eine höhere Wertschöpfung versprechen.

Vor allem das Wissen um bestehende **Machtverhältnisse** ist essenziell, um die Gründe für die Verteilung der Wertschöpfung und den Grad der Integration einzelner Akteure nachzuvollziehen. Machtverhältnisse lassen sich anhand der Transaktionskomplexität, aufgrund derer Interaktionen mit steigender Komplexität zunehmen, der Informations- und Wissensbereitstellung (= Kodifizierung, d. h. wer verfügt über entsprechendes Know-how und gibt es in welcher Form weiter?) und der Fähigkeiten der Akteure, Vorgaben und Zielvorstellungen von Netzwerkpartnern umzusetzen, differenzieren (vgl. Coe/Yeung 2001, S. 371; Gereffi et al. 1994, S. 1 f.). Angelehnt an die Erscheinungsformen globaler Warenketten (vgl. Zademach et al. 2006, S. 187 f.) lassen sich folgende **Formen von Destinationsnetzwerken** unterscheiden (vgl. Abb. 3.26; Bieger 2010, S. 143 ff.; Steinbach 2003, S. 176 f.). Die Formen modular, relational und gefesselt können darüber hinaus unter dem Begriff kooperative Netzwerke zusammengefasst werden.

- Bei **marktorientierten Netzwerken** sind die Verknüpfungen am geringsten ausgeprägt. Die Macht der einzelnen Akteure ist ähnlich verteilt, die Steuerung findet über den Preis statt, weshalb Verbindungen und Koordination zwischen den Akteuren eher schwach ausgeprägt sind. Voraussetzung hierfür ist eine genügend

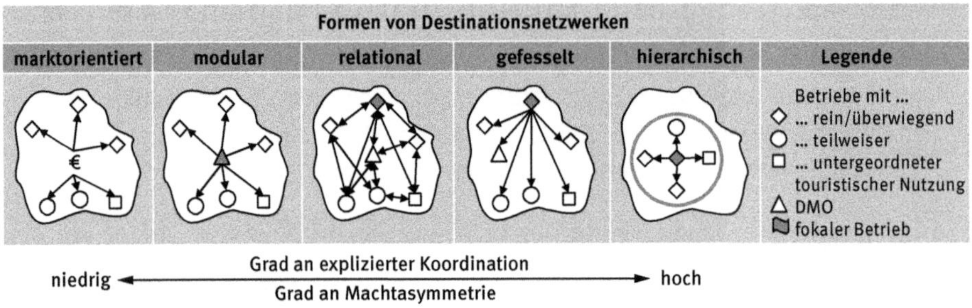

Abb. 3.26: Formen von Destinationsnetzwerken; Quelle: Eigene Darstellung.

hohe Anzahl an Anbietern und Nachfragern, wie es z. B. in durch kleine und mittlere Betriebe strukturierten Destinationen der Fall ist. Hierbei würden dann z. B. Freizeiteinrichtungen, der Einzelhandel sowie Gaststätten das Angebot der Destination darstellen.

– Bei einem **modularen Netzwerk** fertigen Lieferanten Waren oder Dienstleistungen nach Vorgabe der Abnehmer. Die Lieferanten tragen i. d. R. die volle Verantwortung für die Prozesse und Technologien, die aber auch für andere Akteure (Abnehmer bzw. Kunden) eingesetzt werden können. So lassen sich Investitionen auf eine breitere Basis stellen, um Kosten und Risiken möglichst gering zu halten. Wertschöpfungspartner sind damit in beide Richtungen mit vergleichsweise geringem Aufwand austauschbar. Die Wechselbeziehungen können sich allerdings aufgrund der Wissenskodifizierung und des Austausches der Akteure an den Schnittstellen bereits sehr komplex gestalten. Die Steuerung der Schnittstellen kann hier z. B. von Destinations-Management-Organisationen (vgl. Kap. 3.6.1) übernommen werden. Deren Aufgaben lägen dann in der Koordination der Leistungserstellung, der Entwicklung eines Leitbilds, der Mitgestaltung von Angeboten, der Beratung der Akteure, der Definition von Qualitätsstandards oder der Bündelung von Marketingaktivitäten. Teilnehmende Betriebe entfalten Synergien in den dargestellten Bereichen, z. B. wenn ein Event in einer Destination zentral geplant, gestaltet und vermarket wird.
– **Relationale Netzwerke** kennzeichnet eine gegenseitige Abhängigkeit, basierend auf Vertrauen, Reputation sowie sozialer und räumlicher Nähe der Akteure. Die Interaktionen werden durch ein tiefes Verständnis für die Wertschöpfungsbelange der Partner begleitet. Durch die starken Bindungen untereinander sind die Kosten für die Umstellung auf neue Partner als hoch einzustufen. Diese Form ist in Destinationen vorzufinden, die durch eine begrenzte Anzahl von Akteuren gekennzeichnet sind und denen die Bedeutung der Zusammenarbeit bewusst ist, nämlich dass mit ihrem Ausscheiden die gesamte Kooperation gefährdet sein kann. Die ist z. B. bei alpinen Destinationen der Fall, in denen Hotels, Verkehrsbetriebe und Bergbahnen ein abgestimmtes Angebot erbringen müssen.

- In **gefesselten bzw. gefangenen Netzwerken** dominiert eine „lead firm“ bzw. ein fokaler Betrieb, der die Koordination der Aktivitäten der Netzwerkteilnehmer sowie die Steuerung der Ressourcen- und Wissenstransfers innerhalb des Netzwerkes ausübt, den oder die Zulieferer. Solche Netzwerke sind häufig durch ein hohes Maß an Kontrolle charakterisiert. Durch die asymmetrischen Machtverhältnisse sind die Zulieferer an einen bestimmten Kunden gebunden und haben kaum Möglichkeiten, sich gegen diesen zu behaupten, um z. B. Kosten auf ihn abzuwälzen. Diese Form ist beispielsweise bei Bergrestaurants und einer Bergbahn vorzufinden. Die „lead firm“ Bergbahn bestimmt die Öffnungszeiten der Restaurants.
- **Hierarchische Netzwerke** weisen eine völlige Abhängigkeit und asymmetrische Machtbeziehung der Akteure, die i. d. R. einer Integration in eine Konzernstruktur gleichkommt, auf. Die Einflussnahme liegt in der Verteilung der Eigentumsrechte begründet. Touristische Beispiele reichen von Hotelresorts bis zu ganzen Skidestinationen wie das Whistler-Blackcomb-Skigebiet von Vail Resorts im kanadischen British Columbia.

Anzuführen bleibt, dass die dargestellten Formen auch nebeneinander bestehen und auch ineinandergreifen können, wenn z. B. eine Skidestination sowohl gefesselte als auch relationale und marktorientierte Formen umfasst.

4 Touristische Destinationsformen

Destinationen stehen im Zentrum von Nachfrage und Angebot des Tourismus und stellen die Bezugsfläche für die Aktivitäten der Touristen dar. Sie treten in den unterschiedlichsten natur- und kulturlandschaftlichen Zusammenhängen und Formen auf. In diesem Kapitel werden die wichtigsten Arten touristischer Destinationen vorgestellt: Städtische (vgl. Kap. 4.1) und ländliche Destinationen (vgl. Kap. 4.2), Strand- und Bade- (vgl. Kap. 4.3) sowie Hochgebirgsdestinationen (vgl. Kap. 4.4), gesundheitstouristische Destinationen (vgl. Kap. 4.5), Erlebnis- und Konsumwelten (vgl. Kap. 4.6), Themenrouten (vgl. Kap. 4.7) sowie weitere Destinationen (vgl. Kap. 4.8), worunter Kreuzfahrten (vgl. Kap. 4.8.1), Pilgerreisen (vgl. Kap. 4.8.2), industrietouristische Destinationen (vgl. Kap. 4.8.3), Dark Tourism (vgl. Kap. 4.8.4), Gebäudedestinationen, d. h. Burgen, Schlösser und Kirchen (vgl. Kap. 4.8.5) sowie naturräumliche Destinationen (vgl. Kap. 4.8.6) fallen.

4.1 Städtische Destinationen

> Städte sind vieles: Konzentrationen von Menschen, mobilen und immobilen Dingen, Institutionen und Formen; sie sind oft Verkehrsknotenpunkte ebenso wie ökonomische und politische Zentren; sie sind gebaute Architektur und gelebter Raum; sie können ebenso als Märkte wie als Heimat begriffen werden, man denkt und plant sie, empfindet sie als chaotisch und verwirrend (Saretzki 2018, S. 8).

Diese Vielschichtigkeit und Heterogenität lässt Städte zu touristischen Destinationen werden. Als Fixpunkte von Handel, Handwerk, Politik und Bildung strahlen sie seit jeher eine besondere Anziehungskraft auf Reisende aus. Der Städtetourismus gilt daher als **Urform des Tourismus.**

4.1.1 Entstehung und Entwicklung des Städtetourismus

Den Ausgangspunkt des neuzeitlichen Städtetourismus markiert ab dem 16. Jahrhundert die **Grand Tour**, d. h. die mehrjährigen Bildungsreisen junger Adeliger quer durch Europa, um bestimmte Fähigkeiten (u. a. Fremdsprachen, Tanzen, Fechten, Reiten) zu erlernen, sich mit den politischen und kulturellen Zentren des Kontinents vertraut zu machen sowie gesellschaftliche, politische und wirtschaftliche Kontakte zu knüpfen[1].

1 Die Route der Grand Tour begann in Großbritannien und führte über Frankreich nach Italien, das wegen seiner kultivierten Umgangsformen, aber auch seiner hedonistischen Lebensweise als Höhe-

https://doi.org/10.1515/9783110500318-004

Mit der steigenden, wohlstandsbedingten Teilnahme des Bürgertums ging gegen Ende des 18. Jahrhunderts eine markante Expansion der Reiseströme einher, welche durch wirtschaftliches Wachstum, gesellschaftlichen Wandel sowie verkehrstechnische Innovationen (z. B. Eisenbahn, Dampfschifffahrt) zusätzlich verstärkt wurde. Eine besondere Bedeutung im Städtetourismus kam den **Weltausstellungen** im 19 Jahrhundert zu – die erste 1851 in London wurde touristisch im Wesentlichen durch Thomas Cook, den Erfinder der Pauschalreise, geprägt. Sie fanden in unregelmäßigen Abständen in Europa, den USA und Australien statt.

Bereits um 1850 wurden in Deutschland erste Verkehrs- und Verschönerungsvereine in Städten gegründet, Vorreiter war Berlin. Sie verfolgten die bessere Ausstattung der Städte mit infrastrukturellen und kulturellen Einrichtungen und dienten der Öffentlichkeitsarbeit und Tourismuswerbung (vgl. Steinecke 2006, S. 119 f.; 2011, S. 115 ff.; 2014, S. 109; Kreisel 2007, S. 76).

Heute stellen Städtereisen im Vergleich zu anderen Reiseformen das am schnellsten wachsende Marktsegment dar. Folgende **Wachstumstreiber** zeichnen dafür verantwortlich (vgl. Saretzki 2018, S. 8):
- Der steigende Sättigungsgrad anderer, konventioneller Formen des Tourismus (z. B. Bade- oder Strandurlaub),
- der Aufstieg von Billigfluggesellschaften, ausgelöst durch die Deregulierung der Luftverkehrsmärkte,
- Ausbau und Diversifizierung urbaner Beherbergungsformen (z. B. Parahotellerie, Airbnb, Budget-Hotels),
- Ausbreitung von Online-Reiseportalen.

4.1.2 Formen des Städtetourismus

Der Städtetourismus war bereits in seiner Anfangsphase durch zwei Formen geprägt: Privat- und Geschäftsreisen, wobei der Anteil an Geschäftsreisen in den meisten Großstädten deutlich überwiegt. Ausnahmen stellen hier lediglich kleinere Städte dar, die über eine große kulturtouristische Anziehungskraft verfügen wie z. B. Heidelberg, Salzburg, Luzern, Basel, Venedig u. a. (vgl. Steinecke 2006, S. 125).

Privatreisen im Städtetourismus, die kulturellen Highlights, einem attraktiven Umland, dem Besuch von Familie/Freunden, Shoppingmöglichkeiten und sonstigen Events[2] dienen, weisen folgende Merkmale auf (vgl. Liebsch 2003, S. 23):

---

punkt der Tour galt. Die Rückreise erfolgte über die Schweiz, Deutschland entlang des Rheins und die Niederlande.

2 Generell lassen sich folgende Events unterscheiden (vgl. Steinecke 2011, S. 137): **Kulturelle Events** (z. B. Festivals, Open-Air-Konzerte, Ausstellungen, Museen, Jahrmärkte, Volks- und Stadtfeste), **sportliche Events** (z. B. Olympische Spiele, Auto- und Radrennen, Golf- und Tennisturniere), **wirtschaftli-**

- **Aufenthalt** mit häufig **weniger als vier**, in Kleinstädten teilweise **weniger als zwei Übernachtungen**,
- **präferenzierte Reisezeiten im Frühjahr und Herbst** mit ausgeprägtem Sommerloch, das für längere Urlaubsreisen reserviert ist,
- **geringer Anteil von Pauschalreisen**, überwiegend individuelle Reiseorganisation,
- **ausgewogene Altersstrukturen**, Familien mit Kleinkindern eher selten,
- hoher Anteil **ausländischer Besucher**,
- neben Bus und Bahn **Privat-PKW als beliebtestes Verkehrsmittel**.

Neben Privatreisen sind städtische Destinationen auch Ziele von **Geschäftsreisen im Städtetourismus**. Hierunter fallen der **Tagungs- und Bildungstourismus**, der **Messe- und Ausstellungstourismus**, der **Geschäftsreiseverkehr im engeren Sinn** (Wahrnehmung von Terminen bei Institutionen und Unternehmen) sowie der **Incentive-Tourismus** (Reisen von Unternehmen für Mitarbeiter oder Geschäftspartner mit dem Ziel der Steigerung von Leistung und Motivation oder der Intensivierung der Zusammenarbeit) (vgl. Anton-Quack/Quack 2007, S. 195; Steinecke 2011, S. 129 f.).

Der Geschäftsreiseverkehr konzentriert sich üblicherweise auf größere Städte, da hier die erforderlichen infrastrukturellen Kapazitäten (z. B. für Messen und Kongresse) tendenziell eher gegeben sind als in ländlichen Regionen. Für das Übernachtungsgewerbe in Großstädten spielt der Geschäftsreiseverkehr die wichtigste Rolle. Als Faustformel gilt, dass zwei Drittel aller Übernachtungen berufs- bzw. geschäftsbedingt sind (vgl. Anton-Quack/Quack 2007, S. 195; Steinecke 2011, S. 127 f.).

Städtische Destinationen, welche dem Geschäftsreiseverkehr dienen, weisen folgende Standortfaktoren auf (vgl. Schreiber 2007, S. 209 ff.):
- **Gute Anbindung an den überregionalen, nationalen und internationalen Verkehr** (Bahnhöfe, Flughäfen, Autobahnanschlüsse etc.),
- **diversifiziertes Angebot** in Hotellerie und Gastronomie,
- **Infrastruktur für Messen, Kongresse und Tagungen** (z. B. Hallenkapazitäten, Nähe zu Unternehmen, Verbänden, Hochschulen, Behörden),
- **differenziertes Dienstleistungsangebot** (z. B. Einzelhandel, Banken, Versicherungen),
- ein **attraktives Freizeit- und Erholungsangebot** als Begleitprogramm.

Sowohl im privaten als auch im geschäftlichen Städtetourismus sind von Übernachtungsgästen die **Tagegäste** abzugrenzen (vgl. Abb. 4.1), die zwar keinen Einfluss auf die Hotellerie ausüben, aber hohe Erträge bei Unternehmen und kulturellen Einrichtungen liefern.

---

che Events (z. B. Messen, Tagungen), **gesellschaftlich-politische Events** (z. B. Parteitage, Paraden, Staatsbesuche), **natürliche Events** (z. B. Sonnenfinsternis, Vulkanausbrüche, Frühlingsblüten).

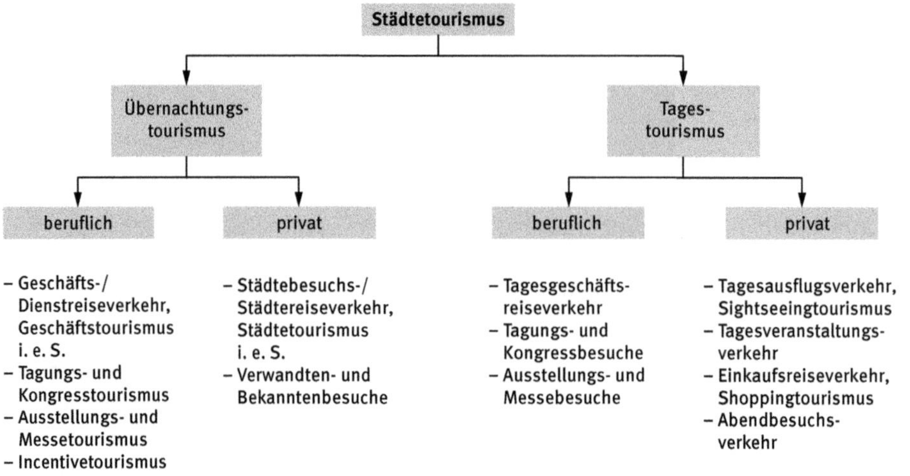

Abb. 4.1: Städtischer Übernachtungs- versus Tagestourismus; Quelle: Eigene Darstellung in Anlehnung an Steinecke 2011, S. 124.

Zu den modernen bzw. alternativen Formen des Städtetourismus rechnen folgende Trends: Bei sog. **Hipster Holidays** stehen nicht mehr die klassischen Sehenswürdigkeiten einer Stadt im Vordergrund, sondern werden vielmehr angesagte, alternative Szenenviertel ins Visier genommen (vgl. Abb. 3.21 in Kap. 3.7.1.1). Damit geht die räumliche Verlagerung touristischer Aktivitäten weg von den herkömmlichen Zonen mit Sehenswürdigkeiten und touristischer Infrastruktur hin zu „gewöhnlichen" urbanen Arealen „jenseits ausgetretener Pfade" meist in Form innenstadtnaher Kieze mit hoher Altbausubstanz einher, welche als Attraktion das neu inszenierte Alltägliche versprechen (vgl. Delaplace/Gravari-Barbas, S. 4), wie z. B. das „echte" London (vgl. Pappalepore et al. 2010) oder die „echte" Pariser Lebensart (vgl. Corbillé 2017). Dieses sog. „Liveseeing" setzt auf den urbanen Alltag und authentische Erlebnisse als touristische Attraktion. Als Beherbergung werden oftmals nicht mehr klassische Hotels, sondern Airbnb-Unterkünfte (vgl. Kap. 3.5.3) gewählt.

Beim sog. **Slow Tourism** taucht der Besucher tief in die städtische Destination ein und lässt sich bewusst Zeit, Verbindungen zum Ort, seinen Menschen und ihrer Kultur zu knüpfen. Der Ansatz basiert auf der Überlegung, dass Städte als Alltagskontext und damit nicht für den Tourismus entworfen wurden (vgl. Saretzki 2018, S. 17).

Eine Facette des **Dark Tourism** (vgl. Kap. 4.8.4) besteht darin, die „andere Seite" von Städten zu erkunden. Derartige Brennpunkte bzw. sozial benachteiligte Stadtviertel gelten als Kristallisationspunkte städtischer Widersprüchlichkeiten und sind das Ergebnis der Verortung sozialer Probleme. Ihre Außeralltäglichkeit macht sie für auswärtige Besucher zu touristischen Attraktionen (vgl. Saretzki 2018, S. 19).

4.1.3 Städtetouristische Wettbewerbsstrategien

Seit den 1990er-Jahren hat sich der Wettbewerb zwischen städtischen Destinationen verschärft: Einerseits profilieren sich immer mehr Städte als touristische Attraktionen. Andererseits treten Erlebnis- und Konsumwelten (4.6.2) als neue Wettbewerber von Städten auf. Ferner hat die Etablierung von Billigfluggesellschaften dem Städtetourismus zwar einen erheblichen Aufschwung beschert, gleichzeitig stehen dadurch aber immer mehr Städte im Wettbewerb zueinander (vgl. Steinecke 2011, S. 134). Vor diesem Hintergrund müssen städtische Destinationen ein klares Profil entwickeln und einen eigenständigen Marktauftritt zur Positionierung konzipieren, wozu ihnen verschiedene Wettbewerbsstrategien zur Verfügung stehen (vgl. Steinecke 1999, S. 25 ff.). Eine Möglichkeit stellt eine konsequente, zumeist auf den gegebenen infrastrukturellen, architektonischen oder kulturhistorischen Momenten aufbauende **thematische Spezialisierung** dar. So können sich städtische Destinationen z. B. als Messe- oder Musicalstädte, Städte mit historischen Schwerpunkten, Kunst-, Kultur- sowie internationale Städte vermarkten. Dazu lassen sich auch wichtige Persönlichkeiten heranziehen, wie es z. B. bei Weimar (Goethe und Schiller), Bonn (Beethoven), Bayreuth (Wagner), Salzburg (Mozart), Wien (Haydn, Schubert, Liszt, Mahler, Strauß, Klimt etc.), Eisleben (Luther) oder Bern (Einstein, Lenin, Klee) der Fall ist.

Auch die **interne und externe Vernetzung** durch Kooperationen verkörpert einen wichtigen Ansatz. Eine innerstädtische Kooperation stellen die in vielen europäischen Städten mittlerweile üblichen City Cards dar, deren Leistungsspektrum sich von der kostenlosen Nutzung öffentlicher Verkehrsmittel bis zu freien oder verbilligten Eintritten in Museen und Ausstellungen erstreckt (z. B. Köln Welcome Card, Vienna Card, Art-Pass Basel). Externe Kooperationen bestehen in Form von Städtenetzwerken. Ein Beispiel stellt „Art Cities in Europe" dar. Das Netzwerk berät gleichermaßen Städte wie kulturelle Institutionen in Sachen touristisches Kulturmarketing und übernimmt Vermarktungskampagnen für Ausstellungen, Festivals und sonstige Events. Übergeordnetes Ziel ist es, das kulturelle Angebot der teilnehmenden Städte einem breiteren Publikum zugänglich zu machen.

Die **Limitierungsstrategie** schließlich sieht eine bewusste zeitliche Begrenzung bzw. Verknappung des Angebots vor und soll mit speziell choreographierten Veranstaltungen von begrenzter Dauer dem Gast das Gefühl von Einzigartigkeit verleihen. In München waren dies z. B. die Olympischen Spiele 1972 und ist es das jährlich stattfindende Oktoberfest (vgl. Exkurs 14).

Exkurs 14: Tourismus in München

München ist nach Berlin die Stadt mit den meisten touristischen Übernachtungen in Deutschland. Diese steigen seit Anfang der 2000er-Jahre kontinuierlich an. Im Jahr 2017 waren es über 15,7 Mio. Mehr als die Hälfte davon (8 Mio.) entfiel auf das Inland, der Rest u. a. auf die USA (995.000), die

arabischen Golfstaaten (647.000), Großbritannien (550.000), Italien (537.000), Schweiz (453.000) und Österreich (414.000). Neben den genannten Ländern ist München auch und auf dem asiatischen Reisemarkt (über 1,9 Mio. Gäste aus asiatischen Ländern) sehr beliebt. München ist damit in Deutschland die Stadt mit dem höchsten Anteil ausländischer Touristen.
Die Hauptanziehungspunkte sind die Innenstadt, das Olympiagelände und die BMW Welt (mehr als 3 Mio. Besucher jährlich). Neben zahlreichen kulturellen, musikalischen und sportlichen Veranstaltungen (Festivals, Konzerte, Opern, Theater sowie die Fußballspiele des FC Bayern in der Allianz Arena etc.) ist das Oktoberfest Ende September/Anfang Oktober das jährliche Highlight im Veranstaltungskalender. Es wurde 1810 zum Anlass der Hochzeit zwischen Ludwig von Bayern und Prinzessin Therese von Sachsen-Hildburghausen zum ersten Mal ausgetragen – als Pferderennen auf einer Wiese damals außerhalb der Stadt. Dort ist das Fest bis heute geblieben. Allerdings liegt die nach der Prinzessin benannte Theresienwiese heute mitten in der Stadt. Den Bürgern gefiel das Fest so gut, dass es jährlich (außer in Kriegszeiten) stattfand und sich sehr schnell vom Pferderennen in einen Rummelplatz verwandelte.
Das Oktoberfest verzeichnet während seiner i. d. R. 16-tägigen Dauer jährlich einen Ansturm von etwa 5 bis 6 Mio. Besuchern. Damit ist es auch aus wirtschaftlicher Sicht das wichtigste Einzelereignis im Jahresverlauf. Der Umsatz, der in direktem Zusammenhang mit dem Oktoberfest steht, beläuft sich auf ca. 1 Mrd. Euro pro Jahr.
Die neuere Entwicklung der Stadt wurde maßgeblich durch die Olympischen Sommerspiele 1972 beeinflusst. Neben dem Bau der Sportstätten ergriff man auch wichtige Infrastrukturmaßnahmen, die bis heute die Stadt prägen und das Stadtbild bestimmen (z. B. Bau der U-Bahn, Fernsehturm, Olympia-Park, Olympisches Dorf mit 3.500 Wohneinheiten und zahlreichen weiteren Gebäudekomplexen). Olympia hat München auch international bekannt gemacht – leider nicht nur durch sportliche Leistungen, sondern auch durch das Attentat palästinensischer Terroristen auf israelische Sportler. Trotz dieses tragischen Ereignisses wurde München als weltoffene Stadt mit liebenswerten Bürgern und vielen Traditionen und Bräuchen wahrgenommen. Die Bedeutung des Tourismus durch In- und Ausländer nimmt seitdem ständig zu.
Der erste touristische Slogan wurde 1962 durch einen Bürgerwettbewerb ermittelt und war bis 2005 gültig: „Weltstadt mit Herz". Mit einem Bekanntheitsgrad von zuletzt über 45 % der Besucher in München war er der erfolgreichste Werbeslogan, den je eine deutsche Stadt hatte. Er wurde 2005 im Zuge der Vorbereitungen auf die Fußballweltmeisterschaft in „München mag dich" geändert. 2014 stellte die Tourismusinitiative München (TIM e. V.) einen neuen offiziellen Slogan vor: „Einfach München – Genusskultur und Kulturgenuss". Ob dieser Slogan an die Erfolgsgeschichte der „Weltstadt mit Herz" anknüpfen kann, ist derzeit noch völlig ungewiss.
Ziel des Tourismusreferats der Stadt und der TIM ist eine Modernisierung des Tourismus. Neue Zielgruppen (kultur- und genussaffin) sollen angesprochen und durch Bekanntmachung einer Vielzahl an – zumeist schon bestehenden Veranstaltungen – zu einer Reise nach München bewegt werden. Die Piktogramme Brezel, Frauenkirche und Herz sind international verständlich und vereinfachen den etwas sperrigen Slogan.
Quellen: Portal München GmbH & Co. KG 2018; Datenwerk GmbH 2017; LH München 2018.

Die beiden Segmente, privater und geschäftlicher Städtetourismus, ergänzen sich meist gut, da die Nachfrage nach privaten Städtereisen vorwiegend auf Wochenenden und Ferienzeiten entfällt, während sich das Segment der Geschäftsreisenden auf

Montag bis Freitag sowie Zeiten außerhalb der Ferien – große Messen und Kongresse finden fast immer im Frühjahr oder Herbst statt – konzentriert.

Die Aufnahmekapazität von städtischen ist wesentlich höher als von ländlichen Destinationen. Größere Besuchermengen (z. B. bei Großveranstaltungen wie Messen, Konzerte, Volksfeste, Sportturniere) integrieren sich eher ins Stadtbild und führen nicht zum Zusammenbruch der Infrastruktur. In kleineren Destinationen (z. B. Wacken, Oberammergau, Rothenburg ob der Tauber, Zermatt) kann es hingegen zu einer Überflutung mit Touristen kommen. Eine zu starke Dominanz führt häufig zur Abkehr der einheimischen Bevölkerung vom Tourismus und zu einer eher kritischen Haltung gegenüber neuen Projekten (vgl. Kap. 2.2.1). Verkehrsbeschränkungen und Einfahrtsverbote können dazu beitragen, dass Touristenströme gelenkt und zeitlich getaktet werden können (vgl. Kap. 2.3.5.2) und es zu einer Entlastung der einheimischen Bevölkerung kommt (z. B. in Venedig, Florenz, Mailand).

Zwar ist die Profilierung und Konkretisierung von Zielgruppen für eine bevölkerungsreiche (Stadt) genauso wichtig wir für eine bevölkerungsarme Destination (Dorf) (vgl. Steinecke 2006, S. 136). Die Vernetzung einzelner Attraktionen ist in Städten aufgrund einer vorhandenen Infrastruktur jedoch häufig leichter zu realisieren als in dünn besiedelten Destinationen.

4.2 Ländliche Destinationen

Die touristische Nutzung ländlicher Regionen entspricht weniger natur- und kulturräumlichen Attraktionen, sondern ist mehr das Ergebnis von Industrialisierungs- und Urbanisierungsprozessen. Erst in diesem Zusammenhang gewannen ländliche Regionen als naturnahe Räume mit traditionellen Wirtschafts-, Sozial- und Brauchtumsstrukturen für Touristen an Bedeutung.

4.2.1 Entstehung ländlicher Destinationen

Heute sind ländliche Destinationen überwiegend durch ihre aus dem teils jahrhundertlangen Zusammenleben von Mensch und Natur hervorgegangene **Kulturlandschaft** geprägt, die sich folgenden Typen zuordnen lässt (vgl. Schenk 2005, S. 257):

- **Gestaltete Kulturlandschaften** (z. B. Parks, Schlossanlagen und Klostergärten),
- **assoziative Kulturlandschaften:** Landschaften, deren Ursprung religiös, kulturell, historisch oder ästhetisch begründet ist (z. B. Ayers Rock in Australien),
- **organisch gewachsene Kulturlandschaften**, die fossil, d. h. durch urzeitliche Gesteinsformationen (z. B. die Lüneburger Heide), oder organisch, d. h. durch

pflanzlichen Ursprung (z. B. Reisterrassen der Philippinischen Kordilleren), geprägt sein können.

Die im Gegensatz zur Kulturlandschaft stehende **Naturlandschaft** ist – mit Ausnahmen kleiner Bereiche in den Hochalpen – in Deutschland und Europa heute kaum noch zu finden (vgl. Kap. 3.2).

Zu Beginn der touristischen Entwicklung galten auch andere Destinationen wie **Strände bzw. Küsten** (vgl. Kap. 4.3) oder **alpine Räume** (vgl. Kap. 4.4) als ländlich geprägt. Beide wurden noch im 19. Jahrhundert verbreitet als unwirtlich und furchteinflößend empfunden, wiesen aber eine eigenständige natur- bzw. kulturräumliche Ausstattung und damit eine erste touristische Anziehungskraft auf, mit der sich eine spezifische touristische Dynamik in Gang setzte. Ähnliches gilt für bestimmte Mittelgebirgsregionen, das Alpenvorland oder Seenlandschaften. Es blieben als **Residualgröße** ländliche Destinationen ohne nennenswerte landschaftliche Reize wie Meer- oder Seeblick sowie Gebirgspanoramen zurück. Sie wurden als Erholungsraum erst später für den Tourismus erschlossen und galten lange Zeit als **Stiefkind des Tourismus** (vgl. Steinecke 2003, S. 2).

4.2.2 Tourismus als Folge des regionalen Strukturwandels

Die touristische Inwertsetzung ländlicher Räume ist das Ergebnis eines **wirtschaftlichen, sozialen und rechtlichen Strukturwandels** gegen Ende des 19. Jahrhunderts (wirtschaftlicher Wohlstand, Urbanisierung, Verkehrsinnovationen, Urlaubsanspruch). Während die urbane Mittelschicht es dem Adel gleich tat und sich schnell als touristische Zielgruppe für Bildungsreisen und Aufenthalte in Kurorten und Seebädern etablierte, suchten Angestellte und Beamte, die sich einen derartigen Luxus nicht leisten konnten, im Rahmen von Wochenendaufhalten oder der **Sommerfrische**[3] ländliche Dörfer als Gegenwelt zum hektischen und anonymen Großstadtalltag auf. Ruhe und Gemütlichkeit, Privatsphäre, überschaubare soziale Kontakte sowie die Nähe zur Natur stellten die Haupreisemotive dar (vgl. Steinecke 2011, S. 200 f.).

Aufgrund des Strukturwandels von der Agrargesellschaft des 19. Jahrhunderts zur Industrie- und Dienstleistungsgesellschaft des 20. und 21. Jahrhunderts büßten ländliche Regionen als Standorte für Industrie- und Dienstleistungsunternehmen gegenüber Städten konsequent an Bedeutung ein. Daher wird im Tourismus ein probates Mittel zu einer touristischen Inwertsetzung dieser Räume und zur Lösung der struk-

3 Die Sommerfrische war eine in Deutschland im 19. Jahrhundert übliche Reiseform, die in Abhängigkeit von Ferienzeiten zwischen Ende Juni und Anfang September – meist mit der Bahn erfolgend – stets zu den gleichen, nicht weit von den Großstädten gelegenen Orten (meist in Mittelgebirgsregionen) und den gleichen Unterkünften, zumeist provinziell-kleinbürgerlich, rustikal und bescheiden gehalten, führte (vgl. Freyer 2015, S. 16).

turellen Probleme gesehen (vgl. Kap. 3.1.6). Dafür weist der ländliche Raum mehrere **Stärken**, v. a. die räumliche Nähe zu bedeutenden touristischen Quellgebieten, eine gute Anbindung für den motorisierten Individualverkehr sowie ein ästhetisches Kulturlandschaftsbild und eine hohe Umweltqualität, auf. Die **Schwächen** liegen hingegen im Fehlen attraktiver landschaftlicher Elemente, welches die Entwicklung regionsspezifischer Alleinstellungsmerkmale und eines klaren touristischen Marktprofils erschwert, in den in manchen **Mittelgebirgsregionen** gegebenen ungünstigen klimatischen Bedingungen (regenreiche, kühle Sommer, schneeunsichere Winter), strukturellen Defiziten im Beherbergungsangebot sowie fehlenden Schlechtwetteralternativen. Diese Schwächen lassen ländliche Räume im Allgemeinen und Mittelgebirgsregionen im Speziellen als **touristische Ungunsträume** mit einem unzeitgemäßen Tourismusimage erscheinen (vgl. Steinecke 2011, S. 204 ff.).

Zur Aktivierung des endogenen Potenzials einer ländlichen Region als touristischer Destination ist die ganzheitliche Vernetzung von Attraktionen, Akteuren und Kompetenzen von Nöten, um ein marktgerechtes touristisches Angebot zu konzipieren, wobei v. a. folgende **Erfolgsfaktoren** von Relevanz sind (vgl. Haart/Steinecke 1995, S. 50 ff.):
- Regionsspezifisches Beherbergungs- und Gastronomieangebot,
- Pflege und Unterhaltung der Kulturlandschaft (z. B. Erhalt traditioneller Nutzungen, Wegeerschließungen, Orts-, Bauern- und Freilichtmuseen),
- Erhalt eines ästhetischen dörflichen Ortskerns (z. B. Restaurierung von Gebäuden und Plätzen),
- professionelles Destinationsmanagement,
- spezielle Zielgruppenansprache durch spezifische Angebote (z. B. für Sportbegeisterte, Familien, Gruppen),
- Schärfung des regionalen Bewusstseins für den Tourismus (z. B. internes Marketing, Eingehen von Kooperationen).

4.2.3 Urlaubsformen in ländlichen Destinationen

Grundsätzlich lassen sich folgende Urlaubsformen in ländlichen Destinationen unterscheiden (vgl. Meier-Gresshoff 1995, S. 39):
- Urlaub auf dem Bauernhof,
- Landurlaub, d. h. Übernachtungsangebote ohne landwirtschaftliche Nutzung (z. B. Ferienhäuser bzw. -wohnungen, Privatzimmer),
- Landhotels- bzw. -gasthäuser (kleine, familiär geführte und nicht in Ketten eingebundene Betriebe).

Darüber hinaus existieren zielgruppenspezifische Angebote wie **Reit- und Campingurlaub** oder **Feriendörfer** (vgl. Steinecke 2011, S. 206). Hinzu kommen spezifische Formen des Tourismus, welche üblicherweise in ländlichen Destinationen angesiedelt sind. Hierzu gehören der **Wandertourismus** (alpine Wanderungen, Mittelgebirgswanderungen, Flachlandwanderungen) (vgl. Leder 2007), der **Fahrradtourismus** (entsprechende Wegführung und Oberflächengestaltung, straßenbegleitende oder -parallele Radwege, eigene Radwegenetze) (vgl. Schnell 2007) oder der **Weintourismus** (Wein als Leitprodukt mit eigenem an dessen natürlicher Affinität zu Geschichte, Kultur, Kunst, Essen und Trinken ausgerichteten Destinationsprofil) (vgl. Haart 2007).

Eine besondere Rolle bei der Entwicklung ländlicher Regionen spielen **Zweitwohnungen** (vgl. Kap. 3.5.3). Ihr Bau bzw. ihre Umwandlung tragen zum einen zur Wertschöpfung im lokalen Handwerk und Bauwirtschaft bei. Zum anderen verbessern sie die Auslastung touristischer Einrichtungen und Infrastrukturen (z. B. Gaststätten, Seilbahnen und Lifte). Auch leisten sie einen wichtigen Beitrag bei der Beherbergung. Beispielsweise werden im Alpenraum die ca. 1,2 Mio. Betten der Hotellerie durch weitere 8 Mio. in Zweitwohnungen ergänzt (vgl. Krautter 2015, S. 45).

4.2.4 Touristische Entwicklungsstrategien

Es sollte das Ziel des ländlichen Destinationsmanagements sein, den natürlichen und strukturellen Defiziten ländlicher Regionen, die einer touristischen Erschließung im Weg stehen, entgegenzusteuern. Dazu können zweierlei Strategien ergriffen werden (vgl. Steinecke 2011, S. 214 ff.): Die **Bildung von Netzwerken (endogene Strategie)** sieht vor, die einzelnen Attraktionen einer ländlichen Destinationen (z. B. historische Gebäude, bäuerliches Brauchtum, traditionelles Handwerk etc.), die für sich genommen keine nennenswerte touristische Anziehungskraft ausüben, unter einem **Leitthema** zu subsumieren und einer gemeinsamen **Kampagne** (z. B. geschichtliche Epochen und Ereignisse, regionale Bedeutsamkeiten, wichtige Persönlichkeiten aus der Region etc.) zu unterwerfen (vgl. Steinecke 2007, S. 27 ff.). Die Organisation obliegt der regionalen DMO. Ihr stehen **produktpolitische** (z. B. Tagungen, Ausstellungen, Dorffeste, Konzerte, Feuerwerke, Radtouren, Schiff- und Zugfahrten etc.) und **kommunikationspolitische Instrumente** (z. B. Magazine, Broschüren, Beilagen, Prospekte, Pressekonferenzen, Journalistenbetreuung, TV-Betreuung, Buchprojekte, Onlineauftritte etc.) zur Verfügung. Neben ökonomischen Effekten lösen derartige Kampagnen auch langfristige, monetär nicht-quantifizierbare Auswirkungen von hoher Bedeutung (z. B. Erhöhung des Bekanntheitsgrades der Destination, Imageverbesserung, Stärkung der regionalen Identität etc.) aus.

Neben Kampagnen, welche von begrenzter zeitlicher Dauer sind, stellt die Errichtung von **Themenrouten bzw. -straßen** (vgl. Kap. 4.7) eine weitere Form der Netzwerkbildung dar. Sie lassen sich ohne hohen Kosten- und Zeitaufwand realisieren und werden stellenweise von einer Erweiterung der Freizeitinfrastruktur (z. B. Errichtung von Freilichtmuseen, Ansiedlung von Wasserflächen) begleitet.

Eine **exogene Strategie** liegt in der **Ansiedlung von Feriengroßprojekten** zur Verfolgung **regionalpolitischer Zielsetzungen**, wobei meist nicht natur- und kulturräumliche Standortqualitäten ländlicher Destinationen ausschlaggebend sind, sondern die Nähe zu einwohnerstarken Agglomerationen als touristische Quellgebiete. Während **Ferienparks** der ersten Generation in Deutschland in den 1970er-Jahren in den ehemaligen Zonenrandgebieten errichtet wurden, stellen die sich seit den 1980er-Jahren ausbreitenden multifunktionalen Erlebnis- und Konsumwelten (vgl. Kap. 4.6) die Ferienparks der zweiten Generation dar. Aufgrund befürchteter negativer ökologischer und sozialer Wirkungen (z. B. Flächenverbrauch, Bodenversiegelung, Störung des Orts- und Landschaftsbildes, erhöhtes Müll- und Abwasseraufkommen, Verkehrs- und Lärmbelästigung, Überfremdungsgefühl durch Dominanz der Urlauber sowie Zuzug auswärtiger Arbeitskräfte, Verlust politischer Autonomie und regionaler Identität) stoßen Pläne zur Ansiedlung derartiger Großprojekte bei der ortsansässigen Bevölkerung in den Destinationsgemeinden oft auf heftigen Widerstand und lösen konfliktreiche Auseinandersetzungen aus, denen seitens des Destinationsmanagements durch ein angemessenes Konfliktmanagement, verbesserte Kommunikation, erhöhte Transparenz sowie die frühzeitige und weitgehende Partizipation der lokalen Bevölkerung (vgl. Kap. 2.2.5), ergänzt durch geeignete städtebauliche, verkehrsmäßige und ökologische Integrationsmaßnahmen (u. a. Raumordnungsverfahren, Umweltverträglichkeitsprüfungen, Bauleitplanungen), entgegenzuwirken ist (vgl. Steinecke 2011, S. 220 ff.; Brittner 2007, S. 423 f.).

Ein dagegen positives, da von der lokalen Bevölkerung ausdrücklich begrüßtes Beispiel für ein Großprojekt stellt die Errichtung eines Großferienparks in einem jahrzehntelang militärisch genutzten Sperrgebiet in Urlau bei Leutkirch im Allgäu an der Grenze zwischen Bayern und Baden-Württemberg dar. Von den Nationalsozialisten in den 1930er-Jahren errichtet, war das Areal zunächst ein Hochsicherheitsgebiet, auf dem Munition und chemische Kampfstoffe gelagert wurden und sich rund 200 Bunker, Baracken und sonstige Gebäude befanden. Nach dem Zweiten Weltkrieg stand das Gelände im Dienst von Bundeswehr und US-Army. Der Center Park Allgäu umfasst seit Herbst 2018 auf ca. 180 ha rund 1.000 Ferienhäuser, ein riesiges, tropisch bepflanztes Schwimmbad, Restaurants, Geschäfte und einen Supermarkt. Jährlich werden 300.000 Urlauber erwartet, das Investitionsvolumen beläuft sich auf 350 Mio. Euro. Von dem Projekt verspricht sich der Ort eine wirtschaftliche Belebung der Umgebung und gleichzeitig die Befreiung von militärischen Altlasten. In einem Bürgerentscheid sprachen sich über 95 % der lokalen Stimmberechtigten für das Projekt aus (vgl. SZ 2018e).

4.3 Strand- und Badedestinationen

Der **Badetourismus** liegt heute mit weitem Abstand auf Platz eins der beliebtesten Urlaubsformen der Europäer (vgl. Steinecke 2014, S. 57). Erste Ansätze eines Küstentourismus im Mittelmeer datieren bereits in der Antike. Aber bis zum 18. Jahrhundert galten die Meeresküsten und die See als rau und furchteinflößend. Es dominierten die Überlieferungen von Seefahreren sowie die Vorstellungen von Meeresungeheuern und Seedämonen. Zu einem veränderten Naturverständnis und einer neuartigen Raumbewertung kam es erst im 18. Jahrhundert durch britische Ärzte, welche im Konsum von Meerwasser und dem Baden in der See eine therapeutische Wirkung vermuteten (vgl. Steinecke 2011, S. 143 f.).

4.3.1 Entstehung von Strand- und Badedestinationen

Den Ausgangspunkt des heutigen Meeres- und Küstentourismus markieren im 19. Jahrhundert die Aufenthalte wohlhabender Briten an der französischen Côte d'Azur, der italienischen Riviera und der spanischen Costa del Sol als **Winterdestinationen** (vgl. Kulinat 1991, S. 432). Bis zum Ersten Weltkrieg gesellte sich der Golf von Neapel mit den Inseln Capri und Ischia dazu. Das Baden spielte damals noch kaum eine Rolle. Zum einen war die Wassertemperatur in den Wintermonaten kühl, zum anderen Baden in offenen Gewässern in den wohlhabenden Schichten nicht beliebt, da ein Großteil von ihnen nicht schwimmen konnte. Stattdessen standen Flanieren, die Teilnahme an gesellschaftlichen Terminen (z. B. Sportveranstaltungen, Tanztees, Matineen, Konzerte, Diskussionskreise) und Erholung an erster Stelle.

In Deutschland eröffneten um 1900 die ersten Seebäder in Heiligendamm, Travemünde und Norderney (vgl. Freyer 2015, S. 15). Sie wurden zwischen dem Ersten und Zweiten Weltkrieg durch weitere Destinationen ergänzt, wobei der Ausbau der Eisenbahnlinien eine wichtige Rolle spielte. Sylt beispielsweise wurde massentouristisch erst mit dem Bau einer Bahnlinie nach dem Zweiten Weltkrieg erschlossen. Eine Sonderform des Badetourismus entwickelte sich in den 1930er-Jahren auf der Ostseeinsel Rügen mit dem Bau des überdimensioniert großen Seebades Prora im Rahmen der nationalsozialistischen „Kraft-durch-Freude"-Bewegung, welche in der NS-Zeit für die staatliche Freizeitgestaltung zuständig war. Neben Bademöglichkeiten wurden auch Theater- und Unterhaltungsvorstellungen, Wanderungen, kleinere Reisen sowie Kreuzfahrten angeboten. Nach Ende des Zweiten Weltkriegs kam es zwischen Ende der 1960er und Anfang der 1970er-Jahre an den Ostseegebieten der ehemaligen DDR zur Erschließung touristischer Großprojekte zur Verbesserung der regionalen Wirtschaftsstruktur (vgl. Steinecke 2011, S. 148 f.).

Die boomartige Entwicklung der **Sommerdestinationen** im Mittelmeerraum als „Badewanne Europas" erfolgte erst nach dem Zweiten Weltkrieg in unterschiedlichen Phasen (vgl. Kagermeier 2016a, S. 253; 2016b, S. 10; Steinecke 2014, S. 118 ff.; Diercke 2015, S. 178): Mit dem „Drang in den sonnigen Süden" erreichte der massenhafte Touristenstrom in den 1950er-Jahren zunächst das nördliche Italien (Ligurien, Adria), das sich z. B. von Deutschland bequem mit Auto oder Motorrad erreichen ließ. Die Reisen wurden in dieser Zeit noch individuell organisiert. In den 1960er-Jahren kam es zur Erschließung der spanischen (v. a. der Costa Brava), der süditalienischen und -französischen sowie der jugoslawischen und griechischen Küsten sowie Inseln. In diese Zeit fällt auch die Gründung zahlreicher **Pauschalreiseveranstalter**, welche Reisen nicht nur günstig, sondern auch unkompliziert machten. Auch solche Destinationen, in denen sprachliche und/oder kulturelle Barrieren herrschten, ließen sich mit der Buchung einer Pauschalreise problemlos bereisen. Als Transportmittel waren zumeist Busse oder Flugzeuge üblich. Im Bereich der Flugreisen etablierte sich mit den Charter-Linien, die ausschließlich Touristen in den relevanten Saisonzeiten in bestimmte Destinationen bringen und keinem regulären Flugplan folgen, ein neuer Beförderungszweig. Weiter entfernt liegende (Flugreise-)destinationen am südlichen Mittelmeer (Marokko, Tunesien, Ägypten) sowie die Türkei, aber auch das auf der Nordseite gelegene Portugal haben sich erst – ebenso wie die bulgarische und rumänische Schwarzmeerküste – in der zweiten Hälfte der 1970er- und in den 1980er-Jahren für den Badetourismus geöffnet. Fernreisen in die Karibik oder nach Südostasien breiteten sich im großen Stil gar noch später aus.

Zu den **Eigenschaften des klassischen Badetourismus** zählen heute (vgl. Steinecke 2011, S. 152):
- eine im Vergleich zu Städtereisen **relativ lange Aufenthaltsdauer**,
- im Vergleich zu Wintersporturlauben **niedrige Pro-Kopf-Ausgaben**,
- hoher Anteil an **Flugreisen**,
- hoher Anteil an **Pauschalreisen**,
- **starke Saisonalität** der Nachfrage.

4.3.2 Der Mittelmeeraum als Schwerpunktdestination

Rund ein Fünftel des globalen touristischen Übernachtungs- und Wertschöpfungsvolumens entfällt heute auf den Mittelmeerraum. Ausschlaggebend für diesen Aufstieg waren als **Pull-Faktoren** v. a. die klimatischen Unterschiede zwischen den mittel- und nordeuropäischen sowie den Mittelmeerländern, geringe Niederschlagsmengen, lange Sonnenscheindauern, flache und sandige Küsten, ein reiches materiell-kulturelles Erbe der Vergangenheit, kulturlandschaftliche Attraktionen sowie v. a. die Nähe zu den touristischen Quellregionen der Industrieländer Zentraleuropas. Als **Push-Faktoren** galten dort die Wohlstandsmehrung breiter Bevölkerungsschichten, wachsende Urlaubsansprüche, günstiger werdende Flugreisen sowie das zunehmende Angebot von Pauschalreiseveranstaltern. Trotz des zunehmenden Konkurrenzdrucks aus den sog. „Emerging Destinations" in Überseeregionen, den Golfstaaten sowie China und Südostasien dürfte der Mittelmeerraum bis weit ins 21. Jahrhundert die bedeutendste Großdestination bleiben (vgl. Kagermeier 2016a, S. 252 ff.; Steinecke 2011, S. 150 f.).

In den traditionellen Badedestinationen des Mittelmeerraums, insbesondere in Frankreich, Italien, Griechenland und den heutigen Ländern des ehemaligen Jugoslawiens, kommt dem **Binnen- bzw. Inlandstourismus**, d. h. der touristischen Nachfrage unter der eigenen Bevölkerung, eine größere Bedeutung als dem internationalen Tourismus (vgl. Kap. 1.1.2; Kap. 5.5.3.1 und 5.5.3.2) zu. Auch gibt es neben dem klassischen Badeurlaub in- und ausländischer Gäste mit dem überwiegend in den Wintermonaten angesiedelten Langzeitaufenthalt **(Überwinterungstourimus)** von Rentnern und Pensionären (z. B. auf Mallorca oder in Andalusien) eine weitere touristische Erholungsform. Ferner ist der Mittelmeerraum seit den 1980er-Jahren auch Ziel von **Ruhesitzwanderungen** (vgl. Steinecke 2011, S. 153 f.).

Die heutigen Probleme vieler Küstendestinationen im Mittelmeerraum sind Ausdruck ihres frühzeitigen und teils exzessiven touristischen Erfolgs. Viele Unterkünfte und Einrichtungen stellen Bausünden aus den 1960er- und 1970er-Jahren dar, welche den gestiegenen Anforderungen der Touristen, die auch in punkto Ökologie sensibler geworden sind, heute nicht mehr entsprechen. Ferner sehen sich aufgrund der **Substituierbarkeit des Angebots** (Sonne, Strände, Meer) traditionelle Mittelmeerdestinationen mit einem wachsenden Wettbewerbsdruck entfernter liegender tropischer Destinationen (z. B. Kenia, Thailand, Sri Lanka, Dominikanische Republik, Seychellen, Malediven, Hawaii etc.) konfrontiert, welche durch preiswerte Flugpreise begünstigt werden. Ein weiteres Problem wirft die **Saisonalität der Nachfrage** auf, welche das Ergebnis der jahreszeitlichen und natürlichen Voraussetzungen dieser Form des Tourismus ist. Auf den Balearen z. B. entfallen zwei Drittel aller Ankünfte auf die Monate Juni bis September. Während für diese Nachfragespitzen die gesamte Ver- und Entsorgungsinfrastruktur vorzuhalten ist, wird sie in den Wintermonaten, in denen es zu einem Anstieg der Arbeitslosenquote im Tourismus kommt, nicht ausgelastet. Ferner bedingt die **monostrukturelle Ausrichtung** auf den Badetourismus eine **erhebliche räumliche Konzentration der Nachfrage.** Für viele Hotels und Ferieneinrichtungen stellt der freie Blick aufs Meer einen wichtigen, da höhere Preise rechtfertigenden Standortfaktor dar. Die Folge ist eine extreme, unästhetische Bebauungsdichte mit mehrstöckigen Gebäuden ohne Frei- und Grünflächen entlang der Strände (vgl. Steinecke 2014, S. 122 f.; 2011, S. 161 f.).

4.3.3 Touristische Entwicklungsstrategien

Zur Begegnung dieser Probleme kann das Destinationsmanagement mehrere Maßnahmen ergreifen, um das touristische Angebot aufzuwerten und – z. B. durch den stärkeren touristischen Einbezug auch anderer Landesteile – den saisonal auftretenden Besucherdruck auf die Küstenregionen zu entflechten und für eine bessere Kapazitätsauslastung im Winter zu sorgen (vgl. Kagermeier 2016a, S. 259 ff.; Steinecke 2014, S. 122; 2011, S. 161 ff.). Maßnahmen zur **Qualitätsverbesserung des touristischen Angebots** sehen z. B. die Modernisierung oder Schließung touristischer Unterkünfte mit mangelhafter Ausstattung oder die Verschönerung touristischer Zentren durch städtebauliche Maßnahmen (z. B. durch Errichtung von Fußgängerzonen, Grünflächen oder Flaniermeilen) vor. Auch ökologische und landschaftsplanerische Instrumente, wie z. B. die Ausweisung von Schutzzonen in besonders sensiblen Ökosystemen, in denen ein Betretungs- und Aufenthaltsverbot besteht, Baustopps für

Zweitwohnungen zur Eindämmung der Landschaftszersiedlung sowie Vorschriften zur Senkung des Ressourcenverbrauchs, stellen ebenso wie die Etablierung von Umweltmanagementsystemen (vgl. Kap. 3.6.5) in den touristischen Betrieben sowie die Schärfung des ökologischen Bewusstseins der Touristen Ansatzpunkte der Qualitätsverbesserung dar.

Mit einer **qualitätstouristischen Diversifizierungsstrategie** sollen die Nebensaison sowie binnenländische bzw. inselinnere Standorte gestärkt werden. Dafür wird auf die Förderung bestimmter touristischer Alternativformen wie den **Golftourismus**, den **Residenzialtourismus** (Bau von Zweitwohnungen), den **Agrotourismus** (Rekonstruktion ehemaliger landwirtschaftlicher Gehöfte), den **Wander- und Fahrradtourismus**, den **nautischen Tourismus** (Ausbau von Marinas im Umfeld bisheriger Küstenstandorte) sowie den **Kultur- und Gesundheitstourismus** gesetzt. Diese Tourismusformen stellen meist keine umweltverträglicheren Alternativen zum bisherigen bzw. gängigen Tourismus dar, sondern richten sich nach Prestigeansprüchen und Zahlungsstärke der potenziellen Nachfrager. Auch der Bau von Anlegestellen für Kreuzfahrtschiffe kann eine Rolle spielen. Als weiterer Diversifizierungstrend lässt sich der Bau von **Themenparks und Resortanlagen** mit Shopping-Möglichkeiten, Spielcasinos, Nachbauten berühmter Orte u. a. ausmachen, bei denen Strand und Meer als ehedem naturräumliche Voraussetzungen und ursprüngliches Angebot in den Hintergrund rücken und nur noch als Kulissen fungieren.

4.4 Hochgebirgsdestinationen

Hochgebirge sind Landschaftstypen, die sich von ihrer Umgebung durch einen markanten Höhenunterschied (mehr als 1.500 m) abheben. Durch ihre topografische Höhe und eine ausgeprägte Unterteilung in steile Gipfel, Bergmassive und -täler weisen sie eine charakteristische Höhenabfolge von Relief, Klima und Vegetation auf. Für ca. 10 % der Weltbevölkerung stellen sie den **Lebensraum** dar. Ferner gelten sie als **ökonomische Investitionsräume** für eine wasserkraftbasierte Energiegewinnung, Verkehrsverbindungen und v. a. den Tourismus (vgl. Dikau et al. 2002, S. 82).

4.4.1 Die Entwicklung des Alpenraums zur Schwerpunktdestination

Eine der wichtigsten Hochgebirgsregionen sind die Alpen als **Dachgarten Europas** (vgl. Lichtenberger 2005, S. 314). Sie erstrecken sich in einem asymmetrischen, nonkonvexen Bogen von der Nordküste des Ligurischen Meeres bis zum Wiener Becken und setzen sich östlich davon in den Karpaten und südöstlich in den slowenischen und kroatischen Dinarinden fort (vgl. Baumhauer 2007, S. 115).

Für viele Alpenregionen stellt der Tourismus die **wichtigste Einkommens- und Beschäftigungsquelle** dar. In einigen alpinen Gemeinden entfallen mehr als 80 %

der Gesamtwertschöpfung auf ihn. Wo einst die Landwirtschaft der dominierende Wirtschaftszweig war und ganze Landstriche von Abwanderungen in urbane Räume betroffen waren, hat der Tourismus in Ermangelung alternativer wirtschaftlicher Entwicklungsmöglichkeiten die Arbeits- und Lebensbedingungen nachhaltig verändert (vgl. Kap. 3.1.6). Ergänzt durch Landwirtschaft sowie die Nutzung als Wasserreservoir und Transitkorridor, sind die Alpen aus ökonomischer Sicht in einen Freizeitraum umfunktioniert worden (vgl. Ellrich 2003).

Bis ins 18. Jahrhundert stellten die Alpen einen weitgehend unzugänglichen und daher ziemlich unbekannten Raum dar, der – vergleichbar mit Küstendestinationen (vgl. Kap. 4.3) – durch Mythen und Sagen beförderte Ängste und Schrecken ausstrahlte. Ein Wandel dieses Landschaftsverständnisses bzw. eine Entmythologisierung der Berge setzte erst im 18. Jahrhundert mit dem Drang ein, die Alpen in mineralogischer, biologischer, geologischer etc. Hinsicht zu erforschen. Die Erstbesteigungen wichtiger Alpengipfel in der zweiten Hälfte des 19. Jahrhunderts (z. B. Piz Bernina 1850, Dufourspitze 1855, Mönch 1857, Gran Paradiso 1860, Liskamm 1861, Pollux 1864, Matterhorn 1865 etc.) lockten die akademische und finanzielle Oberschicht, v. a. aus Großbritannien, an. Der **Alpinismus** galt in elitären und gesellschaftlichen Kreisen als Ort des Jagdvergnügens, der Erholung und noblen Sommerfrische. Erst mit der Errichtung von Stich- und Transitbahnen ließ sich die Zugänglichkeit der Alpen auch für breitere Bevölkerungsschichten realisieren. In die zweite Hälfte des 19. Jahrhunderts fällt auch die Gründung der Alpenvereine, von deren Tätigkeiten (z. B. Veröffentlichung von Bergsteigerkarten, Anlage und Kennzeichnung von Wanderwegen, Bergführer- und Rettungswesen, Hüttenbetrieb) weitere Impulse einer touristischen Erschließung des Alpenraums ausgingen.

Einen weiteren Auftrieb erhielt der Alpentourismus ebenfalls ab der zweiten Hälfte des 19. Jahrhunderts, als die Medizin die Heilwirkung der alpinen Höhenluft entdeckte und gleichzeitig wichtige Eisenbahnstrecken (z. B. Brennerbahn 1867, Gotthardbahn 1881, Wengernalpbahn 1893, Jungfraubahn 1912) sowie Schmalspur-, Zahnrad- und Bergbahnen (z. B. Pilatusbahn 1889, Brienzer Rothornbahn 1892, Gornergratbahn 1898) errichtet wurden. In diese Zeit fällt auch, v. a. in der Schweiz, die Eröffnung berühmter, prunkvoller und luxuriöser Belle-Époque-Hotels (z. B. Kronenhof in Pontresina 1848, Mont Cervin Palace in Zermatt 1857, Kulm Hotel 1856 und Suvretta House 1912 in St. Moritz, Palace in Gstaad 1913), welche das Geltungsbewusstsein der Aristokratie sowie Repräsentationsansprüche aufstrebender Schichten widerspiegelten.

Nach dem Zweiten Weltkrieg entwickelte sich der Alpinismus zum **Massentourismus**, wobei zunächst noch der Sommer- gegenüber dem Winterreiseverkehr dominierte. Dies änderte sich Ende der 1950er-Jahre mit der massenhaften Ausweitung des Wintersporttourismus mit seinen unterschiedlichen Schneesportarten. Doch war er nur in sehr wenigen, hochgelegenen alpinen Destinationen die erste Form des Tourismus. In den meisten heutigen Wintersportorten gab es vor der wintertouristischen Erschließung bereits unterschiedliche Formen des Sommertourismus, zu denen sich dann schrittweise die Wintersaison hinzugesellte, welche dann aber derart hohe Wachstumsraten aufwies, dass der Wintertourismus innerhalb weniger Jahre die dominierende raumprägende Rolle übernahm. In einer klimatisch ungünstigen Jahreszeit trägt er ganz erheblich zur Kapazitätsauslastung der touristischen Betriebe bei. Viele von ihnen übersteigen erst durch ihn die Rentabilitätsschwelle (vgl. Jülg 2007, S. 253).

Seit den 1980er-Jahren vollzieht sich daher in vielen alpinen Destinationen ein **Bedeutungsschwund des Sommer- zugunsten des Wintertourismus**. Die zunehmende Orientierung an den Winterurlaubern entsprach v. a. ökonomischem Kalkül. Zum einen werden die touristischen und sonstigen infrastrukturellen Einrichtungen besser ausgelastet, zum anderen stellen Winterurlauber meist jüngere und zahlungskräftigere Gäste als Sommerurlauber dar und bescheren den Orten größere Einkommens- und Beschäftigungseffekte. Höhere Beherbergungserträge stehen im Winter steigenden energiebedingten Betriebsausgaben gegenüber. Für die Touristen fallen weitere Ausgaben für Skiausrüstung und -schulung sowie die Nutzung von Seilbahnen und Liften an. Da die Tage im Winter vergleichsweise kurz und die Abende entsprechend lang sind, kommt es zu weiteren Ausgaben im Après-Ski-Bereich (Verpflegung, Unterhaltung). Das Aufkommen neuer Wintersportarten wie Carving oder Snowboarding trägt sein weiteres zur Bedeutung des Wintertourismus bei.

Allerdings folgt in manchen zweisaisonalen Destinationen einer zu einseitigen Spezialisierung auf den Wintertourismus stellenweise eine zwangsläufige Stagnation des Sommertourismus. So trüben Aufstiegshilfen, Skipisten, Erosionsschäden entlang der Abfahrtshänge, eine geringere Biodiversität, ungenutzte, ohne eine winterliche Landschaft unschön erscheinende und sperrige Liftanlagen, Sicherheitszäune sowie leerstehende Wintersporthotels und Parkplätze das Bild einer ästhetischen und intakten Landschaft, welche sich Sommerurlauber erwarten (vgl. Jülg 2007, S. 252; Steinecke 2011, S. 174 ff; Ellrich 2003).

Die schneearmen Winter der letzten Jahre führen nun wieder zu einem verstärkten Aufblühen des Sommertourismus. Dies geschieht u. a. durch Nutzung der Winterinfrastruktur für Sommertrendsportarten, wie z. B. Mountainbiking, Downhill oder Mountain-GoKart (z. B. Bikepark Schladming), Paragliding und Gleitschirmfliegen (z. B. Brauneck), oder den Ausbau der Sommerinfrastruktur u. a. durch Bergspielplätze (z. B. Erlebnispark Hexenwasser in Söll).

4.4.2 Entwicklungen im Wintersporttourismus

Anders als im Sommertourismus steht für Wintersporttreibende heute nicht mehr das landschaftliche Naturerlebnis im Vordergrund, sondern eine schnelle Erreichbarkeit der Pisten, deren Qualität sowie infrastrukturelle Ausstattung. Das alpine Umfeld wird damit zur substituierbaren Kulisse abgewertet.

Durch die Verbindung einzelner Skidestinationen durch Liftanlagen und Seilbahnen entstehen seit den 1990er-Jahren sog. Skischaukeln, Skiarenen und Skizirkusse, die große Gebiete miteinander vereinen und so dem Tourismus neue Attraktivität verleihen. Ein Aushängeschild ist die österreichische Skiregion Saalbach-Hinterglemm-Leogang-Fieberbrunn (vgl. Exkurs 15). Solche Großskigebiete tragen zwar dem Bedürfnis der Urlauber nach Abwechslung und Wahlfreiheit Rechnung, rufen aber gleichzeitig immense ökologische Beeinträchtigungen hervor (vgl. Kap. 2.3.2.2; Ellrich 2003; Steinecke 2011, S. 170 ff.).

Exkurs 15: Saalbach-Hinterglemm-Leogang-Fieberbrunn: Die „lässigste" Skiregion Europas

Österreich ist reich an hervorragend ausgestatteten Skigebieten, die für Winterurlauber und Skifans keinen Wunsch offenlassen: Bestens präparierte und abwechslungsreiche Skipisten, eine erstklassige Beförderungsinfrastruktur mit komfortablen, stellenweise beheizten Sitzen, Schneesicherheit dank Schneekanonen, aufregende Après-Ski-Aktivitäten, gemütliche Hütten und höchster Hotelkomfort. In Österreich hat sich der Pinzgauer Skizirkus Saalbach-Hinterglemm-Leogang-Fieberbrunn nochmals einen besonderen Namen gemacht. „Wir sind das Home of Lässig" und „alles ist möglich", lautet die Devise. Wem das Tageslicht nicht reicht, der kann bei Flutlicht weiterfahren. Wer ein actionreiches, kirmesartiges Vergnügen sucht, kann mit Timoks Alm Coaster wie auf einer Achterbahn auf 1.160 m in sieben Minuten 115 Höhenmeter überwinden. Wem geglättete Pisten zu langweilig sind, dem widerfährt im Freerider-Park am Lärchfilzkogel in Fieberbrunn ein naturbelassenes Skierlebnis. Wer auf der Suche nach dem besonderen Adrenalin-Kick ist, kann mit dem Flying Fox XXL auf einer Länge von 1.600 m und einer Spitzengeschwindigkeit von 130 km/h eine der schnellsten und längsten Stahlseilrutschen der Welt entdecken.
Der Skizirkus wird von 600 Mitarbeitern betrieben, wovon alleine 120 für die Pistenpräparierung und die Beschneiung durch 627 Schneekanonen zuständig sind. 29 Seilbahnen, 22 Sessellifte und 19 Schlepplifte befördern in der Stunde rund 135.000 Skifahrer.
Quellen: Gerstmeyer 2017; Home of Lässig 2007.

Aufgrund der hohen Investitionssummen können kleinere und weniger attraktive Orte an dieser Entwicklung nicht teilnehmen. Der alpine Skitourismus konzentriert sich heute daher weitgehend auf wenige Zentren, welche über eine gute Infrastruktur verfügen und zahlungskräftige Gäste anlocken (z. B. in Frankreich Tignes/Val d'Isère, Chamonix-Mont-Blanc, in Italien Cortina d'Ampezzo, Gröden, Livigno, in Österreich Lech, Zürs und St. Anton am Arlberg, Sölden, Ischgl, Saalbach-Hinterglemm, Kitzbühel, in der Schweiz Verbier, Crans-Montana, Gstaad, Zermatt, Berner Oberland, Engadin u. a.). Gleichzeitig müssen Orte in Seitentälern ohne entsprechende attraktive Angebote eine rückläufige Nachfrage hinnehmen. Damit weist der Wintersporttourismus eine starke **räumliche Konzentration** auf, da er an die entsprechende Lift- und Seilbahninfrastruktur gebunden ist, die ein abwechslungsreiches Pistenskifahren mit unterschiedlichen Abfahrten ermöglicht. Für deren ökonomische Auslastung wiederum werden große Talorte mit korrespondierenden Unterbringungskapazitäten benötigt (vgl. Jülg 2007, S. 254 f.).

Seit Beginn des 21. Jahrhunderts hat der alpine Wintersporttourismus seinen Zenit überschritten und hat mit rückläufigen Wachstumsraten zu kämpfen, wofür mehrere Ursachen verantwortlich zeichnen (vgl. Jülg 2007, S. 250 ff.). Aufgrund des **Klimawandels** (vgl. Kap. 2.3.3) haben viele Wintersportdestinationen ihre Schneesicherheit eingebüßt. Der Einsatz von Beschneiungsanlagen und Schneekanonen (vgl. Kap. 2.3.2.2) kann dabei nur bedingt Abhilfe schaffen, da ihr Betrieb nur bei Minusgraden möglich ist. Ferner nimmt der Anteil von Kindern und Jungendlichen unter den Skifahrern ab. Wer in seiner Jugendzeit nie Skigefahren ist, wird in späteren Jahren kaum seine Freizeit in nasskalten Gefilden verbringen wollen. Parallel dazu geht infolge von Sparmaßnahmen im staatlichen Schulwesen die Anzahl schulischer Skilager und -freizeiten zurück. Auch hat sich die gesellschaftliche Einstellung zum Wintersport verändert, was dazu führt, dass z. B. in Österreich Sportcamps im Sommer, in denen die Schüler unterschiedlichen Sommersportarten je nach individuellen Fertigkeiten und Wünschen nachgehen können, anstelle von Skilagern im Winter angeboten werden.

Neben diesen Veränderungen hat sich die Wettbewerbssituation im alpinen Wintersporttourismus nicht nur durch die klimawandelbedingten schneearmen Winter der 1990er-Jahre, sondern auch durch das **Auftreten neuer Wettbewerber**, wie z. B. Skandinavien (Lappland, Jämtland, Jotunheimen), Tschechien (Riesengebirge), Slowakei und Polen (Hohe Tatra), Spanien (Pyrenäen, Sierra Nevada), Slowenien, Kroatien und Bosnien-Herzegowina (Dinarinden) oder Bulgarien (Rhodopen), verschärft. Auch weltweit treten mit den USA und Kanada neue Konkurrenten auf.

4.4.3 Wintersporttouristische Strategien

Zur Profilierung im Wettbewerb eignet sich die **Markenbildung alpiner Destinationen**, bei der sich mehrere Orte zu einer größeren Einheit zusammenschließen. Nach außen treten sie unter einem gemeinschaftlichen Destinationsnamen (z. B. Jungfrau Ski-Region im Berner Oberland, Ski-Region Heidiland in der Ostschweiz, Ski amadé in Salzburg und der westlichen Steiermark, Ski-Gebiet Serfaus-Fis-Ladis in Tirol, Ski Arlberg) auf und stimmen ihre Kommunikations- und Vertriebspolitiken aufeinander ab. Nach innen konzentrieren sie sich auf gemeinsame Marktsegmente und Zielgruppen. Insbesondere kleineren und abgeschiedenen Skiorten kann der An- bzw. Zusammenschluss mit größeren Skidestinationen das wirtschaftliche Überleben sichern. Ein gelungenes Beispiel stellen die beiden sehr kleinen und beschaulichen Walserdörfer Warth und Schröcken am Hochtannbergpass zwischen dem Tiroler Lechtal und dem Bregenzerwald dar, die sich 2014 der gemeinschaftlichen Destination Ski Arlberg anschlossen und so direkte Liftverbindungen zu den exklusiven Arlberger Wintersportorten Lech und Zürs sowie zur Partymeile St. Anton unterhalten. Mit 88 Seilbahn- und Liftanlagen vermarktet sich Ski Arlberg als größtes Skigebiet in Österreich (vgl. SZ 2018d).

Im Bereich der **Kommunikations- und Produktpolitik** stellt die zunehmende Eventisierung einen bedeutenden Ansatz dar. Z. B. werden in vielen Skiorten zur Après-Ski-Unterhaltung regelmäßig Großevents aus der Musik- und Modeszene, ergänzt durch spektakuläre Auftritte von Drachenfliegern und Flugzeugen sowie Licht- und Pyrotechnik, abgehalten, die durch professionelle Vermarktungskampagnen beworben werden (vgl. Steinecke 2011, S. 195 ff.).

Weil die Schneesicherheit bei der Auswahl von Wintersportdestinationen einer der wichtigsten Faktoren ist, stellt sich heute nicht mehr die Frage, ob, sondern in welchem Ausmaß der Klimawandel (vgl. Kap. 2.3.3) die vom „weißen Gold" abhängigen Wintersportangebote beeinflusst (vgl. Heuchele et al. 2014, S. 6) . In diesem Zusammenhang existieren zweierlei Strategien (vgl. Elsasser/Bürki 2007, S. 873 ff.; Steinecke 2011, S. 187 f.; Heuchele 2014, S. 7 f.): **Vermeidungsstrategien** zielen darauf ab, den Ausstoß globaler Erwärmung bedingender Schadstoffe zu reduzieren, insbesondere durch Maßnahmen zur Verringerung des touristischen Verkehrs oder zur Optimierung des Energieverbrauchs. Gegenstand von **Anpassungsstrategien** ist die Wahrung der touristischen Attraktivität der alpinen Destinationen durch Angebotsergänzungen, wie z. B. Ausweichmöglichkeiten bei Schneearmut (z. B. durch gesellschaftliche oder kulturelle Veranstaltungen, Wellness), Alternativen zum Skisport (z. B. Schneeschuhwandern oder Schlittenfahren, was auch bei geringerer Schneedecke möglich ist), die Entwicklung eines Vierjahreszeitentourismus oder die Sicherung des Skisports (z. B. Kooperationen touristischer Leistungsträger, finanzielle Hilfen für Bergbahn- und Liftbetreiber, künstliche Beschneiungen, aber auch Pistenpräparierungen, Verlagerung der Skigebiete in höhere Lagen, Gletschererschließungen) (vgl. Abb. 4.2). Trotz dieser Vielfalt an Alternativen existiert keine Möglichkeit, mit welcher sich der derselbe wirtschaftliche Profit erzielen lässt wie mit dem klassischen Wintersport.

Ganzjährig als alpine Destination durch einen nachhaltigen Tourismus attraktiv zu sein, gelingt z. B. durch die Förderung von Skitouren, einen Ausbaustopp für Liftanlagen, den weitgehenden Verzicht auf Schneekanonen oder die Einführung attraktiver Sommerangebote (z. B. freie Nutzung von Liften und Bergbahnen in der Sommersaison). Ein Beispiel dafür stellt die Destination Osttirol dar, bei der Authentizität, Ursprünglichkeit und Reduktion auf das Wesentliche im Vordergrund stehen.

Eine Besonderheit des sommerlichen wie winterlichen Gebirgstourismus liegt in der **Anfälligkeit gegenüber Naturereignissen**. So hat die Lawinenkatastrophe im Tiroler Galtür mit über 30 Toten im Februar 1999 für einen mehrjährigen Tourismuseinbruch gesorgt. Im August 2017 ereigneten sich in dem zum Bergell gehörenden Val Bondasca im schweizerischen Kanton Graubünden mehrere Erdrutsche, die acht Men-

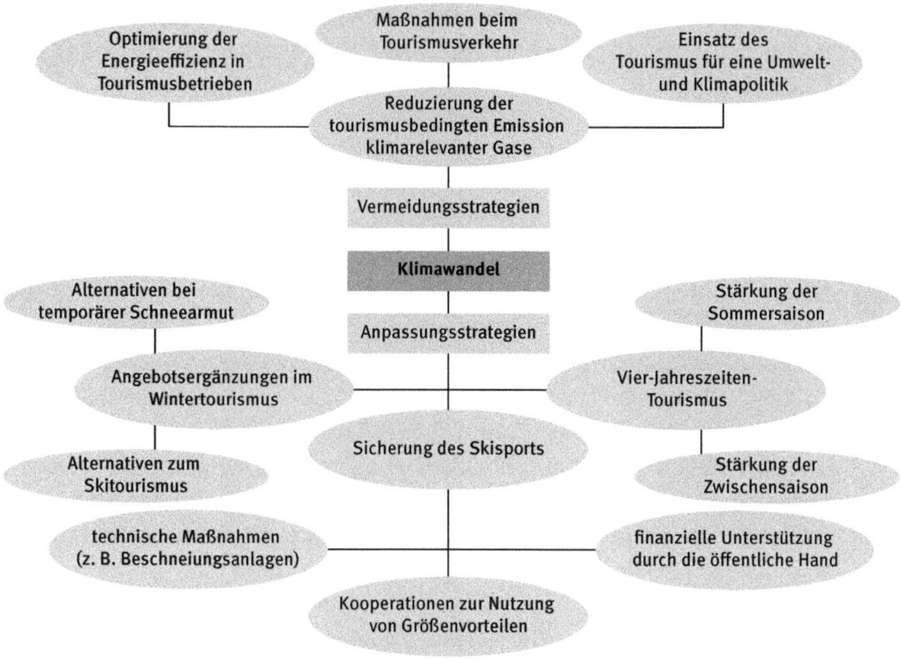

Abb. 4.2: Strategien alpiner Wintersportdestinationen vor dem Hintergrund des Klimawandels; Quelle: Elsasser/Bürki 2007, S. 874.

schen das Leben kosteten und die Buchungen zum Kastanienfest in Soglio im darauffolgenden Oktober um bis zu 80 % einbrechen ließen (vgl. NZZ 2017e).

4.5 Gesundheitstouristische Destinationen

Das Reisemotiv im **Gesundheitstourismus** liegt in der Reproduktion oder der Bewahrung des physischen und/oder psychischen Wohlbefindens durch die Nutzung medizinisch-therapeutischer Dienstleistungen. Die Wahl des Zielorts ist nur bei selbstbezahlenden Gesundheitstouristen frei. Bei Sozialkurgästen legt der Leistungsträger unter Abwägung medizinischer Aspekte und der Auslastung eigener Kapazitäten die Destination fest. Die Besonderheiten gesundheitstouristischer gegenüber sonstigen Destinationen sind das Nebeneinander von Beherbergungs- und medizinischer Infrastruktur in Form von Kliniken, Sanatorien, speziellen Kureinrichtungen, Rehabilitationszentren etc. sowie eine disperse Standortverteilung im Raum. Da die meisten Kurformen auf einen natürlichen Ursprung in gesunder Umgebung zurückzuführen sind, treten gesundheitstouristische Destinationen meist als **in eine ländliche oder**

kleinstädtische Umgebung eingebundene Erholungsorte auf, von denen einige berühmte Orte im Lauf der Geschichte zu größeren Städten aufgestiegen sind (vgl. Rulle 2007, S. 226 f.).

4.5.1 Entstehung und Entwicklungen des Gesundheitstourismus

Die Vorläufer des Gesundheitstourismus sind bereits in der **Antike und im Römischen Reich** verankert. Dessen konsequente geografische Ausweitung sorgte für die Verbreitung der Badetradition der Römer über ganz Mitteleuropa. Berühmte Kurorte wie Bath (Großbritannien), Vichy (Frankreich), Abano Terme (Italien), Baden-Baden und Bad Wörishofen (Deutschland), Karlsbad (Tschechien) sowie Bad Ragaz (Schweiz) haben hier ihren Ausgangspunkt (vgl. Rulle 2007, S. 225).

Eine starke Ausbreitung von Heilbädern erfolgte im 18. Jahrhundert zunächst durch die teils mehrwöchigen oder gar -monatigen **Kuraufenthalte des Adels** (insbesondere in Großbritannien) und im 19. Jahrhundert des **gehobenen Bürgertums**. Von Meran bis nach Usedom entstanden große Badekomplexe und -residenzen. Neben ihrer gesundheitsfördernden Wirkung entwickelten sich diese Orte schnell zu gesellschaftlichen Treffpunkten. Die **Verbesserung der Verkehrsinfrastruktur** intensivierte die Reisetätigkeit zu den Badeorten, wobei die **Verbreitung der Eisenbahn** auch weniger betuchten Gesellschaftsschichten die Nutzung dieser Domänen der Eliten erschloss.

Zu einer starken Ausweitung des Kur- und Gesundheitstourismus kam es im 20. Jahrhundert nach dem Ende des Zweiten Weltkriegs durch die **Sozialgesetzgebung**. Mit den sog. ambulanten Vorsorgeleistungen genehmigten die Krankenkassen ihren Versicherten üppige Auszeiten vom Alltag in den damals rund 350 Heilbädern und Kurorten in Deutschland, was die Zahl der Sozialkurgäste v. a. in den 1970er- und 1980er-Jahren sprunghaft ansteigen ließ. Ferner nahmen die staatlichen Rentenversicherungsträger in beträchtlichem Umfang Investitionen in Kureinrichtungen vor. Die vielfältigen Maßnahmen zur Kostenreduzierung im Gesundheitsbereich mit ihrem Höhepunkt in der zweiten Hälfte der 1990er-Jahre (u. a. Verkürzung der Kurzeit von vier auf drei Wochen, Erschwerung von Genehmigungen, Anrechnung von Urlaubstagen, deutlich höhere Zuzahlungen) ließ die Nachfrage nach Sozialkuren in den traditionellen Kurorten – korrespondierend mit einem entsprechenden Verlust von Arbeitsplätzen – dann wieder massiv einbrechen. Insbesondere solche Destinationen, die sich zu stark auf den von staatlichen Leistungsträgern getragenen Gesundheitstourismus spezialisiert hatten, befanden sich in einer schweren Strukturkrise. Schnell stellte sich heraus, dass der staatlich finanzierte und organisierte Kurtourismus mit seinen überdimensionierten und starr geführten Kurkliniken keine zeitgemäße Struktur für einen am Wettbewerb orientierten Käufermarkt zu bieten hatte (vgl. Kagermeier 2016a, S. 239; SZ 2017d).

Aufgrund der rückläufigen Kostenübernahme durch Leistungsträger sind Gesundheitsdestinationen heute mehr und mehr von selbstzahlenden Privatgästen abhängig, was eine **Umpositionierung** klassischer Kurorte auf dem touristischen Markt bedingt. Wegen des saisonal unabhängigen und von den Leistungsträgern zuverlässig in die Destinationen kanalisierten Zustroms an Kurgästen waren diese von den gewöhnlichen touristischen Marktmechanismen entkoppelt. Es bestand weniger eine Orientierung an den Kururlaubern als vielmehr an den Leistungsträgern, welche die Qualität der Angebote nur in zeitlichen Abständen überprüften. Selbstzahler nehmen hingegen eine ständige Leistungsbewertung vor und reagieren auf Misslichkeiten empfindlich mit Nichtwiederkehr. Spätestens seit Mitte der 1990er-Jahre lässt sich daher der verstärkte Trend beobachten, den Kururlauber nicht mehr als Patienten, sondern als echten Gast zu betrachten, den es durchgängig und konsequent zu umsorgen gilt (vgl. Rulle 2007, S. 228).

4.5.2 Formen gesundheitstouristischer Destinationen

Generell lassen sich gesundheitstouristische Destinationen in Kurorte und Heilbäder sowie Destinationen der präventiven Gesundheitsvorsorge unterscheiden (vgl. Rulle 2007, S. 229; Job et al. 2005, S. 606): **Kur- und Heilbäderdestinationen** sind zu differenzieren in Mineral-, Thermal- und Moorheilbäder, bei denen Minerale, Gase, Heilwässer und Moore als Heilmittel eingesetzt werden, Seeheilbäder und Seebäder, welche die heilende Kraft von Meer und Seeklima nutzen, heilklimatische Kurorte, die über eine sehr hohe Luftqualität verfügen und auf die stimulierende (Reiz-)wirkung des Klimas setzen, sowie Kneippheilbäder und -kurorte, die unabhängig von ortsgebundenen Heilmitteln sind und stattdessen physiotherapeutische Verfahren (z. B. Wasserheilverfahren, Bewegungs-, Ernährungs- und Phytotherapie, allgemeine Gesundheitserziehung) einsetzen. Meist besteht ein typischer Kurortcharakter mit Kurpark, Kurhaus und Trinkhalle.

Der Standort von Heilbädern ist an natürliche Heilmittel wie mineralreiche oder warme Wässer und Moore gebunden. Thermen oder kohlesaure sowie Schwefel- oder Mineralquellen tauchen oft an geologischen Verwerfungslinien, nicht selten mit einer linienhaften Anordnung, wie z. B. entlang des Oberrheingrabens (Baden-Baden, Bad Kronzingen, Badenweiler, Bad Bellingen etc.) auf. Auch Gebiete mit ehemals vulkanischer Aktivität, wie z. B. das französische Zentralmassiv, weisen eine Konzentration von Heilbädern auf. Kur- und Luftkurorte befinden sich dagegen zumeist in den Mittelgebirgen oder den Alpen. In höheren Lagen charakterisieren sie sich häufig durch ein Reizklima mit niedrigem Luftdruck, geringem Sauerstoffgehalt und stärkerer Luftbewegung (vgl. Diercke 2015, S. 81 f. und 178).

Den Titel „Heilbad“ dürfen nur Orte tragen, welche die Heilmittel in ausreichender Qualität und Menge zur Verfügung stellen und eine entsprechende Infrastruktur aufweisen können. Auch Kur- und Luftkurorte müssen entsprechenden Anforderungen genügen.

Destinationen der präventiven Gesundheitsvorsorge sind dagegen eine Entwicklung der letzten 30 Jahre. Ihr Angebot, das keiner besonderen Prädikatisierung bedarf, ist grundsätzlich an allen Orten möglich und adressiert nicht in erster Linie den bereits kranken Gast, sondern dient der Prävention von Krankheiten durch einen ganzheitlichen Ansatz aus Wellness, Fitness, Ernährungsbewusstsein, Eigenverantwortung, Stressmanagement sowie Umweltsensibilität und verfolgt den harmonischen Dreiklang von Körper, Geist und Seele. Die Grenzen zwischen gesundheitsmotivierten Wellnessangeboten und solchen ohne präventiven Gesundheitscharakter (z. B. Schönheitsfarmen, Spas) sind fließend.

Zwar wird die Wellnessorientierung sowohl durch das steigende Auftreten belastender Situationen im Berufs- und Privatleben, eine zunehmende gesundheitliche Eigenverantwortung als auch den demografischen Wandel gefördert. Dennoch ist es dem Wellnessboom bisweilen nicht gelungen, den Rückgang der konventionellen Kuraufenthalte in den traditionellen Kurorten aufzufangen (vgl. Kagermeier 2016a, S. 240 ff.).

4.6 Erlebnis- und Konsumwelten

Im Hinblick auf die historische Entwicklung des Tourismus wurden nicht nur authentische Natur- und Kulturräume wie Gebirgs- und Küstendestinationen für den Reiseverkehr zugänglich gemacht, sondern auch **künstliche Besucherattraktionen** geschaffen.

4.6.1 Begriffliche Einordnung

Bei den sich seit den 1980er-Jahren rasant ausbreitenden Erlebnis- und Konsumwelten handelt es sich um nicht eindeutig dem Freizeit-, Handels- oder Dienstleistungssektor zurechenbare multifunktionale Einrichtungen bzw. Anlagen in Form sog. **Mixed-Use-Center**, in denen sich – häufig unter einem übergeordneten Thema – zahlreiche Einzelangebote aus den Bereichen Konsum, Kultur und Sport (Geschäfte, Hotels, Restaurants, Ausstellungen, Kinos, Fahrgeschäfte, Schwimmbäder, künstliche Skipisten etc.) miteinander verbinden lassen. Diese Angebote werden durch bauliche, künstlerische, theatralische oder technische Mittel in Szene gesetzt, um eine im krassen Gegensatz zur sozial fragmentierten Alltagswelt der Besucher stehende Atmosphäre zu schaffen, welche einen emotional aufgeladenen Zusatznutzen im Bereich Unterhaltung und Vergnügen generiert.

Eine exakte Definition dieser Erlebnis- und Konsumwelten erweist sich aufgrund der zahlreichen Angebotsprofile und Betriebskonzepte sowie der Marktdynamik dieser Einrichtungen als problematisch (vgl. Steinecke 2011, S. 254 f.). Auch ist nicht eindeutig klar, was unter Erlebnissen und Erleben zu verstehen ist (vgl. Popp 2012, S. 83). Einigkeit besteht darin, dass es sich um einen kontinuierlichen Prozess und eine stets subjektive Komponente handelt: Das Erlebte ist immer das „Selbsterlebte" (vgl. Gadamer 2010, S. 66).

Der **Erlebnisbegriff** ist Ausdruck und Folge der in den 1990er-Jahren einsetzenden hedonistischen Individualisierung postmoderner Gesellschaften, insbesondere westlicher Industriegesellschaften, und wird heute inflationär und teils sehr ungenau verwendet, da er sich zu einem ubiquitären Schlagwort der Konsumgüter- und Dienstleistungsbranche (z. B. Erlebniseinkauf, Urlaubserlebnis, Erlebniskaufhaus) entwickelt hat (vgl. Goronzy 2003, S. 220; Bachleitner 2004, S. 16). Bedeutend sind v. a. die äußeren Umstände, welche bei Konsum- und Erlebniswelten im Vordergrund stehen:

> Im Erlebnis werden äußere Gegebenheiten auf persönliche Wünsche und Gefühle und die innere Befindlichkeit des Einzelnen bezogen. Die Suche nach Erlebnissen ist vielfach verbunden mit der Suche nach Glück und positiven Eindrücken (Agricola 2001, S. 105).

Darauf aufbauend lassen sich **Erlebniswelten** als künstlich geplante, kommerzielle, komplexe und multifunktionale Einrichtungen – die Aufenthaltsdauer reicht je nach Größe und Ausrichtung von wenigen Stunden bis zu mehreren Tagen – an der Schnittstelle von Freizeit und Tourismus, Wirtschaft, Unterhaltung, Kultur, Sport und Konsum verstehen, die über ein differenziertes Angebotsspektrum intensive und emotionale Erlebnisse anbieten (vgl. Kagelmann 1998, S. 59 f.; Steinecke 2001, S. 67).

4.6.2 Erfolgsfaktoren und Wettbewerbswirkungen

Bestandteil von Erlebnissen ist häufig der Konsum, denn einerseits lassen sich Erlebnisse konsumieren, andererseits wird, wie z. B. beim Erlebniseinkauf, der Konsum zum Erlebnis, womit sich die Erlebniswelt zu einer **Konsum- und Erlebniswelt** erweitern lässt (vgl. Oechsle 2005, S. 95). Diese weist folgende konstitutiven Erfolgsfaktoren auf (vgl. Kagelmann 1998, S. 79 ff.):

- Eintauchen der Bewohner in eine **alltagsferne Kontrastwelt**,
- **Erlebnisvermittlung** auf hohem und verlässlichem Niveau,
- kontinuierlich wechselnde **Attraktionen**,
- perfekter Konsumgenuss durch **professionelle Organisation**,
- den multioptionalen Besucheransprüchen gerecht werdende **multifunktionale Angebote**,
- ein im Sinne eines „Story Tellings" unverwechselbare Erlebnisse versprechendes **thematisches Leitmotiv**.

Das Aufkommen der Erlebnis- und Konsumwelten hat die Wettbewerbssituation konventioneller Destinationen für den Ausflugs- und Kurzurlaubsreiseverkehr verschärft (vgl. Kap. 4.1.3). Zum einen handelt es sich um neue Konkurrenten, die Besucherströme aus anderen Destinationen abziehen. Zum anderen setzen sie in punkto Erlebnischarakter und Kundenorientierung neue Maßstäbe, an denen sich auch öffentliche Kultur- und Freizeiteinrichtungen (z. B. Museen, Zoos) messen lassen müssen, sofern sie wettbewerbsfähig bleiben wollen (vgl. Steinecke 2011, S. 258).

4.6.3 Formen von Erlebnis- und Konsumwelten

Eine Form von Erlebnis- und Konsumwelten stellen Freizeit- und Themenparks dar. Das Angebotsprofil von **Freizeitparks**, als deren Vorläufer die sog. Luna- und Märchenparks gelten, reicht von Fahrgeschäften über Spielanlagen, Tiergehege, Theater und Shows, Museen und Ausstellungen bis zu Restaurants und Souvenirgeschäften. Bekannte Beispiele stellen in Deutschland das Phantasialand im rheinländischen Brühl, der Europapark im südbadischen Rust dar oder das Tropical Island in Brandenburg (in einer ehemaligen Luftschiffhalle untergebrachte, künstlich geschaffene tropische Badelandschaft) dar.

Während sich bei Freizeitparks die Einrichtungselemente wie auf einer Kirmes unverbunden aneinanderreihen, zeichnen sich **Themenparks** durch ein übergeordnetes Thema aus und sind nach innen in thematische Welten gegliedert. Vorreiter ist das 1955 in Kalifornien gegründete Disneyland mit seinen drei Welten Adventureland, Frontierland und Tomorrowland. Ein spezielles Beispiel liefert das Gondwanaland in Leipzig, eine vom Leipziger Zoo betriebene Tropenhalle mit tropischen Pflanzen- und Tierarten, welche die Naturbedingungen in den Tropen authentisch nachbildet (vgl. Stramm 2017).

Da Freizeit- und Erlebnisparks ständig neue Attraktionen (z. B. neuartige Fahrgeschäfte) schaffen müssen, um die Gäste zu Wiederholungsbesuchen zu veranlassen, stehen sie unter hohem **Investitionsdruck**. Weil es sich um private Anbieter handelt, erhalten sie keinerlei öffentliche Zuwendungen, sondern beruht ihr Betrieb ausschließlich auf den Besucherausgaben für Eintritt[4], Verpflegung, Shopping etc. Insbesondere große Parks erweitern zur weiteren Einnahmenerzielung aus Übernachtungen ihr Angebotsspektrum um Hotels und werden dadurch zu neuen Kurzurlaubsdestinationen.

Zu den **Standortfaktoren** von Freizeit- und Erlebnisparks rechnen ein hohes Bevölkerungs- und Nachfragerpotenzial – der Kerneinzugsbereich ist meist auf einen Radius von 1,5 bis 2 h Fahrtzeit beschränkt –, eine gute Anbindung an den öffentlichen

4 Meist handelt es sich um eine Pay-One-Price-Strategie, bei der außer für die Nutzung gastronomischer Einrichtungen und sonstigen Einkäufen keine weiteren Kosten für die Besucher anfallen.

und individualisierten Verkehr sowie die ausreichende Verfügbarkeit von Arbeitskräften auf Saison- bzw. Teilzeitbasis (vgl. Steinecke 2011, S. 258 ff.).

Zu den **positiven Wirkungen** der Parks zählen regionale Arbeitsmarkteffekte, wobei es sich meist um ungelernte oder niedrig qualifizierte Arbeitskräfte handelt, Umsatz- und Multiplikatoreffekte (z. B. Aufträge an regionale Handwerksbetriebe, Ausgaben der Beschäftigten innerhalb der Region, vgl. Kap. 2.1.2 und 5.6.3) sowie die auf die Ansiedlung weiterer Betriebe (z. B. Hotels, Einzelhandelsgeschäfte) ausgeübte Anziehungskraft. Zu den **negativen Wirkungen** rechnen der immense Flächenverbrauch durch den Bau und Betrieb der Parks sowie das hohe Verkehrsaufkommen, was zu steigenden Lärm- und Schadstoffemissionen führt, den Durchgangsverkehr in den anliegenden Gemeinden verschärft sowie einen erhöhten Flächenverbrauch für den ruhenden Verkehr in Form von Parkplätzen aufwirft. Ansiedlung und Erweiterungen von Freizeit- und Themenparks stoßen daher nicht selten auf den entschlossenen Widerstand der lokalen Bevölkerung (vgl. Steinecke 2011, S. 262 f.).

Einen Sonderfall von Themen- und Erlebnisparks stellen **Brand Lands bzw. Parcs** dar, bei denen eine Marke im Vordergrund steht, welche sich dem Gast in möglichst vielen Facetten präsentiert und eine emotionale Bindung erzeugt, die auch nach dem Verlassen des Parks weiter bestehen bleiben soll (z. B. Legoland in Günzburg, Autostadt von VW in Wolfsburg, BMW-Welt in München). Brand Parcs dienen als Kommunikationsinstrument, das eine Marke erlebbar macht und den emotionalen Faktor des Markenempfindens stärkt (vgl. Oechsle 2005, S. 109).

Der in den USA in den 1980er-Jahren entwickelte Ansatz der **Urban-Entertainment-Center** beruht auf der Verbindung von Shoppingmöglichkeiten, Freizeitinstitutionen sowie gastronomischen Betrieben, gegebenenfalls ergänzt durch Hotels, Museen, Kinos und Kongresseinrichtungen, an einem Standort und meist unter einem gemeinsamen Dach (vgl. Steinecke 2011, S. 264). Ein klassisches Beispiel in Deutschland stellt das CentrO in Oberhausen dar. Dieses größte kombinierte Einkaufs- und Freizeitzentrum Europas entstand Mitte der 1990er-Jahre auf einer am Rhein-Herne-Kanal gelegenen Brache eines stillgelegten Stahlwerks und gilt als eines der größten Strukturwandelprojekte im Ruhrgebiet. Das CentrO beherbergt auf 125.000 m^2 Verkaufsfläche mehr als 250 Einzelhandelsgeschäfte, 44 Restaurants und ein eingegliedertes Hotel. Zu den Besonderheiten des CentrO gehören die Coca-Cola-Oase, die König-Pilsener-Arena, ein Sea-Life-Aquarium, eine Sportboot-Marina, ein Multiplexkino (Cine Star) mit neun Sälen, ein Freizeitpark (CentrO Park), ein Musical-Theater (Metronom Theater) sowie ein Erlebnisbad (AQUApark). In 30 Autominuten ist das CentrO für rund 5 Mio. Menschen erreichbar, das tatsächliche Einzugsgebiet reicht bis nach Holland und Belgien (vgl. Haas/Neumair 2010, S. 151; CentrO 2017).

Eine weitere spezielle Form stellen sog. **Eventshopping Center** dar. Dabei handelt es sich um Outlet Center, die zu attraktiven Destinationen für sog. „One-Stop-Eventshopper" ausgebaut werden. Ein Beispiel ist das City Outlet in Bad Münstereifel, bei dem fast 40 Geschäfte in das reizvolle, historische Stadtbild integriert wurden und durch ein Eventkonzept mit speziellen Veranstaltungen wie einer Nostalgiekirmes oder ein Oktoberfest abgerundet werden. Der stark unter den Gesundheitsreformen gelittene Kurort konnte die damit verlorengegangenen Umsatz- und Arbeitsplatzverluste zum Teil kompensieren und seine Innenstadt mit ihren denkmalgeschützten Gebäuden neu beleben (vgl. Liesenfeld 2017).

4.7 Themenrouten

Themenrouten bzw. -straßen sind **Netzwerke** aus mehreren touristischen Attraktionen, welche unter einem **gemeinsamen Thema** im Sinne eines „Story Tellings" vermarktet werden. Sie erstrecken sich über mehrere einzelne Destinationen, bilden aber insgesamt eine neue Destination als geschlossenes Ganzes. Aus organisatorischer Perspektive sind sie als **intersektorale Kooperationen unterschiedlicher Akteure** zu begreifen.

Themenrouten verbinden z. B. historische Stätten, Museen, Kunst-, Kultur- oder Industriedenkmäler, landschaftliche Attraktionen etc. Zu den Merkmalen von Themenrouten gehören (vgl. Steinecke/Wachowiak 1994, S. 7; Steinecke 2007, S. 32 ff.):

- Ein bestimmtes, klar festgelegtes **Thema**,
- eine vorgegebene, lineare oder netzartige **Routenführung** (für verschiedene Verkehrsmittel),
- eine begrenzte Zahl an **Informations- und Erlebnisstationen**, an denen das übergeordnete Thema exemplarisch dargestellt wird,
- eine klare **Orientierung durch umfangreiche Informationen** wie Wegweiser, Infotafeln, Karten etc.
- ein **Self-Guided-Tour-Charakter**, d. h. dass sich die Route auch ohne spezielle Führung nutzen lässt, wobei Veranstaltungen und Führungen jederzeit möglich sind,
- eine **kurze Verweildauer** vor allem mobiler Individualtouristen.

Eng an Themenrouten angelegt sind **Ferienstraßen**, bei denen sich ebenfalls einzelne Destinationen, teils über längere Distanzen, unter einem Thema zusammenschließen, aber der Straßencharakter dominiert. Abgesehen von einer entsprechenden Ausweisung bzw. Beschilderungen und einzelnen Attraktionen existieren keine weiteren Informations- und Erlebnisangebote (vgl. Steinecke 2011, S. 216; Steinecke/Herntrei 2017, S. 130 f.). Bekannte Beispiele für Ferienstraßen sind:

- Die **Romantische Straße in Bayern**, die sich von Würzburg über Augsburg nach Füssen erstreckt und entlang derer sich zahlreiche Schlösser, Burgen, Kirchen und Landschaftsdenkmäler befinden. Die Streckenführung ist im Laufe der Jahre immer wieder geringfügig verändert worden, um die einzelnen Abschnitte zwischen den Sehenswürdigkeiten attraktiver zu machen (vgl. Romantische Straße 2017).

- Die **Klassikerstraße in Thüringen**, welche auf den Pfaden berühmter Persönlichkeiten (u. a. Goethe, Schiller, Bach, Luther) etliche kulturhistorische Attraktionen verknüpft (vgl. Klassikerstraße 2017).
- Die **Straßen der Römer**, welche in Rheinland-Pfalz, dem Saarland, Luxemburg sowie Lothringen mehr als 100 altrömische Kulturdenkmäler wie Tempel, Grabstätten, landwirtschaftliche Gehöfte, Kelteranlagen ansteuern (vgl. Straßen der Römer 2017).
- Die **Straße der Romanik** in Sachsen-Anhalt, welche als erste Tourismusstraße in den neuen Bundesländern die größte Dichte an romanischen Bauwerken (88 Stück an 73 Orten) aufweist (Dome, Klöster, Kirchen, Kapellen, Burgen, Schlösser, Pfalzen etc.) (vgl. Welt 2018b).

Weitere Themenrouten in Deutschland sind die Via Claudia Augusta, die Römische Weinstraße, die Deutsche Alpenstraße, die Deutsche Alleenstraße u. v. a. Auch im Bereich des **Industrietourismus** (vgl. Kap. 4.8.3) tauchen Themenrouten auf. Ein typisches Beispiel ist die Route der Industriekultur im Ruhrgebiet. Dabei handelt es sich um eine touristisch konzipierte, öffentliche Industrieerlebniswelt, die auf einer Strecke von 400 km insgesamt 55 Standorte der industriekulturellen Vergangenheit des Ruhrgebiets (stillgelegte Zechen und Hüttenwerke, Aussichtspunkte, technik- und sozialgeschichtliche Museen u. a.) beheimatet. Herausragend dabei sind die drei Ankerpunkte Landschaftspark Duisburg-Nord, die zum Weltkulturerbe ernannte Zeche Zollverein in Essen sowie die Zeche Zollern in Dortmund. Weitere Beispiele stellen die Nordbayerische Porzellanstraße, die Fränkische Bierstraße, die Mitteldeutsche Straße der Braunkohle sowie die Europäische Eisenstraße in Zentraleuropa dar (vgl. Haas/Neumair 2010, S. 151; Boldt/Gelhar 2008, S. 72 ff. u. 105 f.; Krajewski 2017, S. 36 f.).

Auch der **Pilgertourismus** (vgl. Kap. 4.8.2) kann in Form von Themenrouten auftreten. Das wohl bekannteste Beispiel ist der Jakobsweg, der zum Grab des Apostels Jakobus des Älteren im spanischen Santiago de Compostela führt – neben Rom und Jerusalem das wichtigste Ziel einer christlichen Pilgerreise. In Europa gibt es eine Vielzahl von Jakobswegen: Jeder beginnt an einem anderen Ort und endet am selben Ziel. Zumeist ist unter dem Jakobsweg jedoch der Camino Francés durch Nordspanien zu verstehen. Der eigentliche Ausgangspunkt liegt in Puenta la Reina. Die meisten Pilger beschreiten aber auch noch den kleinen Zubringerweg im französischen St. Jean Pied de Port unmittelbar an der spanischen Grenze (vgl. Jakobsweg.de 2018). In Deutschland hat vor allem der Erfahrungsbericht des Comedian Hape Kerkeling „Ich bin dann mal weg. Meine Reise auf dem Jakobsweg" dem traditionsreichen Pilgerweg zu großer Aufmerksamkeit und Popularität verholfen, wobei es den diesem Vorbild nacheifernden „Neo-Pilgern" weniger um religiöse Motive als vielmehr um eine neu- bzw. andersartige Urlaubserfahrung gehen dürfte (vgl. Steinecke 2014, S. 51 f.).

Themenrouten sind auf unterschiedlichen Maßstabsebenen angesiedelt. Neben einzelnen Regionen können sie sich überregional über ein **ganzes Land**, wie z. B.

die Grand Tour of Switzerland (vgl. Exkurs 16), über **mehrere Länder**, wie z. B. der Jakobsweg, oder ganze **Kontinente**, wie z. B. Panamericana (fast durchgängiges Schnellstraßensystem von Alaska bis zur Südspitze Chiles), erstrecken.

Nicht jede Themenroute oder Ferienstraße erzielt den erhofften regionalmarketingspezifischen Erfolg. Häufig reicht das Marketingbudget nicht für eine professionelle Vermarktung aus oder die Ausrichtung der Routen ist zu einseitig oder zielgruppenspezifisch.

Exkurs 16: Grand Tour of Switzerland

Die Schweiz bietet eine Kombination von hoher Erlebnisdiversität und attraktiven Landschaften. In kaum einem anderen Land liegen landschaftliche und kulturelle Attraktionen so dicht beieinander wie in der Schweiz. Sie vereinigt türkisblaue Seen, einzigartige Alpenpanoramen, berühmte Passhöhen und Gipfel mit historischen Städten, Museen, Messen und Bauwerken von Weltruf.
Die Grand Tour verknüpft die touristischen Highlights der Schweiz auf einer Route. Diese umfasst 45 Top-Attraktionen, davon 12 UNESCO-Welterbestätten und zwei Biosphären und führt an 22 Seen vorbei. Die Kernroute beträgt 1.643 km. Bei einer Fahrzeit von täglich mindestens fünf Stunden wird eine Gesamtreisedauer von mindestens sieben Tagen angeraten, die empfohlene Reisezeit liegt in der Sommersaison (April bis Oktober).
Die Grand Tour ist zwar in beiden Richtungen befahrbar, jedoch wird eine Fahrt im Uhrzeigersinn empfohlen, da nur sie entsprechend beschildert und ausgewiesen ist. Die Streckenführung ist grundsätzlich auf den motorisierten Individualverkehr mit Auto oder Motorrad ausgerichtet, wobei Autobahnen – soweit möglich – gemieden werden.
Unter den 45 Einzeldestinationen befinden sich – von Schweiz Tourismus wie folgt beworben – u. a.:

- Kulturstadt Basel: „Inspiration ohne Grenzen“,
- Städtchen Gruyéres: „Käsegeheimnisse“,
- Chaletdorf Gstaad/Saanen: „Einfach luxuriös“,
- Jungfraujoch: „Top of Europe“,
- Altstadt Bern: „Schweizer Hauptstadt“,
- Kappelbrücke Luzern: „Luzerns Wahrzeichen“,
- Pilatus: „Sagenumworbener Hausberg“,
- Großmünster Zürich: „Zürich von oben“,
- Rheinfall Schaffhausen: „Europas bewegendster Fall“,
- Heididorf Maienfeld: „Auf Heidis Spuren“,
- Bergdorf Guarda: „Das Schellenursli-Dorf“,
- Rhätische Bahn Albula/Bernina: „Einfach bahntastisch“,
- Aussischtspunkt Muottas Muragl: „Dem siebten Himmel nahe“,
- Monte Bré Lugano: „Sonnige Aussichten“,
- Matterhorn: „Magischer Berg“,
- Schloss Chillon Montreux: „Schweizer Lieblingsburg“,
- Lavaux Weinberg-Terassen: „Aussichtsreiche Weinroute“,
- Olympisches Museum Lausanne: „Eine bewegende Geschichte“,
- Jet d´eau Genf: „Spritziges Wahrzeichen“.

Quellen: Schweiz Tourismus 2017; ADAC 2017; My Switzerland 2018.

4.8 Sonstige Destinationen

Neben den geschilderten Hauptarten klassischer und umsatzstarker touristischer Destinationen existieren weitere Formen, die im Folgenden überblicksartig vorgestellt werden. Dabei handelt es sich entweder um Destinationen, bei denen das Destinationsverständnis nicht trennscharf abgrenzbar ist, wie es z. B. bei Kreuzfahrten (vgl. Kap. 4.8.1) der Fall ist, oder um solche, die zwar in einem raschen Wachstum befindlich sind, längst aber noch nicht zu den klassischen Destinationen aufgeschlossen haben bzw. dies auch nicht werden wie z. B. Pilger- und Wallfahrtsorte (vgl. Kap. 4.8.2), industrietouristische Destinationen (vgl. Kap. 4.8.3), Destinationen des Dark Tourism (vgl. 4.8.4), Gebäudedestinationen wie Burgen, Schlösser und Kirchen (vgl. Kap. 4.8.5) sowie naturräumliche Destinationen (vgl. Kap. 4.8.6).

4.8.1 Kreuzfahrten

Eine Kreuzfahrt ist eine zumeist als Pauschalreise organisierte mehrtägige, Hotel- und Vergnügungscharakter aufweisende **Schifffahrt zur See oder auf einem Fluss** mit mehreren Hafenanläufen, wobei das Schiff oft selbst die Destination darstellt (vgl. Schulz/Auer 2010, S. 3; Freyer 2015, S. 244).

Der **Ursprung** des Kreuzfahrttourismus geht auf das Ende des 19. Jahrhunderts zurück und bezweckte die Auslastung von Linienschiffen, welche in den Wintermonaten meist beschäftigungslos auf Reede lagen. Die erste Kreuzfahrt führte 1891 von Cuxhafen ins Mittelmeer. Heute zählen Kreuzfahrten zu den am schnellsten wachsenden Tourismussegmenten. 2017 machten 27 Mio. Menschen eine Kreuzfahrt (ein Zuwachs von zehn Mio. innerhalb von zehn Jahren), 2,2 Mio. davon aus Deutschland. Rund ein Drittel der Reisen führt in die Karibik, dicht gefolgt von Europa mit dem Schwerpunkt Mittelmeerraum. Auch Nordamerika/Ostküste, Arabische Halbinsel sowie Ostasien sind im Kommen. Dabei nehmen die Schiffe immer größere Dimensionen an. Das derzeit weltweit größte, die 2018 vom Stapel gelaufene „Symphony oft the Seas“ der US-amerikanischen Reederei Royal Caribbean, bietet auf 16 Stockwerken und 362 m Länge 9.000 Personen, darunter 2.000 Besatzungsmitgliedern, Platz (vgl. Freyer/Jans 2016, S. 28 und 32; Schuhmann 2016, S. 10; SZ 2018g).

Neben **Hochsee-** erfreuen sich auch **Flusskreuzfahrten**[5] zunehmender Beliebtheit. 2017 buchten 470.000 Passagiere aus Deutschland eine Kreuzfahrt auf einem Fluss. Zurückzuführen ist die zunehmende Bedeutung auf die Modernisierung der

---

5 Ein wesentlicher Unterschied zwischen Kreuzfahrten auf Hoher See und auf Flüssen liegt in der **Routenplanung:** Weil sich die Planer von Flusskreuzfahrten am Flussverlauf sowie Schleusen und Brücken orientieren müssen, sind sie in der Variationsbreite wesentlich eingeschränkter als es bei Hochseekreuzfahrten, bei denen theoretisch alle Himmelsrichtungen zur Disposition stehen, der Fall

Schiffe, die Weiterentwicklung der Serviceausstattung (z. B. Fahrräder für Landausflüge, abwechslungsreiche Sportprogramme, Fitnessräume sowie kleinere Spas an Bord) sowie die verbesserte Zugänglichkeit bestimmter Flussrouten. So können moderne Schaufelraddampfer mit einem Tiefgang von ungefähr nur 70 cm mittlerweile auch Teile der Elbe oder der Loire befahren. Die ständige Weiterentwicklung der Angebote (z. B. Themenreisen, Eventbesuche, Konzerte, Talkshows, Lesungen, spezielle Kulinarikreisen) tragen ihr weiteres zum Wachstum dieses Segments bei (vgl. Steinecke 2018a: S. 50; SZ 2018j).

Als **Anbieter** von Kreuzfahrten kommen entweder die Reedereien als Eigentümer und Betreiber der Schiffe oder (See-)reiseveranstalter in Betracht, welche die Schiffe von den Reedereien chartern sowie die Routen und das Bordprogramm festlegen.

Kreuzfahrten sind komplexe **Leistungsbündel**, deren folgende Bestandteile mehr oder weniger stark im Vordergrund stehen können (vgl. Freyer 2015, S. 244 f.; Freyer/Jans 2016, S. 29; Steinecke 2018a, S. 16 f.):

- Die eigentliche **Beförderung** von Personen ist eher Nebensache. Dagegen können die Route und die Beherbergung zentrale Leistungsbestandteile sein.
- Die **Fahrt** erfolgt auf vorgegebenen Wegen auf Meeren oder Flüssen.
- Bei klassischen Kreuzfahrten steht die **Route**, d. h. die Fahrtstrecke im Fahrtgebiet, im Vordergrund, während sie bei modernen Kreuzfahrten eher in den Hintergrund rückt („das Schiff ist das Ziel“).
- Die **Beherbergung** erfolgt in Kabinen unterschiedlicher Kategorien („schwimmendes Hotel“).
- Das **gastronomische Angebot** ist oft höherwertig, erfolgt teilweise in Form von Buffets und kann von Teilverpflegung bis All-inclusive reichen.
- Das **Freizeit- und Unterhaltungsangebot** reicht von Wellnessbereichen, Pools, Jacuzzis, Fitness Centern, Kletterwänden und Surfwellen über Kinder- und Sportprogramme, Theatervorstellungen, Spielcasinos bis hin zu spektakulären Attraktionen wie Hochseilgärten, Eislaufbahnen, Fallschirmspring- und Golfsimulatoren, Aussichtsgondeln etc. Die 2018 vom Stapel gelaufene Norwegian Bliss verfügt sogar über eine GoKart-Bahn, daneben über eine Lasertag-Arena und eine stellenweise über Bord reichende Wasserrutsche. Eine besondere Attraktion ist die „Observation Lounge“, ein 190 m² großer Ballsaal in Form eines Hufeisens

---

ist. Ein weiterer Unterschied betrifft die **Liege- und Fahrperioden:** Bei Flusskreuzfahrten steht das Beobachten vorbeiziehender Landschaften im Vordergrund, weshalb die Nächte i. d. R. im Hafen verbracht werden, wohingegen bei Hochseekreuzfahrten die Ausflüge an Land ein zentrales Element darstellen können, sodass die Schiffe für gewöhnlich tagsüber vor Anker liegen. Weitere Unterschiede liegen in den **Schiffsgrößen** – Flusskreuzfahrtschiffe sind kleiner als Hochseekreuzfahrtschiffe mit der Folge einfacherer Anlegemanöver sowie unproblematischerer Ein- und Ausschiffungen – sowie den **demografischen Daten der Reisenden:** Die Passagiere von Flusskreuzfahrten sind für gewöhnlich älter als bei Hochseekreuzfahrten und bevorzugen geringere Entfernungen vom Heimatort (vgl. Schulz/Auer 2010, S. 9 f.).

mit Meerpanoramablick, ausgestattet mit Ledersesseln und Samtliegen (vgl. SZ 2018m).
- Der **Erlebnischarakter** kann sich vom klassischen mit persönlich-familiärer Atmosphäre und facettenreichem Unterhaltungsprogramm („Reise als Erlebnis") bis informellen Stil („Schiff als Erlebnis") erstrecken.
- Bei der **Reiseleitung** wird zwischen einer Bord- und Landreiseleitung unterschieden.
- Im Rahmen des **Landgangs** bieten sich den Passagieren organisierte oder individuelle Landausflüge an.
- Die **Hafenleistung** enthält Transfers vom/zum Schiff, insbesondere das Ein- und Auschecken sowie das von/an Bord Gehen.
- Die **An- und Abreise** kann in der Gesamtleistung beinhaltet sein, aber auch individuell organisiert werden.

Die Kombination von Erholung und Aktivitäten an Bord wie an Land sowie die Abwechslung zwischen Seetagen und Landausflügen[6] lässt einerseits das Schiff nicht nur als reines Transportmittel erscheinen, sondern macht es zu einer eigenständigen (künstlichen) Destination. Andererseits können auch die bereiste Route sowie die besuchten Orte als Destination betrachtet werden, wobei dann der Transportmittelcharakter wieder stärker im Vordergrund steht (vgl. Freyer/Jans 2016, S. 32; Schulz/Auer 2010, S. 3).

Von Kreuzfahrten auf Hoher See und Flüssen sind **Tages- und Kurzkreuzfahrten** abzugrenzen, bei denen lediglich das Verlassen des nationalen Rechtsraums, z. B. für zollfreie Einkäufe („Butterfahrten") oder Glücksspiel („Gambling Ships"), im Vordergrund steht. Auch **Minikreuzfahrten** auf sog. „Cruise Ferries", die lediglich der Fährfahrt bzw. dem Transport – dies jedoch mit Übernachtung sowie allen Komfort-, Service- und Unterhaltungsdienstleistungen im Kreuzfahrtstil – dienen, sind von Kreuzfahrtreisen zu unterscheiden (vgl. Schulz/Auer 2010, S. 8 ff.).

Aus der Historie heraus haben sich zwei grundlegende Typen von Kreuzfahrten etabliert (vgl. Freyer/Jans 2016, S. 29 f.): **Klassische Kreuzfahrten** zeichnen sich durch einen gehobenen Standard, zumeist kleinere Schiffe mit persönlichem Charakter, ältere Gäste, anspruchsvolle Routen, höhere Preissegmente, traditionelle Kleiderordnung, gastronomische Verpflegung am Tisch mit fixer Sitzordnung, individuellem Service sowie konservativen Veranstaltungen (z. B. „Captain's Dinner") aus.

---

6 Bestimmte Leistungen, wie z. B. an Bord befindliche Geschäfte oder Spielcasinos oder der Auftritt von Künstlern oder Autoren im Rahmen des Unterhaltungsprogramms, werden von eigenständigen Unternehmen angeboten, die im Gegenzug an die Reedereien eine umsatzabhängige Pacht oder Kommission zahlen und den Kreuzfahrtunternehmen eine zusätzliche non-maritime Einnahmequelle eröffnen. Auch mit externen Partnern, wie z. B. Agenturen für Landausflüge inkl. Vor- und Nachprogramm, Fluggesellschaften und Hotels, können Kooperationen bestehen (vgl. Schulz/Auer 2010, S. 5).

Moderne Kreuzfahrten stellen das komplette Gegenteil dar: Sie sind eher freizeit- und unterhaltungsorientiert sowie von eher zwangloser und legerer Atmosphäre getragen, bieten zahlreiche Attraktionen und sprechen eher jüngere Gäste an. Die Leistungen werden so konzipiert, dass die Passagiere ihre Interessen in erster Linie auf dem Schiff oder, z. B. im Fall von Ausflügen, über das Schiffsangebot realisieren und somit in ihrem Urlaubs- und Ausgabenverhalten enger an das Schiff gebunden werden. Das auf größere Schiffsgrößen zurückgehende erhöhte Passagieraufkommen ermöglicht Kostensenkungen und entwickelt Kreuzfahrten vom Nischenprodukt zum massentouristischen Angebot. Die Folge ist, dass sich das hohe Wachstum der Kreuzfahrtbranche fast ausschließlich aus diesem Segment speist.

4.8.2 Pilger- und Wallfahrtsorte

Unter **Pilgertourismus** sind überwiegend religiös bedingte Reisen zu heiligen Glaubens- und Wallfahrtsdestinationen mit temporärem Aufenthalt zu verstehen. Eine **Wall- oder Pilgerfahrt** gilt damit als Besuch einer außerhalb des Heimatortes gelegenen Stätte zumeist anlässlich bestimmter Feier- oder Namenstage von Heiligen. Die Gründung von Wallfahrtsstätten geht auf den Wunsch von Gläubigen zurück, einer als heilig betrachteten Person nahe zu sein, v. a. wenn an diesem Ort Reliquien vorhanden waren oder sind.

Der Pilgertourismus ist ein Teil des weitergehenden Begriffs des **Religionstourismus**, der neben Wall- und Pilgerfahrten auch die Teilnahme an religiösen Festen oder Tagungen miteinschließt (vgl. Rinschede 2000, S. 50). Ursprünglich galt der Pilgertourismus als eine der ältesten Formen des Tourismus überhaupt. Heute gehört er mit weltweit 300 bis 330 Mio. Touristen im Jahr zu einer der aufstrebenden Nischen des Tourismus (vgl. ORF 2017).

Die **Motive** für Pilgerfahrten sind überwiegend religiöser Natur: Buße, Bittgesuch, innere Reinigung, Erfüllung eines Gelübdes, Verehrung, Danksagung, Hoffnung auf Erleuchtung, physisch-spirituelle Nähe, Erfahrung einer neuen Gemeinschaft von Gleichgesinnten im Falle von Gruppenwallfahrten etc. Es gibt aber auch außerreligiöse Bedürfnisse, wie z. B. das Machen ungewöhnlicher und andersartiger Urlaubs- und Lebenserfahrungen oder der Wunsch nach Muße, Entschleunigung und Einkehr, die mit Pilgerfahrten erfüllt werden sollen (vgl. Rinschede 2000, S. 51; Steinecke 2014, S. 50).

Unter den Pilgertourismus fällt einerseits der **Besuch von Wallfahrtsstätten**. Bedeutende christliche Wallfahrtsorte sind z. B. Rom (Vatikan), Jerusalem (Grabeskirche Jesu Christi), Fatima in Portugal (Erscheinungskapelle), Lourdes in Frankreich (Grotte Massabielle), Tschenstochau in Polen (Schwarze Madonna), Medjugorje in Kroatien (mehrere Marienerscheinungen), Caravaca in Spanien (Kreuzreliquie), Mariazell in der Obersteiermark (Gnadenstatue Magna Mater Austriae), Altötting in Oberbayern (Gnadenkapelle mit der Schwarzen Muttergottes) etc. Außerhalb Europas gilt es z. B.

Aparecida im brasilianischen Bundesstaat São Paulo (Marienerscheinung 1717) oder Sainte-Anne-de-Beaupré naher der kanadischen Stadt Québec City (römisch-katholische Basilika) zu erwähnen. Im Islam sind vor allem Mekka (Geburtsstadt des Propheten Mohammed) und Medina (Grab des Propheten Mohammed), im Hinduismus u. a. Ayodhya (Geburtsstätte des Gottes Rama), Dravarka (Hauptstadt des Gottes Krishna) und Varanasi (wichtige Hindu-Tempel), alle in Indien, von Bedeutung. Im Buddhismus sind u. a. Lumbini (Geburtsort Siddhartha Gautamas) in Nepal und Bodhgaya (Erleuchtung Siddharthas Gautamas) in Indien anzuführen.

Der Pilgerstrom prägt die **Wirtschafts- und Siedlungsentwicklung** am Wallfahrtsort. Den Mittelpunkt bildet meist das religiöse Zentrum (Kirche, Kapelle, Grab- oder Gedenkstätte) mit einem freien Platz zur Versammlung der Pilgergruppen. Umgeben ist diese Stätte dann meist von sekundären religiösen Einrichtungen (z. B. Klöster), aber auch Gasthäusern, Beherbergungsstätten und Läden für Devotionalien sowie Güter des kirchlichen Bedarfs (vgl. Rinschede 2000, S. 52).

Neben fixen Orten fallen gemäß der Maxime „der Weg ist das Ziel" unter den Pilgertourismus andererseits auch **Pilgerrouten**, bei denen das Zurücklegen eines bestimmten Weges die eigentliche Destination bildet. Beispiele sind der Jakobsweg nach Santiago de Compostela (vgl. Kap. 4.7) oder buddhistische Pilgerwege (Junrei) z. B. auf der japanischen Insel Shikoku (Shikoku-Pilgerweg) und in der japanischen Region Kansai (Saigoku-Pilgerweg).

4.8.3 Industrietouristische Destinationen

Im Gegensatz zum Städte-, Bade- und Gebirgstourismus hat sich der **Industrietourismus** erst spät entwickelt. Dabei handelt es sich allerdings keineswegs um ein wirklich neuartiges Phänomen, da sämtliche Epochen der Industriegeschichte zu ihrem Ende hin Wellen der Erinnerung und Rückschau ausgelöst haben. Bereits Anfang des 20. Jahrhunderts bestand in allen hochindustrialisierten Ländern ein Interesse an Zeugnissen der **Industriekultur** (vgl. Ebert 1999, S. 60 f.). Heute fallen unter den Begriff Industrietourismus

> Formen der räumlichen Mobilität [...], die durch Anziehungskraft ehemaliger oder in Betrieb befindlicher Industrien auf externe Besucher ausgeübt werden (Soyez 1993, S. 41).

Damit sind die beiden grundlegenden Typen des Industrietourismus angesprochen: Stillgelegte Industriebetriebe **(öffentliche Attraktionen)** auf der einen sowie aktive, produzierende Betriebe **(privatwirtschaftliche Attraktionen)** auf der anderen Seite.

Zu den frühen **öffentlichen industrietouristischen Einrichtungen** rechneten z. B. alte Mühlen, Hütten-, Hammer- oder Bergwerke sowie neuartige Technikmuseen wie z. B. das Deutsche Museum in München (vgl. Schröder 2007, S. 213). Eine neuartige Form entstand in den 1970er-Jahren: Ausgelöst durch den **regionalen und sek-**

toralen Strukturwandel, engagierten sich ganze **altindustrielle Regionen**, welche sich durch einen industriellen Bestand aus der Frühphase der Industrialisierung sowie eine mangelnde Fähigkeit zur Angleichung an die Notwendigkeiten der Zeit charakterisieren, im Schutz und der Inszenierung der eigenen Industriekultur sowie der Schaffung einer entsprechenden touristischen Infrastruktur zur gezielten Ansprache und Anziehung auswärtiger Besucher (vgl. Wilhelm 2000, S. 3). Gegenstand eines solchen Tourismus sind die Industrieobjekte selbst sowie die von ihnen geprägten Räume. Meist handelt es sich um **Denkmäler** aus dem Bereich der **Montanindustrie** in Form von **Industrierelikten** (z. B. stillgelegte Bergwerke, Zechen oder Hütten) oder **Industriemuseen**.

Die **Inszenierung der Industriekultur** kann auf zweierlei Wegen erfolgen (vgl. Schröder 2007, S. 216 ff.): Zum einen die Inszenierung *der* Industriedenkmäler durch Präsentation und didaktische Aufbereitung seiner Geschichte. Zum anderen die Inszenierung *in* Industriedenkmälern mit Konzerten, Theateraufführungen, Lesungen, Ausstellungen etc.

Mit der Zuschaustellung und Pflege von Industriedenkmälern wird neben der touristischen Vermittlung der an Originalschauplätzen dokumentierten Industrie-, Wirtschafts- und Sozialgeschichte der Region auch die Schärfung der regionalen Identität **(Innenwirkung)** und eine Verbesserung des regionalen Images **(Außenwirkung)** angestrebt (vgl. Steinecke 2011, S. 230).

Die Merkmale des Besuchs industrietouristischer Einrichtungen unterscheiden sich z. T. deutlich von denen klassischen Urlaubsreiseformen (vgl. Schröder 2007, S. 215; Steinecke 2011, S. 234 f.):

- Eine **kurze Aufenthaltsdauer:** Es dominiert der Tagesausflugsverkehr, wobei meist nur ein einzelnes, spontan oder zufällig ausgewähltes Ausflugsziel auf dem Programm steht.
- Ein **beschränkter Einzugsbereich:** Die meisten Besucher kommen aus der unmittelbaren Region.
- Ein **geringer Organisationsgrad:** Die Besuche werden meist individuell organisiert. Reiseveranstalter und -büros kommen kaum zum Einsatz.
- Die **Besuchermotive** stellen meist eine Kombination von Neugier, historischem Interesse und Abwechslungsbedürfnis dar.
- Die in der Tourismuswirtschaft sonst üblichen hohen **Marketing- und Werbeaufwendungen** halten sich in Grenzen.

Zu den öffentlichen industrietouristischen Einrichtungen gehören auch sog. **Industrieerlebnislandschaften**. Dabei handelt es sich um komplexe erlebnisorientierte Angebote, welche ausgewählte Objekte der Industriekultur mit Beherbergungs- und Gastronomiebetrieben sowie dem Einzelhandel verknüpfen und damit durchaus in Konkurrenz zu kommerziellen Freizeiteinrichtungen wie Themenparks und Urban-Entertainment-Centern (vgl. Kap. 4.6.3) stehen (vgl. Steinecke 2011, S. 240 f.). Typisch für Industrieerlebnislandschaften ist das in den 1930er-Jahren in Frankreich entwickelte Konzept des **Ecomuseums**, das, ursprünglich eine Synthese von Freilichtmuseum und Naturpark bildend, ein Zentrum (meist in Form eines Museums) sowie einzelne Außenstellen umfasst und damit die Musealisierung einer ganzen Umgebung anstrebt (vgl. Hauser 2001, S. 137). Beispiele sind die Bergbau- und Hüttenlandschaft im mittelschwedischen Bergbaugebiet Bergsladen (sich über ein Gebiet von sieben Gemeinden erstreckende Sehenswürdigkeiten in Form von Hütten, Gruben und Schmieden) oder das Ironbridge Gorge Museum im mittelenglischen Shropshire (auf 20 ha um die erste Eisenbahnbrücke der Welt gruppierte Informationseinrichtungen und Museen zu den Themen Brückenbau, Eisen-, Fliesen-, Porzellan- und Tabakpfeifenproduktion, victorianische Industriestadt etc.) (vgl. Steinecke 2011, S. 241 f.).

Eine weitere Form des öffentlichen Industrietourismus bilden **industrietouristische Routen**, die sich auch der Destination der Themenrouten zuordnen lassen. Dabei handelt es sich um Regionen, die – für sich betrachtet – über keine nennenswerte touristische Attraktivität im Sinne eines Alleinstellungsmerkmals verfügen, aber über die Verknüpfung mit einem regionalen Gesamtangebot zu einer eigenen industrietouristischen Destination werden. Ein bekanntes Beispiel stellt die Route der Industriekultur im Ruhrgebiet (vgl. Kap. 4.7) dar.

In der Gesamtschau können öffentliche industrietouristische Einrichtungen für im Strukturwandel befindliche (alt-)industrielle Räume wichtige Beschäftigungs- und Einkommensimpulse entfalten. Sie sind jedoch weit davon entfernt, alle Probleme solcher Regionen zu lösen, da die Strukturprobleme und die damit einhergehenden Identitätskrisen oft zu groß sind. Welche genauen wirtschaftlichen Effekte und Kosten mit einer entschlossenen touristischen Inwertsetzung industrietouristischer Potenziale verbunden sind, lässt sich allgemein nicht beziffern (vgl. Schröder 2007, S. 219).

Privatwirtschaftliche industrietouristische Attraktionen setzen produzierende Unternehmen in erster Linie als öffentlichkeitswirksame Marketinginstrumente ein mit dem Ziel der Verbesserung von Wettbewerbsposition und Image sowie des Abbaus von Vorurteilen und des Aufbaus von Vertrauen (vgl. Steinecke 2011, S. 228 und 244). Bestandteile sind die Unternehmensgeschichte sowie Informationen über Produkte und Produktionsverfahren. Typische Formen sind **Betriebsbesichtigungen** und **Unternehmensmuseen** als Form der Unternehmens- und Marktkommunikation. Beispiele stellen die BMW Welt und das Siemens Forum in München, das Mercedes-Benz-Museum in Stuttgart, das Vitra-Design-Museum in Weil am Rhein, das Museum der Meißner Porzellanmanufaktur in Meißen oder das Nestlé-Museum der Ernährung im schweizerischen Vevey am Genfer See dar.

Eine besondere Form des privatwirtschaftlichen Industrietourismus sind **Markenerlebniswelten** bzw. **Brand Lands/Parcs** (vgl. Kap. 4.6.3), welche v. a. von Unternehmen der Konsumgüterindustrie betrieben werden. Zu ihren Elementen gehören Ausstellungen zum Unternehmen und seiner Geschichte, zur Branche, den Herstellungsverfahren sowie zum Markenprodukt selbst. Ergänzend treten gastronomische Betriebe, Geschäfte und allgemeine Serviceeinrichtungen sowie spezielle Attraktionen wie Experimentierräume, Kinos, Fahrgeschäfte etc. hinzu. Markenerlebniswelten gehen somit wesentlich weiter als Unternehmens- und Industriemuseen, welche ausschließlich Sammlungs- und Ausstellungszwecken dienen (vgl. Steinecke 2011, S. 246). Beispiele sind die Schokoladenwelt von Cadbury südlich von Birmingham, das Guinness Storehouse in Dublin, die Kellogg's Cereal City in Battle Creek, Michigan/USA, das Legoland im schwäbischen Günzburg, der Playmobil FunPark nahe Nürnberg oder die Glasi Hergiswil am Vierwaldstättersee (Glasmanufaktur).

4.8.4 Dark Tourism

Eine in jüngerer Zeit an Bedeutung gewinnende Form des Tourismus ist der sog. Dark Tourism, für den sich im Deutschen neben der Bezeichnung **Schwarzer Tourismus** auch der Begriff des **Katastrophentourismus** eingebürgert hat, worunter sämtliche Reiseaktivitäten fallen, welche nicht der allgemein geläufigen positiv-naiven Vorstellung von Urlaub entsprechen. Geprägt wurde der Begriff des Dark Tourism zu Beginn des neuen Jahrtausends vor allem durch die britischen Tourismusforscher John Lennon und Malcolm Foley (2000). Dabei handelt es sich um

> den Akt des Reisens zu Orten [...], die mit Tod, aber [...] auch mit Leid und dem offensichtlich Makaberem zu tun haben (Samida 2018, S. 277 f.).

Eine spezielle Variante des Dark Tourism ist der **Thanatourismus**[7]. Während der Dark Tourism ganz allgemein „das Reisen zu unangenehmen, (historisch) belasteten Orten" (Samida 2018, S. 271) meint, bezeichnet der Thanatourismus

> Reisen, die [...] von dem Wunsch der tatsächlichen oder symbolischen Begegnung mit dem Tod motiviert sind; es geht dabei um Orte, die [...] mit dem gewaltsamen Tod verbunden sind (Samida 2018, S. 277).

Dabei lassen sich fünf Kategorien unterscheiden (vgl. Seaton 1996, S. 240 ff.):
- Besuch von Orten des öffentlichen Vollzugs von Todesurteilen (z. B. öffentliche Hinrichtungen, Gladiatorenkämpfe),
- Besuch von Orten des Individual- und Massensterbens (z. B. Schlachtfelder, Konzentrations- und Vernichtungslager, Unfall- und Todesorte berühmter Persönlichkeiten),
- Besuch von Gedenkorten für Tote (z. B. Friedhöfe, Katakomben, Pilgerreisen),
- Besuch von Orten mit materiellen Überresten des Todes (z. B. Foltermuseen, Austellung der Hinterlassenschaften von Mördern),

7 Von altgriechisch „thanatos" = Tod und „opsis" = Blick, Sehen.

– Besuch von Orten der Erfahrbarmachung des Todes (z. B. Passionsspiele, „Reenactments“, d. h. Neuinszenierung von Schlachten und kriegerischen Ereignissen).

Das 2012 in Lancashire ins Leben gerufene Institute for Dark Tourism Research listet weltweit 700 Reiseziele in 108 Ländern auf (vgl. Zeit Online 2016b; Stone 2012). Beispiele sind **Orte des historischen Schreckens** wie Ground Zero, der Kriegstunnel in Sarajewo, das Tuol-Sleng-Genozid-Museum und die Killing Fields (beide Kambodscha), die Genozid-Memorial-Tour in Ruanda, die Insel der toten Puppen (Isla de las Muñecas) in Mexiko, die Gruft unter dem Kapuzinerkloster in Palermo oder Stätten, an denen bedeutende kriegerische Schlachten (z. B. Austerlitz, Waterloo, Gettysburg, Verdun, Dolomiten) stattfanden. Auch Orte, an denen sich **Naturkatastrophen** (Erdbeben, Vulkanausbrüche, Fluten, Tsunamis etc.) oder **Unglücke** (z. B. die Havarie des vor der italienischen Insel Giglio im Jahr 2012 leck gelaufenen Kreuzfahrtschiffs Costa Concordia) ereignet haben, ziehen Besucher an. Ferner werden **Orte in ärmeren Ländern** (z. B. Favela-Touren in Brasilien oder Township-Exkursionen in Südafrika) oder der **Kriminalität** (z. B. das Stadtviertel des früheren kolumbianischen Drogenbarons Pablo Escobar in Medellin oder Camorra-Hochburgen in Neapel) oder ganz simpel sozial benachteiligte Viertel von größeren Städten (vgl. Kap. 4.1.2) aufgesucht (vgl. Quack/Steinecke 2012; Ege/Maier 2016; SZ 2017b). Derweilen ist das Phänomen des Dark Tourism zwar ein an Bedeutung gewinnendes, in Wirklichkeit aber kein allzu neues Phänomen. Bereits kurz nach Ende des Ersten Weltkriegs hat es organisierte Schlachtfeldtouren gegeben, die von gemeinnützigen Organisationen oder Reiseveranstaltern wie Thomas Cook angeboten wurden (vgl. Mitteldeutsche Zeitung 2016).

Eine besondere Form des Dark Tourism stellt der **Holocausttourismus** dar. Die Erinnerung an die vom deutschen Nationalsozialismus verübte Massenermordung der europäischen Juden sowie anderer ethnisch, religiös, sozial oder politisch verfolgter Gruppen hat nach Ende des Zweiten Weltkriegs eine Vielzahl von Orten des Gedenkens und der Aufklärung hervorgebracht (vgl. Hartmann 2007, S. 297; Aschauer 2017, S. 378). Beispiele sind u. a. die KZ-Gedenkstätten in Dachau und Weimar-Buchenwald, das NS-Dokumentationszentrum Obersalzberg oder das Anne-Frank-Museum in Amsterdam. Mit jährlich ca. 2 Mio. Besuchern am bedeutendsten ist der Gedenk- und Ausstellungsort des ehemaligen Konzentrations- und Vernichtungslagers Auschwitz-Birkenau in Südpolen. Auch die Gedenkstätte Yad Vashem in Jerusalem, das US Holocaust Memorial Museum in Washington oder spezielle Jewish Heritage Tours in Osteuropa gelten als bedeutende Destinationen des Holocausttourismus.

Neben der individuellen Organisation der Besuche von Destinationen des Dark Tourism im Rahmen von Kurz- und Gelegenheitsreisen existieren auch spezielle Veranstalter, welche gezielt derartige Reisen vermitteln. Neben Auschwitz, wohin Gedenk- und Bildungsreisen angeboten werden, stellt – selbstverständlich aus einer anderen Motivlage heraus – Tschernobyl ein plastisches Beispiel dar: Für 500 bis

1.000 Euro können Touristen einen organisierten Kurztrip zum Ort der Atomkatastrophe aus dem Jahr 1986 inklusive Unterkunft und Verpflegung (z. B. ein Abendessen in der Kantine von Tschernobyl) unternehmen. Feste Bestandteile: Ein Ausflug in das um den Unglücksreaktor abgesperrte Areal sowie ein Spaziergang durch die Geisterstadt Prypjat, die ursprünglich als sozialistische Industriestadt für die rund 50.000 Kraftwerksarbeiter und ihre Familien konzipiert war. Eine besondere Attraktion stellt die 108 m hohe Schutzhülle dar, welche 2016 zum Schutz gegen den aus dem noch zu Sowjetzeiten errichteten Beton-Sarkophag austretenden radioaktiven Feinstaub errichtet wurde. Neben verlassenen Häusern und öffentlichen Einrichtungen ist noch heute das für den Jahrmarkt zum 1. Mai 1986 errichtete und nie in Betrieb genommene Riesenrad zu sehen. Gegen Aufpreis stellen die Veranstalter den Touristen sogar Menschen vor, die nach der Evakuierung zurückgekehrt sind und heute als Selbstversorger im radioaktiv kontaminierten Gebiet leben. An Wochenenden besuchen Tschernobyl bis zu 700 Touristen täglich (vgl. Berliner Morgenpost 2017; Mitteldeutsche Zeitung 2016; NZZ 2019).

Die **Motive** für den Besuch von Dark-Tourism-Destinationen sind differenziert zu betrachten, da es sich keineswegs um ein monokausales Phänomen handelt. Die eine Gruppe von Besuchern erlebt durch die Nähe zum Leid anderer Menschen eine gewisse Selbsterhebung. Manche wollen das erleichternde Gefühl verspüren, demselben Schicksal entronnen zu sein und versichern sich durch das Betrachten des Schrecklichen ihrer eigenen Unversehrtheit. Auf andere wirken das Böse und der Tod zwar beängstigend, aber zugleich faszinierend und lassen sie zu Schaulustigen werden, die eine andere Urlaubserfahrung als sonst üblich machen wollen. **Voyeurismus** und das **Befriedigen von Neugier** werden damit zum Urlaubsvergnügen. Für die andere Gruppe von Touristen steht das davon scharf abzugrenzende **Bildungsmotiv** im Vordergrund. Häufig besteht ein ehrliches Interesse an der Historie eines Ortes und dem, was sich dort einst ereignet hat. Dies gilt insbesondere für das Aufsuchen ehemaliger Konzentrationslager und Gedenkstätten des Zweiten Weltkriegs, das den Besuchern das Ausmaß von Gewalt und Terror der NS-Herrschaft eindringlich bewusst und sie auf mahnende Weise sensibler im Umgang damit macht. Dadurch wird eine gewisse moralische Erneuerung in Gang gesetzt, die auf die Erkenntnis abzielt, dass sich die Geschichte nicht wiederholen darf. Auch beim Besuch von Slums und Favelas lässt sich ein echtes und ehrliches Interesse unterstellen, wenn es darum geht, die Lebensbedingungen der Menschen vor Ort erfahrbar zu machen und zu verstehen und es sich somit nicht um eine Form der Besichtigung von Armut („Obdachenlosen-Tourismus") handelt (vgl. Saretzki 2018, S. 19).

Mitverantwortlich für den boomenden Dark Tourism zeichnen sowohl eine offensive Bewerbung als auch eine gute touristische Infrastruktur, wie sie mittlerweile an vielen Gedenkstätten gegeben ist. Es gibt organisierte Transfers bzw. Touren, Führungen, Museen und manchen Ortes sogar Souvenirshops. An dieser Stelle kann sich ein **Interessen- bzw. Zielkonflikt** auftun, denn um die Gedenkstätte für Touristen anspruchsvoller zu gestalten, besteht die Gefahr der Verwässerung, Verkürzung oder einseitigen Wiedergabe der Geschichte. Zugunsten von Unterhaltungszwecken können Fakten in den Hintergrund rücken, um die Besucherzahlen anzukurbeln (vgl. Frankfurter Rundschau 2016; Mitteldeutsche Zeitung 2016). Es ist die Aufgabe von Historikern und Kuratoren, eine nachhaltige und ethisch verantwortbare Auseinandersetzung mit den dargestellten Inhalten herbeizuführen (vgl. Aschauer 2017, S. 379).

4.8.5 Burgen, Schlösser und Kirchen – Gebäude als Destination

Gebäude können Teil einer Destination sein oder eine eigene Destination ausmachen. Als **Teil einer Destination** stellen sie Attraktionen städtischer (vgl. Kap. 4.1), ländlicher (vgl. Kap. 4.2) oder industrietouristischer Destinationen (vgl. Kap. 4.8.3), aber auch von Themenrouten (vgl. Kap. 4.7) dar. Damit ein **Gebäude** vom Gast als eigenständige Destination wahrgenommen wird, müssen die konstitutiven Merkmale von Destinationen (vgl. Kap. 3.1.1) erfüllt sein. Das Gebäude muss für sich eine Attraktion sein sowie Tourismuseinrichtungen und -dienstleistungen aufweisen.

Gebäude werden als gebaute Kulturwelt (vgl. Pechlaner 2003, S. 21) wahrgenommen, wenn sie aufgrund ihrer Architektur, Größe, exponierten Lage (auf Bergen und Anhöhen oder in/an Gewässern) und/oder ihrer historischen (z. B. Burgen), kulturellen (z. B. Opernhäuser), politischen (z. B. Parlamentsgebäude), religiösen (z. B. Kathedralen), technischen (z. B. Brücken) oder baulichen (z. B. durch die Fassadengestaltung oder Bauweise) Bedeutung hervorstechen. Folgende Gebäudetypen lassen sich unterscheiden (vgl. Glancey 2006):

- **Denkmäler:** Ehrenmäler, Gedenkstätten, Kultstätten, Mausoleen, Monumente sowie Wohnhäuser und Wirkstätten bedeutender Persönlichkeiten etc.;
- **Gebäude von Kunst und Kultur:** Amphitheater, Bibliotheken, Konzerthäuser, Kulturzentren, Museen, Opern- sowie Theaterhäuser etc.;
- **Gebäude für Sport und Freizeit:** Badeanlagen, Gasthäuser, Hotels, Kinos, Observatorien, Sportstadien, Thermen etc.;
- **öffentliche Gebäude:** Colleges, (zoologische) Gärten, Gerichtsgebäude, öffentliche Plätze, Rathäuser, Regierungssitze, Universitäten, Versammlungs- und Verwaltungsgebäude etc.;
- **Gewerbe- und Industriegebäude:** Bürohochhäuser, Fabriken, Geschäftsgebäude, Handelshäuser, Marktgebäude bzw. -hallen, Mehrzweckbauten, Nutzgebäude sowie Wolkenkratzer etc.;
- **Infrastruktureinrichtungen:** Aquädukte, Ausstellungspavillons, Bahnhöfe, Brücken, Flughäfen, Gewächshäuser, Messehallen, Staudämme sowie U-Bahn-Stationen etc.;
- **religiöse Gebäude (Sakralstätten):** Basiliken, Grabmäler und -anlagen, Kapellen, Kathedralen, Kirchen, Klöster, Moscheen, Pagoden, Pyramiden, Schreine, Synagogen, Tempel, Zikkurats etc.;

- **repräsentative Gebäude:** Ansitze, Berghäuser, Festspielplätze, Glaspaläste, Jagdschlösser, Land- und Herrensitze, Paläste, Garten- und Parkanlagen, Portale, Residenzen, Schlösser, Treppenanlagen etc.;
- **Wehranlagen:** Burgen, Ruinen, Festungen, militärische Verwaltungsgebäude, Tor- und Wallanlagen, Türme, Zitadellen etc.;
- **Wohngebäude:** Gutsgebäude, Stadthäuser, Villen sowie Wohn(hoch)häuser, -türme und -bauten.

Es sind aber nicht nur erstellte Bauwerke von Interesse für Touristen, sondern auch Baustellen (vgl. Langhagen-Rohrbach et al. 1999, S. 138). Vor allem Großbaustellen, wie z. B. der Brenner Basistunnel oder der Bahnhof Stuttgart 21, sind herausragende Beispiele. Die Motive eines Besuchs liegen darin, eindrucksvolle Baumaschinen im Einsatz direkt und aus nächster Nähe zu erleben (Freizeitgestaltung, Technikbegeisterung oder beruflich-fachliche Interessen) oder sich ein eigenes Bild von der Entwicklung oftmals kritisch diskutierter Großprojekte zu machen (vgl. Haass 2017, S. 94). Während Großbaustellen oftmals geregelte Zugänge (z. B. Info-Points, Besucherterrassen) aufweisen und Aktivitäten (z. B. Führungen, Erklärungen, Mitmachaktionen, Cafés oder Souvenirläden/Merchandising) bieten, werden kleinere Baustellen oftmals auch illegal betreten, was ein nicht unerhebliches Gefährdungspotenzial birgt. Für den Bauherrn erscheint die Förderung eines Baustellentourismus lohnenswert, da so positive Multiplikatoreffekte entstehen können, und auch für das lokale Tourismusgewerbe stellt er ein denkbares Zusatzgeschäft dar.

Die Stellung von Gebäuden als Destinationen liegt zunächst in ihrer Einzigartigkeit (Alleinstellungsmerkmal) in einem regionalen oder auch weltweiten Kontext (z. B. Aufnahme in die Liste der UNESCO-Weltkulturerbestätten; vgl. Exkurs 17), die es entsprechend zu kommunizieren bzw. zu vermarkten gilt, damit sie als Attraktion auch wahrnehmbar sind (vgl. Plankensteiner 2016, S. 21). Dabei können vor allem Parks und Gärten eine größere touristische Bedeutung als Gebäude aufweisen (vgl. Steinecke 2018b, S. 65).

Zusätzlich ist das zweite konstitutive Merkmal, die **Verknüpfung der Gebäude mit Tourismuseinrichtungen und -dienstleistungen**, zu erfüllen. Möglichkeiten hierfür sind (vgl. Münsterland e. V. 2017; Steinecke 2018b, S. 80):

- **Bildungs- und Tagungsmöglichkeiten** z. B. in Form von soziokulturellen Angeboten, Begegnungen, Vorträgen, aber auch Seminaren zu destinationsbezogenen Themen;
- **Einkaufsmöglichkeiten** z. B. mit regionalen Produkten, Kunsthandwerk oder Souvenirs;
- **erlebbare Geschichte(n)** wie z. B. Museen, (Erlebnis-)Führungen und Besichtigungen, Darbietungen, Besucherinformationszentren, Tage der offenen Tür oder Gedenktage;
- **Gastronomie und Übernachtungsmöglichkeiten** wie z. B. Restaurants, Cafés, Kioske oder Hotels;

- **Feste, Märkte sowie Events und Veranstaltungen** öffentlicher und privater Natur;
- **Kultur und Kunst** wie z. B. Konzerte, Ausstellungen, Lesungen, Aufführungen.

Exkurs 17: Wieskirche im Pfaffenwinkel

Ein eindrucksvolles Beispiel für eine Kirche als Destination mit jährlich rund 1 Mio. Besuchern aus aller Welt stellt die zwischen 1745 und 1754 erbaute Wieskirche bei Steingaden im oberbayerischen Pfaffenwinkel (vgl. Abb. 3.6 in Kap. 3.3.1) dar. Dieses Juwel des süddeutschen Rokoko liegt auch heute noch in einem fast unberührten Waldstück. Seit 1983 gehört das von den Gebrüdern Zimmermann geschaffene Bauwerk zum UNESCO-Weltkulturerbe. Ihre Entstehung als Wallfahrtskirche inmitten von Wäldern und Mooren geht auf ein Wunder im 18 Jahrhundert zurück, in dessen Folge ein Zustrom von Wallfahrern zum Bau dieser berühmtesten Rokoko-Wallfahrtskirche Europas führte.
Die Feier von Gottesdiensten, das stille Gebet, Wallfahrten, aber auch Kirchenführungen sowie Konzerte bilden das wesentliche Aktivitätsspektrum in der Kirche. Ein Wallfahrtsmuseum, Gasthöfe, ein Kiosk und ein Souvenirgeschäft runden das touristische Angebot ab. Fehlende Übernachtungsmöglichkeiten vor Ort sowie eine nur eingeschränkte Erreichbarkeit per ÖPNV scheinen in diesem Fall die Attraktivität nicht sonderlich einzuschränken.
Quellen: Glancey 2006, S. 336 f.; Kath. Wallfahrtskuratiestiftung St. Josef – Wies 2018; Ammergauer Alpen GmbH 2018.

Ein besonderes Augenmerk ist auf die Vernetzung bzw. Abstimmung mit anderen (touristischen) Betrieben im Umfeld zu legen. Hervorzuheben sind ferner die verkehrliche Erschließung (z. B. Haltstellen, Ausschilderung) und Erreichbarkeit (Frequenz der Anbindung), mit denen dann verlässliche Öffnungszeiten zu synchronisieren sind. Angemessene oder differenzierte Eintrittspreise sowie Besuchersteuerungsmaßnahmen bei stark frequentierten Attraktionen erhöhen zudem die Attraktivität (vgl. Wolf 2013, S. 199 f.).

4.8.6 Naturräumliche Destinationen

Der **Naturraum** stellt einen Erdausschnitt dar, welcher mit biotischen (belebten) und abiotischen (unbelebten = Klima, Wasser, Boden, Gestein bzw. oberflächennaher Untergrund, Georelief) Geoöko- bzw. Naturfaktoren ausgestattet ist und vom Menschen mehr oder weniger intensiv genutzt wird. Die physisch-geografische Basis stellt das **Geotop** dar, welches die Lebensstätte **(Biotop)** pflanzlicher und/oder tierischer Organismen ist. Geotope und Biotope nehmen vielfältige Formen an und reichen von geologischen Aufschlüssen, d. h. Orten, an denen Gesteine und Böden sowie Mineralien und Fossilien frei liegen wie z. B. in Steinbrüchen, über Fels-, Gesteins- oder Landschaftsformen an der Erdoberfläche (z. B. markante Felsen, Dolinen), Höhlen, Steilküsten, Küstendünen, Riffe, Wasserbiotope (z. B. Quellen, Seen und Fließgewässer) bis hin zu Wäldern, Wiesen, Mooren, Sümpfen, Wattlandschaften oder auch Wüsten.

Naturräume, die aufgrund ihrer Einzigartigkeit, Lage, Größe oder anderer Besonderheiten hervorstechen, stellen oftmals Attraktionen in Destinationen sowie beliebte Naherholungsziele dar. Im Einzelfall kann z. B. auch ein alter oder großer Baum, wie z. B. die Major Oak im Sherwood Forest, unter welcher der Legende nach schon Robin Hood weilte, bereits eine Attraktion verkörpern. Anderseits kommen auch ganze Landschaften, wie z. B. der Grand Canyon in den USA, als Destinationen in Frage. Der Übergang von einer einzelnen Attraktion in einer Destination zu einer eigenständigen Destination ist neben den aufgeführten Charakteristika auch von dem vorhandenen touristischen Angebot sowie der sie umgebenden Region abhängig.

Die zentrale Problematik naturräumlicher Destinationen, nämlich der Konflikt zwischen dem Erhalt der natürlichen Faktoren und ihrer wirtschaftlichen Nutzung, lässt sich anhand des Beispiels Dunn's River Falls nahe Ocho Rios auf Jamaika veranschaulichen. Dieses beliebte Ziel für Kreuzfahrttouristen bietet die Möglichkeit, den Kaskaden-Wasserfall zu erklimmen. Der die Wasserfälle umgebende Freizeitpark rundet das touristische Angebot des Dunn's River Falls & Park ab. Durch die intensive Vermarktung der Wasserfälle geht allerdings der ursprüngliche Charakter der Wasserfälle und damit deren Attraktivität zunehmend verloren (vgl. Hudson 1999). Alternativ könnten Wasserfälle z. B. zur Wasserkrafterzeugung verrohrt oder als natürliche Attraktion vermarktet werden. Beide Nutzungen haben dabei unterschiedliche Auswirkungen, die es abzuwägen gilt.

Im Sinne einer nachhaltigen Entwicklung sind stets ökonomische, soziale sowie ökologische Belange zu berücksichtigen. Diese finden z. B. auch in die Überlegungen zur Ausrichtung einer Destination auf den Jagd- oder Foto-Safaritourismus Eingang, was u. a. in der plakativen Aussage, dass ein Löwe nur einmal mit dem Gewehr „abgeschossen", aber tausende Male mit dem Fotoapparat „abgeknipst" werden kann, zum Ausdruck kommt. Zur Bewertung sind aus einzelwirtschaftlicher Sicht zunächst die Erlöse aus dem einmaligen Abschuss des Tieres durch einen Jagdtouristen mit den langfristigen Erlösen durch viele Safaritouristen ins Verhältnis zu setzen. Im Anschluss sind in diese Überlegung dann auch gesamtwirtschaftliche und soziale Auswirkungen, wie z. B. die Schaffung von Arbeitsplätzen, aber auch von Bildungs- uns Forschungs- sowie Freizeit- und Erholungsmöglichkeiten, einzubeziehen.

Ein besonderes Ausgenmerk verdienen vor allem **Naturschutzvorgaben** in Form national wie international unterschiedlicher Naturschutzkategorien. Zu unterscheiden sind hierbei Nationalparks, Naturschutzgebiete, Landschaftsschutzgebiete, Naturparks, Geoparks, Biosphärenreservate, Naturdenkmäler sowie geschützte Landschaftsbestandteile und Biotope, die sich nach Umfang/Größe sowie dem Schutzstatus bzw. den zugelassenen Nutzungsmöglichkeiten unterscheiden. Derartige Schutzgebiete beinhalten schützenswerte natürliche Faktoren wie z. B. eine besondere biologische Vielfalt (Diversität) oder landschaftliche Eigenarten mit einem besonderen Erholungswert.

Eine touristische Nutzung dieser Räume stellt dabei i. d. R. einen gelungenen Kompromiss zwischen den Belangen des Nuturschutzes sowie sozialen und ökonomischen Ansprüchen dar, sofern dieser verträglich gestaltet ist, wofür Besucherbeschränkungen und -lenkungen sowie Zonierungen (z. B. streng geschützte Kernzone, abschirmende Puffer- oder Pflegezone sowie Entwicklungszone) Rechnungen tragen (vgl. Kap. 2.3.5.2).

Die regionalökonomischen Effekte derartiger Großschutzgebiete sind durchaus positiv zu werten, indem diese, insbesondere in strukturschwachen Peripheriegebieten, einen regional wichtigen Wirtschaftsfaktor darstellen können, sofern sie wie andere touristische Attraktionen professionell gemanagt werden (vgl. Job/Metzler 2005).

5 Messung und Erfassung von Tourismus und Reiseverkehrsströmen

Wer verreist, wird laufend statistisch erfasst (vgl. Freyer 2015, S. 529):

- beim **Transport** von den Verkehrsunternehmen (z. B. Verkehrsart, Zahl der Fahrgäste, Ausgaben etc.),
- beim **Grenzübertritt**, d. h. bei der Ein- und Ausreise (z. B. Reisegrund, Herkunft, Aufenthaltsdauer etc.),
- während des **Aufenthalts** in den Unterkunftsbetrieben (z. B. Herkunft, Dauer des Aufenthalts).

Daneben erfassen die **National- bzw. Notenbanken** die Ausgaben und Einnahmen von Devisen im Reiseverkehr, **Meinungsforschungsinstitute** erheben das Reiseverhalten, **allgemeine Statistiken** registrieren die Anzahl der Betriebe, deren Beschäftigte, Umsätze usw. All diese Daten werden auf lokaler Ebene erhoben und dann über mehrere Zwischenschritte zu immer komplexeren Informationen zum regionalen, nationalen und internationalen Tourismusgeschehen verdichtet.

Im Tourismus kommen neben **Betriebsstatistiken** von Beherbergungsbetrieben, Reiseveranstaltern und Verkehrsunternehmen u. a. sowie Verbandsstatistiken der Tourismusverbände zwei grundlegende Erhebungsmethoden zum Einsatz: **Amtliche Tourismusstatistiken** im Rahmen der länderspezifischen statistischen Berichtswesen (vgl. Kap. 5.2) und **nichtamtliche bevölkerungsrepräsentative Befragungsmethoden** der empirischen Sozialforschung (vgl. Kap. 5.3) (vgl. Eisenstein 2014, S. 77).

Als Basis der statistischen Erhebung werden in Kap. 5.1 zunächst ganz grundsätzliche Methoden und Prinzipien der empirischen Sozialforschung (Forschungsprozess, -design und -instrumentarium, vgl. Kap. 5.1.1) und ihre Besonderheiten bei der Anwendung auf tourismusgeografische Fragestellungen und Sachverhalte (vgl. Kap. 5.1.2) erläutert, bevor auf die einzelnen Formen der Tourismusstatistik (vgl. Kap. 5.2 und 5.3), die Reiseverkehrsbilanz (vgl. Kap. 5.4) sowie touristische Kennziffern (vgl. Kap. 5.5) und die Erfassung touristischer Wertschöpfung (vgl. Kap. 5.6) sowie die Messung von Preisniveaus (vgl. Kap. 5.7) einzugehen ist. Den Abschluss bildet die Bewertung unterschiedlicher Verkehrsmittel zur Raumüberwindung (vgl. Kap. 5.8).

5.1 Methoden und Prinzipien der empirischen Forschung

Der Erkenntnisgewinn einer praktisch angewandten Tourismusgeografie orientiert sich i. d. R. an den Methoden der **empirischen Sozialforschung** bzw. der **Markt-**

https://doi.org/10.1515/9783110500318-005

forschung unter Bezugnahme auf ein theoriekritisches Vorgehen[1], d. h. basierend auf konzeptionellen Vorüberlegungen werden Thesen formuliert und empirisch überprüft.

5.1.1 Forschungsprozess, -design und -instrumentarium

Die Konzeption eines Forschungsprozesses sowie die Entwicklung des Forschungsdesigns und -instrumentariums, aber auch Erhebung, Auswertung und Interpretation von Daten sind in zahlreichen Publikationen[2] detailliert beschrieben, weshalb an dieser Stelle ein praxisbezogener Forschungsprozess, der sich in folgende Schritte gliedern lässt, nur kurz umrissen wird:

- **Zielformulierung:** Zu Beginn erfolgt die Festlegung der Ziele der Untersuchung (z. B. Analyse der Gästezufriedenheit, Erfassung des Aktionsraums, Verbesserung der Kooperation der Betriebe einer Destination, Erfassung der regionalwirtschaftlichen Effekte), denen oftmals konkrete Probleme der Destination (z. B. Gästerückgang oder geringe Kaufkraftabschöpfung) vorausgehen. Wichtig ist hierbei, dass eine Fokussierung auf die ausgewählten Ziele stattfindet und ein tiefes Verständnis für die Problemstellung vorliegt. Hierfür ist die komplexe Umwelt zu erschließen und systematisch, d. h. theoriegeleitet, vorzugehen. Die Modellierung der Problemstellung bzw. Zielsetzung sowie eine fundierte Konzeptspezifikation und Operationalisierung erleichtern die Erstellung der konkreten Forschungsfragen.
- **Untersuchungsdesign:** Abhängig vom dem bereits vorliegenden Vorwissen ist zu klären, ob sich die Ziele der Studie **explorativ** (Strukturierung eines Untersuchungsfelds, Generierung von Thesen für weitere Untersuchungen, Test von Erhebungsinstrumenten), **deskriptiv** (Beschreibung forschungsrelevanter Sachverhalte) oder **explikativ** (Ermittlung von Ursachen und Zusammenhängen von beobachteten Phänomenen) erreichen lassen.
- **Bestimmung des Durchführenden:** Soll die Studie in Eigenregie durchgeführt oder ein Forschungsinstitut beauftragt werden? Die Entscheidung ist u. a. abhängig von den eigenen Kenntnissen, der Vertraulichkeit der erwarteten Ergebnisse sowie Kapazitäten und Kosten.

---

1 Die hier umrissene Forschungskonzeption hat sich in angewandten Fragestellungen bewährt. Methodisch lehnt sich der skizzierte theoriekritische Forschungsprozess im Forschungsablauf an den kritischen Rationalismus an. Liegt die Zielsetzung der Forschungsaktivität nicht primär in angewandten Fragestellungen, sondern einem grundlegenden Erkenntnisgewinn und der anschließenden Publikation in einem Peer-Review-Journal, ist eine striktere Einhaltung der Anforderungen des kritischen Rationalismus oder der Zugang über andere Forschungsansätze anzuraten (vgl. Mattissek et al. 2013, S. 20).

2 Zur Vertiefung: Eisenreich 2017; Mattissek et al. 2013; Meier Kruker/Rauh 2005; Mayer 2013; de Lange/Nipper 2018; Backhaus et al. 2018; Wintzer 2018.

- **Datenerhebungsmethode:** Bei **Primärerhebungen** sind Daten und Informationen erstmalig und speziell für die Fragestellung zu erheben. Im Rahmen von **Sekundärerhebungen** werden Daten, die bereits vorhanden sind, genutzt. Im Vergleich nehmen sich Sekundärerhebungen aufgrund der schnelleren Datenverfügbarkeit, geringerer Kosten der Datenbeschaffung sowie ggf. des Bezugs der benötigten Daten aus nur einer einzigen Datenquelle (z. B. volkswirtschaftliche Gesamtdaten) vorteilhafter aus. Nachteilig können sich die Aktualität der Daten, ihre Qualität sowie ihre unzureichende Eignung für die konkrete Fragestellung auswirken. Instrumente der Primärerhebung sind **Beobachtung** (zielgerichtete und planmäßige Erfassung wahrnehmbarer Sachverhalte zum Zeitpunkt ihres Geschehens), **Befragung** (einzelne oder gruppenspezifische persönliche, schriftliche oder telefonische Erfassung nicht-beobachtbarer Informationen, wie z. B. Einstellungen, Meinungen, Motive, Vorlieben, Interessen oder Kenntnisse, erhoben von Experten und/oder Laien in stark bis schwach standardisiert-strukturierter, d. h. quantitativer bzw. qualitativer Form) und **Experiment** (Überprüfung von kausalen Zusammenhängen, d. h. Ursache-Wirkungs-Beziehungen).
- **Stichprobenauswahl:** Unter Bezugnahme auf die Zielformulierung ist zunächst die Grundgesamtheit (Zielgruppe) zu definieren und abzuleiten. Als Grundgesamtheit wird die Menge aller für eine Untersuchung relevanten statistischen Einheiten bezeichnet. Die eindeutige Definition der Grundgesamtheit ist entscheidend für eine repräsentative Erhebung. Im Anschluss ist die Art der Stichprobe in Abhängigkeit des Erkenntnisziels, des Budgets oder des Zeitrahmens zu klären.
- **Gestaltung des Erhebungsinstruments:** Gebunden an die einzusetzenden Erhebungsinstrumente sind u. a ein Zähl- und Kartierungsbogen, Interviewleitfaden oder Fragebogen bzw. das Experiment zu gestalten sowie die Beobachter und Interviewer zu schulen. In Bezug auf eine spätere Auswertung der Daten ist ein besonderes Augenmerk auf die Skalierung sowie die Frageformulierung zu legen.
- **Durchführung der Datenerhebung:** Zur Erreichung einer möglichst hohen Teilnahmebereitschaft ist das Erhebungsinstrument in einem Pre-Test auf seine Eignung zu prüfen. Ferner können z. B. bekannte Partner in der Destination (z. B. DMO), geeignete Zeitpunkte sowie Anreize die Bereitschaft zur Teilnahme erhöhen.
- **Editierung und Kodierung der Daten:** Die Editierung stellt sicher, dass die benötigten Daten vorhanden, lesbar und fehlerfrei sind. Hierfür sind die gesammelten Daten im Hinblick auf ihre Auswertbarkeit zu prüfen, d. h. die Frage zu klären, ob die Datensätze vollständig oder Widersprüche im Antwortverhalten erkennbar sind. Ferner können Entscheidungen bezüglich nicht eindeutiger bzw. unlesbarer Antworten nötig sein. Gegebenenfalls sind Rückfragen beim Probanden oder Interviewer zu stellen bzw. eine Elimination aus dem Datensatz vorzunehmen. Eine Herausforderung stellt die Kodierung qualitativer Antworten auf offene Fragen dar. Dies ist ausführlich zu dokumentieren und fachlich zu begründen. Qualitative Daten sind durch eine Transkription oder Protokollierung – in Abwägung des

Erkenntnisziels und der vorhandenen Ressourcen – aufzubereiten. Die Texte sind anschließend zu kodieren, d. h. der Text ist anhand zu entwickelnder Kategorien zu verdichten und zu ordnen, was durch geeignete Software unterstützt wird.
- **Datenanalyse und -interpretation:** Bei **quantitativen Daten** gilt es im Rahmen der *deskriptiven Statistik* die erhobenen Merkmale zu beschreiben (z. B. mittels Häufigkeitsverteilungen, Lage- und Streuungsparametern) und den Zusammenhang mehrerer Merkmale darzustellen (z. B. durch Korrelationsmaße). Die *induktive Statistik* dient dem Aufdecken von Zusammenhängen (Prüfung von Hypothesen). Um eine Vielzahl von Variablen zu analysieren, lassen sich im Rahmen multivariater Analysen strukturaufdeckende (z. B. Cluster- und Faktorenanalyse) und strukturprüfende Verfahren (z. B. multiple Regressions- oder Conjoint-Analyse) unterscheiden. Die Auswertung **qualitativer Daten** (neben Texten auch Bilder, Collagen, Filme) kann sich auf eine reine Inhaltsanalyse beschränken oder tiefergehende Typenbildungen sowie hermeneutische Textinterpretationen umfassen. Hierbei sollen über den Sachinhalt hinaus weitere subjekt- bzw. objektbezogene Aspekte in mehreren Prozessschritten erarbeitet werden. Die Interpretation ergibt sich dann durch die Bewertung der gewonnenen Erkenntnisse vor dem zugrundeliegenden theoretisch-fachlichen Hintergrund, dem sich die Ableitung und Diskussion konkreter Handlungsempfehlungen anschließen.
- **Präsentation bzw. Publikation der Ergebnisse:** Die Vorstellung der gewonnenen Erkenntnisse erfolgt als Präsentation bzw. Publikation, wobei eine ergebnisorientierte einer prozessorientierten Darstellung vorzuziehen ist. Die Ergebnisse sollten sich auch ohne detaillierte Vorkenntnisse nachvollziehen lassen.

Im Anschluss ist zu prüfen, ob sich aus den erarbeiteten Ergebnissen neue Fragestellungen ergeben bzw. ob ggf. die Erarbeitung wichtiger Aspekte nicht in der nötigen Tiefe erfolgt ist und somit ein neuer Forschungsprozess angestoßen werden sollte.

5.1.2 Besonderheiten der tourismusgeografischen Datenerhebung

Tourismusgeografische Datenerhebungen basieren im Allgemeinen auf dem in Kap. 5.1.1 umrissenen Instrumentarium der empirischen Sozial- bzw. Marktforschung, wobei einige Besonderheiten hervorzuheben sind (vgl. Eisenreich 2016, S. 11 ff.; Engl 2016, S. 62 f., 223 f. und 230 ff.; Benthien 1997, S. 91 f.; Wolf/Jurczek 1986, S. 36 f.; Steingrube 2007b, S. 138 ff; Steinecke 2006, S. 28 ff.).

Die Tourismusbranche unterliegt bei der Leistungserstellung den spezifischen **Merkmalen von Dienstleistungen** (vgl. Kap. 3.5.4), was sich u. a. im Problem der subjektiven und objektiven Qualitätsbewertung äußert. Für die Objektivierung des Leistungsversprechens, d. h. der Bewertung der Leistung durch Experten, hat die Branche u. a. Klassifizierungssysteme (vgl. Exkurs 18 in Kap. 5.5.1) eingeführt. Damit die tatsächliche auch mit der vom Gast erwarteten Leistung übereinstimmt, werden diese zudem ausführlich in Prospekten und auf Webseiten beschrieben. Diese Informationsfülle ist ein wahrer Fundus für **Sekundärerhebungen**, um z. B. die Preisgestaltung, die Ausstattung der Betriebe oder das Servicekonzept zu analysieren.

Da betriebsseitige Leistungsbeschreibungen entgegen ihrer eigentlichen Logik oftmals zu positiv (geschönt) ausfallen, haben **Reise- und Gastronomieführer** sowie Fachzeitschriften heutzutage auch **Buchungs- und Bewertungsportale** (z. B. Tripadvisor oder Holidaycheck) das Thema aufgegriffen und stellen detaillierte und vielfältige Informationen über und Reiseempfehlungen zu Destinationen, Unterkünften, Restaurants, Events, aber auch Sehenswürdigkeiten etc. zur Verfügung. Sicherlich lassen sich anhand von Quantität und Qualität der Bewertungen Rückschlüsse auf die Attraktivität einer Destination und ihrer Einrichtungen ziehen, doch sollten diese auch mit der gebotenen wissenschaftlichen Distanz interpretiert werden. So ist es z. B. objektiv-sachlogisch kaum zu begründen, dass ein von Experten ausgezeichnetes Drei-Sterne Restaurant eine ähnliche oder schlechtere Bewertung als eine Landgaststätte erhält[3], durchaus aber, wenn die subjektiven Erwartungen gemessen werden (vgl. Steinbach 2003, S. 114). Daher ist hier auf eine differenzierte Betrachtung sowie breite Streuung unterschiedlicher Quellen zu achten. Zudem bleibt zu berücksichtigen, dass auch manipulative Bewertungen (sowohl positive von Seiten der Betreiber als auch negative von Seiten der Konkurrenz) enthalten sein können. Bei sehr hohen Bewertungszahlen dürfte sich dieser Effekt aber in Grenzen halten.

Aus dem Instrumentarium der Primärerhebungen ist v. a. auf die Stellung der **Beobachtung** vertieft einzugehen. Die Einsatzmöglichkeit in nicht räumlich orientieren Fachdisziplinen liegt i. d. R. in der **Erfassung von Aktivitäten**. So sind z. B. typische Einsatzgebiete:

- **Kaufverhaltensstudien:** Z. B. Analyse von Kaufverbundbeziehungen oder Optimierung der Warenpräsentation,
- **Kundenlaufstudien**: Z. B. Optimierung der Ladengestaltung inklusive der Warenpräsentation durch Ermittlung kundengruppenspezifischer Wege (vgl. hierzu auch die Aktionsraumerfassung von Touristen in Kap. 3.4.1),
- **Werbewirkungsstudien:** Z. B. Analyse der Aufmerksamkeit, die ein Kommunikationsauftritt erzielt oder der Reihenfolge, in der die Bild- und Textelemente betrachtet werden, oder
- **Arbeitsablaufanalysen:** Z. B. Erfassung der Tätigkeiten der Mitarbeiter zur Optimierung der Betriebsabläufe.

I. d. R. sind solche Beobachtungen durch Befragungen zur Motivation und/oder den Gründen für Handlungen sowie den soziodemografischen Merkmalen zu ergänzen.

3 Z. B. erhielt im August 2018 auf Tripadvisor das mit drei Michelin-Sternen ausgezeichnete Gourmet-Restaurant Überfahrt by Christian Jürgens am Tegernsee mit durchschnittlich 4,5 Punkten dieselbe Bewertung wie das Bräustüberl Tegernsee.

Straße:________ Ausrichtung*:______ Erfasser:____ Datum:____

Haus-Nr.	Name des Geschäfts/der Einrichtung	Branchenzugehörigkeit	Filialzugehörigkeit	Anzahl der Stockwerke	Gestaltung der Fassade	Gestaltung der Schaufenster

* Ausrichtung der Straße vorwiegend nach Norden, Osten, Süden oder Westen

	äußerst minderwertige Merkmale *Faktor 1*	unterdurchschnittliche Merkmale *Faktor 2*	durchschnittlich ohne Negativmerkmale *Faktor 3*	gute/gehobene Merkmale *Faktor 4*	hochwertige Merkmale *Faktor 5*
Schaufenster-gestaltung	keine Gestaltung der Schaufensterauslage: Durchblick zum Ladeninneren; zugeklebte Schaufenster	Präsentation der Waren in Regalen; teilweises Bekleben der Schaufenster	Präsentation der Waren in Regalen mit Preisschildern und Hängevorrichtungen; wahrscheinlich ohne Dekorateur	geringer Anteil warenfremder Dekorationsmittel; Auslagenwechsel häufig; Dekorateur	deutlicher Anteil warenfremder Dekorationsmittel; thematische Dekorationen; Leihgaben
Fassaden-gestaltung	schlechter Zustand; schadhafte Stellen im gesamten Fassadenbereich; schlechter Zustand der Fenster; keinerlei Erneuerungsarbeiten	Gestaltungsunterschiede im Schaufenster- und Fassadenbereich; verbesserter Zustand des Schaufensterbereichs	Klinker- bzw. Putzverkleidung im Gesamtbereich gut; farbliche Betonung des Schaufensterbereichs; sichtbare Erneuerungsarbeiten	hochwertige Materialien im Schaufensterbereich (Marmor, Fliesen, Holz, Metall, Kunststoff)	vollständige Verkleidung mit hochwertigen Materialien; hochwertiger repräsentativer Gesamteindruck

Abb. 5.1: Erhebungsbogen für Kartierungen; Quelle: Eigene Darstellung.

Für **räumliche Fragestellungen** bieten Beobachtungen darüber hinaus weitere vielfältige Einsatzmöglichkeiten. Zu nennen ist die Wahrnehmung und Erfassung tourismusrelevanter Erscheinungen (vgl. Kap. 3.4.2). Zur systematischen Dokumentation sollten **Primärkartierungen** (vgl. Kap. 3.7.1), d. h. die kartografische Aufnahme und Darstellung von touristischen Raumnutzungen und Einrichtungen (z. B. Lage von Beherbergungsbetrieben, Verteilung von Spielplätzen), vorgenommen werden. **Ergänzende Zählungen** dienen der quantitativen Erfassung tourismusspezifischer Abläufe, ggf. differenziert nach bestimmten Merkmalausprägungen (z. B. Zahl von Opernbesuchern, Aufkommen an PKW-Ausflüglern nach dem Autokennzeichen). Kartierungen und Zählungen sind durch geeignete Materialien (z. B. topografische Karten in einem großen Maßstab, Erhebungsbögen, Klemmbretter oder Handzähler) zu unterstützen. Wesentlich für eine spätere Auswertung ist die Gestaltung von Erhebungs- oder Zählbögen (vgl. Abb. 5.1 und Abb. 5.2). Neben einer eindeutigen sowie der in einem Pre-Test geprüften Operationalisierung sind Informationen zu Beobachter, Standort, Zeitraum sowie weiteren die Ergebnisse beeinflussenden Variablen (z. B. dürfte die Besucherzahl einer Freizeiteinrichtung wetterabhängig sein) zu dokumentieren.

Tourismusgeografische **Befragungen** erfassen oft Raummerkmale (z. B. bei der betrieblichen Standortwahl) oder mögliche Freizeitnutzungen. Dabei können dutzende mögliche Ausprägungen vorliegen, die dann in langatmigen Befragungen von den Probanden zu bewerten sind. Nachteilig wirkt sich neben dem möglichen Abbruch der Befragung durch den Befragten auch das Antwortverhalten aus, welches sich nicht mehr durch die nötige Aufmerksamkeit oder eine gewissene Tendenz in eine Bewertungsrichtung (z. B. „halte alles für wichtig") auszeichnet (vgl. Steinbach 2003, S. 149).

Zählbogen zur Erfassung der Besucher und deren Fortbewegung sowie Übernachtungsdauer im Naturpark

Beobachter:__________ Datum: ________ Standort: ________ Wetter: ______

Achtung: Befragungsfrequenz bei der jeweiligen Tätigkeit vermerken.

Uhrzeit Zähl-/Blitzbefragung Beginn: ________ Ende: __________

Tätigkeit	Anzahl	Anzahl der Übernachtungen
Wanderer und Fußgänger Frequenz, Befragung jedes 1. 2. 4. 6. 8. 10.		
Bootsfahrer Frequenz, Befragung jedes 1. 2. 4. 6. 8. 10.		
Radfahrer Frequenz, Befragung jedes 1. 2. 4. 6. 8. 10.		
Sonstige Frequenz, Befragung jedes 1. 2. 4. 6. 8. 10.		

Abb. 5.2: Zählbogen; Quelle: Eigene Darstellung.

Als hilfreich für solche Fragestellungen hat sich in der praktischen Arbeit daher ein **3 × 3-Fragebogen** bewährt, bei dem nur noch drei Fragen gestellt werden:

- „Nennen Sie bitte **drei Aspekte**, die Ihnen besonders **wichtig** sind (z. B. Freizeitaktivitäten in der Region) bzw. Motive für einen Besuch."
- „Wie **zufrieden** sind Sie mit den **drei genannten Aspekten?**"
- **Sonstige Anmerkungen** zum Thema (offene Fragen), **soziodemografische bzw. unternehmensspezifische Angaben** sowie **ergänzende Angaben** für die Fragestellung (z. B. zu Ausgaben in der Region, Mobilitätsverhalten, Begleitpersonen etc.).

Aus den ersten beiden Fragen lässt sich dann ein Handlungsempfehlungsportfolio (vgl. Abb. 5.3) erstellen, das Wichtigkeit und Zufriedenheit in Bezug zueinander setzt[4]. V. a. Aspekte, die den Probanden als wichtig erscheinen und zugleich als nicht zufriedenstellend bewertet werden, sind bedeutende Handlungsfelder (in Abb. 5.3 z. B. Wellness-Angebot sowie Kinderspielplätze). Bereiche, die als wichtig erachtet werden und mit denen sie zufrieden sind, stellen dagegen Kernkompetenzen dar (in Abb. 5.3 z. B. Ski alpin und Wandern). Hier ist das Kompetenzniveau zu halten. Bereiche, die

4 Alternativ sprechen Steinbach (2003, S. 150) von einem Stärken-Schwächen-Profil mit den Achsen Zufriedenheit und Bedeutung (Wünsche), Kagermeier (2016a, S. 82) von einem Importance Grid mit den Achsen impliziter und expliziter Wichtigkeit sowie der Handlungsrelevanzmatrix mit den Achsen implizite Wichtigkeit und Zufriedenheit (2016a, S. 232) und Fontanari/Partale (2004, S. 172) von einem Potenzialportfolio mit den Achsen Eignungswerte und Attraktivität.

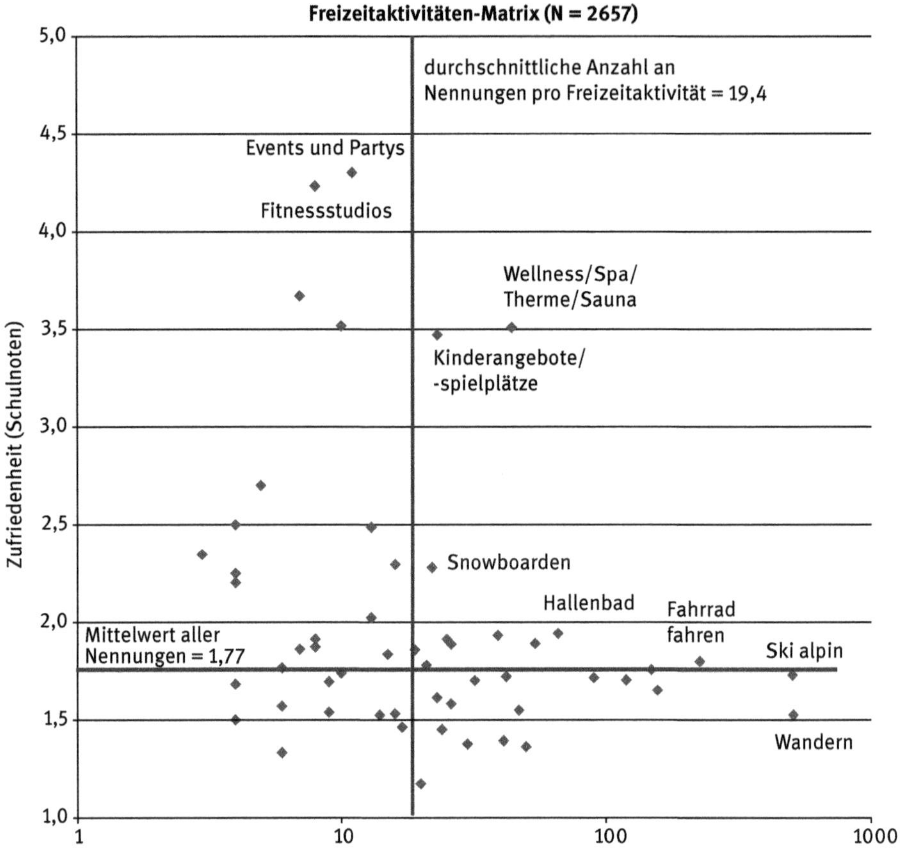

Abb. 5.3: Handlungsempfehlungsportfolio für Freizeitaktivitäten am Beispiel Lenggries, Oberbayern 2017; Quelle: Eigene Darstellung.

sich als eher unwichtig erweisen, runden zunächst das Gesamtbild ab und können darüber hinaus Hinweise über potenzielle Entwicklungsmöglichkeiten liefern (in Abb. 5.3 z. B. mehr Events oder ein Fitnessstudio).

Die Vorteile des 3 × 3-Fragebogens liegen in der kurzen Befragungsdauer und damit einer höheren Motivation zur Teilnahme von Seiten der Probanden. Nachteilig wirkt sich der deutlich höhere Aufwand in der Aufbereitung und Auswertung der Antworten sowie der späteren Gruppierung bzw. Verdichtung von Antworten zu Kategorien aus. Eine fundierte Kenntnis über die befragte Region und/oder die Thematik der auswertenden Personen ist daher zwingend notwendig.

Bei der Konzeption des Untersuchungsdesigns treten folgende instrumentenunabhängige Besonderheiten auf:

- **Abgrenzung der Grundgesamtheit:** Durch die in Kap. 1.1.1 beschriebenen vielfältigen Definitionen von Tourismus ist der Festlegung der zu untersuchenden Grundgesamtheit ein besonderes Augenmerk zu widmen. Dies gilt sowohl in Bezug auf die Anbieter als auch die Nachfrager. Soweit möglich sollten etablierte Definitionen Verwendung finden (z. B. die EU-Wirtschaftszweigklassifizierung NACE, Betriebsgrößeneinteilung der EU). Bei der Nutzung von Sekundärquellen ist daher immer auch die Operationalisierung hinzuzuziehen. Vergleiche unterschiedlicher Daten (international oder national bzw. branchenbezogen) sind nur sehr eingeschränkt möglich. Ein Beispiel ist hier die Erfassung der Übernachtungszahlen, die in den amtlichen Statistiken nur Betriebe mit mehr als zehn Betten ausweist und damit systematisch die tatsächlichen Übernachtungszahlen unterschreiten dürfte (vgl. Kap. 5.2.2.1). Weiterhin ist zu beachten, dass die touristische Leistungserbringung oftmals einen phasenweise differenzierten Netzwerkcharakter aufweist. Dies kann dazu führen, dass Leistungsattribute dem falschen Akteur zugeschrieben werden. Sollte z. B. ein Mitglied der touristischen Wertschöpfungskette eine mangelhafte Leistung erbringen, könnte dies auch auf die Bewertung anderer Akteure durchschlagen (Gesamtzufriedenheit vs. Episodenzufriedenheit; vgl. Steinbach 2003, S. 146 ff.).
- **Erfassung der Stichprobe:** Bei der Stichprobenziehung ist darauf zu achten, ob die Daten im Heimatland (Nachteil des Time-Lags zwischen Reise- und Befragungszeitraum und der damit einhergehenden Verzerrung der Eindrücke) oder in der Destination (hoher Aufwand in der Durchführung) erhoben werden sollen. Bei der Auswahl der Probanden in der Destination sind deren Erreichbarkeit hohe Hürden gesetzt. Während Hotels, Restaurants, Museen, Freizeitparks etc. durch die Zugangsbeschränkungen einen klaren Überblick über ihre Gäste haben, gestaltet sich dies bei offen zugänglichen Attraktionen (z. B. Naturparks, Volksfeste, Strände) schwierig. Da sich kaum an allen Ein- und Ausgängen Erhebungen durchführen lassen, sind in Vorstudien u. a. die bedeutendsten Nutzungspunkte oder Strecken zu identifizieren und an diesen dann schwerpunktmäßige Erhebungen vorzunehmen. Zur Erfassung der Besucherzahlen können Drohnen Luftbilder von Events und Attraktionen aufnehmen. Hier ist allerdings die Einholung der Genehmigung der zuständigen Organisationen und Behörden dringend anzuraten.
- **Verzerrung der Stichprobe:** Durch die im Tourismus häufig anzutreffenden saisonalen Effekte sind Stichproben massiv anfällig für Verfälschungen. Hierbei treten nicht nur Unterschiede zwischen Sommer- und Winter- bzw. Hoch-, Zwischen- und Nebensaison auf, auch können Events (z. B. internationale Messen, Volksfeste), das Wetter, die Öffnungszeiten der Geschäfte etc. die Besucherstruktur deutlich beeinflussen. So ist je nach Fragestellung auf ein fundiertes jahres-, wochen- und tageszeitliches Erhebungsdesign zu achten.

5.2 Amtliche Tourismusstatistiken

Die amtliche Statistik lässt sich in die **ausgelöste Statistik**, d. h. die verpflichtende Erhebung, Aufbereitung und Publikation amtlicher Statistiken durch statistische Ämter (Statistik ist ausschließliche Aufgabe), wie z. B. europäische Statistik, Bund-, Länder- und Gemeindestatistiken, und die **nichtausgelöste Statistik** durch die Arbeit staatlicher Einrichtungen (andere Hauptaufgabe als die Erstellung von Statistiken), wie z. B. Geschäftsstatistiken und externe Behördenstatistiken, unterteilen.

5.2.1 Nationale Statistiken

Träger der amtlichen Statistik in **Deutschland** ist das **Statistische Bundesamt**, welches zwei grundlegende Statistiken bereitstellt, die beide ausschließlich den Übernachtungstourismus erfassen, die Beherbergungsstatistik und die Statistik über die touristische Nachfrage (vgl. Statistisches Bundesamt 2017).

Die **Beherbergungsstatistik (Monatserhebung im Tourismus)** registriert Betriebsart und -größenklassen der Übernachtungsbetriebe, Bettenanzahl, Zahl der Ankünfte und Übernachtungen sowie die Herkunft der Gäste. Dabei werden nur Betriebe mit mindestens 10 Betten registriert, da nur diese der Meldepflicht des Beherbergungsstatistikgesetzes (BeherbStatG) unterliegen und kleinere Betriebe von Formalitäten entlastet werden sollen. Bei Betrieben mit mindestens 25 Betten werden zusätzlich die Anzahl der angebotenen Zimmer und deren Auslastung erfasst. Erhoben werden die Daten unter **Auskunftspflicht** durch schriftliche Befragung der Betriebsinhaber oder -leiter. Sie informieren Ministerien, Ämter und regionale Tourismusorganisationen über die konjunkturelle Entwicklung des Beherbergungsgewerbes und das Nachfragevolumen in den Reisezielen in Deutschland und liefern damit eine wichtige Informationsgrundlage für tourismuspolitische Entscheidungen, Infrastrukturplanungen sowie die Kommunikationspolitik des örtlichen Destinationsmanagements.

Die Daten werden von den Statistischen Landesämtern erhoben und vom Statistischen Bundesamt zusammengestellt und publiziert. Sie werden nach **administrativen** (z. B. Gemeinden, Landkreise, kreisfreie Städte, Bundesländer) und **nichtadministrativen Einheiten bzw. Reisegebieten** (Zugehörigkeit zu den regionalen Tourismusverbänden) sowie nach **Betriebsart** und **Gemeindegruppen** (z. B. prädikatisierte Heilbäder, Seebäder, Luftkurorte, Erholungsorte, sonstige Gemeinden) gegliedert (vgl. Schmude/Namberger 2015, S. 15 f.; Eisenstein 2014, S. 78).

Die an das Statistische Amt der Europäischen Union (Eurostat) gemeldete **Statistik über die touristische Nachfrage** konzentriert sich mit ihren jährlich vier Stichprobenerhebungen bei je 2.500 Haushalten auf das **touristische Reiseverhalten in Deutschland** und damit auf den nationalen Tourismus (vgl. Kap. 1.1.2). Erfasst werden der Monat des Reisebeginns, Übernachtungszahlen, Reiseziel und -organisation, Verkehrsmittelnutzung, Unterkunftsart, Reiseausgaben, teilgenommene Personen und prozentuale Kostenaufteilung auf diese (vgl. Schmude/Namberger 2015, S. 17).

In **Europa** fasst das EU-Statistikamt Eurostat die nationalen Tourismusstatistiken der EU-Länder zusammen und ist um eine Harmonisierung der erhobenen Informationen und deren Ausdruckskraft bestrebt (vgl. Eurostat 2017). Zu beachten ist, dass es sich dabei um keine originären Erhebungen, sondern nur um die von den nationalen Statistikbehörden weitergeleiteten Daten handelt.

5.2.2 Internationale Statistiken

Auf der **internationalen Ebene** ist neben der Organisation für Zusammenarbeit und Entwicklung (OECD) mit ihrem „Global Forum on Tourism Statistics" (vgl. OECD 2017) vor allem die **Welttourismusorganisation UNWTO** (United Nations World Tourism Organization), welche die nationalen Tourismusstatistiken zusammenfasst, von Bedeutung. Wichtige Veröffentlichungen sind der „Annual Report" (vgl. z. B. UNWTO 2017a) oder die „Tourism Highlights" (vgl. z. B. UNWTO 2017b). Auch hier handelt es sich um keine eigenen Erhebungen, sondern um den Rückgriff auf nationale Statistiken mit der Konsequenz, dass eine direkte Vergleichbarkeit durch Unterschiede zwischen den Ländern wegen voneinander abweichender statistischer Berichtswesen und verschiedenartiger Erhebungsmethoden (Grenz- versus Standortmethode) erschwert wird (vgl. Eisenstein 2014, S. 77; Steinecke 2011, S. 16).

5.2.2.1 Grenz- versus Standortmethode

Bei den internationalen Statistiken kommen zwei grundsätzliche Erhebungsmethoden in Frage: Bei der **Grenzmethode** werden die Touristen beim Grenzübertritt in das Zielland registriert, dadurch dass z. B. vorab ein Visum zu beantragen ist oder dieses nach der Einreise erteilt wird. Damit kommt es zwar zur Erfassung aller einreisenden Touristen, jedoch gestattet dieses Procedere keine weitere Differenzierung hinsichtlich der konkreten Zielorte und der Nutzung unterschiedlicher Unterkunftsarten sowie deren Auslastung.

Bei der auch vom Statistischen Bundesamt eingesetzten **Standortmethode** erfolgt die Erfassung der Touristen in der Unterkunft am jeweiligen Aufenthaltsort mit Meldescheinen. Auf diese Weise lassen sich detaillierte Daten z. B. zur Bedeutung einzelner Destinationen, der Aufenthaltsdauer der Gäste, zur Beliebtheit einzelner Unterkunftsformen und deren Kapazitätsauslastung sowie zum Verhältnis zwischen in- und ausländischen Besuchern u. a. ermitteln. Problematisch ist, dass Übernachtungen bei Privatvermietern, Freunden und Familienangehörigen überhaupt nicht und bei gewerblichen Betrieben nur solche mit einer Mindestbettenanzahl (z. B. zehn Betten bei der Beherbergungsstatistik des Statistischen Bundesamtes) erfasst werden. Eine derartige **Abschneidegrenze** führt insbesondere in überwiegend kleinbetrieblich strukturierten Regionen, wie sie z. B. in den Hoch- und Mittelgebirgen sowie an den Küsten auftreten können, zu einer Unterbewertung der Unterbringungskapazitäten. Schätzungen zufolge kann in solchen Regionen der kommerzielle Übernachtungsumsatz um bis zu 40 % über den in den amtlichen Statistiken ausgewiesenen Werten liegen. Ferner sind **Zweifel an der Meldegenauigkeit** insbesondere kleinerer Betriebe angebracht, da die Anzahl der Meldungen Rückschlüsse auf den zu versteuernden Umsatz zulässt (vgl. Steinecke 2014, S. 22; Mundt 2013, S. 14).

5.2.2.2 Touristische Großregionen und Reiseverkehrsströme

Die Welttourismusorganisation (UNWTO) gliedert die Welt in fünf touristische Großregionen mit mehreren Subregionen bzw. Ländern (vgl. UNWTO 2017b):
- **Europa** mit Nordeuropa, Westeuropa, Zentral- und Osteuropa, Südeuropa bzw. mediterranes Europa;
- **Asien und Pazifik** mit Nordasien[5], Südostasien[6], Südasien[7] und Ozeanien[8];
- **Amerika** mit Nordamerika, Zentralamerika, Südamerika und Karibik;
- **Afrika** mit Nordafrika[9], West- und Zentralafrika[10], Ostafrika[11], südlichem Afrika[12],
- **Mittlerer Osten**[13].

2017 entfielen auf den weltweiten Einreiseverkehr bzw. „Inbound Tourism" (vgl. Kap. 1.1.2) Einnahmen in Höhe von 1.332 Mrd. US-$ aus geschätzt 1.323 Mio. Ankünften[14] – eine Vervierzigfachung seit 1950. Mit Ausnahme der weltweiten Finanzkrise 2008/09 haben größere Krisen (z. B. die erste und zweite Ölkrise, SARS, Vogelgrippe etc.), Terroranschläge (z. B. 9/11) oder Naturkatastrophen (z. B. die Tsunamis von 2004 und 2011) im internationalen Tourismus – von kurzfristigen, aber längst wieder aufgeholten Rückgängen abgesehen – kaum Spuren hinterlassen. Für eine strukturelle Nachfragesättigung sind bisweilen keinerlei Anzeichen erkennbar (vgl. Hopfin-

5 China und Japan u. a.
6 Thailand, Malaysia, Philippinen, Indonesien u. a.
7 Indien u. a.
8 Australien und Neuseeland u. a.
9 Tunesien, Marokko, Algerien u. a.
10 Senegal, Elfenbeinküste, Kongo u. a.
11 Kenia, Tansania u. a.
12 Südafrika, Namibia, Botswana u. a.
13 Ägypten, Jordanien, Saudi-Arabien, Vereinigte Arabische Emirate u. a.
14 Die Top 10 nach Ankünften in Mio. sind (2017): 1. Frankreich (86,9), 2. Spanien (81,8), 3. USA (76,9), 4. China (60,7), 5. Italien (58,3), 6. Mexiko (39,3), 7. Großbritannien (37,7), 8. Türkei (37,6), 9. Deutschland (37,5), 10. Thailand (35,4) (vgl. UNWTO 2019).

ger 2016a, S. 4; Kagermeier 2016a, S. 64). Im Gegenteil: Bis 2030 soll es, UNWTO-Schätzungen zufolge, nochmals einen Anstieg um ca. 37 % auf gut 1,8 Mrd. Ankünfte geben. Das stärkste Wachstum wird der Region Mittlerer Osten, gefolgt von Afrika und dem asiatisch-pazifischen Raum vorhergesagt. Im Zentrum aller touristischen Aktivitäten steht dagegen nach wie vor Europa mit 51 % der weltweiten Ankünfte und 38 % der Einnahmen (2017). Gleichzeitig entstammt jeder zweite Tourist einem europäischen Land. An zweiter Stelle steht in Folge einer hohen wirtschaftlichen Dynamik mit 24 % der Ankünfte und 29 % der Einnahmen die asiatisch-pazifische Region, welche sich mit überdurchschnittlich hohen Zuwachsraten zum Wachstumsmotor des Welttourismus entwickelt hat. Auf Platz drei befinden sich Nord-, Zentral- und Südamerika inkl. Karibik (16 % der Ankünfte, 24 % der Einnahmen), gefolgt von Afrika (5 % bzw. 3 %) und dem Mittleren Osten (4 % bzw. 5 %) (vgl. UNWTO 2018b).

Zu beachten ist, dass der **interkontinentale Tourismus** eine wesentlich geringere Stellung genießt, als es der Begriff „Internationaler Tourismus“ suggeriert, da sich der Tourismus vor allem auf Reisen innerhalb der Großregionen konzentriert. So entfielen im Jahr 2012 durchschnittlich fast 80 % der weltweiten Ankünfte auf Länder aus der Region selbst. Die Ursachen für diese relativ kleinteilige Raumstruktur sind vielfältiger Natur (vgl. Steinecke 2014, S. 30 f.):

- Trotz ständig zunehmender Bedeutung des Flugverkehrs und rückläufiger Transportkosten gilt der Tourismus weiterhin als **distanzempfindlich**. Da Reisen in entferntere Destinationen einen erhöhten Kosten-, Zeit- sowie Planungs- und Durchführungsaufwand mit sich bringen, werden Nachbarländer präferiert.
- **Ausländische Partner inländischer Unternehmen oder ihre Filialen** sind häufig in Nachbarländern oder in solchen innerhalb der Großregionen angesiedelt, sodass Geschäftsreisen insbesondere auf der intraregionalen Ebene anfallen.
- Reisen zwischen den Nachbarländern oder innerhalb einer Region werden durch teilweise **gemeinsame Sprachen** (z. B. USA/Kanada oder Deutschland/Österreich/Schweiz) befördert[15].

Ursache für die ungleichmäßige Verteilung der Reiseströme sind die weltweit räumlich ungleichen **Push-Faktoren** (z. B. wirtschaftlicher Wohlstand und soziale Sicherheit) und **Pull-Faktoren des Tourismus** (z. B. klimatische Bedingungen, natürliche und kulturelle Attraktionen). Diese Faktoren spiegeln sich im Ranking der wichtigsten Ziel- und Quellländer des Tourismus – bezogen auf die Einnahmen und Ausgaben des Tourismus – wider (vgl. Tab. 5.1).

15 Neben der Sprache können auch ehemalige koloniale Beziehungen eine Rolle spielen, die in intensiven politischen und wirtschaftlichen Austauschbeziehungen zwischen den früheren Kolonialmächten und ihren Kolonien in gewisser Weise fortbestehen. Dabei erweist sich insbesondere eine gute Verkehrsverbindung zwischen den Hauptstädten als touristischer Gunstfaktor (vgl. Steinecke 2014, S. 31 f.).

Tab. 5.1: TOP 10 der touristischen Einkünfte versus Ausgaben nach Ländern 2016; Quelle: UNWTO 2017b.

Ausgaben	Mrd. US-Dollar	Einnahmen	Mrd. US-Dollar
China	261,1	USA	205,9
USA	123,6	Spanien	60,3
Deutschland	79,8	Thailand	49,9
Großbritannien	63,6	China	44,4
Frankreich	40,5	Frankreich	42,5
Kanada	29,1	Italien	40,2
Südkorea	26,6	Großbritannien	39,6
Italien	25,0	Deutschland	37,4
Australien	24,9	Hong Kong (China)	32,9
Hong Kong (China)	24,2	Australien	32,4

Unter den Ländern mit den meisten touristischen Einnahmen befinden sich hoch entwickelte westliche Industrieländer in Nordamerika, Europa und Ozeanien sowie expandierende asiatische Länder, in denen sowohl der Urlaubs- als auch der Geschäftsreiseverkehr eine wichtige Rolle spielen. Auch die Mittelmeerländer Spanien und Italien als beliebte mediterrane Urlaubsziele gehören dazu. Zu den Ländern mit den meisten touristischen Ausgaben gehören sowohl die westlichen Industriestaaten in Europa, Nordamerika und Ozeanien als auch asiatische Schwellenländer (vor allem China und Südkorea).

So beindruckend die Statistiken zum internationalen Tourismus auch erscheinen mögen, bilden sie dennoch nur einen kleinen Teil des weltweiten Tourismus ab. Denn ein viel größeres Volumen als der grenzüberschreitende Tourismus weist der **Binnenreiseverkehr** (Domestic Tourism), d. h. der Tourismus im eigenen Land (vgl. Kap. 1.1.2), auf. Schätzungen zufolge beläuft sich das Verhältnis zwischen Binnen- und Ausreiseverkehr (outbound bzw. outgoing tourism) auf 10:1. Während der Binnentourismus in den hoch entwickelten Industrieländern an seine Wachstumsgrenzen stößt, existieren in den lateinamerikanischen und asiatischen Entwicklungsländern (vor allem in China) sowie im Mittleren Osten noch sehr große Potenziale (vgl. Steinecke 2014, S. 32).

In der historischen Genese des Tourismus markiert der Binnentourismus jeweils die erste Entwicklungsphase, indem sich Urlaubsreisen zunächst nur auf das eigene Land beschränken. Erst mit zunehmender Reiseerfahrung sowie verbesserter Organisations- und Infrastruktur (bessere Verkehrsverbindungen, Entwicklung hin zu Veranstalterreisen) gewinnen ausländische Ziele an Bedeutung. So haben noch in den 1950er-Jahren 85 % der deutschen Bevölkerung eine Reise in eine heimatliche Destination getätigt, seit Ende der 1960er-Jahre überwiegen dagegen ausländische Ziele. Mittlerweile rangiert die **Auslandsreiseintensität**, d. h. der Bevölkerungsanteil, der im Jahr eine Auslandsreise unternimmt, bei 70 % (vgl. F.U.R. 2017).

5.2.2.3 Touristische Gewinner versus Verlierer

Der größte **touristische Gewinner** der letzten Jahre ist Asien inkl. des Subkontinents Asien, der bereits heute eines der stärksten Zugpferde für die Entwicklung des globalen Tourismus darstellt. Ferner gibt es mit den sog. Emerging Markets eine Reihe sich noch in Entwicklung befindlicher Länder, allen voran Russland und China, welche einerseits zunehmend als touristische Zielgebiete entdeckt werden, andererseits als Quellgebiete des Tourismus mit einem immensen Wachstumspotenzial fungieren, das erst als teilweise erschlossen gilt, bedenkt man beispielsweise, dass chinesische Touristen erst seit kurzer Zeit überhaupt am internationalen Tourismus teilhaben können.

Zu den **touristischen Verlierern** rechnen neben vielen Entwicklungsländern in Lateinamerika und Subsahara-Afrika – von wenigen Ausnahmen, wie z. B. Dubai, abgesehen – v. a. Destinationen in der arabischen Welt, die unter den Folgen des Arabischen Frühlings 2011/12, Bürgerkriegen und den Gräueltaten des Islamischen Staates (IS) leiden und daher mit sinkenden Einnahmen aus dem Tourismus konfrontiert sind. Noch schwerer aber wiegt der Umstand, dass die Grundlage für den Tourismus in vielen Gebieten in weiten Teilen als unwiederbringlich entzogen gilt, da einerseits wichtige Kulturgüter kriegerischen Auseinandersetzungen zum Opfer gefallen sind, andererseits die Menschen diese Region massenweise verlassen und somit sowohl als Arbeitskräfte wie auch als lokale Nachfrager im Tourismus ausfallen (vgl. Hopfinger 2016a, S. 6; 2016b, S. 6 f.; Kap. 2.1.7.1).

5.2.3 Vor- und Nachteile amtlicher Statistiken

Die **Vorteile** der amtlichen Statistiken bestehen in der Genauigkeit und Zuverlässigkeit der Daten sowie deren regelmäßigen Erhebung. Sie bilden das Grundgerüst zur Erfassung der Geschehnisse im Freizeit- und Tourismussektor. Die **Nachteile** liegen darin, dass sich der Tourismusbegriff der amtlichen Statistik nur auf den Übernachtungs-, nicht aber den Tagestourismus erstreckt. Als problematisch erweisen sich ferner die Beschränkung auf rein quantitative Informationen, die zu geringe Informationsdichte, die systematische Unvollständigkeit (z. B. Meldung erst ab einer Mindestbettenzahl bzw. nur bei gewerblichen Betrieben im Falle der Standortmethode) sowie die retrospektive Betrachtungsweise. Touristische Unternehmen und Destinationen brauchen für ihre Tätigkeit allerdings qualitative Informationen über Reisemotive, Verhalten und Einstellungen der Touristen sowie über zukünftige Reiseabsichten und Gästepotenziale (vgl. Steingrube 2007b, S. 139; Steinecke 2011, S. 17; Schmude/Heumann 2010, S. 335). Diese Daten stehen im Fokus repräsentativer Befragungen.

5.3 Nichtamtliche Statistiken: Bevölkerungsrepräsentative Befragungen

Im Bereich der nichtamtlichen Repräsentativbefragungen existiert eine Vielzahl an Untersuchungen zu praktischen (z. B. Marktbeobachtung und -analyse für die touristischen Leistungsträger) sowie zu wissenschaftlichen bzw. Forschungszwecken. Dabei ist zu beachten, dass die Vielfalt der erhobenen Daten auf **unterschiedlichen Erhebungskonzepten und Berichtskreisen** basieren kann, sodass bei deren Verwendung immer auch die dahinterstehenden Erhebungsmethoden zu berücksichtigen sind (vgl. Schmude/Namberger 2015, S. 18).

5.3.1 Grundlagen nichtamtlicher Statistiken

Bei bevölkerungsrepräsentativen Befragungen wird auf Grundlage **repräsentativer Stichprobenerhebungen**, die am Wohnort der Befragten stattfinden **(Wohnortmethode)**, das **Reiseverhalten der Deutschen** (meistens ab 14 Jahren) dokumentiert. Zu den wichtigsten Erhebungsmethoden dieser großangelegten aufwendigen Untersuchungen zählen u. a. das Reiseverhalten (Ziele, Zeitpunkt, Organisation, Verkehrsmittel- und Unterkunftswahl), Reisemotive, Aktivitäten während der Reise, Einstellungen und Bewertungen, Ausgabenbereitschaft bzw. -verhalten u. a.). Zwar handelt es sich um Stichprobenuntersuchungen, doch lässt sich aufgrund der Zuverlässigkeit der Stichprobenkonstruktion und entsprechender Stichprobengrößen mit hoher Sicherheit auf die Grundgesamtheit der Bevölkerung schließen. Ferner lassen sich nicht nur quantitative (z. B. Anzahl der Übernachtungen und Ankünfte), sondern auch **qualitative Aspekte** zu unterschiedlichen Themen des Reiseverhaltens ermitteln.

Durch die Erhebung der Reiseabsichten werden nicht nur Informationen über vergangene Reisegewohnheiten, sondern auch über zukünftige Reisepläne gewonnen. Aufgrund des relativ kurzfristigen Prognoserahmens von ein bis drei Jahren ist die Eintrittswahrscheinlichkeit der Vorhersagen als mittel bis hoch einzustufen. Die Kontinuität der Erhebungen lässt ferner die Bildung von Zeitreihen zu, sodass sich Veränderungen des Reisegebarens abbilden lassen. Probleme dieser Erhebungsform bestehen darin, dass lediglich Berichte über das Reiseverhalten, nicht aber das tatsächliche Reiseverhalten erhoben werden. Aufgrund von Erinnerungsverlusten können – insbesondere bei Zugrundelegung längerer Berichtszeiträume – die gewonnenen Daten von den tatsächlich erfolgten Reiseaktivitäten abweichen (vgl. Eisenstein 2014, S. 80; Steinecke 2011, S. 284).

Die Kosten dieser aufwändigen Untersuchungen werden von den Auftraggebern der Studien getragen, sodass die Ergebnisse meist nur zahlenden Kunden zugänglich sind und im Rahmen von Pressemitteilungen allenfalls nur ausgewählte Daten publiziert werden (vgl. Steinecke 2011, S. 17). Beispiele sind der Deutsche Reisemonitor (IPK International), der DestinationMonitor Deutschland (GFK, IMT) oder Travelscope (GFK). Die in Deutschland am weitesten verbreiteten, da überwiegend kostenfrei zur Verfügung stehenden nichtamtlichen Statistiken sind die **Reiseanalyse** (vgl. Kap. 5.3.2) und die **Deutsche Tourismusanalyse** (vgl. Kap. 5.3.3). Neben diesen institutionellen Großuntersuchungen werden zur quantitativen und qualitativen Fassung des Tourismus im Rahmen von Primärerhebungen an zahlreichen Universitäten und Hochschulen unterschiedlichster wissenschaftlicher Disziplinen viele Einzeluntersuchungen durchgeführt (vgl. Steinecke 2011, S. 17).

5.3.2 Reiseanalyse

Die seit 1970 jährlich durchgeführte nicht-kommerzielle Reiseanalyse (RA) ist die in Deutschland bekannteste nichtamtliche Untersuchung im Tourismussektor. Sie nimmt vor allem Urlaubsreisen ab fünf Tagen ins Visier, berücksichtigt aber auch Kurzreisen von zwei bis vier Tagen. Im Mittelpunkt der Reiseanalyse stehen die folgenden Themen, die alle Bereiche des touristischen Urlaubsverhaltens, aber auch Motive, Einstellungen und Reiseerfahrungen beleuchten (vgl. Schmude/Namberger 2015, S. 18; Eisenstein 2014, S. 81):

- **Entwicklung und Dimension des Marktes für Urlaubsreisen:** Reiseintensität (Urlaubs- und Kurzreiseintensität), Reisehäufigkeit, Reiseerfahrungen in den zurückliegenden drei Jahren und Reiseabsichten für das folgende Jahr u. a.;
- **Reisedurchführung:** Reisziele und -zeitpunkte, Unterkunft, Begleitung, Organisation, Verkehrsmittelwahl, Internetnutzung u. a.;
- **Reiseverhalten:** Reisemotive, Aktivitäten während des Urlaubs, Urlaubsformen, Ausgaben etc.

Diese Themen werden in einem jährlichen Standardfrageprogramm erhoben und durch wechselnde Schwerpunktthemen bzw. Module (z. B. Information und Buchung, Länderimages, Preissensibilität, Mediennutzung, Käufertypen etc.) ergänzt. Darüber hinaus ist Platz für Exklusivfragen einzelner Auftraggeber vorhanden.

Bei der RA wurde von Beginn an großer Wert auf methodische Kontinuität bei gleichzeitiger Berücksichtigung aktueller touristischer Entwicklungen und der sich wandelnden wirtschaftlichen und gesellschaftlichen Rahmenbedingungen gelegt, um gleichsam kurzfristige wie langfristige Trends zu erfassen und zu analysieren. Dabei geht es auch um die Ableitung von Hinweisen auf zukünftige Tendenzen, denn die RA liefert mit ihren langjährigen Datenreihen ein verlässliches Fundament zur Ermittlung von Trends, welche die Zukunft des Tourismus prägen (vgl. Lohmann et al. 2017, S. 194).

Zur Erhebung der Informationen werden deutschlandweit jährlich im traditionell reisearmen Januar 12.500 Interviews – 7.500 persönliche und 5.000 Online-Befragungen – geführt. Die Stichprobe ist repräsentativ für die Grundgesamtheit der deutschsprachigen Wohnbevölkerung ab 14 Jahren. Die Auswahl der befragten Personen erfolgt zufallsgesteuert (vgl. Lohmann et al. 2017, S. 196 f.). Verknüpft mit Angaben zur soziodemografischen Struktur werden die Ergebnisse touristischen Leistungsträgern für ihre strategischen Planungen, Zielgruppenanalysen und Marketingmaßnahmen zur Verfügung gestellt. Die Daten sind von hoher Aktualität, Verlässlichkeit und Qualität und gestatten die Formulierung quantitativer wie qualitativer Aussagen über zukünftige Marktpotenziale und Trends. Die Kunden und Partner der RA nutzen die Ergebnisse u. a. für folgende Bereiche (vgl. Lohmann et al. 2017, S. 203 f.):

- Zielgruppenspezifische Segmentierung des Tourismusmarktes,
- Betrachtung des touristischen Geschehens,
- Entwicklung touristischer Angebote, ihrer Kommunikation und Wirkungskontrolle,
- Erarbeitung von Grundlagedaten zur Ableitung marketingpolitischer Maßnahmen.

Träger der Reiseanalyse war von 1970 bis 1993 der Starnberger Studienkreis für Tourismus e. V. Seit 1994 ist es die **Forschungsgemeinschaft Urlaub und Reisen e. V. (F.U.R.)**, eine unabhängige Vereinigung touristischer Unternehmen und Organisationen auf regionaler, nationaler und internationaler Ebene, Verlagen, Politik und Verwaltung. Die Befragungen werden seit den 1990er-Jahren durch das Marktforschungsinstitut Ipsos GmbH durchgeführt, die Ergebnisse jeweils im Frühjahr auf der internationalen Tourismusbörse (ITB) in Berlin sowohl in einer Kurz- als auch einer ausführlichen Version präsentiert.

Der zentrale Vorteil der RA ist, dass für bestimmte Erhebungsmerkmale bereits seit Mitte der 1950er-Jahre Zeitreihen vorliegen und seit 1970 weitgehend in demselben Design ermittelt werden, sodass die meisten Zeitreihen wenigstens bis zu diesem Zeitpunkt zurückreichen. Auch werden immer wieder neue Aspekte (z. B. Internetnutzung) in die Untersuchung einbezogen (vgl. F.U.R. 2017; Kagermeier 2016a, S. 60; Steinecke 2011, S. 284; Besel/Hallerbach 2007, S. 163).

5.3.3 Deutsche Tourismusanalyse

Die ebenfalls jährlich seit 1984 von der **BAT-Stiftung für Zukunftsfragen (British American Tobacco)** publizierte Deutsche Tourismusanalyse (DTA) erfasst Kurzreisen von 2 bis 4, Kurzurlaubsreisen von 5 bis 13 sowie Urlaubsreisen von 14 und mehr Tagen und widmet sich Fragen der Zielgebiete, Reiseintensität und -dauer, Verkehrsmittelwahl, Urlaubsaktivitäten und -ausgaben sowie Reiseabsichten im laufenden Jahr. Befragt werden im Januar eines Jahres im Rahmen von Omnibus- bzw. Mehrthemenbefragungen jeweils 4.000 für die Wohnbevölkerung ab 14 Jahren repräsentative Personen (vgl. BAT Stiftung für Zukunftsfragen 2017; Reinhardt et al. 2017, S. 220).

In Thematik und Methodik gleicht die Untersuchung der RA, wird allerdings erst seit Mitte der 1980er-Jahre regelmäßig durchgeführt, sodass eine Zeitreihenanalyse nicht so lange wie bei der RA zurückreichen kann. Der Unterschied zwischen beiden Studien liegt v. a. in der divergierenden Gewichtung der Bereiche Freizeit und Urlaub. Während die RA den inhaltlichen Fokus in erster Linie auf das Reiseverhalten mit all seinen Facetten richtet, thematisiert die DTA stärker die Entwicklungen im Freizeitbereich und damit auch das Freizeitverhalten außerhalb des Urlaubs. Neben dem konstanten Standardprogramm gibt es wie bei der RA jährliche Sonderthemen (z. B. 2002 Reisen in Krisenzeiten, 2006 Auswirkungen der Fußballweltmeisterschaft, 2009 Folgen der Finanzkrise, 2014 Sparen am und im Urlaub etc.). Die Ergebnisse der DTA werden jährlich in Hamburg im Frühjahr kurz vor der internationalen Tourismusbörse in Berlin (RA) veröffentlicht (vgl. Besel/Hallerbach 2007, S. 166; Reinhardt et al. 2017, S. 219 f.).

5.4 Reiseverkehrsbilanz

Die auf Ebene von Staaten berechnete **Reiseverkehrsbilanz** ist die gebräuchlichste Methode zur Beurteilung des länderspezifischen Anteils am internationalen Tourismus. Sie umfasst alle Einnahmen und Ausgaben für Waren und Dienstleistungen für den persönlichen Ge- und Verbrauch der Reisenden. Dabei stellt sie die durch den Inbound-Tourismus generierten Einnahmen den auf den Outbound-Tourismus entfallenden Ausgaben gegenüber (vgl. Kap. 1.1.2), d. h. es werden die durch ausländische Touristen im Inland erzielten Einkünfte mit den ausländisch getätigten Ausgaben der ins Ausland reisenden Bevölkerung eines Landes ins Verhältnis gesetzt. Dies zeigt an, ob es sich um ein **touristisches Überschuss- oder Defizitland** handelt.

5.4.1 Stellung der Reiseverkehrsbilanz in der Zahlungsbilanz

In Deutschland ist die Reiseverkehrsbilanz eine Teilbilanz der Dienstleistungsbilanz, welche wiederum eine Unterbilanz der **Zahlungsbilanz** ist (vgl. Abb. 5.4). Diese erfasst sämtliche Transaktionen zwischen In- und Ausland in einem bestimmten Zeitraum, ist nach dem Prinzip der doppelten Buchführung stets ausgeglichen und wird monatlich von der Deutschen Bundebank veröffentlicht.

Der Tourismus beeinflusst das **Sozialprodukt** wie die Ausgaben bzw. Einnahmen für die Ein- und Ausfuhr von Waren, Dienstleistungen, Kapital oder Devisen. Jedoch gibt es zum herkömmlichen Im- und Export eine **statistische Besonderheit**. Für gewöhnlich werden importierte (exportierte) Güter im Ausland (Inland) erzeugt, vom Ausland (Inland) ins Inland (Ausland) befördert, um im Inland (Ausland) konsumiert zu werden, womit sie ein erhöhtes Leistungsangebot im Inland (Ausland) darstellen. Damit korrespondierend erfolgen die Zahlungen vom Inland (Ausland) ans Ausland (Inland), indem sie bei einer inländischen (ausländischen) Bank in Auftrag gegeben und ins Ausland (Inland) transferiert werden. Anders verhält es sich bei touristischen

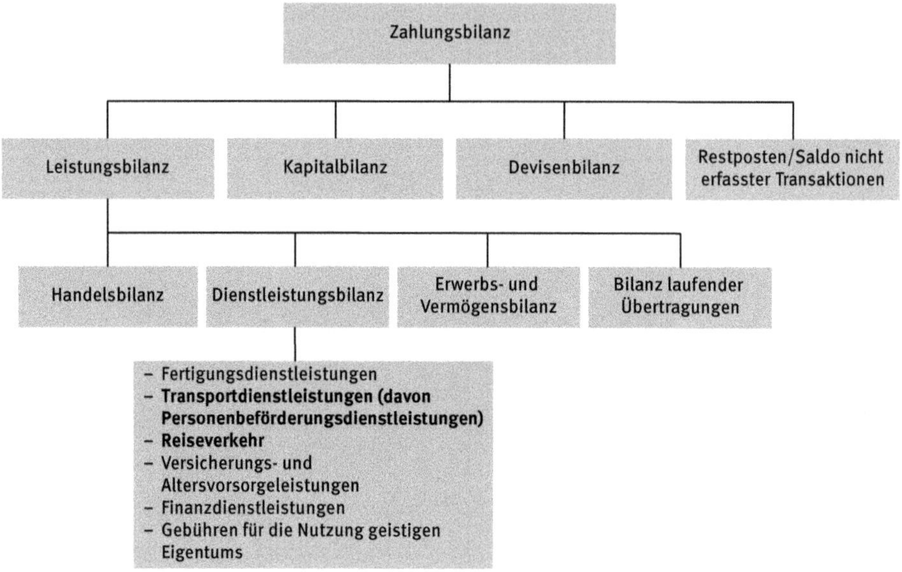

Abb. 5.4: Stellung des Reiseverkehrs in der Zahlungsbilanz; Quelle: Eigene Darstellung in Anlehnung an Deutsche Bundesbank 2018a.

Dienstleistungen. Zwar erfolgt die Erstellung der touristischen Leistung im Ausland (Inland), doch werden diese nicht vom Ausland (Inland) ins Inland (Ausland) transportiert, sondern begeben sich die Touristen als Nachfrager touristischer Dienstleistungen ins Ausland (Inland) und konsumieren und bezahlen die Leistung vor Ort, d. h. im Ausland (Inland), weshalb vom **unsichtbaren Export (Import)** (vgl. Kap. 2.1.3) gesprochen wird (vgl. Freyer 2015, S. 573 f.).

Auf der **Ausgabenseite** der Reiseverkehrsbilanz befinden sich die Ausgaben deutscher Reisender im Ausland z. B. für Unterkunft, Verpflegung, Verkehrsmittelnutzung oder Mitbringsel. Auf der **Einnahmenseite** handelt es sich spiegelbildlich um alle Ausgaben, welche ausländische Besucher in Deutschland tätigen.

Zu berücksichtigen ist, dass in der Reiseverkehrsbilanz auch solche Transaktionen enthalten sind, die gar nichts mit dem Reisen zu tun haben. Zu nennen sind hier u. a. geschäftliche Transaktionen oder Vermögensübertragungen, Kapitalflucht, illegale Devisengeschäfte (z. B. zum Erwerb von Drogen oder Waffen), Pendlerausgaben sowie Einkäufe in grenznahen Gebieten. Ursächlich für diese **Überwertung** ist die Erfassung über die bei den Bankinstituten gewechselten (Reise-)devisen. Umgekehrt existieren auch Transaktionen, welche zwar faktisch dem Reiseverkehr angehören, nicht aber in der Reiseverkehrsbilanz erfasst sind. Ausschlaggebend für diese **Unterbewertung** ist, dass es sich um Vorgänge in Form von Warenex- und -importen handelt, welche nicht in der Dienstleistungs-, sondern in der Handelsbilanz erfasst werden. Beispiele sind die Lieferung deutscher Lebensmittel und Getränke, die Deutsche auch im Auslandsurlaub nicht missen möchten, an ausländische Hotels oder Restaurants, oder die Mitnahmen bzw. der Bezug ausländischer Spezialitäten, für die sich während des Urlaubs Vorlieben entwickelt haben, nach Deutschland (vgl. Freyer 2015, S. 575 f.).

5.4.2 Entwicklung der deutschen Reiseverkehrsbilanz

Da die Deutschen auf Auslandsreisen wesentlich mehr ausgeben als ausländische Touristen in Deutschland – das Verhältnis beträgt etwa 2:1 – weist die deutsche Reiseverkehrsbilanz traditionell einen **negativen Saldo** auf, womit Deutschland im internationalen Vergleich als **Hauptdefizitland** gilt (vgl. Abb. 5.5). Auf der Ausgabenseite stand Deutschland 2016 mit deutlichem Abstand hinter China und den USA auf Platz drei. Auf der Einnahmenseite befand sich Deutschland hinter Thailand und Italien auf Rang acht. Im Jahr 2017 standen Ausgaben von ca. 78,9 Mrd. Euro Einnahmen von ca. 35,6 Mrd. Euro gegenüber (vgl. Deutsche Bundesbank 2018b).

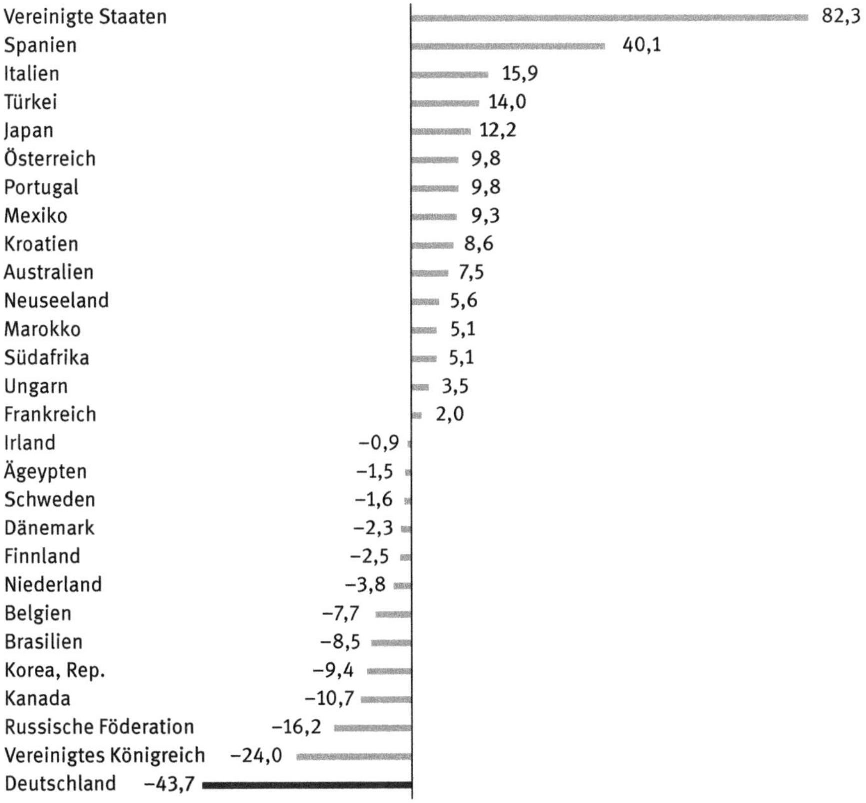

Abb. 5.5: Salden ausgewählter Reiseverkehrsbilanzen im Vergleich (2016 in Mrd. US-Dollar); Quelle: Statistisches Bundesamt 2018.

Tab. 5.2: TOP 10 der beliebtesten Urlaubsreiseländer der Deutschen nach Anteil der Urlaubsreisen 2017 (ab 5 Tagen); Quelle: F.U.R. 2018.

Rang	Land	Anteil
1	Spanien	13,1 %
2	Italien	8,3 %
3	Türkei	5,7 %
4	Österreich	5,0 %
5	Griechenland	3,9 %
6	Kroatien	3,3 %
7	Polen	2,8 %
8	Frankreich	2,7 %
9	Niederlande	2,2 %
10	Portugal	1,8 %

Grundsätzlich gilt, dass sich die Deutschen in immer größerem Maße entscheiden, ihren Haupturlaub nicht im In-, sondern im Ausland zu verbringen. So führten 2017 72 % aller deutschen Urlaubsreisen in andere Länder. Dabei zählen Spanien und Italien, mit großem Abstand gefolgt von der Türkei und Österreich, zu den beliebtesten Urlaubsreisezielen (vgl. Tab. 5.2). Nur 8 % der deutschen Urlaubsreisen führten in ferne Ziele, d. h. das außereuropäische Ausland exklusive der Türkei und Nordafrika, die meisten nach Südostasien, Nordamerika und in die Karibik (vgl. F.U.R. 2018).

Zu beachten ist, dass die Rangfolge der Zielländer in der Reiseverkehrsbilanz (gemessen an den Ausgaben der Besucher) von der Rangfolge der Zielländer bei den Reiseströmen (gemessen an den Ankünften) abweichen kann, was auf die im jeweiligen Reiseland dominierende Reiseform (z. B. Luxus- versus Rucksacktourismus) zurückzuführen ist (vgl. Schmude/Namberger 2015, S. 91).

Neben der Reiseverkehrsbilanz registriert die **Personenbeförderungsbilanz**, eine Unterbilanz der ebenfalls zur Dienstleistungsbilanz gehörenden Transportbilanz, mit dem Reiseverkehr in Verbindung stehende Transaktionen, nämlich das Verhältnis zwischen den durch die Beförderung ausländischer Besucher durch inländische Verkehrsbetriebe erzielten Einnahmen und den Ausgaben inländischer Besucher durch Inanspruchnahme ausländischer Beförderungsunternehmen. In Deutschland wird die Personenbeförderungsbilanz aber weitgehend vernachlässigt, da ihr Saldo für gewöhnlich in etwa ausgeglichen ist (vgl. Freyer 2015, S. 577).

Die **Urlaubsreiseintensität** der Deutschen (Bevölkerungsanteil, der im Jahr eine Urlaubsreise von mindestens fünf Tagen unternimmt; vgl. Kap. 5.5.2) verzeichnet seit Jahrzehnten eine ungebrochen positive Entwicklung und hat sich mittlerweile auf sehr hohem Niveau eingependelt. 2017 lag sie bei 77 %. Urlaubsreisen gelten in Deutschland damit mittlerweile als Konsumgüter, auf die auch in Krisenzeiten nicht verzichtet werden mag (vgl. F.U.R. 2018; Hopfinger 2016b, S. 7). Die These einer Sättigung und nicht einer extern verursachten Stagnation wird durch den Umstand gestützt, dass auch in Ländern mit einem höheren Wohlstandsniveau als in Deutschland (z. B. Skandinavien, Schweiz, Luxemburg) die Reiseintensität nicht spürbar über der deutschen liegt. Selbstverständlich gibt es immer einen Teil der Bevölkerung, der aus wirtschaftlichen oder sonstigen Gründen – sei es wegen gesundheitlicher Probleme, Altersgründen, biografischer Momente (z. B. Familiengründung, Prüfungen, Beruf) bis hin zu Maßnahmen des Strafvollzugs – in einem Jahr keine (längere) Reise tätigt. Die in Deutschland nach wie vor ansteigende Reiseintensität ist damit nicht mehr dem Zuwachs der reisenden Personen, sondern der Zunahme der Reisen, insbesondere Kurzurlaubsreisen, geschuldet (vgl. Kagermeier 2016a, S. 62).

5.5 Touristische Kennziffern

Neben der Anwendung von Statistiken lässt sich das touristische Geschehen auch durch eine Reihe von Kennzahlen erfassen und abbilden, die entweder auf der **Angebots-** (vgl. Kap. 5.5.1) oder der **Nachfrageseite** (vgl. Kap. 5.5.2) ansetzen. Sie kommen bei der Untersuchung touristischer Strukturen oder beim räumlichen Vergleich der Tourismuswirtschaft zum Einsatz und sind mittlerweile größtenteils standardisiert, was die Vergleichbarkeit unterschiedlicher Studien erleichtert. Daneben existieren noch spezielle Kennziffern der **quantitativen Regionalforschung**, welche die regionalwirtschaftliche Bedeutung des Tourismus in einzelnen Teilräumen in Bezug zu einer übergeordneten Raumeinheit setzen oder die internationale Wettbewerbsfähigkeit der Tourismuswirtschaft von Ländern messen (vgl. Kap. 5.5.3).

5.5.1 Angebotsseitige Kennziffern

Angebotsseitige Kennziffern setzen an den **touristischen Einrichtungen** (z. B. Hotels, Gastronomie, Strände, Skilifte, Sehenswürdigkeiten, Verkehrsmittel etc.) oder dem **touristischen Produkt** (z. B. Urlaubsreisen, Bildungsreisen, Themenrouten etc.) an. Dabei werden sowohl die Quantität (Größe, Bettenanzahl, Kapazität) als auch die Qualität (z. B. Hotel- oder Restaurantkategorien verglichen (vgl. Schmude/Namberger 2015, S. 9 f.). Wichtige angebotsseitige Kennzahlen des Übernachtungstourismus sind z. B.:

- **Anzahl der Beherbergungsbetriebe** je Raumeinheit,
- **Kapazität der Beherbergungsbetriebe** hinsichtlich Betten und Zimmern,
- **Qualität der Beherbergungsbetriebe** gemessen an standardisierten Qualitätskriterien wie z. B. die Hotelklassifizierung des Deutschen Hotel- und Gaststättenverbandes (DEHOGA) e. V. (vgl. Exkurs 18) sowie in Kooperation mit dem Deutschen Tourismusverband (DTV) die Klassifizierung für Gästehäuser, Gasthöfe und Pensionen, da etliche Kriterien der Hotelklassifizierung in Deutschland als nicht umsetzbar gelten.

Aus den beiden ersten Kennzahlen lassen sich die durchschnittlichen Betriebsgrößen ermitteln, die in Abhängigkeit von der Betriebsart – Hotellerie versus Parahotellerie (vgl. 3.5.3) – erheblich variieren können. In weitergehenden geografischen Analysen können dann Zusammenhänge zwischen Betriebsgrößenstruktur und Siedlungsgröße bzw. -dichte erschlossen werden.

Exkurs 18: Hotelklassifizierung – Sterne und ihre Bedeutung

Am 1. August 1996 wurde vom Deutschen Hotel- und Gaststättenverband (DEHOGA) die bundesweit gültige deutsche Hotelklassifizierung ins Leben gerufen. Dabei erfolgt die Einordnung von Hotels in die bekannten Sternekategorien (1 bis 5 Sterne). Diese sind vom Gast akzeptierte und ihm bekannte Kurzbotschaften zur Charakterisierung des Dienstleistungs- und Serviceangebots von deutschen Hotels. Obwohl es im Gegensatz zu anderen europäischen Ländern keine verpflichtende Hotelklassifizierung gibt, führen laut DEHOGA rund 40 % aller Urlauber an, sich bei der Hotelauswahl an den Sternen als oberstes Kriterium zu orientieren. Die Kategorisierung erfolgt nach einem Katalog von heute 270 Kriterien aus den folgenden sieben Bereichen:
- allgemeine Hotelinformationen,
- Rezeption und Services,
- Zimmer,
- Gastronomie,
- Veranstaltungsbereich,
- Freizeit,
- Qualitäts- und Onlineaktivitäten

Für die Einordnung in eine der fünf Kategorien sind sowohl Mindestkriterien, die mit zunehmender Anzahl an Sternen anspruchsvollere Anforderungen stellen, zu erfüllen als auch Mindestpunktzahlen zu erzielen. Solche Betriebe, die bei der Gesamtpunktzahl die erforderlichen Punkte der nächst höheren Kategorie erreichen, dort aber nicht eingestuft werden können, weil sie deren Mindestkriterien nicht erfüllen, erhalten den Zusatz „Superior" (S). Hotels, die zusätzlich zu den Sternen den Zusatz „Garni" tragen, bieten nur Übernachtung, Frühstück, Getränke und allenfalls kleine Speisen an, sodass die umfassenden Kriterien im Bereich Gastronomie entfallen, gleichzeitig aber auch ohne eigenes Restaurant dennoch Sterne erzielt werden können.
Ein Ein-Sterne-Hotel weist z. B. folgende Merkmale auf:
- alle Zimmer mit Dusche/WC oder Bad/WC,
- alle Zimmer mit Fernseher inkl. Fernbedienung,
- Tisch und Stuhl,
- Seife oder Waschlotion,
- Badetücher,
- Empfangsdienst,
- ein dem Gast zugängliches Telefon,
- erweitertes Frühstücksangebot,
- Getränkeangebot im Betrieb,
- Depotmöglichkeit.

Mit jedem weiteren zusätzlichen Stern kommen neue Merkmale aus den sieben o. g. Bereichen dazu, während gleichzeitig alle Merkmale der unteren Kategorien ebenfalls erfüllt oder besser erfüllt werden. So weist ein Fünf-Sterne-Hotel neben den (besser) erfüllten Merkmalen der unteren vier Kategorien folgende zusätzliche Punkte auf:

- 24 h besetzte Rezeption, mehrsprachige Mitarbeiter,
- Wagenmeisterservice,
- Concierge, Hotelpagen,
- Empfangshalle mit Sitzgelegenheiten und Service,
- personalisierte Begrüßung mit frischen Blumen oder Präsent auf dem Zimmer.

In Deutschland waren 2017 rund 8.300 Betriebe klassifiziert. Bei fast 60 % handelte es sich um Drei-Sterne-Hotels, gefolgt von knapp 32 % mit vier Sternen, während der Anteil von Fünf-Sterne-Hotels nur 1,5 % betrug.

Die Klassifizierung erfolgt auf freiwilliger Basis und kostet je nach Bundesland und Betriebsgröße bis zu 2.000 Euro. Es herrscht vollkommene Transparenz, da jeder Betrieb ex ante vorhersehen kann, in welche Kategorie die Einstufung erfolgen wird. Teilnahmeberechtigt sind alle Betriebe, welche eindeutigen Hotelcharakter aufweisen.

Für die Durchführung der Klassifizierung sind die DEHOGA-Landesverbände zuständig, die dafür i. d. R. eigene Gesellschaften beauftragen. Häufig erfolgt auch eine Kooperation mit neutralen Hoteliers, Mitarbeitern von Tourismusverbänden, regionalen Industrie- und Handelskammern oder sonstigen Fachleuten. Die Kategorisierung erfolgt über einen vom Hotelier auszufüllenden Erhebungsbogen, hat eine begrenzte Gültigkeit von drei Jahren und ist regelmäßig zu wiederholen. Die Sternekategorie wird durch ein am Außenbereich des Hotels anzubringendes repräsentatives Messingschild sowie eine entsprechende Urkunde bestätigt.

Durch die Sternekategorisierung erhält der Gast einen sicheren und transparenten Einblick in Leistungen, die ihn im entsprechenden Hotel erwarten. Die Betreiber wiederum verfügen über einen klaren Wettbewerbsvorteil, wenn sie ihren Gästen klar und unmissverständlich kommunizieren, welche Standards sie erfüllen. Zudem profitieren sie von der Öffentlichkeitsarbeit und den Werbeaktivitäten rund um die Hotelsterne, was ein einschlägiges Marketing ermöglicht und die Absatzchancen erhöht.

Zu beachten ist, dass sich nicht wenige deutsche Hotels auch zu Unrecht mit Sternen schmücken. So hat der Branchenverband DEHOGA im Jahr 2016 bei einer Untersuchung von 3.000 Betrieben festgestellt, dass bei 8 % die Sterne abgelaufen oder selbst verliehen waren. Das ZDF hat indes aufgedeckt, dass von 251 enttarnten Hotels 189 auch noch Wochen später die Sterne unberechtigt geführt haben. Gegen die schwarzen Schafe steuert DEHOGA mittlerweile mit einer spezifischen Software und Überprüfungen nach dem Zufallsprinzip entgegen. Auch werden Hoteliers deutlicher belehrt, dass das Recht zur Führung der Sterne nach drei Jahren ausläuft. Wer weiterhin illegitim mit Sternen wirbt, wird der Zentrale zur Bekämpfung unlauteren Wettbewerbs gemeldet.

Stets zu beachten ist, dass die Hotelsterne nicht immer aussagekräftig oder untereinander vergleichbar sind. Zum einen sind etliche Reiseveranstalter dazu übergegangen, eigene, von den offiziellen Hotelsternen abweichende Bewertungskriterien zu entwickeln. Zum anderen können die Anforderungen an die Sternevergabe international, d. h. von Land zu Land, erheblich differieren. Beispielsweise müssen vier Sterne in Italien keineswegs dasselbe Niveau wie auf den Seychellen abbilden. Generell gilt nur, dass Länder, in denen der Tourismus eine lange Tradition aufweist, vergleichsweise engen Bewertungsvorgaben folgen. Zur Herstellung einer gewissen internationalen Vergleichbarkeit wurde 2010 unter Schirmherrschaft der europäischen Dachorganisation der nationalen Hotellerie- und Gastronomieverbände (HOTREC) nach dem Vorbild von DEHOGA die Hotelstars Union ins Leben gerufen, um zumindest unter einigen europäischen Ländern (Deutschland, Estland, Lettland, Litauen, Luxemburg, Malta, Niederlande, Österreich, Schweden, Schweiz, Tschechien, Ungarn) die Harmonisierung der Hotelklassifizierung voranzutreiben.

Quellen: Hotelstars.EU 2018a, b, c und d; DEHOGA 2018a und b; Stern Online 2016b; Wirtschaftswoche 2016; Welt 2012b.

5.5.2 Nachfrageseitige Kennziffern

Zur Erfassung der touristischen Nachfrage im Übernachtungstourismus bieten sich für spezifische Raumeinheiten und Zeiträume folgende Kennzahlen an:

- **Anzahl der Ankünfte** in den Beherbergungsbetrieben,
- **Anzahl der Übernachtungen** in den Beherbergungsbetrieben,
- **durchschnittliche Aufenthaltsdauer** in den Beherbergungsbetrieben = *Übernachtungen/Ankünfte*

Neben diesen Größen sind v. a. Kennzahlen von Bedeutung, welche die **Auslastung der Beherbergungsbetriebe** widerspiegeln. Während bei größeren Raumeinheiten (z. B. einem Landkreis oder Bezirk) eine Auslastung von 30 % oder weniger i. d. R. als kritisch anzusehen ist, hängt die kritische Auslastung auf der einzelbetrieblichen Ebene vom Betriebskonzept (z. B. Luxus- versus Systemhotellerie) ab (vgl. Schmude/Namberger 2015, S. 10). Tab. 5.3 zeigt wichtige nachfrageseitige Kennziffern.

Von den angeführten Kennzahlen ist die **Reiseintensität** ein sehr globaler Indikator, da sie keine Rückschlüsse auf Reiseziele und -arten zulässt. Sie steigt mit zunehmendem Einkommen. Ökonomisch gesprochen ist die Einkommenselastizität des Reisens bei Beziehern unterer Einkommen sehr viel größer als bei oberen, d. h. zusätzliches Einkommen wird bei unteren mehr als bei oberen Einkommensschichten für Reisen ausgegeben. Im Umkehrschluss reagiert diese Gruppe bei Einkommenseinbußen schneller mit der Einschränkung der Reiseaktivitäten als Bezieher höherer Einkommen. Ferner lässt sich beobachten, dass die Reiseintensität mit dem Bildungsgrad, der beruflichen Position und der Größe des Wohnortes zu- sowie mit fortschreitendem Alter abnimmt[16] (vgl. Freyer 2015, S. 123 f.).

Eine besondere Kennzahl zur Beurteilung der regionalen Bedeutung des Tourismus ist die **Tourismus- bzw. Ankunftsintensität**. Sie erlaubt Rückschlüsse auf den **Beitrag des Tourismus zur regionalen Wertschöpfung** in einem bestimmten Raum. Als Faustformel gilt, dass eine Tourismusintensität von 500 einen einprozentigen Beitrag des Tourismus zur Wertschöpfung in einer Raumeinheit bedeutet. Ab einen Wert von 5.000 liegt eine wirtschaftliche Abhängigkeit vom Tourismus vor. Tagesreisen können in Übernachtungsäquivalente umgerechnet werden, sodass sich neben der übernachtungsbezogenen Tourismusintensität auch die Intensität des Tagestourismus und durch Addition beider Werte eine Gesamtintensität des Tourismus ermitteln lässt (vgl. Neumann 2005, S. 46; Schmude/Heumann 2010, S. 339).

16 2016 lag die Reiseintensität in Deutschland – bezogen auf den Bevölkerungsanteil, der im Jahr mindestens eine Urlaubsreise von mindestens fünf Tagen unternimmt (Nettoreiseintensität) – bei 77 %. 53,4 Mio. Reisende machten 68,7 Mio. Urlaubsreisen. Hinzu kamen 33,0 Mio. Kurzurlaubsreisende mit 80,5 Mio. Reisen von zwei bis vier Tagen Dauer. Insgesamt lagen die Ausgaben für Urlaubsreisen in Deutschland 2016 bei 88 Mrd. Euro (vgl. F.U.R. 2017).

Tab. 5.3: Nachfrageseitige touristische Kennziffern; Quelle: Schmude/Namberger 2015, S. 10 f.

Bettenauslastung	Auslastung der Bettenkapazität in Prozent	$\frac{\text{Übernachtungen}}{\text{Bettentage}} \cdot 100$ Bettentage: Zahl der Betten × betriebliche Öffnungstage, i. d. R. 365 Tage
Zimmerauslastung	Auslastung der Zimmerkapazitäten in Prozent	$\frac{\text{belegte Zimmer}}{\text{angebotene Zimmer}} \cdot 100$
Saisonalität	zeitliche Konzentration im Tourismus in einer Raumeinheit (z. B. im stärksten Monat dreimal so viele Übernachtungen wie im schwächsten Monat)	$\frac{\text{Übernachtungen des stärksten Monats}}{\text{Übernachtungen des schwächsten Monats}}$
Reiseintensität	Anzahl der Reisenden eines Raumes im Verhältnis zur Bevölkerung eines Raumes **(Geschäfts- versus Urlaubsreiseintensität)** **Nettoreiseintensität:** Bevölkerungsanteil mit jährlich mindestens einer Reise **Bruttoreiseintensität:** Anteil aller Reisen an der Gesamtbevölkerung	$\frac{\text{Reisende eines Raumes (einer Gruppe)}}{\text{Einwohner eines Raumes (der gesamten Gruppe)}}$
Tourismusintensität	Anzahl der Übernachtungen im Verhältnis zur ortsansässigen Bevölkerung (Übernachtungen je 1.000 Einwohner)	$\frac{\text{Übernachtungen}}{\text{Einwohner}} \cdot 1.000$
Ankunftsintensität	Anzahl der Ankünfte im Verhältnis zur ortsansässigen Bevölkerung (Ankünfte je 1.000 Einwohner)	$\frac{\text{Ankünfte}}{\text{Einwohner}} \cdot 1.000$

Weitere Kennzahlen sind die Reisehäufigkeit und die regelmäßig Reisendenden: Die **Reisehäufigkeit** steht für die Anzahl der Reisen pro Person in einem festgelegten Zeitraum (meistens das Kalenderjahr). Unterschieden wird nach Geschäfts- und Urlaubsreisehäufigkeit. Die **regelmäßig Reisenden** weisen den Bevölkerungsanteil aus, der in einem bestimmten Zeitraum (z. B. innerhalb von vier Jahren) jährlich mindestens eine Reise unternommen hat.

5.5.3 Kennziffern der quantitativen Regionalforschung

Ziel der **quantitativen Regionalforschung** ist es, anhand von Anteilswerten, Absolutwerten, Wachstumsraten etc. zu bestimmten Sachverhalten **wirtschaftsgeografische Strukturen und Prozesse** in verschiedenen Räumen zu beschreiben, zu analysieren und zu vergleichen sowie die Ergebnisse in kartografischer oder tabellarischer

Form aufzubereiten. Dabei handelt es sich um Analyseverfahren, die meist den Vergleich zwischen den einzelnen Teilräumen eines Gesamtraums (z. B. Landkreise, Bezirke) und dem Gesamtraum (z. B. Bundesland, Staat) ermöglichen. Auch für die Bedeutung des Tourismus lassen sich zwei dieser Verfahren, der Lokalisationsquotient (vgl. Kap. 5.5.3.1) und der Revealed Competetive Advantage (vgl. Kap. 5.5.3.2), anwenden.

5.5.3.1 Lokalisationsquotient

Der Lokalisationsquotient (auch Standortquotient) misst als relatives Maß die **räumliche Konzentration einer Branche oder Unternehmensgrößenklassen in einer Region relativ zu einer übergeordneten Raumeinheit**. Anhand des Lokalisationsquotienten lassen sich Wirtschaftszweige identifizieren, welche eine über- oder untergeordnete Bedeutung für die wirtschaftliche Entwicklung in einem Teilraum haben (vgl. Neumair et al. 2012, S. 236).

Hierfür wird die regionale Konzentration einer Bezugsgröße (Indikator = i), wie z. B. Beschäftigte, Betriebsanzahl, Betriebsart, Umsatz, Bruttowertschöpfung, F&E-Ausgaben, Patente etc., im Teilraum (Region = r, wie z. B. Landkreis oder Land) ins Verhältnis zu einem Gesamtraum (z. B. Bundesland Bayern, Deutschland, EU) gesetzt.

$$LQ_{ir} = \frac{E_{ir}/E_r}{E_i/E}$$

E_{ir} Indikator der Branche i in Region r
E_r Indikator über alle Branchen in Region r
E_i Indikator der Branche i in allen Regionen
E Indikator über alle Branchen und in allen Regionen

Bei einem Lokalisationsquotient von kleiner 1 ist die betreffende Branche in der untersuchten Region im Vergleich zum Gesamtraum unterdurchschnittlich vertreten. Bei Werten größer 1 ist sie überdurchschnittlich präsent. Bei einem Wert von 1 entspricht die Branchenkonzentration im Teilraum der im Gesamtraum, d. h. der Gesamtheit aller Teilräume (vgl. de Lange/Nipper 2018, S. 199; Farhauer/Kroll 2009, S. 5; Neumair et al. 2012, S. 236).

Abb. 5.6 zeigt die Wertschöpfung im Tourismus in den einzelnen europäischen Ländern im Vergleich zur europaweiten Wertschöpfung. Im Vergleich zur Gesamtwirtschaft nimmt der Tourismus in Kroatien, Montenegro, Albanien und Griechenland mit ihren stark ausgeprägten Tourismussektoren und relativ schwacher sonstiger Wirtschaft eine herausragende Stellung ein. Im Vergleich dazu spielt er bei den stark international verflochtenen Volkswirtschaften Luxemburgs und der Niederlande nur eine untergeordnete Rolle.

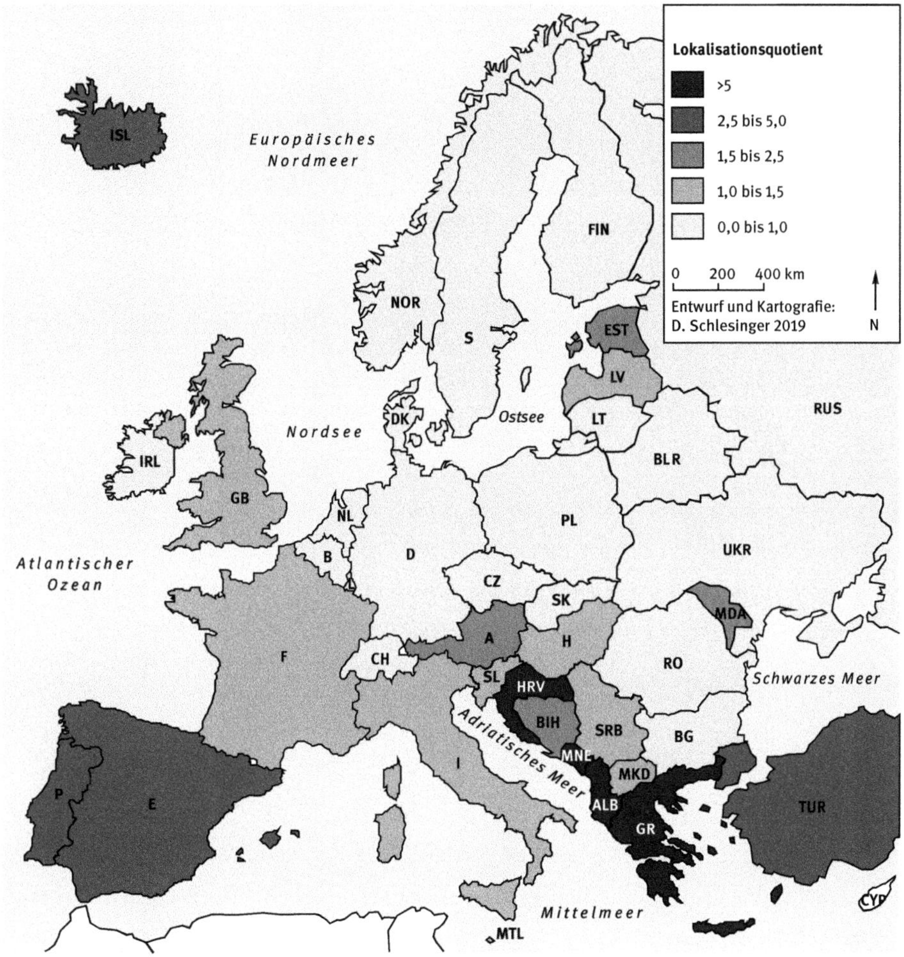

Abb. 5.6: Lokalisationsquotient der Tourismuswirtschaften im europäischen Ländervergleich 2016; Quelle: Eigene Berechnung und Darstellung nach Weltbank 2018.

5.5.3.2 Revealed Comparative Advantage

Der **Revealed Comparative Advantage** (RCA) ist ein Indikator für die **internationale Wettbewerbsfähigkeit** (= Wettbewerbsfähigkeit auf ausländischen Märkten hinsichtlich preislicher/nicht-preislicher Aktionsparameter) eines Raumes in Bezug auf eine Branche im Vergleich zu einem anderen Raum. Er ermittelt die Spezialisierungsvorteile einer Region durch den Vergleich des Exportangebots mit der Importnachfrage durch folgende Berechnung (vgl. Neumair et al. 2012, S. 236):

$$\text{RCA} = \ln\left[\frac{\dfrac{\text{Exportwert einer Ware im Teilraum}}{\text{Importwert einer Warengruppe im Teilraum}}}{\dfrac{\text{Exportwert aller Warengruppen im Teilraum}}{\text{Importwert aller Warengruppen im Teilraum}}}\right]$$

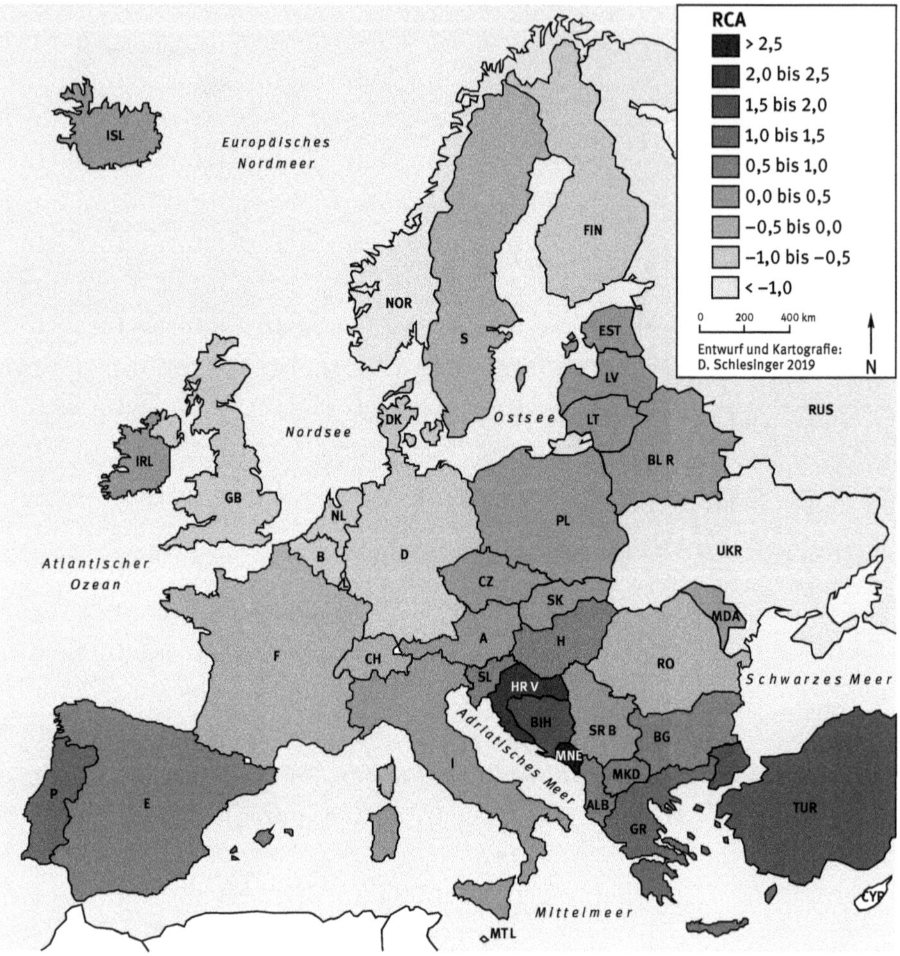

Abb. 5.7: RCAs der Tourismuswirtschaften im europäischen Ländervergleich 2016; Quelle: Eigene Berechnung und Darstellung nach Weltbank 2018.

Positive Vorzeichen weisen auf **komparative Kostenvorteile** und damit eine starke internationale Wettbewerbsposition der betrachteten Warengruppe bzw. Branche hin, indem deren Ausfuhrüberschüsse relativ größer als die des gesamten Wirtschaftszweiges bzw. aller Warengruppen sind.

Die Besonderheit bei der Berechnung des tourismuswirtschaftlichen RCA liegt darin, dass der Tourismus als Export des Ziellandes und als Import des Quelllandes gilt, d. h. ein Urlaubsland „exportiert“ Sonne, Strand und Meer, während das Quellland diese „Güter“ importiert. Allerdings muss sich der Reisende in das Zielland begeben, um das importierte Gut zu konsumieren. Tourismusausgaben sind damit als Importe und Tourismuseinnahmen als Exporte zu werten (vgl. Kap. 2.1.3, 5.4.1). Der

RCA gibt somit an, inwieweit die Ausfuhr-Einfuhr-Relation touristischer Leistungen von der Außenhandelsposition aller gehandelten Waren insgesamt abweicht. Bei einem Wert von Null stimmt die touristische mit der gesamten Einfuhr-Ausfuhr-Relation überein, d. h. es gibt keinen Vorteil der Tourismuswirtschaft im internationalen Wettbewerb. Positive/negative Vorzeichen weisen dagegen auf komparative Vorteile/Nachteile, also eine starke/schwache internationale Wettbewerbsposition des Tourismussektors im betrachteten Land hin (vgl. Zhang/Jensen 2005, S. 10 f.; Du Toit et al. 2010, S. 5 f.). Abb. 5.7 veranschaulicht die RCAs der Tourismuswirtschaft ausgewählter europäischer Länder.

In Europa zeigt sich die internationale Wettbewerbsfähigkeit sowie dominante Stellung des Tourismus vor allem bei den Mittelmeeranrainern, allen voran Kroatien, der Türkei sowie Griechenland und Portugal. Norwegen und Russland werden hingegen von ihren hohen Exportüberschüssen aus dem Erdölhandel dominiert. Interessant ist ferner, dass in den bedeutenden Destinationen Schweiz und Frankreich der Tourismus im europäischen Vergleich eher weniger wettbewerbsfähig ist.

5.6 Erfassung der touristischen Wertschöpfung

Der Beitrag des Tourismus zum Bruttoinlandsprodukt bzw. zur gesamtwirtschaftlichen Wertschöpfung kann sowohl angebots- (vgl. Kap. 5.6.1) als auch nachfrageseitig (vgl. Kap. 5.6.2) errechnet werden. Daneben lassen sich Wertschöpfungsmultiplikatoren (vgl. Kap. 5.6.3) ermitteln sowie die touristische Wertschöpfung im Rahmen von Tourismussatellitenkonten (vgl. Kap. 5.6.4) darstellen und messen.

5.6.1 Angebotsseite

Auf der Angebotsseite erfolgt die Ermittlung des touristischen Wertschöpfungsbeitrags über die **Umsätze in der Tourismuswirtschaft.** Im Gegensatz zu anderen Wirtschaftszweigen existieren hier nur wenige detaillierte Zahlen, was v. a. auf die **fehlende Abgrenzung und Erfassung des Tourismussektors** in der amtlichen Statistik zurückzuführen ist (vgl. Kap. 2.1.3, 2.1.4, 5.6.4). Diese erstreckt sich über verschiedene Wirtschaftszweige zumeist ohne Differenzierung touristischer Teilbereiche (vgl. Freyer 2015, S. 545). So existiert z. B. kein eigenständiger touristischer Transportbereich, sondern werden alle, auch touristische Verkehrsleistungen, unter dem Oberbegriff „Verkehr" subsumiert. Ferner fällt aufgrund der Unkenntnis über die Kundenstruktur die Trennung touristischer von anderen Umsätzen schwierig, wenn sich der Endabnehmer der Leistung nicht ermitteln lässt. Dies ist z. B. im Gastgewerbe der Fall, in dem sowohl Touristen als auch Einheimische verkehren. Auch werden Teile des touristischen Umsatzes, wie z. B. bei sehr kleinen Betrieben oder Privatvermietungen, nicht in der Umsatzstatistik erfasst (vgl. Kap. 5.2.2.1).

5.6.2 Nachfrageseite

Auf der Nachfrageseite wird der Beitrag des Tourismus zum Sozialprodukt über die **Ausgaben der Reisenden** ermittelt. Dies kann im Übernachtungstourismus einerseits über die durchschnittlichen Umsätze und Anzahl der touristisch bedingten Übernachtungen geschehen, während sich der Tagestourismus flächendeckend nur mit erheblichem Aufwand, z. B. mittels Zahlungen oder Zielgebietsbefragungen, erfassen lässt. Andererseits lassen sich Daten aus den im Rahmen des Mikrozensus durchgeführten Sonderbefragungen der deutschen Bevölkerung durch das Statistische Bundesamt oder die F.U.R.-Reiseanalyse (vgl. Kap. 5.3.2) gewinnen. Beide Zeitreihen beinhalten nur den Urlaubs-, nicht aber den Geschäftsreiseverkehr und auch nicht die von ausländischen Touristen in Deutschland getätigten Reiseausgaben, welche sich allerdings näherungsweise durch die Einnahmenseite der Reiseverkehrsbilanz (vgl. Kap. 5.4.1) ermitteln lassen (vgl. Freyer 2015, S. 547 f.).

Zu berücksichtigen ist, dass die in den Destinationen getätigten Ausgaben nicht die Gesamtheit der touristischen Wertschöpfung widerspiegeln, weil darüber hinaus, d. h. jenseits der Zielgebiete, weitere Ausgaben anfallen z. B. für (vgl. Harrer 2007, S. 153):
- **Beförderungskosten** zwischen den Quell- und Zielgebieten,
- **Reisevor- und -nachbereitungen** (z. B. Kosten für den Kauf von Reiseführern, Urlaubsbekleidung, Fotoentwicklung etc.),
- **spezielle Gebühren, Kosten und Steuern** (z. B. Stell- bzw. Liegeplatzgebühren für Dauercamper bzw. Bootseigentümer, Mieten und Steuern für Zweitwohnungen etc.),
- **Outgoing-Reisen** (z. B. Fahrtkosten zum Flughafen oder Bahnhof, Provisionen für Reisevermittler), die im Inland einkommenswirksam werden.

Auch **Umwegerentabilitäten**, die indirekt die touristische Wertschöpfung beeinflussen (z. B. über die Steigerung des Bekanntheitsgrades, positive Imageeffekte oder die Verbesserung der Lebensqualität), bleiben unberücksichtigt.

5.6.3 Touristische Multiplikatoren

Einen wichtigen Indikator für die touristische Wertschöpfung stellen Multiplikatoren (vgl. Kap. 2.1.2) dar. Sie lassen sich in der Tourismuswirtschaft für verschiedene Bezugsgrößen berechnen, denen die touristischen Ausgaben gegenübergestellt werden (vgl. Archer 1977, S. 2 f.; Freyer 2015, S. 553):

Der **Einkommensmultiplikator** (M_E) erfasst das zusätzliche Einkommen (ΔY), welches aus touristischen Investitionen oder Ausgaben (ΔT) resultiert und in der betreffenden Region erzeugt wird:

$$ME_E = \left(\frac{\Delta Y}{\Delta T}\right)$$

Der **Arbeitsplatzmultiplikator** (M_A) erfasst die durch touristische Ausgaben (ΔT) in einer Region neu geschaffenen Arbeitsplätze (ΔAP):

$$M_A = \left(\frac{\Delta AP}{\Delta T}\right)$$

Der **Außenhandelsmultiplikator** (M_{EX}) bzw. **Deviseneffekt** (M_{DEV}) registriert die durch die Tourismusausgaben (ΔT) hervorgerufenen Außenhandels-, respektive Exporteffekte (ΔE_{EX}) bzw. Deviseneinnahmen (ΔE_{DEV}):

$$M_{EX} = \left(\frac{\Delta E_{EX}}{\Delta T}\right) \quad \text{bzw.} \quad M_{DEV} = \left(\frac{\Delta E_{DEV}}{\Delta T}\right)$$

Wenn z. B. in einer touristischen Region eine Mio. Euro zusätzlicher Ausgaben generiert werden und dies zu zusätzlichen Einkommen in Höhe von 0,5 Mio. Euro, 100 neuen Arbeitsplätzen und 2 Mio. Euro an Deviseneinnahmen führt, bedeutet dies einen Einkommensmultiplikator von 0,5, einen Arbeitsplatzmultiplikator von 1 und einen Devisenmultiplikator von 2. Insgesamt trägt der Tourismus in Deutschland je nach Abgrenzung zwischen 2 und 8 % zur gesamtwirtschaftlichen Wertschöpfung bei (vgl. Kap. 2.1.1)

5.6.4 Tourismussatellitenkonto

Eine weitere Methode zur Erfassung und Messung der touristischen Wertschöpfung ist das Tourismussatellitenkonto TSA (Tourism Satellite Account)[17]. Die Idee des TSA beruht darauf, dass – anders als bei produktionsorientierten Wirtschaftszweigen wie z. B. Maschinenbau, Land- und Ernährungswirtschaft – für den Tourismus aufgrund seines **Querschnittscharakters** keine erzeugungsseitige Klassifikation existiert (vgl. DIW 1999, S. 180), weil die Erstellung der touristischen Angebotsleistung durch Unternehmen unterschiedlicher Wirtschaftsbranchen erfolgt und direkt durch den Konsum der Touristen determiniert wird (vgl. Kap. 2.1.1). Da in der **Volkswirtschaftlichen Gesamtrechnung (VGR)** die Wirtschaftssektoren alleine aufgrund der jeweiligen Produktion, d. h. output- bzw. angebotsorientiert, klassifiziert werden, lässt sich die Tourismuswirtschaft nicht als eigenständiger Sektor in der VGR ausweisen (vgl. Laimer/ Smeral 2003, S. 1; UNWTO 1995, S. 1 f.).

Grundidee des TSA ist es, die touristische Nachfrage nach Gütern und Dienstleistungen differenziert zu erfassen und dem touristischen Angebot, das sich über viele amtlich definierte Wirtschaftszweige erstreckt, entgegenzustellen (vgl. Mattes et al.

17 Das Tourismussatellitenkonto wurde in den 1990er-Jahren in Kooperation zwischen der Welttourismusorganisation der Vereinten Nationen (UNWTO), dem Statistischen Amt der Europäischen Union (Eurostat), der Organisation für wirtschaftliche Zusammenarbeit und Entwicklung (OECD) sowie der Statistischen Kommission der Vereinten Nationen (UNSC) entwickelt.

2017, S. 159). Damit versucht das TSA, dem Tourismus als wirtschaftlichem Phänomen in der VGR mehr Gewicht zu verleihen, indem die durch touristische Aktivitäten erzeugte Nachfrage in Form der entsprechenden Umsätze gemäß den Definitionen der VGR, deren Grundstruktur einem Input-Output-System gleicht, auf die Angebotsseite übertragen wird. Dazu wird aus jedem Sektor der VGR (z. B. Landwirtschaft, Bauwirtschaft, Telekommunikation, Gastronomie, Transportwesen etc.) die touristische Komponente anhand ermittelter Anteile heraus gerechnet (vgl. BMWA 2003, S. 6 f.). Dabei findet nur der wirklich auf den Tourismus zurückgehende Konsum Berücksichtigung. Z. B. werden in einem gastronomischen Betrieb Speisen und Getränke nicht nur von Touristen, sondern auch von Einheimischen konsumiert, sodass die touristischen Einnahmen zu den Gesamteinnahmen entsprechend ins Verhältnis zu bringen sind (vgl. Smeral 2003, S. 36). In Deutschland wird der auf TSA-Basis beruhende Beitrag zur Bruttowertschöpfung auf 4,5 % geschätzt, wobei zu berücksichtigen ist, dass das TSA nur die direkten, nicht aber die indirekten und induzierten Effekte des Tourismus (vgl. Kap. 2.1.1) beinhaltet (vgl. BMWi 2013, S. 71; Ahlert 2003, S. 19).

Das TSA hat sich in vielen Ländern, auch außerhalb Europas, als maßgebliche international bewährte Standardmethode zur Beurteilung der ökonomischen Bedeutung der Tourismuswirtschaft etabliert (vgl. Mattes et al. 2017, S. 159).

In der Gesamtschau steuert das TSA dazu bei, dass sich bei Entscheidungen der Tourismuspolitik, der Vertretung von Interessen sowie der Evaluation der Destinationsentwicklung auf wissenschaftlich begründete Daten zurückgreifen lässt. Allerdings bestehen hohe Anforderungen bei der Ermittlung der touristischen Nachfrage- und Angebotsdaten, da diese auf unteren politischen Verwaltungsebenen, vor allem im kommunalen und regionalen Kontext, nur bedingt oder gar nicht verfügbar sind. Auch lassen sich nur direkte, nicht aber indirekte oder induzierte Effekte (vgl. Kap. 2.1.2) erfassen. Ferner handelt es sich um eine retrospektive Betrachtung, die keine Hinweise auf zukünftige Veränderungen im Tourismussektor zulässt. Schließlich geht die Erstellung eines umfassenden TSA mit einem erheblichen zeitlichen Aufwand und entsprechenden Kosten einher (vgl. Mattes et al. 2017, S. 172 f.; Mayer/Vogt 2016, S. 172).

5.7 Messung von Preisniveaus

Da viele Touristen sehr preisbewusst sind und inflationsempfindlich agieren, gilt die Tourismuswirtschaft als sehr **preissensible Branche**. Doch während über die volkswirtschaftliche Inflationsrate, welche sich aus dem Preisindex der privaten Lebenshaltung ableitet, immer wieder berichtet wird, findet ein vergleichbarer Reisepreisindex nur schwer den Weg in die Öffentlichkeit, obwohl das Statistische Bundesamt bereits seit 1969, auf Basis der Kataloge führender Reiseveranstalter, sehr wohl auch einen **Preisindex für Pauschalreisen** publiziert, der – getrennt nach Sommer- und Winterreisen – in einer ähnlichen Höhe wie die Posten Strom, Kommunikationsdienstleistungen, Zeitungen, Bücher und Schreibwaren sowie Brot- und Getreideerzeugnisse in den gesamten Preisindex der Lebensführung eingeht. Für Individualreisen existiert zwar kein korrespondierender Index, jedoch ist davon auszugehen, dass dort eine ähnliche Preisentwicklung wie im Pauschalreisesegment stattfindet (vgl. Freyer 2015, S. 567 f.).

Neben dem heimischen Preisniveau sind internationale Kaufkraftunterschiede zwischen Quell- und Zielgebieten des Tourismus von hoher Relevanz, welche ebenfalls seit 1969 vom Statistischen Bundesamt in den sog. **Reisegeldparitäten** erfasst werden, welche darüber Auskunft erteilen, ob sich ein inländischer Reisender in einem ausgewählten Land für einen bestimmten Geldbetrag mehr, gleich viel oder weniger Güter und Dienstleistungen als in Deutschland leisten kann (vgl. Freyer 2015, S. 568). In die Berechnung dieser Größe fließen die Preisniveaus der touristischen Quell- und Zielländer, die sich wandelnden Urlaubskonsumgewohnheiten sowie das Wechselkursverhältnis der beteiligten Länder ein. Letzteres ist von besonderer Bedeutung. Zwar ist der internationale Tourismus ein bedeutender Wirtschaftszweig, im Vergleich zu den gesamten internationalen ökonomischen Aktivitäten aber zu klein, um Einfluss auf die internationalen Wechselkurse auszuüben. Umgekehrt wird das Tourismusgeschehen aber ganz erheblich durch **Wechselkursschwankungen**[18] beeinflusst. Denn viele Reiseveranstalter kalkulieren touristische Produkte langfristig und binden sich gegenüber dem Kunden lange im Voraus an einen bestimmten Preis in Inlandswährung. Auch in den Zielgebieten können sie langfristige Verträge abschließen und feste Einkaufspreise fixieren. Sofern aber die Reise in ein Fremdwährungsland führt, können im Laufe der Zeit auftretende und auf den Kunden nicht mehr abzuwälzende Währungsschwankungen ein hohes Risiko darstellen, gegen das sich ein Veranstalter nur durch Abschluss von Devisentermingeschäften, bei denen ex ante ein Wechselkurs für zu erwartende Transaktionen bestimmt wird, absichern kann (vgl. Letzner 2014, S. 226 f.).

Tab. 5.4 zeigt, wie stark die durchschnittlichen Preise für Gaststätten- und Hoteldienstleistungen in europäischen Ländern im Jahr 2017 unter Zugrundelegung vergleichbarer Qualitätsstandards vom deutschen Preisniveau abwichen. Am meisten erhielten deutsche Urlauber für ihr Geld in Bulgarien, wo die Preise um 60 % unter den deutschen lagen. Generell gilt, dass viele klassische Warmwasserdestinationen rund um das Mittelmeer nach wie vor mit vergleichsweise günstigen Preisen locken, während die Schweiz und die nordeuropäischen Länder besonders teuer sind. Absoluter Spitzenreiter ist Island, wo das Preisniveau durchschnittlich um 62 % höher als in

18 Aufwertungen der heimischen Währungen stärken den Outgoing Tourism (vgl. Kap. 1.1.2) in währungsfremde Länder und beeinflussen inländische Fernreiseveranstalter in zweierlei Hinsicht: Die Nachfrage nach ihren Leistungen wächst, die Kalkulation in Inlandswährung verbessert sich. Der Incoming Tourism (vgl. Kap. 1.1.2) wird dagegen auf doppelte Weise geschwächt: Zum einen verstärkt sich für Reisende aus dem Inland die Kaufkraft in Fremdwährungsländern, während sie im Inland dieselbe bleibt. Zum anderen kommen ausländische Touristen aus Fremdwährungsländern, für welche die Reise teurer wird, weniger ins Inland und weichen auf andere Destinationen aus. Für Abwertungen gilt in beiden Fällen der umgekehrte Effekt (vgl. Letzner 2014, S. 227).

Tab. 5.4: Abstand der durchschnittlichen europäischen Preisniveaus für Gaststätten- und Hoteldienstleistungen gegenüber Deutschland 2017 in Prozent; Quelle: Welt 2018a nach Statistischem Bundesamt.

Land	Prozent
Island	+62,5
Norwegen	+45,9
Schweiz	+38,7
Dänemark	+35,5
Schweden	+30,6
Finnland	+17,5
Irland	+10,3
Frankreich	+5,8
Deutschland	**0,0**
Niederlande	−0,9
Großbritannien	−3,9
Österreich	−4,5
Italien	−5,9
Zypern	−20,2
Spanien	−22,7
Slowenien	−25,9
Griechenland	−26,5
Portugal	−31,3
Polen	−32,2
Malta	−33,8
Kroatien	−35,0
Ungarn	−44,7
Türkei	−46,3
Bulgarien	−59,8

Deutschland lag. Großbritannien, das früher wegen der Stärke des britischen Pfundes ebenfalls sehr kostspielig war, ist aufgrund des auf den BREXIT zurückzuführenden Wertverlusts des Pfundes gegenüber dem Euro mittlerweile sogar günstiger als Deutschland.

Abb. 5.8 zeigt, wie viel ein Euro außerhalb Deutschlands wert ist und wie stark solche Kaufkraftunterschiede das Reiseverhalten beeinflussen können. Während ein „deutscher" Euro im Juli 2018 z. B. in Island nur 62 Cent wert war, waren es in der Türkei 2,18 Euro.

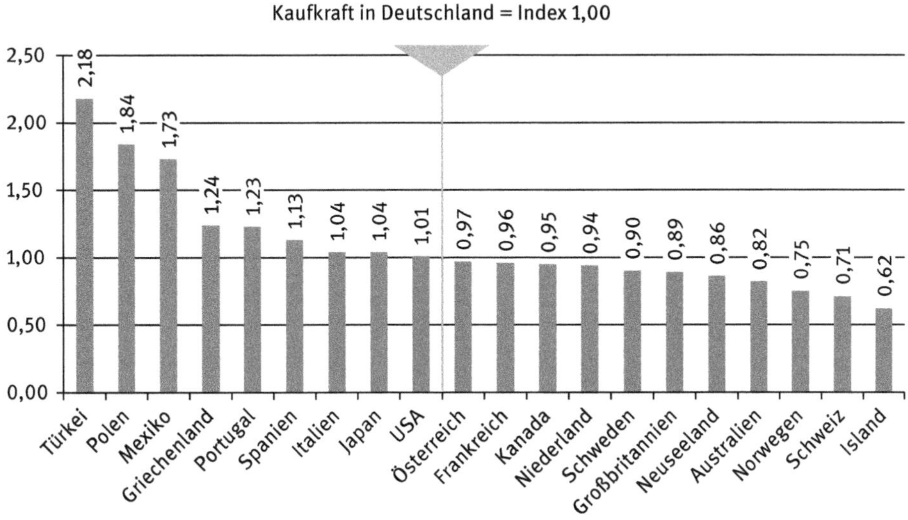

Abb. 5.8: Kaufkraftvergleich des Euro in ausgewählten Ländern (Kaufkraft in Deutschland = Index 1,00; Juli 2018); Quelle: FAZ 2018b.

5.8 Messung und Erfassung des Reiseverkehrs

Tourismus ist als Form **räumlicher Mobilität** (konstitutives Element) zu begreifen, da es sich per definitionem um eine Distanzüberwindung zwischen Wohn- und Zielort handelt (vgl. Kap. 1.1.2). Das Reisen stellt somit ein Wesensmerkmal des Tourismus, also die raumübergreifende Bewegung (Transport) von Personen zwischen Standorten, dar. Dieser **Personenverkehr** ist ein Unterbegriff der **Mobilität**, welche sämtliche Bewegungsformen von Personen und Gruppen innerhalb gesellschaftlicher oder räumlicher Systeme beschreibt. Eine dominierende Position nimmt neben Berufs-, Geschäfts-, Dienstreise-, Einkaufs-, und Ausbildungsverkehr dabei der Freizeit- und Urlaubsverkehr ein (vgl. Neumair/Schlesinger 2004, S. 117 ff.).

Die eigentliche Verkehrsleistung wird von den **Verkehrsmitteln** als Transportgefäße erbracht. Grundsätzlich lassen sich diese nach den Medien Land (Straße und Schiene), Luft und Wasser unterscheiden. In Bezug auf die zurückgelegte Entfernung kann zudem nach Fern- und Nahverkehr klassifiziert werden, wobei für touristische Fragestellungen eine Einteilung nach den **Motiven der Reise** vorteilhafter erscheint, je nachdem ob die reine Raumüberwindung zu Erreichung der Destination (An- und Abreise) oder das Reisen innerhalb der Destination während des Reiseaufenthalts (Ausflugsreiseverkehr) im Vordergrund steht (vgl. Groß 2017, S. 46). Ferner sind Verkehrsmittel in individuellen und öffentlichen Verkehr zu unterteilen, was nicht auf eigentumsrechtliche Tatbestandsmerkmale, sondern die Zugangsmöglichkeiten abstellt, d. h. ob jedermann entsprechend der Zwecksetzung das Verkehrsmittel nutzen kann oder nicht. So wird ein privater Busanbieter im Personennahverkehr dem öffentlichen Verkehr zugeordnet. Eine Übersicht möglicher touristisch relevanter Verkehrsmittel[19] in Bezug auf obige Einteilungen zeigt Tab. 5.5.

Die Erfassung der Quantität des Reiseverkehrs und ihre Auswertung erfolgen, nach Verkehrsmitteln gegliedert, durch unterschiedliche Kennzahlen (vgl. Groß 2017, S. 53 f.). Diese sind neben den Kennzahlen Reise- sowie Tourismusintensität (vgl. Kap. 5.5.2) u. a.

- **Anzahl** der unterschiedlichen **Verkehrsmittel** und/oder **Betriebe**,
- **Anzahl** der beförderten **Reisenden**,
- **Verkehrsaufkommen**, d. h. Anzahl der Passanten oder Verkehrsmittel je Zeiteinheit am Messpunkt,
- **Auslastung der unterschiedlichen Verkehrsmittel**, d. h. belegte bzw. gebuchte Plätze im Verhältnis zu den verfügbaren Plätzen,
- **Fahrleistung**, d. h. Verkehrsmittel-Kilometer je Zeiteinheit (innerhalb der Destination) oder
- **Verkehrsleistung**, d. h. Personen-Kilometer je Zeiteinheit.

In Bezug auf die Gäste lassen sich z. B. erfassen:

- **Reisestreckenbudget**, d. h. zurückgelegte Wegestrecke je Person und Zeiteinheit,
- **Reisezeitbudget**, d. h. für Ortsveränderungen aufgewendete Zeit je Person und Zeiteinheit,
- **Wegehäufigkeit**, d. h. Anzahl der Wege innerhalb der Destination je Person und Zeiteinheit.

Als Ergänzung können zudem qualitative (u. a. Flexibilität, Zeitgewinn, Pünktlichkeit, Komfort und Ausstattung, Verfügbarkeit, Kosten, Komplikationsfreiheit, Erlebniswert, Anbindungen), spezielle **branchenbezogene** (z. B. bei Kreuzfahrten nautische Kennzahlen oder Passagiere/Crew-Verhältnis), **wirtschaftliche** (z. B. Durchschnittserlöse, Treibstoffverbrauch je Passagier), **soziale** (z. B. Erreichbarkeit) oder **ökologische Kennzahlen** (vgl. Kap. 2.3) sowie der **Modal Split**, d. h. der Anteil von Verkehrsmitteln innerhalb der Destination, von Interesse sein (vgl. Groß 2017, S. 79; 140 f.; 197 f.; 261 ff.).

Zur Steuerung des Modal Splits ist die **Wahl des Verkehrsmittels** durch den Reisenden zu eruieren, welche mehrstufig erfolgt: In einem ersten Schritt sind objektive Hinderungsgründe, wie z. B. Verfügbarkeit oder Sachzwänge (z. B. Kapazitätsengpässe, Kosten), zu prüfen. Es schließen sich subjektive Bewertungen, wie z. B. Sicherheits- und Komfortaspekte, Fahrtzeit oder Distanz, an. Im dritten Schritt kommt die indivi-

19 Ausführliche Beschreibungen der unterschiedlichen touristischen Verkehrsmittel zeigen z. B. Groß (2017) und Schulz (2014).

Tab. 5.5: Übersicht touristisch relevanter Verkehrsmittel; Quelle: Eigene Darstellung.

<table>
<tr><th>Verkehrsmittel</th><th>Reisen zur Raumüberwindung</th><th>Reise als Teil der Destination</th></tr>
<tr><td rowspan="9">motorisierte landgebundene Verkehrsmittel (Straße)</td><td colspan="2">privater PKW | Mietwagen | Caravan</td></tr>
<tr><td colspan="2">Taxi | Kleinbus | Autorikscha</td></tr>
<tr><td>Fernbus (Linienverkehr)</td><td></td></tr>
<tr><td></td><td>Stadtbus | Regionalbus</td></tr>
<tr><td></td><td>Ausflugsbus | Rotel</td></tr>
<tr><td colspan="2">Motorrad</td></tr>
<tr><td></td><td>Roller | Caddy | Trike | Quads | Schneemobil</td></tr>
<tr><td></td><td>Kettenfahrzeuge | Bagger | Panzer| Traktor</td></tr>
<tr><td></td><td>E-Bike | Segways</td></tr>
<tr><td rowspan="5">unmotorisierte landgebundene Verkehrsmittel (Straße) *</td><td></td><td>Fahrrad</td></tr>
<tr><td></td><td>Mountainbikes | Rennrad</td></tr>
<tr><td></td><td>Rikscha | Sänfte</td></tr>
<tr><td></td><td>Pferd | Esel | Kamel | Elefant</td></tr>
<tr><td></td><td>Kutsche | Hundeschlitten | Rentierschlitten</td></tr>
<tr><td rowspan="8">landgebundene Verkehrsmittel (Schiene)</td><td>Fernbahn | Regionalbahn</td><td></td></tr>
<tr><td></td><td>S-Bahn | U-Bahn | Stadtbahn | Trambahn</td></tr>
<tr><td colspan="2">(Magnet-)Schwebebahn</td></tr>
<tr><td></td><td>Touristenbahn | Zahnradbahn | Schmalspurbahn | Bergbahn</td></tr>
<tr><td></td><td>Luxuszug</td></tr>
<tr><td></td><td>Draisine</td></tr>
<tr><td></td><td>Geisterbahn | Achterbahn</td></tr>
<tr><td></td><td>Seilbahn | Schlepplift | Förderband</td></tr>
<tr><td rowspan="7">luftgebundene Verkehrsmittel</td><td colspan="2">Flugzeug</td></tr>
<tr><td colspan="2">Hubschrauber</td></tr>
<tr><td></td><td>Lufttaxi</td></tr>
<tr><td></td><td>Segelflugzeug</td></tr>
<tr><td></td><td>Ballon | Zeppelin</td></tr>
<tr><td></td><td>Paraglider | Drachen| Fallschirm</td></tr>
<tr><td colspan="2">Weltraumfluggerät</td></tr>
<tr><td rowspan="10">wassergebundene Verkehrsmittel</td><td>Fähre | Linienschiff</td><td></td></tr>
<tr><td></td><td>Ausflugsschiff</td></tr>
<tr><td></td><td>Kreuzfahrtschiff</td></tr>
<tr><td></td><td>Hausboot</td></tr>
<tr><td></td><td>Motorboot | Jetski</td></tr>
<tr><td></td><td>Yacht | Segelboot | Ruderboot | Tretboot</td></tr>
<tr><td></td><td>Kajak | Kanu | Surfbrett | Schlauchboot</td></tr>
<tr><td></td><td>Floß | Gondel</td></tr>
<tr><td></td><td>Tauchboot</td></tr>
<tr><td></td><td>Amphibienfahrzeug</td></tr>
</table>

öffentliche Verkehrsmittel
Individualverkehrsmittel
* ohne Verkehrsmittel: Wandern, Klettern, Joggen, Nordic Walking, Bladen etc.

duelle Wahrnehmung und Bewertung einer Reise zum Tragen (vgl. Kagermeier 2007b, S. 743).

Mit diesen Erkenntnissen lassen sich **Verkehrskonzepte für Destinationen** entwickeln, um so die negativen Effekte des Verkehrs zu reduzieren, da sowohl Gäste als auch Einheimische von verkehrsbezogenen Beeinträchtigungen des Tourismus betroffen sind. Als Lösungswege gelten u. a. touristische Beschilderungen und Besucherleitsysteme, ÖPNV-Gästekarten und autofreie Tourismusorte (vgl. Exkurs 8). Auch lässt sich auf verkehrsbezogene **Wünsche und Trends** reagieren, wie z. B. bessere Vernetzung der Verkehrssysteme, Gepäcktransport, Taxi auf Abruf oder E-Bike-Verleihsysteme.

Die **Verkehrsinfrastruktur** ermöglicht die Nutzung der Verkehrsmittel. Hierunter fallen Regel-, Leit-, Informations- und Sicherungssysteme (z. B. Verkehrsordnung, Parkleitsystem, Flugsicherung) sowie Verkehrswege (u. a. Straßen, Wege, Pfade, Schienenwege, Seilbahnsysteme, Seewege, Wasserstraßen, Flugrouten/Luftkorridore, Pisten, Loipen, Transportbänder) und deren Servicestellen (u. a. Tankstellen, Ladestationen, Werkstätten, Mobilfunknetz) sowie Zugangs- bzw. Verknüpfungsstellen (wie z. B. Haltestellen, Mietstationen, Park- und Rastplätze, Bahnhöfe, Terminals, Flug-, See- und Binnenhäfen, Anlege- oder Badestellen, Start- und Landepisten sowie -plätze). Neben der quantitativen Erfassung (u. a. Art, Anzahl, Streckenlänge, ggf. Höhenunterschiede) ist für Touristen auch die Qualität der Infrastruktur, die sehr unterschiedlich ausfallen kann, von Bedeutung. So sind Flughäfen und Bahnhöfe i. d. R. gut auf touristische Belange ausgerichtet und bieten in Ergänzung zum Boarding der Passagiere auch Geschäfte, Restaurants, kulturelle Angebote, Events, Informationen zur Destination, Hotels etc. Bus- und Kreuzfahrterminals sowie kleinere Einrichtungen weisen hingegen oftmals noch Entwicklungspotenzial hinsichtlich der Ausstattung und touristischer Möglichkeiten (z. B. Ship Watching) auf (vgl. Haass 2017, S. 78).

Verkehrsmittel und Verkehrsinfrastruktur stellen eine bedeutende Voraussetzung zur Erschließung und Entwicklung der **räumlichen Strukturen, Interaktionen und Prozesse einer Destination** dar und sind ein wichtiger Teil der Tourismuspolitik. Diesen Zusammenhang zeigte bereits Poser (1939, S. 114), der damals allerdings offen ließ, ob die stärkere touristische Nachfrage die Entwicklung der Verkehrsinfrastruktur (z. B. verkehrstechnologisch bedingte Reisezeitverkürzungen) oder die Entwicklung der Verkehrsinfrastruktur die touristische Nachfrage bedingt.

Literatur

Aaker, Jennifer (1997). Dimensions of brand personality. In: Journal of Marketing Research, Vol. 34, No. 3, S. 347–356.

Abbegg, Bruno; Agrawala, Shardul; Crick, Florence; Montfalcon, Anne de (2007): Climate change impacts and adaption in winter tourism. In: Agrawala, Shardul (Hrsg.): Climate Change in the European Alps. Adapting winter tourism and natural hazards. Paris, S. 25–60.

ADAC (2017): Grand Tour of Switzerland (https://www.adac.de/reise_freizeit/attraktionen/touren_traumstrassen/Grand_Tour_of_Switzerland/default.aspx). Abgerufen am 3.9.2017.

Aderhold, Peter; Kösterke, Astrid; Laßberg, Dietlind von; Vielhaber, Armin (2006): Tourismus in Entwicklungsländern – Eine Untersuchung über Dimensionen, Strukturen, Wirkungen und Qualifizierungsansätze im Entwicklungsländer-Tourismus unter besonderer Berücksichtigung des deutschen Urlauberreisemarktes. Ammerland.

Agricola, Sigurd (2001): Freizeit. Grundlagen für Planer und Manager. München.

Ahlert, Gerd (2003): Einführung eines Tourismussatellitenkontos (= GWS Discussion Paper 2003/4). Osnabrück.

Allgäu GmbH (2017): Fürs Leben gern. Urlaub im Allgäu (https://www.allgaeu.de/allgaeu.de). Abgerufen am 12.11.2017.

Ammergauer Alpen GmbH (2018): Wieskirche (https://www.ammergauer-alpen.de/Media/Attraktionen/Wieskirche). Abgerufen am 12.8.2018.

Anton-Quack, Claudia; Quack, Heinz-Dieter (2007): Städtetourismus – eine Einführung. In: Becker, Christoph; Hopfinger, Hans; Steinecke, Albrecht (Hrsg.): Geographie der Freizeit und des Tourismus. 3. Aufl. München, S. 193–203.

Archer, Brian H. (1977): Tourism Multipliers. The State of the Art (= Bangor Occasional Papers in Economics, No. 11). Bangor.

Archer, Brian H.; Fletcher, John E. (1990): Multiplier Analysis in Tourism (= Les Cahiers du Tourisme, C 103). Aix-en-Provence.

Armstrong, Harvey; Taylor, Jim (2000): Regional Economics and Policy. 3. Aufl. Oxford.

Arnold, Brit; Herold, Jörg (2012): Das Lebenszykluskonzept: Bedeutung und mathematische Modellierung am Beispiel des Städtetourismus. In: Zeitschrift für Tourismuswissenschaft, 4. Jg., Nr. 1, S. 39–56.

Aschauer, Wolfgang (2017): Konferenzbericht „Dark Tourism Sites related to the Holocaust, the Nazi Past and World War II: Visitation and Practice. In: Zeitschrift für Tourismuswissenschaft, 9. Jg., Nr. 2, S. 377–381.

Atmosfair (2018): Effektiver Klimaschutz durch CO_2-Kompensation (https://www.atmosfair.de/de/). Abgerufen am 13.7.2017.

Auweck, Fritz; Fechter, Christian; Schlesinger, Dieter Matthew; Taurer, Werner (2009): Unser Landkreis Miesbach 2014. München.

Bachleitner, Reinhard (2004): Erlebnis kritisch betrachtet. In: Kagelmann, H. Jürgen; Bachleitner, Reinhard; Rieder, Max (Hrsg.): Erlebniswelten. Zum Erlebnisboom in der Postmoderne (= tourismuswissenschaftliche Manuskripte, Band 12). Wien, S. 16–20.

Backhaus, Klaus; Erichson, Bernd; Plinke, Wulff; Weiber, Rolf (2018): Multivariate Analyseverfahren. Eine anwendungsorientierte Einführung. Heidelberg.

BAT-Stiftung für Zukunftsfragen (2017): Tourismusanalyse 2017 (http://www.tourismusanalyse.de/). Abgerufen am 28.11.2017.

Bätzing, Werner (2015): Tourismus- und Freizeitgeographie – eine verkannte Teildisziplin der Geographie. In: Entgrenzt, Nr. 10, S. 5–10.

https://doi.org/10.1515/9783110500318-006

Baumhauer, Roland (2007): Von der Küste zum Hochgebirge – Reliefentwicklung. In: Glaser, Rüdiger; Gebhardt, Hans; Schenk, Winfried (Hrsg.): Geographie Deutschlands. Darmstadt, S. 107–116.

Bayerisches Landesamt für Statistik (2018): Tourismusregionen in Bayern 2018. Fürth.

Becher, Manuel (2008). Entwicklung eines Kennzahlensystems zur Vermarktung touristischer Destinationen. Wiesbaden.

Becker, Christoph (1982): Aktionsräumliches Verhalten von Urlaubern im Mittelgebirge (= Trierer Materialien zur Fremdenverkehrsgeographie, Heft 9). Trier.

Becker, Christoph (2007): Destinationsmanagement. In: Becker, Christoph; Hopfinger, Hans; Steinecke, Albrecht (Hrsg.): Geographie der Freizeit und des Tourismus. 3. Aufl. München, S. 464–474.

Benthien, Bruno (1997): Geographie der Erholung und des Tourismus. Gotha.

Berliner Morgenpost (2017): Urlaub in der Sperrzone – Warum „Dark Tourism" boomt (https://www.morgenpost.de/vermischtes/article211513317/Urlaub-in-der-Sperrzone-Warum-Dark-Tourism-boomt.html). Abgerufen am 25.2.2018.

Besel, Karin; Hallerbach, Bert (2007): Touristische Großerhebungen. In: Becker, Christoph; Hopfinger, Hans; Steinecke, Albrecht (Hrsg.): Geographie der Freizeit und des Tourismus. 3. Aufl. München, S. 159–170.

Beyer, Matthias (2003): Partizipation als Herausforderung für Tourismusprojekte in der Entwicklungszusammenarbeit – Handlungsempfehlungen für eine partizipative Projektarbeit. Ammerland.

BHG (Bayerischer Hotel- und Gaststättenverband) (2017): DEHOGA Bayern (http://www.dehoga-bayern.de/start.html). Abgerufen am 12.11.2017.

Bieger, Thomas (1997) Management von Destinationen und Tourismusorganisationen. 3. Aufl. Wiesbaden.

Bieger, Thomas (2001): Wirtschaftliche Nachhaltigkeit von Sportevents am Beispiel der Ski-WM 2003. In: Tourismus-Journal, 5. Jg., Nr. 1, S. 77–95.

Bieger, Thomas (2010): Tourismuslehre – Ein Grundriss. 3. Aufl. Bern.

Bieger, Thomas; Beritelli, Pietro (2013): Management von Destinationen. 8. Aufl. München/Wien.

Bischof, Michael; Schmude, Jürgen; Bauer, Manuela (2017): Tourismus und Klimawandel – Eine nachfrageseitige Analyse zur Wahrnehmung und Reaktion am Beispiel der Alpen. In: Zeitschrift für Tourismuswissenschaft, 9. Jg., Nr. 2, S. 221–247.

bmwfw (Österreichisches Bundesministerium für Wissenschaft, Forschung und Wirtschaft) (2012): Klimawandel und Tourismus in Österreich 2030 – Auswirkungen, Chancen & Risiken, Optionen & Strategien. Studien-Kurzfassung. Wien.

BMWi (Bundesministerium für Wirtschaft und Energie) (2017): Dossier Tourismus. (http://www.bmwi.de/Redaktion/DE/Dossier/tourismus.html). Abgerufen am 8.2.2017.

BMWi (Bundesministerium für Wirtschaft und Technologie) (2012): Wirtschaftsfaktor Tourismus Deutschland. Kennzahlen einer umsatzstarken Querschnittsbranche. Berlin.

BMWi (Bundesministerium für Wirtschaft und Technologie) (2013): Tourismuspolitischer Bericht der Bundesregierung, 17. Legislaturperiode. Berlin.

Boldt, Kai-William; Gelhar, Martina (2008): Das Ruhrgebiet: Landschaft, Industrie, Kultur. Darmstadt.

Boniface, Brian; Cooper, Chris (2009): Worldwide destinations. The geography of travel and tourism. 5. Aufl. Amsterdam.

Boschma, Ron A. (2005): Proximity and Innovation: A Critical Assessment. In: Regional Studies, Vol. 39, No. 1, S. 61–74.

Bosnjak, Michael; Bochmann, Valerie; Hufschmidt, Tanja (2007). Dimensions of brand personality attributions: A person-centric approach in the German cultural context. In: Social Behavior and Personality. An international journal, Vol. 35, No. 3, S. 303–316.
Braun, Boris; Schulz, Christian (2012): Wirtschaftsgeographie. Stuttgart.
Brittner, Anja (2007): Feriengroßprojekte und ihre regionalpolitische Bedeutung. In: Becker, Christoph; Hopfinger, Hans; Steinecke, Albrecht (Hrsg.): Geographie der Freizeit und des Tourismus. 3. Aufl. München, S. 415–427.
Brittner-Widmann, Anja (2003): Destinationsmanagement – Herausforderung für die Planung. In: Standort – Zeitschrift für angewandte Geographie, 27. Jg., Nr. 3, S. 120–124.
Brittner-Widmann, Anja; Widmann, Torsten (2017): Freizeit als raumprägender Faktor. Begriffsabgrenzungen, Entwicklungen, Auswirkungen und Herausforderungen. In: Praxis Geographie, 47. Jg., Nr. 2, S. 4–10.
Brökel, Tom (2016): Wissens- und Innovationsgeographie in der Wirtschaftsförderung. Wiesbaden.
Brunotte, Ernst; Gebhardt, Hans; Meurer, Manfred; Meusburger, Peter; Nipper, Josef (Hrsg.) (2002): Lexikon der Geographie. Heidelberg.
Bundesamt für Verfassungsschutz (2017): Übersicht ausgewählter islamistischer-terroristischer Anschläge (https://www.verfassungsschutz.de/de/arbeitsfelder/af-islamismus-und-islamistischer-terrorismus/zahlen-und-fakten-islamismus/zuf-is-uebersicht-ausgewaehlter-islamistisch-terroristischer-anschlaege). Abgerufen am 14.3.2017.
Butler, Richard (1980): The concept of a tourist area life cycle of evolution: implications for management of resources. In: Canadian Geographer, Vol. 24, No. 1, S. 5–12.
Castellani, Valentina; Sala, Serenella (2009): Sustainable performance index for tourism policy development. In: Tourism Management, Vol. 31, S. 871–880.
CentrO (2017): Europas größtes Shopping- und Freizeitzentrum (http://centro.de/). Abgerufen am 18.11.2017.
Choi, HwanSuk; Sirakaya, Ercan (2005): Sustainability indicators for managing community tourism. In: Tourism Management, Vol. 27, S. 1274–1289.
CIPRA (Commission Internationale pour la Protection des Alpes) (1985): Sanfter Tourismus. Schlagwort oder Chance im Alpenraum. Chur.
Coe, Neil; Yeung, Henry (2001): Geographical perspectives on mapping globalisation. An introduction to the JEG Special Issue "Mapping globalisation: geographical perspectives on international trade and investment". In: Journal of Economic Geography, Heft 1, S. 367–380.
Coen, Annette; Wenz, Heidi (2015): Tourismus in Venedig. In: Praxis Geographie, 45. Jg., Nr. 11, S. 32 f.
Cohen, Erik (1979): A Phenomenology of Tourist Experiences. In: Sociology, Vol. 13, S. 179–201.
Colliers International (2016): Destination Consulting. London.
Corbillé, Sophie (2017): Le commerce de l'identité: (se) ressembler, (se) distinguer au Coeur du tourisme parisiene. In: Téoros, Vol. 36, Nr. 1 (https://journals.openedition.org/teoros/3031). Abgerufen am 8.8.2018.
CSD (Commission on Sustainable Development) (1999): Tourism and Sustainable Development. The global Importance of Tourism. Prepared by World Travel and Tourism Council (WTTC) & International Hotel and Restaurant Association (IHRA). New York.
Datenwerk GmbH (2017): Oktoberfest.de. Die Website zur Wiesn (www.oktoberfest.de). Abgerufen am 21.11.2017.
DCGK (Deutscher Cooperate Governance Index) (2017): Corporate Governance in Europe. In: CEPS Working Party Report No. 12. Brüssel.
De Lange, Norbert; Nipper, Josef (2018) Quantitative Methodik in der Geographie. Paderborn.

DEHOGA (Deutscher Hotel- und Gaststättenverband) (2017): Viabono – die Umweltdachmarke im Tourismus (https://www.dehoga-bundesverband.de/branchenthemen/umwelt-und-nachhaltigkeit/viabono/). Abgerufen am 8.5.2017.

DEHOGA (Deutscher Hotel- und Gaststättenverband) (2018a): Deutsche Hotelklassifizierung (https://www.dehoga-bundesverband.de/branchenthemen/klassifizierung/hotelklassifizierung/). Abgerufen am 25.1.2018.

DEHOGA (Deutscher Hotel- und Gaststättenverband) (2018b): Unser Klassifizierungssystem (https://www.dehoga-bundesverband.de/branchenthemen/klassifizierung/). Abgerufen am 25.1.2018.

Delaplace, Marie; Gravari-Barbas, Maria (2016): Am Rande des Tourismus. Utopien und Wirklichkeiten des Tourismus abseits der ausgetretenen Pfade. In: Via Tourism Reviews, Nr. 9/2016 (https://journals.openedition.org/viatourism/419). Abgerufen am 8.8.2018.

Department of Tourism and Commerce Marketing (2017): Visit Dubai (www.visitdubai.com). Abgerufen am 20.10.2017.

Der Arbeitsmarkt (2007): Bollywood in Switzerland (http://derarbeitsmarkt.ch/sites/default/files/pdf_328.pdf). Abgerufen am 6.4.2017.

Der Standard (2017): Nackt, betrunken, kopulierend und rechtsradikal: Protest gegen Touristen in Spanien (https://www.derstandard.de/story/2000062148458/demonstranten-demolierten-in-barcelona-auf-protest-gegen-touristen-leihfahrraeder). Abgerufen am 4.9.2017.

Deutsche Bahn (2018): Über 100 grüne Projekte der Deutschen Bahn (https://www.bahn.de/p/view/service/umwelt/index.shtml). Abgerufen am 14.7.2018.

Deutsche Bundesbank (2018a): Zahlungsbilanz (https://www.bundesbank.de/Navigation/DE/Statistiken/Aussenwirtschaft/Zahlungsbilanz/zahlungsbilanz.html). Abgerufen am 29.7.2018.

Deutsche Bundesbank (2018b): Dienstleistungen – Reiseverkehr nach Ländergruppen und Ländern (https://www.bundesbank.de/Navigation/DE/Statistiken/Aussenwirtschaft/Zahlungsbilanz/Tabellen/tabellen_zeitreihenliste.html?id=21796). Abgerufen am 29.7.2018.

Diercke (2015): Diercke Handbuch. Braunschweig.

DIHK (Deutscher Industrie- und Handelskammertag) (2017): Tourismusbranche – Leitökonomie des 21. Jahrhunderts. (http://www.dihk.de/branchen/tourismus/tourismuswirtschaft/zahlen-und-fakten/tourismusbranche-leitoekonomie-des-21.-jahrhunderts). Abgerufen am 8.2.2017.

Dikau, Richard; Kreutzmann, Hermann; Winiger, Matthias (2002): Zwischen Alpen, Anden und Himalaya. In: Ehlers, Eckart; Leser, Hartmut (Hrsg.): Geographie heute – für die Welt von morgen. Gotha/Stuttgart, S. 82–89.

DIW (Deutsches Institut für Wirtschaftsforschung) (1999): Wirtschaftsfaktor Tourismus. Berlin.

DRV (Deutscher Reisebüro Verband) (1990) (Hrsg.): Wirtschaftsfaktor Ferntourismus. Die ökonomische Bedeutung des Ausländerreiseverkehrs, dargestellt am Beispiel von 10 Ländern in Afrika, Asien, Mittelamerika und der Karibik. Frankfurt a. M.

DTV (Deutscher Tourismusverband) (2016): Tourismus nachhaltig und fair finanzieren: die Tourismusabgabe. Berlin.

Du Toit, Leon; Fourie, Johan; Trew, Devon (2010): The sources of comparative advantages in tourisms (= Stellenbosch Economic Workings Papers, No. 1/10). Stellenbosch.

Ebert, Wolfgang (1999): Industrietourismus – am Beispiel des Ruhrgebiets. In: Fontanari, Martin; Treinen, Mathias; Weid, Martina (Hrsg.): Industrietourismus im Wettbewerb der Regionen. Trier, S. 59–77.

Ege, Ronja; Maier, Veit (2016): Slumtourismus in Südafrika. Voyeurismus oder Wohltätigkeit. In: Praxis Geographie, 46. Jg., Nr. 9, S. 30 f.

Egner, Heike (2010). Theoretische Geographie (= Geowissen kompakt). Darmstadt.

Eisenstein, Bernd (1993): Wirtschaftliche Effekte des Fremdenverkehrs (= Trierer Tourismus Bibliographien, Nr. 4). Trier.

Eisenstein, Bernd (2014): Grundlagen des Destinationsmanagements. 2. Aufl. München.

Eisenstein, Bernd (Hrsg.) (2017) Marktforschung für Destinationen. Grundlagen, Instrumente, Praxisbeispiele. Berlin.
Eisenstein, Bernd; Rosinski, André (2007): Ökonomische Effekte des Tourismus. In: Becker, Christoph; Hopfinger, Hans; Steinecke, Albrecht (Hrsg.): Geographie der Freizeit und des Tourismus. 3. Aufl. München, S. 805–814.
Ellrich, Mirko (2003): Infoblatt Alpentourismus (https://www.klett.de/alias/1015012). Abgerufen am 13.8.2017.
Elsasser, Hans; Bürki, Rolf (2007): Auswirkungen von Umweltveränderungen auf den Tourismus – dargestellt am Beispiel der Klimaänderung im Alpenraum. In: Becker, Christoph; Hopfinger, Hans; Steinecke, Albrecht (Hrsg.): Geographie der Freizeit und des Tourismus. 3. Aufl. München, S. 865–875.
Engl, Christoph (2017): Destination Branding. Von der Geografie zur Bedeutung. Konstanz/München.
Eurostat (2017): Tourismusstatistiken (http://ec.europa.eu/eurostat/statistics-explained/index.php/Tourism_statistics/de). Abgerufen am 14.12.2017.
F.U.R. (Forschungsgemeinschaft Urlaub und Reisen e. V.) (2017): Erste ausgewählte Ergebnisse der 47. Reiseanalyse zur ITB 2017. Kiel.
F.U.R. (Forschungsgemeinschaft Urlaub und Reisen e. V.) (2018): Erste ausgewählte Ergebnisse der 48. Reiseanalyse zur ITB 2018. Kiel.
Farhauer, Oliver; Kröll, Alexandra (2009):Verfahren zur Messung räumlicher Konzentration und regionaler Spezialisierung in der Regionalökonomik (= Passauer Diskussionspapiere, Volkswirtschaftliche Reihe, Diskussionsbeitrag Nr. V-58-09). Passau.
FAZ (Frankfurter Allgemeine Zeitung) (2017a): Die Urlaubslandkarte der Risiken, 9.3.2017, S. 21.
FAZ (Frankfurter Allgemeine Zeitung) (2017b): Nur der Himmel setzt Grenzen, 24.7.2017, S. 7.
FAZ (Frankfurter Allgemeine Zeitung) (2017c): Bannmeile um die Altstadt, 9.11.2017, S. 9.
FAZ (Frankfurter Allgemeine Zeitung) (2018a): Wegbereiter des Massentourismus kämpfen um ihren Ruf, 13.3.2018, S. 20.
FAZ (Frankfurter Allgemeine Zeitung) (2018b): Das richtige Urlaubsziel schont die Reisekasse, 4.7.2018, S. 25.
FAZ (Frankfurter Allgemeine Zeitung) (2018c): Deutsche Touristen strömen ins Land Erdogans, 1.8.2018, S. 15.
Fingerhut, C. (1973): Arbeitsmethoden zur Bewertung der Erholungseignung eines landschaftlichen Angebots für verschiedene Typen von Erholungssuchenden. In Landschaft und Stadt, 5. Jg., S. 162–171.
Fischer, Elisabeth (2009): Das kompetenzorientierte Management der touristischen Destination. Wiesbaden.
Focus (2016): Mallorca lechzt nach Wasser – Reichen die Reserven? (http://www.focus.de/panorama/welt/tourismus-mallorca-lechzt-nach-wasser-reichen-die-reserven_id_5801580.html). Abgerufen am 20.4.2017.
Focus (2017a): Gefahr für Gesundheit und Sicherheit. In diese Länder sollten Sie nicht reisen (http://www.focus.de/reisen/service/travel-risk-map-2018-gefahr-fuer-gesundheit-und-sicherheit-in-diese-laender-sollten-sie-nicht-reisen_id_7912346.html). Abgerufen am 1.12.2017.
Focus (2017b): Florenz will Urlauber mit Wasser vergraulen (http://www.focus.de/reisen/italien/touristen-massen-in-italien-florenz-will-urlauber-mit-wasser-vergraulen_id_7205624.html). Abgerufen am 2.6.2017.
Focus (2018): Gardasee erstickt am Tourismus. Auch andere Orte wehren sich gegen Overtourism (https://www.focus.de/reisen/italien/touristenmassen-der-gardasee-erstickt-am-tourismus-wie-sich-orte-gegen-overtourims-wehren_id_9414361.html). Abgerufen am 16.8.2018.
Fontanari, Martin; Partale, Alexandra (2004): Kurorte im gesundheitstouristischen Wettbewerb – Ansätze für ein strategisches Denken und Handeln auf Basis der „Vergleichenden Kurortanalyse“

(VKA). In: Brittner-Widmann, Anja; Quack, Heinz-Dieter; Wachowiak, Helmut (Hrsg.): Von Erholungsräumen zu Tourismusdestinationen. Facetten der Fremdenverkehrsgeographie (= Trierer Geographische Studien, Heft 27). Trier, S. 143–180.

Frankfurter Rundschau (2016): Urlaub im Reich des Bösen (http://www.fr.de/panorama/dark-tourism-urlaub-im-reich-des-boesen-a-316494). Abgerufen am 25.2.2018.

Freyer, Walter (2009): Tourismus-Marketing. 6. Aufl. München.

Freyer, Walter (2015): Tourismus. Einführung in die Fremdenverkehrsökonomie. 11. Aufl. München.

Freyer, Walter; Jans, Bernhard (2016): Kreuzfahrt-Tourismus. Trends und Perspektiven, Herausforderungen und Probleme. In: Geographische Rundschau, 68. Jg., Nr. 5, S. 28–33.

Friedl, Harald (2002): Tourismusethik – Theorie und Praxis des umwelt- und sozialverträglichen Reisens. München.

Gadamer, Hans-Georg (2010): Wahrheit und Methode. Grundzüge einer philosophischen Hermeneutik. Tübingen.

Gardini, Marco (2010): Grundlagen der Hotellerie und des Hotelmanagements. München.

Gardini, Marco (2014): Die Hotellerie als Branche und Wirtschaftszweig. München.

GaST (Gemeinschaft autofreier Schweizer Tourismusorte) (2017): Wir über uns (http://www.autofrei.ch/index.php/de/). Abgerufen am 1.5.2017.

Genosko, Joachim (2006): Clusterentwicklung in Bayern. In: Pechlaner, Harald; Fischer, Elisabeth; Hammann, Eva-Maria (Hrsg.) Standortwettbewernb im Tourismus. Regionale Erfolgsstrategien. Berlin, S. 61–73.

Gereffi, Gary; Korzeniewicz, Miguel; Korzeniewicz, Roberto (1994): Introduction: Global Commodity Chains. In: Gereffi, Gary; Korzeniewicz, Miguel (Hrsg.): Commodity chains and global capitalism. Westport, S. 1–14.

Gerstmeyer, Doris (2017): Winterfreuden in Saalbach. In: News, 15.9.2017, S. 100 f.

Glancey, Jonathan (2006): Architektur. Bauwerke, Geschichte, Stile, Kulturen. London.

Goronzy, Frederic (2003): Erleben in Erlebniswelten. Ergebnisse und weiterführende Forschungsfragen aus einer Inhaltsanalyse von Erlebniswelten. In: Tourismus Journal, 7. Jg., Nr. 2, S. 219–235.

Grand Hotel Les Trois Rois (2017): Grosses Hotel – Grosse Geschichte (http://www.lestroisrois.com/media/105455/geschichte-de.pdf). Abgerufen am 12.11.2017.

Groß, Sven (2017): Handbuch Tourismus und Verkehr. 2. Aufl. Konstanz/München.

Gryl, Inga (2016): Reflexive Kartenarbeit – eine Einleitung und Gebrauchsanregung zu diesem Band. In: Gryl, Inga (Hrsg.): Reflexive Kartenarbeit. Methoden und Aufgaben. Braunschweig, S. 5–24.

GSTC (2017) (Golbal Sustainable Tourism Council): Global sustainable tourism criteria (https://www.gstcouncil.org/gstc-criteria/). Abgerufen am 6.8.2018.

Gstöttner, Sabine; Hempel, Irmo (2012): Mental Map Schulweg. Raum bewusst machen: Orientierungssysteme (http://www.was-schafft-raum.at/download/1-2_mental%20map.pdf). Abgerufen am 14.6.2018.

Günthert, Sebastian (2014): Landnutzungssysteme und deren ökologische Auswirkungen auf Teneriffa (Kanarische Inseln). Analyse und Bewertung landwirtschaftlicher Entwicklungsprozesse mit Methoden der Fernerkundung und Landnutzungsmodellierung. Heidelberg.

Haart, Norbert (2007): Weintourismus. In: Becker, Christoph; Hopfinger, Hans; Steinecke, Albrecht (Hrsg.): Geographie der Freizeit und des Tourismus. 3. Aufl. München, S. 237–248.

Haart, Norbert; Steinecke, Albrecht (1995): Erfolgsfaktoren des umweltfreundlichen Tourismus im ländlichen Raum. In: Haart, Norbert; Steinecke, Albrecht; Treinen, Mathias (Hrsg.): Qualitätsmanagement im Landtourismus in Europa – Erfahrungen, Beispiele, Herausforderungen (= ETI-Texte, Nr. 6). Trier, S. 47–64.

Haas, Hans-Dieter; Neumair, Simon-Martin (2010): Rohstofforientierte Industrien. In: Kulke, Elmar (Hrsg.): Wirtschaftsgeographie Deutschlands. 2. Aufl. Heidelberg, S. 131–155.

Haas, Hans-Dieter; Neumair, Simon-Martin (2015): Wirtschaftsgeographie (= Geowissen kompakt). 3. Aufl. Darmstadt.
Haas, Hans-Dieter; Neumair, Simon-Martin; Schlesinger, Dieter Matthew (2009): Geographie der Internationalen Wirtschaft (= Geowissen kompakt). Darmstadt.
Haas, Hans-Dieter; Schlesinger, Dieter Matthew (2007): Umweltökonomie und Ressourcenmanagement (= Geowissen kompakt). Darmstadt.
Haass, Heiner (2017): Grundwissen Tourismusarchitektur. Konstanz.
Hall, Michael; Page, Stephen (2006): The geography of tourism and recreation. Environment, place and space. 3. Auf. London.
Handelsblatt (2016): Weniger Tourismus durch Terrorismus (http://www.handelsblatt.com/unternehmen/dienstleister/urlaub-am-mittelmeer-weniger-tourismus-durch-terrorismus/14687856.html). Abgerufen am 14.3.2017.
Handelszeitung (2016a): Schweiz trotz Frankenstärke bei Touristen hoch im Kurs (http://www.handelszeitung.ch/konjunktur/schweiz/schweiz-trotz-frankenstaerke-bei-touristen-hoch-im-kurs-1124707). Abgerufen am 6.4.2017.
Handelszeitung (2016b): Wie Schweizer Skigebiete auf Schneemangel reagieren (http://www.handelszeitung.ch/unternehmen/wie-schweizer-skigebiete-auf-schneemangel-reagieren-1279579). Abgerufen am 17.4.2017.
Harrer, Bernhard (2007): Wirtschaftsfaktor Tourismus: Berechnungsmethodik und Bedeutung. In: Becker, Christoph; Hopfinger, Hans; Steinecke, Albrecht (Hrsg.): Geographie der Freizeit und des Tourismus. 3. Aufl. München, S. 149–158.
Hartmann, Rudi (2007): Zielorte des Holocaust-Tourismus im Wandel – Die KZ-Gedenkstätte in Dachau, die Gedenkstätte in Weimar-Buchenwald und das Anne-Frank-Haus in Amsterdam. In: Becker, Christoph; Hopfinger, Hans; Steinecke, Albrecht (Hrsg.): Geographie der Freizeit und des Tourismus. 3. Aufl. München, S. 297–308.
Hauser, Susanne (2001): Metamorphosen des Abfalls. Konzepte für alte Industrieareale. Frankfurt a. M./New York.
Heinritz, Günter; Popp, Herbert (1978): Reichweiten von Freizeiteinrichtungen und aktionsräumliche Aspekte des Besucherverhaltens. In: Mitteilungen der Geographischen Gesellschaft München, Nr. 63, S. 79–115.
Helmig, Bernd (2017): Verband (http://wirtschaftslexikon.gabler.de/Archiv/55084/verband-v9.html). Abgerufen am 12.11.2017.
Hennermann, Karl (2006): Kartographie und GIS. Eine Einführung. Darmstadt.
Heuchele, Linda; Nothacker, Klemens; Renner, Christina; Konold, Werner; Lupp, Gerd (2014): Die Bedeutung des Wintersports für den Tourismus im Südschwarzwald und Überlegungen zu potentiellen schneeunabhängigen Alternativen – Eine Analyse von Wahrnehmungen im Hinblick auf den Klimawandel. In: Zeitschrift für Tourismuswissenschaft, 6. Jg., Nr. 1, S. 5–21.
Heuwinkel, Kerstin (2019): Tourismussoziologie. Konstanz/München.
Home of Lässig (2017): Winter in Saalbach. Im Herzen des lässigsten Skigebiets Europas (https://www.saalbach.com/de/winter). Abgerufen am 25.9.2017.
Hopfinger, Hans (2004): Theorien im Tourismus. Anmerkungen zur theoriebezogenen Anschlussfähigkeit der Freizeit- und Tourismusgeographie. In: Brittner-Widmann, Anja; Quack, Heinz-Dieter; Wachowiak, Helmut (Hrsg.): Von Erholungsräumen zu Tourismusdestinationen. Facetten der Fremdenverkehrsgeographie (= Trierer Geographische Studien, Heft 27). Trier, S. 29–48.
Hopfinger, Hans (2007): Geographie der Freizeit und des Tourismus. Versuch einer Standortbestimmung. In: Becker, Christoph; Hopfinger, Hans; Steinecke, Albrecht (Hrsg.): Geographie der Freizeit und des Tourismus. 3. Aufl. München, S. 1–24.

Hopfinger, Hans (2011): Geographie der Freizeit und des Tourismus. In: Gebhardt, Hans; Glaser, Rüdiger; Radtke, Ulirch; Reuber, Paul (Hrsg.): Geographie. Physische Geographie und Humangeographie. 2. Aufl. Heidelberg, S. 1020–1043.

Hopfinger, Hans (2016a): Wachstumsbranche Tourismus? Herausforderungen und Grenzen im 21. Jahrhundert. In: Geographische Rundschau, 68. Jg., Nr. 5, S. 4–8.

Hopfinger, Hans (2016b): „Weg von hier, das ist mein Ziel". Ferntourismus im 21. Jahrhundert. In: Praxis Geographie, 46. Jg., Nr. 9, S. 4–9.

Horster, Eric; Leutritz, Ilka; Koch, Wibke; Bessel, Mona (2017): Entwicklungen der digitalen Marktforschung im Tourismus. In Eisenstein, Bernd (Hrsg.): Marktforschung für Destinationen. Grundlagen – Instrumente – Praxisbeispiele. Berlin, S. 309–318.

Hotelimmobilien (2018a): Standortfaktoren hoteltypen-bezogen (https://www.hotelimmobilien.ch/standort/standortfaktoren-hoteltypen-bezogen). Abgerufen am 2.8.2018.

Hotelimmobilien (2018b): Standortfaktoren allgemein (https://www.hotelimmobilien.ch/standort/standortfaktoren-allgemein). Abgerufen am 2.8.2018.

Hotelleriesuisse (2014): Inder zu Gast in der Schweiz. Bern.

Hotelstars.EU (2018a): Das System der deutschen Hotelklassifizierung (https://www.hotelstars.eu/de/deutschland/system/beschreibung/). Abgerufen am 25.1.2018.

Hotelstars.EU (2018b): Die Kriterien der Hotelsterne in Deutschland (https://www.hotelstars.eu/de/deutschland/kriterien/kurzbotschaften/). Abgerufen am 25.1.2018.

Hotelstars.EU (2018c): Statistik (https://www.hotelstars.eu/de/deutschland/system/statistik/). Abgerufen am 25.1.2018.

Hotelstars.EU (2018d): Sonderformen in Deutschland (https://www.hotelstars.eu/de/deutschland/kriterien/sonderformen/). Abgerufen am 25.1.2018.

Hudson, Brian (1999): Fall of beatuy: the story of a Jamaican waterfall – a tragedy in three acts. In: Tourism Geographies, Vol. 1, S. 343–357.

Hüttermann, Armin (2011): Karteninterpretation. In: Gebhardt, Hans; Glaser, Rüdiger; Radtke, Ulirch; Reuber, Paul (Hrsg.): Geographie. Physische Geographie und Humangeographie. 2. Aufl. Heidelberg, S. 171.

Ilius, Jennifer; Akinyemi, Felicia; Schweikart, Jürgen (2014): Community-Based Tourism als Instrument zur Armutsbekämpfung am Beispiel von Fallstudien in Ruanda. In: Zeitschrift für Tourismuswissenschaft, 6. Jg., Nr. 3, S. 255–272.

Jakobsweg.de (2018): Der Jakobsweg (www.jakobsweg.de/). Abgerufen am 11.2.2018.

Jarillo, J. Carlos (1993): Strategic Networks: Creating the Borderless Organisation. Oxford.

Jensch, Georg (1975): Die Erde und ihre Darstellung im Kartenbild. Braunschweig.

Job, Hubert (1996): Modell zur Evaluation der Nachhaltigkeit im Tourismus. In: Erdkunde, Band 50, S. 112–132.

Job, Hubert; Mayer, Marius; Paesler, Reinhard (2013): Einführung: Tourismus in Bayern. In: Job, Hubert; Mayer, Marius (Hrsg.): Tourismus und Regionalentwicklung in Bayern (= Arbeitsberichte der Akademie für Raumforschung und Landesplanung, Nr. 9). Hannover.

Job, Hubert; Metzler, Daniel (2005): Regionalökonomische Effekte von Großschutzgebieten. In: Natur und Landschaft, 80. Jg., Nr. 11, S. 465–471.

Job, Hubert; Paesler, Reinhard; Vogt, Luisa (2005): Geographie des Tourismus, In: Schenk, Wilfried; Schliephake, Konrad (Hrsg.): Allgemeine Anthropogeographie. Gotha/Stuttgart, S. 581–628.

Job, Hubert; Vogt, Luisa (2007): Freizeit/Tourismus und Umwelt – Umweltbelastungen und Konfliktlösungsansätze. In: Becker, Christoph; Hopfinger, Hans; Steinecke, Albrecht (Hrsg.): Geographie der Freizeit und des Tourismus. 3. Aufl. München, S. 851–864.

Job, Hubert; Weizenegger, Sabine (2007): Tourismus in Entwicklungsländern. In: Becker, Christoph; Hopfinger, Hans; Steinecke, Albrecht (Hrsg.): Geographie der Freizeit und des Tourismus. 3. Aufl. München, S. 629–640.

Jülg, Felix (1974): Geographie des Tourismus. In: Technological Problems in Geography of Tourism, 1974, S. 19 f.
Jülg, Felix (2007): Wintersporttourismus. In: Becker, Christoph; Hopfinger, Hans; Steinecke, Albrecht (Hrsg.): Geographie der Freizeit und des Tourismus. 3. Aufl. München, S. 249–258.
Jungk, Robert (1980): Wie viel Touristen pro Hektar Strand. In: Geo, Nr. 10/1980, S. 154–156.
Jurczek, Peter (2007a): Geographie der Freizeit und des Tourismus. Disziplingeschichte und Perspektiven. In: Becker, Christoph; Hopfinger, Hans; Steinecke, Albrecht (Hrsg.): Geographie der Freizeit und des Tourismus. 3. Aufl. München, S. 25–34.
Jurczek, Peter (2007b): Freizeit- und Tourismusplanung. In: Becker, Christoph; Hopfinger, Hans; Steinecke, Albrecht (Hrsg.): Geographie der Freizeit und des Tourismus. 3. Aufl. München, S. 730–740.
Kagelmann, H. Jürgen (1998): Erlebniswelten: Grundlegende Bemerkungen zum organisierten Vergnügen. In: Kagelmann, H. Jürgen; Bachleitner, Reinhard; Rieder, Max (Hrsg.): Erlebniswelten. Zum Erlebnisboom in der Postmoderne (= tourismuswissenschaftliche Manuskripte, Band 12). Wien, S. 58–94.
Kagermeier, Andreas (2007a): Erfolgsfaktoren intermodaler Mobilitätsangebote für Freizeit und Tourismus: In: Freyer, Walter; Naumann, Michaela; Schuler, Alexander (Hrsg.): Standortfaktor Tourismus und Wissenschaft (= Schriften zu Freizeit und Tourismus, Nr. 8). Berlin, S. 219–232.
Kagermeier, Andreas (2007b): Verkehrsgeographie. In: Gebhardt, Hans; Glaser, Rüdiger; Radtke, Ulrich; Reuber, Paul (Hrsg.): Geographie. Physische und Humangeographie. Heidelberg, S. 734–749.
Kagermeier, Andreas (2016a): Tourismusgeographie. Konstanz/München.
Kagermeier, Andreas (2016b): Tourismus im Mittelmeerraum. Zwischen Wachstumsgrenzen und Produkterneuerung. In: Geographische Rundschau, 68. Jg., Nr. 5, S. 10–15.
Kanwischer, Detlef (2016): Arbeit mit Geoweb-Karten – Multimediale Gestaltungsgrundsätze am Beispiel von Story Maps. In: Gryl, Inga (Hrsg.): Reflexive Kartenarbeit. Methoden und Aufgaben. Braunschweig, S. 80–88.
Kaspar, Claude (1991): Die Tourismuslehre im Grundriß (= St. Galler Beiträge zum Tourismus und zur Verkehrswirtschaft, Reihe Tourismus, Band 1). 4. Aufl. Bern/Stuttgart.
Kaspar, Claude (1996): Die Tourismuslehre im Grundriß. 5. Aufl. Bern.
Kath. Wallfahrtskuratiestiftung St. Josef – Wies (2018): Ein herzliches Grüß Gott! (http://wieskirche.de/). Abgerufen am 12.8.2018.
Kerres, Michael; De Witt, Claudia (2004): Pragmatismus als theoretische Grundlage zur Konzeption von eLearning. In: Treichel, Dietmar; Meyer, Horst (Hrsg.): Handlungsorientiertes Lernen und eLearning. Grundlagen und Beispiele. München, S. 1–18.
Kiemstedt, Hans (1967a): Zur Bewertung der Landschaft für die Erholung (= Beiträge zur Landespflege, Sonderheft 1). Stuttgart.
Kiemstedt, Hans (1967b): Zur Bewertung von Erholungsgebieten nach ihrer Ausstattung mit naturräumlichen Landschaftselementen. In: Das Gartenamt, 16. Jg., Nr. 5, S. 213–217.
Kilian, Karsten (2018): Moodboards (www.absatzwirtschaft.de/markenlexikon/moodboards/). Abgerufen am 14.6.2018.
Klassikerstraße (2017): Die Thüringen-Route (http://www.romantischestrasse.de/). Abgerufen am 3.9.2017.
Klemm, Kristiane (1998): Umwelt- und sozialverträglicher Tourismus – Rahmenbedingungen von Raumordnung, Regional- und Bauleitplanung. In: Haedrich, Günther; Kaspar, Claude; Klemm, Kristiane; Kreilkamp, Edgar (Hrsg.): Tourismus-Management, Tourismus-Marketing und Fremdenverkehrsplanung. 3. Aufl. Berlin/New York, S. 79–92.

Klemm, Kristiane (2007): Methoden von Orts- und Stadtbildanalysen. In: Becker, Christoph; Hopfinger, Hans; Steinecke, Albrecht (Hrsg.): Geographie der Freizeit und des Tourismus. 3. Aufl. München, S. 515–527.

Kliem, Thomas (2003): Reisemotive, Reiseverhalten und Wahrnehmungen deutscher Touristen in Norwegen als Grundlage der Entwicklung neuer Konzepte für die norwegische Tourismuswirtschaft. Duisburg.

Knoll, Gabriele (2014): Landschaften geographisch verstehen und touristisch erschließen. Heidelberg.

Kordel, Stefan; Weidinger, Tobias; Kocher, Manuela (2015): Die Destination Bayerischer Wald erfindet sich neu. Wandel des Tourismus in ländlichen Räumen. In: Praxis Geographie, 45. Jg., Nr. 11, S. 38–39.

Krafft, Thomas (2003): SARS. In: Praxis Geographie, 33. Jg., Nr. 6, S. 36.

Krajewski, Christian (2017): Metropole Ruhr – Wandel durch Freizeit, Kultur und Tourismus. In: Praxis Geographie, 47. Jg., Nr. 2, S. 36–41.

Kraus, Felix; Job, Hubert (2015): Regionalökonomische Effekte im Tourismus im Nationalpark Schwarzwald. München.

Krautter, Yvonne (2015): Zweitwohnungen in Südtirol. In: Praxis Geographie, 45. Jg., Nr.11, S. 44 f.

Kreisel, Werner (2007): Trends in der Entwicklung von Freizeit und Tourismus. In: Becker, Christoph; Hopfinger, Hans; Steinecke, Albrecht (Hrsg.): Geographie der Freizeit und des Tourismus. 3. Aufl. München, S. 74–85.

Kreisel, Werner; Reeh, Tobias (2004): Landschaftsbewertung im Tourismus. In: Brittner-Widmann, Anja; Quack, Heinz-Dieter; Wachowiak, Helmut (Hrsg.): Von Erholungsräumen zu Tourismusdestinationen. Facetten der Fremdenverkehrsgeographie (= Trierer Geographische Studien, Heft 27). Trier, S. 77–92.

Krippendorf, Jost (1982): Die Landschaftsfresser. Tourismus und Erholungslandschaft, Verderben oder Segen. Ostfildern.

Krippendorf, Jost (1984): Die Ferienmenschen. Für ein neues Verständnis von Freizeit und Reisen. Bern.

Kron, Thomas; Heinke, Eva-Maria (2009): Terrorismus und Tourismus – eine sozialwissenschaftliche Betrachtung. In: Zeitschrift für Tourismuswissenschaft, 1. Jg., Nr. 1, S. 29–47.

Krug, Stephan (2000): Nachhaltige Tourismusentwicklung aus politischer Sicht. In: Fontanari, Martin; Scherhag, Knut (Hrsg.): Wettbewerb der Destinationen – Erfahrungen, Konzepte, Visionen. Wiesbaden, S. 15–26.

Kulinat, Klaus (1991): Fremdenverkehr in den Mittelmeerländern: Konkurrenten mit gemeinsamen Umweltproblemen. In: Geographische Rundschau, 43. Jg., Nr. 7/8, S. 430–436.

Küpfer, Irene (2000): Die regionalwirtschaftliche Bedeutung des Nationalparktourismus – untersucht am Beispiel des Schweizerischen Nationalparks (= Nationalpark-Forschung in der Schweiz, Nr. 90). Zernez.

Küpfer, Irene; Elsasser, Hans (2000): Regionale touristische Wertschöpfungsstudien. Fallbeispiel Nationalparktourismus in der Schweiz. In: Tourismus Journal, 4. Jg., Nr. 4, S. 433–448.

Lagger, Sebastian (1995): Güterbedarf und Güterversorgung im Drittewelttourismus (= Basler Beiträge zur Geographie, Nr. 44). Basel.

Laimer, Peter; Smeral, Egon (2003): Ein Tourismussatellitenkonto für Österreich. Ökonomische Zusammenhänge, Methoden und Hauptergebnisse. Wien.

Langhagen-Rohrbach, Christian; Roth, Peter; Scholz, Joachim; Wolf, Klaus (1999): Deutschland – ein Reiseland? In: Nationalatlas Bundesrepublik Deutschland – Gesellschaft und Staat. Heidelberg, S. 138–139.

Latz, Wolfgang (2017): Diercke Geographie. Braunschweig.

Leder, Susanne (2007): Wandertourismus. In: Becker, Christoph; Hopfinger, Hans; Steinecke, Albrecht (Hrsg.): Geographie der Freizeit und des Tourismus. 3. Aufl. München, S. 320–330.
Lehmann, Meike; Heinemann, Annika (2009): Touristische Leitbilder. Der strategische Planungsprozess von Destinationen (= Heilbronner Reihe Tourismuswirtschaft, Nr. 6). Berlin.
Lehmeier, Holger; Kukla, Luise (2016): Nervenkitzel als Strategie postfordistischer Rejuvenation. In: Geographische Rundschau, 68. Jg., Nr. 5, S. 22–27.
Lennon, John; Foley, Malcolm (2000): Dark Tourism. The attraction of death and disaster. London/New York.
Letzner, Volker (2014): Tourismusökonomie. Volkswirtschaftliche Aspekte rund ums Reisen. 2. Aufl. München.
LH (Landeshauptstadt) München: Touristische Jahresbilanz 2017. Pressemitteilung vom 27.2.2018. München.
LHW (Leading Hotels of the World) (2017): Luxushotels und Resorts (https://de.lhw.com/). Abgerufen am 12.11.2017.
Lichtenberger, Elisabeth (2005): Europa: Geographie, Geschichte, Wirtschaft, Politik. Darmstadt.
Liebsch, Frank (2003): Praxis kompakt: Städtetourismus – Wellnesstourismus – Fahrradtourismus. Meßkirch.
Liesenfeld, Rita (2017): Kaffee, Kuchen und Klamotten. Eventshopping im City-Outlet-Center Bad Münstereifel. In: Praxis Geographie, 47. Jg., Nr. 2, S. 24–30.
Linne, Martin (2016): Grundwissen Tourismus. Konstanz/München.
Lohmann, Martin; Sonntag, Ulf; Wagner, Philipp (2017): Die Reiseanalyse – Instrument für Forschung und Marketingplanung. In: Eisenstein, Bernd (Hrsg.): Marktforschungen für Destinationen: Grundlagen – Instrumente – Praxisbeispiele. Berlin, S. 193–206.
Lübbert, Claudia (1999): Qualitätsorientiertes Umweltschutzmanagement im Tourismus (= Wirtschaft & Raum, Band 4). München.
Luft, Hartmut (2010): Grundlegende Tourismuslehre. Theorie und Praxis. 2. Aufl. Gerlingen.
Lynch, Kevin (1960): The Image of the City. Cambridge/USA.
Maier, Jörg (1980): Differenzierung, innere Gliederung und Hierarchiebildung im Freizeitraum mit Hilfe des Kapazitäten-Reichweiten-Ansatzes. Fallstudie Allgäu. In: Akademie für Raumforschung und Landesplanung (Hrsg.): Forschungs- und Sitzungsberichte Nr. 132. Hannover, S. 51–72.
Maier, Jörg; Paesler, Reinhard; Ruppert, Karl (1977): Sozialgeographie (= Das Geographische Seminar). Braunschweig.
Mayer, Marius; Vogt, Luisa (2016): Economic effects of tourism and its influencing factors. An overview focusing on the spending determinants of visitors. In: Zeitschrift für Tourismuswissenschaft, 8. Jg., Nr. 2, S. 169–198.
Mansfeld, Yoel; Jonas, Aliza (2006): Evaluating the Socialcultural Carrying Capacity of Rural Tourism Communities. A „Value Stretch“ Approach. In: Tijdschrift voor economische en socaile geografie, Vol. 97, No. 5, S. 583–601.
Marek, Andy (2016): Gute Karten – Anwendung von Gütekriterien. In: Gryl, Inga (Hrsg.): Reflexive Kartenarbeit. Methoden und Aufgaben. Braunschweig, S. 25–36.
Mattes, Anselm; Eisenstein, Bernd; Reif, Julian (2017): Wirtschaftsfaktor Tourismus – Methode und Ergebnisse des Tourismus-Satellitenkontos. In: Eisenstein, Bernd (Hrsg.): Marktforschungen für Destinationen: Grundlagen – Instrumente – Praxisbeispiele. Berlin, S. 157–176.
Mattissek, Annika; Pfaffenbach, Carmella; Reuber, Paul (2013): Methoden der empirischen Humangeographie. Braunschweig.
Mayer, Horst Otto (2013): Interview und schriftliche Befragung. Grundlagen und Methoden empirischer Sozialforschung. 6. Aufl. München.

Meier-Gresshoff, Maria (1995): Qualitätsstandards im Landtourismus – eine europäische Herausforderung. In: Haart, Norbert; Steinecke, Albrecht; Treinen, Mathias (Hrsg.): Qualitätsmanagement im Landtourismus in Europa – Erfahrungen, Beispiele, Herausforderungen (= ETI-Texte, Nr. 6). Trier, S. 36–46.

Meier Kruker, Verena; Rauh, Jürgen (2005) Arbeitsmethoden der Humangeographie (= Geowissen kompakt). Darmstadt.

Metzler, Daniel (2007): Regionalwirtschaftliche Effekte von Freizeitgroßeinrichtungen. Eine methodische und inhaltliche Analyse (= Münchner Studien zur Sozial- und Wirtschaftsgeographie, Nr. 46). Kallmünz/Regensburg.

Miller, Graham (2000): The development of indicators for sustainable tourism: results of a Delphi survey of tourism researchers. In: Tourism Management, Vol. 22, S. 351–361.

Mitteldeutsche Zeitung (2016): Alles für ein Selfie aus der Todeszone (https://www.mz-web.de/leben/reise/dark-tourism-alles-fuer-ein-selfie-aus-der-todeszone-23993004). Abgerufen am 25.2.2018.

Mühlheims, Janina; Bauhuber, Florian (2014): Enterprise 2.0 in Destinationen: Neue Praktiken im Kontext von Innovation, Wissen und Kommunikation. In: Küblböck, Stefan; Thiele, Franziska (Hrsg.): Tourismus und Innovation (= Studien zur Freizeit- und Tourismusforschung, Nr. 10). Mannheim, S. 137–153.

Mundt, Jörn (2004): Tourismuspolitik. München.

Mundt, Jörn (2013): Tourismus. 4. Aufl. München.

Münsterland e. V. (2017): Prozesshafter Masterplan „Schlösser- und Burgenregion Münsterland – Stärkung von KMU“. Köln.

My Switzerland (2018): Grand Tour. The No. 1 road trip of the Alps. Zürich.

Nadler, Robert; Sgibnev, Wladimir (2016): Mental Maps – ein Zugang zur Reflexion von Raumwahrnehmung. In: Gryl, Inga (Hrsg.): Reflexive Kartenarbeit. Methoden und Aufgaben. Braunschweig, S. 170–178.

Nasa (2019): Dubai (https://images.nasa.gov/). Abgerufen am 16.4.2019.

Naumann, Simone (2015): Tourismus auf Teneriffa. Chance und Risiken für die Einheimischen. In: Praxis Geographie, 45. Jg., Nr. 11, S. 20 f.

Neumair, Simon (2006): Städte und Regionen im Wettbewerb. In: Haas, Hans-Dieter; Neumair, Simon (Hrsg.): Internationale Wirtschaft. Rahmenbedingungen, Akteure, räumliche Prozesse. München, S. 397–426.

Neumair, Simon; Schlesinger, Dieter Matthew (2004): Externe Effekte des städtischen Verkehrs – dargestellt am Beispiel München. In: Mitteilungen der Geographischen Gesellschaft in München, Band 87. München, S. 117–143.

Neumair, Simon-Martin; Schlesinger, Dieter Matthew; Haas, Hans-Dieter (2012): Internationale Wirtschaft. Unternehmen und Weltwirtschaftsraum im Globalisierungsprozess. 2. Aufl. München.

Neumann, Christine (2005): Deutschland-Tourismus und seine Entwicklung (= Trierer Tourismus Bibliographien, Band 15). Trier.

Nolte, Birgit (2007): Landschaftsbewertung für Tourismus und Freizeit: Fallstudie Mecklenburg-Vorpommern. In: Becker, Christoph; Hopfinger, Hans; Steinecke, Albrecht (Hrsg.): Geographie der Freizeit und des Tourismus. 3. Aufl. München, S. 475–485.

NZZ (Neue Zürcher Zeitung) (2014): Der Walliser Kurort kämpft mit dem Verkehr (https://www.nzz.ch/schweiz/der-walliser-kurort-kaempft-mit-dem-verkehr-1.18449193). Abgerufen am 20.4.2017.

NZZ (Neue Zürcher Zeitung) (2015): Besucherquote für die Lagunenstadt. Anstehen für Venedig (https://www.nzz.ch/panorama/alltagsgeschichten/anstehen-fuer-venedig-1.18587121). Abgerufen am 22.3.2017.

NZZ (Neue Zürcher Zeitung) (2017a): Gereist wird trotz allem, 2.2.2017, S. 13.

NZZ (Neue Zürcher Zeitung) (2017b): Ratlosigkeit am Traumstrand, 29.3.2017, S. 7.

NZZ (Neue Zürcher Zeitung) (2017c): Venedig soll kein Disneyland werden, 19.6.2017, S. 7.

NZZ (Neue Zürcher Zeitung) (2017d): „Tourist, go home", 27.7.2017, S. 18.

NZZ (Neue Zürcher Zeitung) (2017e): Weniger Touristen im Bergell, 2.11.2017, S. 18.

NZZ (Neue Zürcher Zeitung) (2018a): Die Schöne macht Detox, 16.3.2018, S. 13.

NZZ (Neue Zürcher Zeitung) (2018b): Express auf den Eigergletscher, 5.7.2018, S. 20.

NZZ (Neue Zürcher Zeitung) (2018c): Barcelona, Venedig, Luzern – die Angst vor dem Overtourism wächst (https://www.nzz.ch/schweiz/barcelona-prag-luzern-in-der-innerschweiz-werden-tourismuskritische-stimmen-lauter-ld.1406105). Abgerufen am 16.8.2018.

NZZ (Neue Zürcher Zeitung) (2018d): Portugal drosselt den touristischen Wildwuchs, 15.8.2018, S. 11.

NZZ (Neue Zürcher Zeitung) (2019): Tschernobyl – einfach so zum Spaß, 27.4.2019, S. 20.

Oberösterreich Tourismus (2013): Klassische Marktsegmentierung. Methoden der Marktsegmentierung. Linz.

OECD (Organisation for Economic Cooperation and Development (2017): Global Forum Tourism Statistic (http://www.oecd.org/industry/tourism/statisticalactivitiesoftheoecdtourismcommittee.htm). Abgerufen am 14.12.2017.

Oechsle, Michael (2005): Erweiterung von Geschäftsfeldern im Non-Aviation-Bereich an europäischen Flughäfen unter besonderer Berücksichtigung des Standorts München (= Wirtschaft & Raum, Band 13). München.

OpenStreetMap (2018): Ljubljana (https://www.openstreetmap.de/karte.html). Abgerufen am 9.8.2018.

OpenStreetMap (2019): Dubai (https://www.openstreetmap.de/karte.html). Abgerufen am 16.4.2019.

ORF (Österreichischer Rundfunk) (2017): Pilgertourismus weltweit im Aufwind (www.religion.orf.at/stories/2849779/). Abgerufen am 11.2.2018.

Ottmann, Matthias; Lifka, Stephan (2010): Methoden der Standortanalyse (= Geowissen kompakt). Darmstadt.

Pappalepore, Ilaria; Maitland, Robert; Smith, Andrew (2010): Exploring Urban Creativity: Visitor Experiences of Spitalfields, London. In: Tourism, Culture & Communication, Vol. 10, S. 217–230.

Pechlaner, Harald (2003): Tourismus-Destinationen im Wettbewerb. Wiesbaden.

Petermann, Thomas (1997): TA-Projekt. Entwicklung und Folgen des Tourismus. Bericht zum Abschluss der Phase I (= TAB-Arbeitsbericht Nr. 52). Berlin.

Pfützer, Stephanie (1995): Strategische Allianzen in der Elektronikindustrie. Organisation und Standortstruktur (= Wirtschaftsgeographie, Band 9). Münster.

Plankensteiner, Armin (2016): Burgen und Schlösser im Kulturtourismus: Eine beispielhafte Marketingkonzeption zweier Burgenvereine (= wissenschaftliche Beiträge aus dem Tectum-Verlag/Wirtschaftswissenschaften, Band 79). Marburg.

Popp, Monika (2012): Erlebnisforschung neu betrachtet – ein Ansatz zu ihrer räumlichen Kontextualisierung. In: Zeitschrift für Tourismuswissenschaft, 4. Jg., Nr. 1, S. 81–100.

Popper, Karl (2005): Logik der Forschung. 11. Aufl. Tübingen.

Portal München GmbH & Co. KG (2018): Muenchen.de. Das offizielle Stadtportal (www.muenchen.de). Abgerufen am 26.7.2018.

Porter, Michael (1999): Wettbewerb und Strategie. München.

Poser, Hans (1939): Geographische Studien über den Fremdenverkehr im Riesengebirge. Ein Beitrag zur geographischen Betrachtung des Fremdenverkehrs. Göttingen.

Pott, Richard; Hüppe, Joachim; Wildpret de la Torre, Wolfredo (2003): Die Kanarischen Inseln. Natur- und Kulturlandschaften. Stuttgart.

Pro Allgäu GmbH & Co. KG. (2017): Allgäu Top Hotels (www.allgaeu-top-hotels.de). Abgerufen am 20.10.2017.

Quack, Heinz-Dieter; Steinecke, Albrecht (2012) (Hrsg.): Dark Tourism – Faszination des Schreckens (Paderborner Geographische Studien zur Tourismusforschung und Destinationsmanagement, Nr. 25). Paderborn.

Raich, Frieda (2006): Governance räumlicher Wettbewerbseinheiten: Ein Ansatz für Tourismus-Destinationen. Wiesbaden.

Rat von Sachverständigen für Umweltfragen (1994): Umweltgutachten 1994 des Rates von Sachverständigen für Umweltfragen. Für eine dauerhaft-umweltgerechte Entwicklung. Bundestagsdrucksache 12/6995. Bonn.

Regionaler Planungsverband Mecklenburgische Seenplatte (2017): Gemeinsam die Region entwickeln (http://www.region-seenplatte.de/). Abgerufen am 11.11.2017.

Regionales Design Mecklenburgische Seenplatte (2017): Die regionale Designinitiative Mecklenburgische Seenplatte (http://www.info-mecklenburgische-seenplatte.de/). Abgerufen am 11.11.2017.

Reinhardt, Ulrich; Hilbinger, Klaus; Eilzer, Christian (2017): Die Tourismusanalyse. In: Eisenstein, Bernd (Hrsg.): Marktforschungen für Destinationen: Grundlagen – Instrumente – Praxisbeispiele. Berlin, S. 219–231.

Relais & Chateaux Entreprises SAS (2017): Relais & Chateaux (https://www.relaischateaux.com/de/). Abgerufen am 12.11.2017.

Rinschede, Gisbert (2000): Wallfahrtsorte und Pilgertourismus. In: Nationalatlas der Bundesrepublik Deutschland, Band 10, S. 50–53.

Ritter, Wigand; Frowein, Michael (1997): Reiseverkehrsgeographie. München.

Robinson, Harry (1976): A Geography of Tourism. Plymouth.

Romantische Straße (2017): Vom Main zu den Alpen (http://www.romantischestrasse.de/). Abgerufen am 3.9.2017.

Ruhruniversität Bochum (2011): Qualitätstourismus erhöht Wasserverbrauch in Spanien. Pressemitteilung Nr. 357 vom 7.11.2011. Bochum.

Rulle, Monika (2007): Gesundheitstourismus in Europa im Wandel. In: Becker, Christoph; Hopfinger, Hans; Steinecke, Albrecht (Hrsg.): Geographie der Freizeit und des Tourismus. 3. Aufl. München, S. 225–236.

Ruppert, Karl; Maier, Jörg (1970): Zur Geographie des Freizeitverhaltens (= Münchner Studien zur Sozial- und Wirtschaftsgeographie, Nr. 6). Kallmünz.

Ruppert, Karl; Schaffer, Franz (1969): Zur Konzeption der Sozialgeographie. In: Geographische Rundschau, 21. Jg., Nr. 6, S. 205–214.

Samida, Stefanie (2018): Schlachtfelder als touristische Destinationen: Zum Konzept des Thanatourismus aus kulturwissenschaftlicher Sicht. Zeitschrift für Tourismuswissenschaft, 10. Jg., Nr. 2, S. 267–290.

Saretzki, Anja (2018): Städtische Raumproduktion durch touristische Praktiken. In: Zeitschrift für Tourismuswissenschaft, 10. Jg., Nr. 1, S. 7–27.

Schamel, Johannes (2016): Raumzeitliches Verhalten bei der Ausübung landschaftsbezogener Erholungsaktivitäten vor dem Hintergrund des demographischen Wandels. Eine Analyse am Beispiel des Nationalparks Berchtesgarden. Würzburg.

Schenk, Winfried (2005): Historische Geographie. In: Schenk, Winfried; Schliephake, Konrad (Hrsg.): Allgemeine Anthropogeographie. Gotha/Stuttgart, S. 216–264.

Scherhag, Knut (2017): Destinationsmanagementorganisation (DMO) (http://wirtschaftslexikon.gabler.de/Definition/destinationsmanagementorganisation-dmo.html). Abgerufen am 2.9.2017.

Schlesinger, Dieter Matthew; Pauen, Werner (2017): Institute for Real Estate: In: Böckenholt, Ingo; Rommel, Kai (Hrsg.): ISM-Forschungsbericht 2016. Dortmund, 32–35.
Schmittenhöhenbahn AG (2016): Ökobericht und Umwelterklärung 2016. Zell am See.
Schmittenhöhenbahn AG (2018): Gelebte Nachhaltigkeit bei der Schmittenhöhenbahn (https://www.schmitten.at/de/service/unternehmen/oekologie). Abgerufen am 22.1.2018.
Schmude, Jürgen; Aevermann, Tim (2015): Tourismus und seine Folgen für die Menschen vor Ort. Beispiele aus Europa. In: Praxis Geographie, 45. Jg., Nr. 11, S. 4–8.
Schmude, Jürgen; Heumann, Stefan (2010): Tourismuswirtschaft. In: Kulke, Elmar (Hrsg.): Wirtschaftsgeographie Deutschlands, 2. Aufl. Heidelberg, S. 329–350.
Schmude, Jürgen; Namberger, Philipp (2015): Tourismusgeographie (= Geowissen kompakt). 2. Aufl. Darmstadt.
Schnell, Peter (2007): Fahrradtourismus. In: Becker, Christoph; Hopfinger, Hans; Steinecke, Albrecht (Hrsg.): Geographie der Freizeit und des Tourismus. 3. Aufl. München, S. 331–344.
Schober, Reinhard (1995): Kreative Wege zum besseren Angebot. München.
Schöneich, Rudolf (1975): Die Bwertung der geographischen Bedingungen für die Erholung in der Schweriner Seenlandschaft: Ein methodischer Beitrag zur Typisierung räumlicher Einheiten und zur Geographie der Erholung. Greifswald.
Schrand, Axel (2008): Sozialverträglichkeit im Tourismus. In: Fuchs, Wolfgang; Mundt, Jörn W.; Zollondz, Hans-Dieter (Hrsg.): Lexikon Tourismus – Destinationen, Gastronomie, Hotellerie, Reisemittler, Reiseveranstalter, Verkehrsträger. München, S. 639–646.
Schreiber, Michael-Thaddäus (2007): Kongress- und Tagungstourismus. In: Becker, Christoph; Hopfinger, Hans; Steinecke, Albrecht (Hrsg.): Geographie der Freizeit und des Tourismus. 3. Aufl. München, S. 193–203.
Schröder, Achim (2007): Industrietourismus. In: Becker, Christoph; Hopfinger, Hans; Steinecke, Albrecht (Hrsg.): Geographie der Freizeit und des Tourismus. 3. Aufl. München, S. 213–224.
Schuhmann, André (2016): Fluch oder Segen? Kreuzfahrttourismus als Entwicklungsfaktor?!. In: Praxis Geographie, 46. Jg., Nr. 9, S. 10 f.
Schuler, Alexander (2013): Die Bedeutung von Governance für Veränderungsprozesse von Destinationen. In: Zeitschrift für Tourismuswissenschaft, 5. Jg., Nr. 1, S. 23–40.
Schuler, Stephan (2016): Problemorientierte Kartenarbeit. Eine Einführung. In: Hägele, Michael; Oeder, Anja; Schuler, Stephan (Hrsg.): Diercke. Denken lernen mit Karten. Problemorientierte Kartenarbeit in 45 Minuten. Westermann, S. 5–15.
Schulz, Axel; Auer, Josef (2010): Kreuzfahrten und Schiffsverkehr im Tourismus. München.
Schulz, Axel (2014): Grundlagen Verkehr im Tourismus: Fluggesellschaften, Kreuzfahrten, Bahnen, Busse und Mietwagen. 2. Aufl. München.
Schweiz Tourismus (2017): Fakten zur Grand Tour of Switzerland (https://www.myswitzerland.com/de-de/fakten-zur-grand-tour-of-switzerland.html). Abgerufen am 3.9.2017.
Schweizer Bundesamt für Statistik (2018): Hotellerie: Angebot und Nachfrage der geöffneten Betriebe nach Jahr, Monat und Tourismusregion (https://www.bfs.admin.ch/bfs/de/home/statistiken/tourismus.assetdetail.1700103.html). Abgerufen am 10.7.2018.
Seaton, Anthony (1996): Guided by the Dark: From Thanatopsis to Thanatourism. In: International Journal of Heritage Studies, Vol. 2, No. 4, S. 234–244.
Siebert, Horst (1992): Economics of the Environment – Theory and Policy. 3. Aufl. Berlin et al.
Smeral, Egon (2003): Die Zukunft des internationalen Tourismus. Entwicklungsperspektiven für das 21. Jahrhundert. Wien.
Soyez, Dietrich (1993): Industrietourismus: Neue Chancen für alte Industrieregionen?. In: Becker, Christoph; Steinecke, Albrecht (Hrsg.): Chancen und Risiken einer touristischen Vermarktung des kulturellen Erbes. Trier, S. 42–56.

Spiegel Online (2015): Kompensation für Klimaschäden (http://www.spiegel.de/wirtschaft/service/atmosfair-co-co2-emissionen-kompensieren-was-bringt-das-a-1044894.html). Abgerufen am 14.7.2018.

Spiegel Online (2016): Touristenboom und Einwohnerschwund. Venedig wird eine Geisterstadt (http://www.spiegel.de/reise/staedte/venedig-einwohner-demonstrieren-gegen-massentourismus-a-1121068.html). Abgerufen am 22.3.2017.

SRF (Schweizer Radio und Fernsehen) (2014): Verkehrschaos im autofreien Zermatt (http://www.srf.ch/news/regional/bern-freiburg-wallis/verkehrschaos-im-autofreien-zermatt). Abgerufen am 20.4.2017.

Statistisches Bundesamt (2017): Tourismus in Zahlen (https://www.destatis.de/DE/ZahlenFakten/Wirtschaftsbereiche/BinnenhandelGastgewerbeTourismus/Tourismus/Tourismus.html). Abgerufen am 9.12.2017.

Statistisches Bundesamt (2018): OECD Tourism Trends and Policies 2018: Deutschland hat eine negative Reiseverkehrsbilanz (https://www.destatis.de/DE/ZahlenFakten/LaenderRegionen/Internationales/Thema/UnternehmenProduktion/OECD_TourismusTrends.html). Abgerufen am 1.8.2018.

Steinbach, Josef (2003): Tourismus. Einführung in das räumlich-zeitliche System. München.

Steinecke, Albrecht (1999): Perspektiven des Kulturtourismus: Wettbewerbsdruck – Profilierung – Inszenierung. In: Heinze, Thomas (Hrsg.): Kulturtourismus: Grundlagen, Trends und Fallstudien. München, S. 17–51.

Steinecke, Albrecht (2001): Erlebniswelten und Inszenierungen im Tourismus: Die Thematisierung des touristischen Raums. In: Kreilkamp, Edgar; Pechlaner, Harald; Steinecke, Albrecht (Hrsg.): Gemachter oder gelebter Tourismus? Destinationsmanagement und Tourismuspolitik. Wien, S. 67–74.

Steinecke, Albrecht (2003): Erlebnis- und Konsumwelten – eine Strategie auch für den ländlichen Raum?. In: Institut für Entwicklungsforschung im ländlichen Raum Ober- und Mittelfrankens (Hrsg.): Auf der Suche nach kreativen Formen eines ländlichen Tourismus. Bamberg, S. 2–11.

Steinecke, Albrecht (2006): Tourismus – Eine geographische Einführung. Braunschweig.

Steinecke, Albrecht (2007): Kulturtourismus. Marktstrukturen – Fallstudien – Perspektiven. München.

Steinecke, Albrecht (2011): Tourismus (= Das Geographische Seminar). Braunschweig.

Steinecke, Albrecht (2014): Internationaler Tourismus. Konstanz/München.

Steinecke, Albrecht (2018a): Kreuzfahrttourismus. Konstanz/München.

Steinecke, Albrecht (2018b): Tourismus, Parks und Gärten. Konstanz/München.

Steinecke, Albrecht; Herntrei, Marcus (2017): Destinationsmanagement. 2. Aufl. Konstanz/München.

Steinecke, Albrecht; Wachowiak, Helmut (1994): Kulturstraßen als innovative touristische Produkte. Das Beispiel der grenzübergreifenden Kulturstraße „Straße der Römer" an der Mosel. In: Maier, Jörg (Hrsg.): Touristische Straßen – Beispiele und Bewertung (= Arbeitsmaterialien zur Raumordnung und Raumplanung, Nr. 137), S. 5–33.

Steingrube, Wilhelm (2007a): Freizeit- und Tourismusdestinationen: Management – Struktur – Politik – Planung. In: Becker, Christoph; Hopfinger, Hans; Steinecke, Albrecht (Hrsg.): Geographie der Freizeit und des Tourismus. 3. Aufl. München, S. 441–453.

Steingrube, Wilhelm (2007b): Erhebungsmethoden in der Geographie der Freizeit und des Tourismus. In: Becker, Christoph; Hopfinger, Hans; Steinecke, Albrecht (Hrsg.): Geographie der Freizeit und des Tourismus. 3. Aufl. München, S. 138–148.

Stern Online (2016a): Wie Reiseveranstalter auf Katastrophen reagieren (http://www.stern.de/reise/service/tourismus-auf-terrorismus-7004340.html). Abgerufen am 14.3.2017.

Stern Online (2016b): So dreist wird in Deutschland mit Hotelsternen getrickst (https://www.stern.de/reise/deutschland/hotel-sterne-tricks-dehoga-6974144.html). Abgerufen am 25.1.2018.

Stiftung für Zukunftsfragen (2017): Die Zukunft der Erlebniswelten: Zwischen Spaß, Eventisierung und Edutainment. (http://www.stiftungfuerzukunftsfragen.de/de/forschung/forschungsthemen/die-zukunft-der-erlebniswelten/). Abgerufen am 8.2.2017.

Stone, Philip (2012): Dark tourism and significant other death. In: Annals of Tourism Research, Vol. 39, No. 3, S. 1565–1587.

Stotz, Patrick; Tack, Achim (2016): Wie Terror und politische Umbrüche den Tourismus beeinflussen. In: Spiegel Online (http://www.spiegel.de/reise/aktuell/terror-und-tourismus-die-folgen-politischer-umbrueche-datenanalyse-a-1076229.html). Abgerufen am 14.3.2017.

Stramm, Dominic (2017): Das Gondwanaland in Leipzig. Nachhaltiges Freizeitangebot für Städter oder „Disneyland im Grünen"? In: Praxis Geographie, 47. Jg., Nr. 2, S. 48–53.

Strasdas, Wolfgang; Bischopnick, Lisa von (2016): Tourismus und nachhaltige Mobilität. In: Geographische Rundschau, 68. Jg., Nr. 5, S. 48–53.

Straßen der Römer (2017): Römische Antike wird lebendig (https://www.strassen-der-roemer.eu/cgi-bin/cms?&_sprache=de&_bereich=ansicht&_aktion=detail&schluessel=strassenderroemer). Abgerufen am 3.9.2017.

Stynes, Daniel J. (1997): Economic Impacts of Tourism. A Handbook for Tourism Professionals. Urbana-Champaign.

Swiss Deluxe Hotels (2017): The Founders of Exceptional Service (http://www.swissdeluxehotels.com/de). Abgerufen am 12.11.2017.

Sydow, Jörg (1992): Strategische Netzwerke. Evolution und Organisation. Wiesbaden.

SZ (Süddeutsche Zeitung) (2010): Nur die Golfplätze verdursten nicht (http://www.sueddeutsche.de/wissen/spanien-und-portugal-nur-die-golfplaetze-verdursten-nicht-1.913057). Abgerufen am 20.4.2017.

SZ (Süddeutsche Zeitung) (2017a): Wasser marsch in Florenz (http://www.sueddeutsche.de/reise/italien-wasser-marsch-in-florenz-1.3531711). Abgerufen am 2.6.2017.

SZ (Süddeutsche Zeitung) (2017b): Urlaub in der Unterwelt, 20.7.2017, S. 32.

SZ (Süddeutsche Zeitung) (2017c): Invasion der Touristen (http://www.sueddeutsche.de/reise/2.220/reise-rekordsommer-invasion-der-touristen-1.3649827). Abgerufen am 4.9.2017.

SZ (Süddeutsche Zeitung) (2017d): Das deutsche Bad geht baden (http://www.sueddeutsche.de/wirtschaft/kurorte-das-deutsche-bad-geht-baden-1.3632040). Abgerufen am 3.9.2017.

SZ (Süddeutsche Zeitung) (2018a): Grüner Schnee (http://www.sueddeutsche.de/reise/skigebiet-schmittenhoehe-in-oesterreich-gruener-schnee-1.3819134). Abgerufen am 22.1.2018.

SZ (Süddeutsche Zeitung) (2018b): Nachts, wenn die Schneekanonen am Brauneck dröhnen (http://www.sueddeutsche.de/muenchen/wolfratshausen/brauneck-nachts-wenn-die-schneekanonen-droehnen-1.3851823). Abgerufen am 5.2.2018.

SZ (Süddeutsche Zeitung) (2018c): Barcelona geht gegen den Massentourismus an (http://www.sueddeutsche.de/reise/2.220/spanien-barcelona-geht-gegen-den-massentourismus-an-1.3895599). Abgerufen am 15.3.2018.

SZ (Süddeutsche Zeitung) (2018d): Mehr ist Mehr am Arlberg (www.sueddeutsche.de/reise/skiurlaub-in-oesterreich-mehr-ist-mehr-am-arlberg-1.3913501). Abgerufen am 24.3.2018.

SZ (Süddeutsche Zeitung) (2018e): Von Massenvernichtung zum Massentourismus (http://www.sueddeutsche.de/bayern/urlaub-von-massenvernichtung-zum-massentourismus-1.3918221). Abgerufen am 29.3.2018.

SZ (Süddeutsche Zeitung) (2018 f): Wie geht's euch denn eigentlich? (http://www.sueddeutsche.de/reise/essay-wie-gehts-eigentlich-euch-1.3921713). Abgerufen am 2.4.2018.

SZ (Süddeutsche Zeitung) (2018g): Wer das Meer sehen will, nimmt den Aufzug (http://www.sueddeutsche.de/reise/2.220/groesstes-kreuzfahrtschiff-der-welt-wer-das-meer-sehen-will-nimmt-den-aufzug-1.3930424). Abgerufen am 4.4.2018.

SZ (Süddeutsche Zeitung) (2018h): Paläste in Hüttenform (http://www.sueddeutsche.de/reise/chaletdoerfer-palaeste-in-huettenform-1.3946423). Abgerufen am 26.4.2018.
SZ (Süddeutsche Zeitung) (2018i): Palma de Mallorca verbietet Vermietung via Airbnb (http://www.sueddeutsche.de/wirtschaft/tourismus-mallorca-sagt-airbnb-den-kampf-an-1.3956801). Abgerufen am 26.4.2017.
SZ (Süddeutsche Zeitung) (2018j): Das Meer ist nicht genug (https://www.sueddeutsche.de/reise/flussreisen-yoga-beim-landgang-1.4002549). Abgerufen am 29.7.2018.
SZ (Süddeutsche Zeitung) (2018k): „Es macht uns nichts aus, wenn diese Art von Touristen wegbleibt" (https://www.sueddeutsche.de/reise/balearen-gesundschrumpfen-1.4058109). Abgerufen am 29.7.2018.
SZ (Süddeutsche Zeitung) (2018l): Drei Menschen sterben bei Bootsunfällen (https://www.sueddeutsche.de/panorama/2.220/venedig-drei-menschen-sterben-bei-bootsunfaellen-1.4081802). Abgerufen am 5.8.2018.
SZ (Süddeutsche Zeitung 2018m): Im GoKart nach Alaska (https://www.sueddeutsche.de/reise/kreuzfahrt-im-gokart-nach-alaska-1.4002547). Abgerufen am 31.8.2018.
Tagesspiegel (2012): Kreuzfahrer vor Italiens Küsten. Gefährlicher Trend (https://www.tagesspiegel.de/weltspiegel/kreuzfahrer-vor-italiens-kuesten-gefaehrlicher-trend/6082848.html). Abgerufen am 30.3.2018.
Tagesspiegel (2016): Viele Skigebiete leiden unter Schneemangel (http://www.tagesspiegel.de/wirtschaft/milder-winter-viele-skigebiete-leiden-unter-schneemangel/12810524.html). Abgerufen am 19.4.2017.
Taubmann, Wolfgang (2003): SARS. In: Geographie heute, 24. Jg., Nr. 7, S. 57.
Tempel, Karl (1998): Die Berliner Erklärung zu „Biologische Vielfalt und nachhaltiger Tourismus" – Ziele und Perspektiven. In: Rauschelbach, Burghard (Hrsg.): (Öko-)Tourismus: Instrument für eine nachhaltige Entwicklung? Tourismus und Entwicklungszusammenarbeit. Heidelberg, S. 77–82.
Thiem, Marion (1994): Tourismus und kulturelle Identität – Die Bedeutung des Tourismus für die Kultur touristischer Ziel- und Quellgebiete (= Berner Studien zu Freizeit und Tourismus, Band 30). Bern.
Tourismusnewsletter Deutschland (2017): Destination Brand Award 2017. Das sind die TOP 10-Rankings (www.tn-deutschland.com/destination-brand-award-2017-das-sind-die-top-10-rankings/). Abgerufen am 13.6.2018.
Triet, Maximilian; Nagel, Anne; Leuenberger, Michael (2006): Les Trois Rois. Einblicke in die Geschichte. Basel.
TSG (Tourism Sustainability Group): Action for More Sustainable European Tourism. Brüssel.
Tucher, Matthias von (1999): Die Rolle der Auslandsmontage in den internationalen Wertschöpfungsnetzwerken der Automobilhersteller (= Wirtschaft & Raum, Band 5). München.
UNCED (United Nations Conference for Environment and Development) (1992a): Agenda 21. New York.
UNCED (United Nations Conference for Environment and Development) (1992b): Rio-Deklaration. New York.
UNEP (United Nations Environment Program); UNWTO (United Nations World Tourism Organisation) (2005): Making tourism more sustainable – A guide for policy makers. Paris/Madrid.
UNWTO (United Nations World Tourism Organization) (1993): Empfehlungen zur Tourismusstatistik. Madrid.
UNWTO (United Nations World Tourism Organization) (1995): Collection of Tourism Expenditure Statistics (= Technical Manual 2). Madrid.
UNWTO (United Nations World Tourism Organization) (2016a): Annual Report 2015. Madrid.

UNWTO (United Nations World Tourism Organization) (2016b): Tourism Highlights. Edition 2015. Madrid.
UNWTO (United Nations World Tourism Organization) (2017a): Annual Report 2016. Madrid.
UNWTO (United Nations World Tourism Organization) (2017b): Tourism Highlights. Edition 2016. Madrid.
UNWTO (United Nations World Tourism Organization) (2018a): Annual Report 2017. Madrid.
UNWTO (United Nations World Tourism Organization) (2018b): Infographics (http://media.unwto.org/content/infographics). Abgerufen am 18.8.2018.
UNWTO (United Nations World Tourism Organization) (2019): Tourism Highlights. Edition 2018. Madrid.
USE-IT (2018): Cordoba (https://www.use-it.travel/cities/detail/cordoba/). Abgerufen am 9.8.2018.
Valais Wallis Digital (2015): 1931 – Zermatt wird autofrei (https://www.valais-wallis-digital.ch/de/a/#!/explore/cards/128). Abgerufen am 20.4.2017.
Vellissariou, Efstathios (1991): Die wirtschaftlichen Effekte des Tourismus, dargestellt am Beispiel Kretas. Eine empirische Untersuchung der unmittelbaren und mittelbaren wirtschaftlichen Wirkungen (= Europäische Hochschulschriften, Reihe V, Nr. 1227). Frankfurt a. M.
Vernon, Raymond (1966): International Investment and International Trade in the Product Cycle. In: Quarterly Journal of Economics, Vol. 80, No. 2, S. 190–207.
Vester, Heinz-Günter (2001): Terror und Tourismus. In: Aus Politik und Zeitgeschehen, Band 47, S. 3–5.
Viabono (2017): Der CO_2-Fußabdruck von Viabono. Die einfache und qualitativ hochwertige Art der CO_2-Bilanzierung für das Beherbergungsgewerbe (http://www.viabono.de/LinkClick.aspx?fileticket=XNniHzxd6%2fQ%3d&tabid=5007). Abgerufen am 8.5.2017.
Vorlaufer, Karl (1984): Ferntourismus und Dritte Welt. Frankfurt a. M.
Vorlaufer, Karl (1996): Tourismus in Entwicklungsländern. Möglichkeiten und Grenzen einer nachhaltigen Entwicklung. Darmstadt.
Vorlaufer, Karl (2003): Tourismus in Entwicklungsländern. Bedeutung, Auswirkungen, Tendenzen. In: Geographische Rundschau, 55. Jg., Nr. 3, S. 4–13.
Wall, Geoffry (1997): Scale Effects on Tourism Multipliers. In: Annals in Tourism Research, Vol. 24, No. 2, S. 445–450.
WCED (World Commission on Environment and Development) (1987): Our Common Future. Report of the World Commission on Environment and Development (The Brundland-Report). Genf.
Wearing, Stephen; Stevenson, Deborah; Young, Tamara (2010): Tourist Cultures. Identity, Place and the Traveller. London et al.
Weber, Susanne (2017): Toolbox habitusreflexive Beratung: Collagen (https://www.online.uni-marburg.de/hrb/?q=node/3). Abgerufen am 14.6.2018.
Web-Tourismus (2018): Analyse, Beratung, Unterstützung (http://www.web-tourismus.de/). Abgerufen am 17.3.2018.
WEF (World Economic Forum) (2017): The Travel & Tourism Competitiveness Report 2017. Genf.
Wehrli, Roger; Weber, Fabian; Stettler, Jürg; Taufer, Barbara (2013): Herausforderungen eines Nachhaltigkeitsmanagements in Tourismusdestinationen. In: Zeitschrift für Tourismuswissenschaft, 5. Jg., Nr. 1, S. 41–55.
Welt (2012a): Vor allem Chinesen lieben die Jungfraubahn (https://www.welt.de/reise/article13877133/Vor-allem-Chinesen-lieben-die-Jungfraubahn.html). Abgerufen am 6.4.2017.
Welt (2012b): Was Hotelsterne wirklich aussagen (https://www.welt.de/reise/article106606643/Was-Hotelsterne-wirklich-aussagen.html). Abgerufen am 25.1.2018.
Welt (2014): Der Titlis ist für Inder perfekt als Ort der Liebe (https://www.welt.de/reise/nah/article124384174/Der-Titlis-ist-fuer-Inder-perfekt-als-Ort-der-Liebe.html). Abgerufen am 6.4.2017.

Welt (2015): Venedig ist zum Albtraum geworden (https://www.welt.de/reise/staedtereisen/article144137129/Venedig-ist-zum-Albtraum-geworden.html). Abgerufen am 22.3.2017.

Welt (2017a): Der Türkei-Tourismus liegt fast völlig am Boden (https://www.welt.de/wirtschaft/article162651664/Der-Tuerkei-Tourismus-liegt-fast-voellig-am-Boden.html). Abgerufen am 23.7.2017.

Welt (2017b): Das bedeutet die Türkei-Krise für deutsche Urlauber (https://www.welt.de/wirtschaft/article166839062/Das-bedeutet-die-Tuerkei-Krise-fuer-deutsche-Urlauber.html). Abgerufen am 23.7.2017.

Welt (2017c): Die Stimmung ist von Liebe in Hass umgeschlagen (https://www.welt.de/wirtschaft/article167643172/Die-Stimmung-ist-von-Liebe-in-Hass-umgeschlagen.html). Abgerufen am 4.9.2017.

Welt (2017d): Tausende protestieren gegen Massentourismus auf Mallorca (https://www.welt.de/wirtschaft/article168970193/Tausende-protestieren-gegen-Massentourismus-auf-Mallorca.html). Abgerufen am 29.9.2017.

Welt (2018a): Das sind die billigsten Reiseziele in Europa (https://www.welt.de/wirtschaft/article172419655/Urlaub-2018-Das-sind-die-billigsten-Reiseziele-in-Europa.html). Abgerufen am 21.1.2018.

Welt (2018b): 1.200 Kilometer Pracht – das ist Sachsen-Anhalt (https://www.welt.de/reise/deutschland/article175862750/Strasse-der-Romanik-1200-Kilometer-Pracht-das-ist-Sachsen-Anhalt.html). Abgerufen am 13.5.2018.

Weltbank (2018): World Development Indicators 2016 (https://data.worldbank.org.). Abgerufen am 5.4.2018.

Widmann, Torsten (2007): Regionalwirtschaftliche Bedeutung des Tourismus – kleine Kreisläufe. In: Becker, Christoph; Hopfinger, Hans; Steinecke, Albrecht (Hrsg.): Geographie der Freizeit und des Tourismus. 3. Aufl. München, S. 403–414.

Wilhelm, Lothar (2000): Industrietourismus gestern und heute. In: Integra (o. Jg.), Nr. 1, S. 2–4.

Williams, Peter; Gill, Alison (2005): Addressing carrying capacity issues in tourism destinations through growth management. In: Theobald, William (Hrsg.): Global Tourism. 3. Aufl. Amsterdam et. al, S. 194–212.

Wintzer, Jeannine (Hrsg.) (2018) Sozialraum erforschen: Qualitative Methoden in der Geographie. Berlin.

Wirtschaftslexikon 24.com (2018): Fremdenverkehrsbetrieb (www.wirtschaftslexikon24.com/d/fremdenverkehrsbetrieb/fremdenverkehrsbetrieb.htm). Abgerufen am 19.6.2018.

Wirtschaftswoche (2016): Viele deutsche Hotels schummeln mit ihren Sternen (www.wiwo.de/unternehmen/dienstleister/kritik-der-dehoga-viele-deutsche-hotels-schummeln-mit-ihren-sternen/14665630.html). Abgerufen am 25.1.2018.

Wöhler, Karlheinz; Saretzki, Anja (1999): Umweltverträglicher Tourismus – Grundlagen, Konzeption, Marketing. Limburgerhof.

Wolf, Antje (2013): Besucherlenkungsmaßnahmen in Welterbestätten – das Beispiel Schloss und Park Schönbrunn. In Thimm, Tatjana (Hrsg.): Tourismus und Grenzen (= Studien zur Freizeit- und Tourismusforschung, Nr. 9). Mannheim, S. 193–204.

Wolf, Klaus; Jurczek, Peter (1986): Geographie der Freizeit und des Tourismus. Stuttgart.

Zademach, Hans-Martin (2009): Transnationale Wirtschaft: Unternehmen, Wertschöpfungsnetzwerke und regionale Integrationsprozesse. In: Hess, Martin; Paesler, Reinhard (Hrsg.): Wirtschaft und Raum. Wege und Erträge der Münchner wirtschaftsgeographischen Forschung (= Wirtschaft & Raum, Band 20). München, S. 71–96.

Zademach, Hans-Martin; Knogler, Monika; Haas, Hans-Dieter (2006): Zur Inwertsetzung modularer Produktionsnetzwerke: Potentiale, Grenzen und räumliche Implikationen am Beispiel der Halbleiterindustrie, Geographische Zeitschrift, 94 Jg., Nr. 4, S. 185–208.

Zeit Online (2016a): Romantik? Venedig versinkt im Massentourismus (http://www.zeit.de/news/2016-08/21/tourismus-romantik-venedig-versinkt-im-massentourismus-21125606). Abgerufen am 22.3.2017.

Zeit Online (2016b): Reisen zum Leid der anderen (http://www.zeit.de/kultur/2016-03/dark-tourism-leid-reisen-sarajevo-fehlendes-mitgefuehl-10nach8). Abgerufen am 25.2.2018.

Zeit Online (2017): Tourist go home! Proteste in Spanien werden aggressiver (http://www.zeit.de/news/2017-08/02/tourismus-tourist-go-home-proteste-in-spanien-werden-aggressiver-02163602). Abgerufen am 4.9.2017.

Zermatt Tourismus (2017a): Was Sie schon immer über Elektroautos wissen wollten (http://www.zermatt.ch/Media/Zermatt-Geschichten/nh-elektromobile). Abgerufen am 20.4.2017.

Zermatt Tourismus (2017b): Zermatt ist autofrei (http://www.zermatt.ch/anreise/Autofrei-GEX-MTT/Zermatt-ist-autofrei). Abgerufen am 20.4.2017.

Zhang, Jie; Jensen, Camilla (2005): Comparative Advantage in Tourism. A Supply-Side Analysis of Tourism flows. Kopenhagen.

Stichwortverzeichnis

https://doi.org/10.1515/9783110500318-007